人民交通出版社“十二五”
高职高专土建类专业规划教材

建筑工程质量事故分析与处理

（第二版）

主 编 余 斌 戚 豹
副主编 马怀琴 康文梅
卜伟斐
主 审 张智勇 李振松

人民交通出版社
China Communications Press

内 容 提 要

本书共分九章，第一章为建筑工程质量事故基本知识，第二章为建筑工程结构现场检测的一般方法，第三章到第八章为各分部分项工程的质量事故原因分析、处理方法和事故分析与处理案例，第九章为建筑工程质量事故原因分析。

本书可作为高职高专院校、成人高校建筑工程技术专业、工程监理专业等相关土建类专业的学习教材，也可作为项目专业质量检查员的培训教材，以及施工企业项目专业质量检查员、技术负责人、质量负责人、项目经理、监理工程师及建设单位项目负责人学习用的参考书。

图书在版编目(CIP)数据

建筑工程质量事故分析与处理/余斌，戚豹主编.
—2版.—北京：人民交通出版社，2011.11
ISBN 978-7-114-09684-6

Ⅰ.①建… Ⅱ.①余…②戚 Ⅲ.①建筑工程—工程质量事故—事故分析—技术培训—教材②建筑工程—工程质量事故—事故处理—技术培训—教材 Ⅳ.①TU712

中国版本图书馆 CIP 数据核字(2012)第 039387 号

书　　名：建筑工程质量事故分析与处理（第二版）
著 作 者：余　斌　戚　豹
责任编辑：邵　江　刘彩云
出版发行：人民交通出版社股份有限公司
地　　址：(100011) 北京市朝阳区安定门外外馆斜街 3 号
网　　址：http://www.ccpress.com.cn
销售电话：(010) 59757973
总 经 销：人民交通出版社股份有限公司发行部
经　　销：各地新华书店
印　　刷：北京市密东印刷有限公司
开　　本：787×1092　1/16
印　　张：20.5
字　　数：489 千
版　　次：2007 年 2 月　第 1 版　2011 年 11 月　第 2 版
印　　次：2015 年 7 月　第 4 次印刷　累计第 12 次印刷
书　　号：ISBN 978-7-114-09684-6
定　　价：39.00 元

高职高专土建类专业规划教材编审委员会

高职高专土建类专业规划教材出版说明

近年来我国职业教育蓬勃发展，教育教学改革不断深化，国家对职业教育的重视达到前所未有的高度。为了贯彻落实《国务院关于大力发展职业教育的决定》的精神，提高我国土建领域的职业教育水平，培养出适应新时期职业需要的高素质人才，人民交通出版社深入调研，周密组织，在全国高职高专教育土建类专业教学指导委员会的热情鼓励和悉心指导下，发起并组织了全国四十余所院校一大批骨干教师，编写出版本系列教材。

本套教材以《高等职业教育土建类专业教育标准和培养方案》为纲，结合专业建设、课程建设和教育教学改革成果，在广泛调查和研讨的基础上进行规划和展开编写工作，重点突出企业参与和实践能力、职业技能的培养，推进教材立体化开发，鼓励教材创新，教材组委会、编审委员会、编写与审稿人员全力以赴，为打造特色鲜明的优质教材做出了不懈努力，希望以此能够推动高职土建类专业的教材建设。

本系列教材先期推出建筑工程技术、工程监理和工程造价三个土建类专业共计四十余种主辅教材，随后在2~3年内全面推出土建大类中7类方向的全部专业教材，最终出版一套体系完整、特色鲜明的优秀高职高专土建类专业教材。

本系列教材适用于高职高专院校、成人高校及二级职业技术学院、继续教育学院和民办高校的土建类各专业使用，也可作为相关从业人员的培训教材。

人民交通出版社

2011年7月

“建筑工程质量事故分析与处理”是一门综合性较强的课程，涉及诸多学科，内容庞杂，各章自成系统。通过学习本课程，可以获得建筑工程事故分析、预防及处理所必需的基本理论知识，为将来从事建筑工程施工及技术管理打下坚实的基础。2007 年 2 月，本书第一版由人民交通出版社出版，随后被多所院校选为相关专业教材，受到好评。

随着工程技术的发展，为了适应新形势下教学改革的要求，经过认真分析，决定对本书进行全面修订，淘汰落后、过时的内容，增加诸如外墙外保温工程质量事故分析与处理、装饰工程质量事故分析与处理、商品混凝土质量事故分析与处理等新的内容，并将第一版中的“建筑工程结构现场检测的一般方法”单独列为一章进行叙述。

本书由江西工业工程职业技术学院余斌、江苏建筑职业技术学院戚豹任主编，湖北城建职业技术学院马怀琴、江苏建筑职业技术学院康文梅、江西工业工程职业技术学院卜伟斐任副主编，江西省宏图建设监理有限公司副总经理郭望力为本书的编写提出了不少宝贵意见并参与了本书的编写工作。具体编写分工为：第一章江苏建筑职业技术学院康文梅；第二章江西工业工程职业技术学院卜伟斐；第三章江西工业工程职业技术学院贾进元；第四章马怀琴；第五章第一节第二节余斌、郭望力，第三节至第七节戚豹；第六章江西工业工程职业技术学院詹凤程；第七章戚豹；第八章余斌；第九章贾进元。全书由余斌统稿，张智勇、李振松主审。

在本书编写与修订过程中，参考了国内外的有关书籍、教材和大量公开发表的论文，吸取了各书的经验，并引用了相关图书和论文中一些材料和数据，特别是具体的案例与分析，在此，谨向各书的编者、出版者和论文作者表示深切的谢意。由于我们的水平有限，编写与修订经验不足，书中一定还会存在错误与缺点，敬请专家和读者批评指正。

编　者

2011 年 7 月

目 录

MULU

第一章 概述

【职业能力目标】

培养学生在施工员、质量员、安全员等工作岗位上对建筑工程质量事故的认识,使其在今后的建设工程中更加重视工程质量,进而少犯错误。

【学习要求】

(1)掌握建筑工程质量事故的基本概念,清楚建筑工程质量事故的一般分类及特点;
(2)清楚本课程的学习方法和特点。

自中华人民共和国成立以来,我国进行了规模空前的社会主义建设,城镇建设飞速发展,住宅、大型公共建筑建设规模巨大,取得了举世瞩目的伟大成就。特别是改革开放以后,伴随着我国经济建设的快速发展和固定资产投资的大规模增长,建筑业在国民经济中的支柱地位越来越明显,形成了大、中、小型建筑企业并存,施工规范、管理严格、质量保证措施严密的优秀建筑企业和管理混乱、质量、安全隐患突出乃至于经常发生事故的企业并存的局面。

我国十分重视建筑工程的质量安全保障工作,提出了百年大计和预防为主的方针。1997年11月1日,国家以《中华人民共和国建筑法》(本书简称《建筑法》)立法的形式来保障建筑工程的质量,并由此初步建立我国现代化建筑业法律体系框架。但是,由于部分从业人员没有认真、全面、准确地理解和执行国家和行业技术标准、规范、规程等的有关规定,或受利益驱使,违反国家对基本建设所作的有关规定,建筑工程质量、安全事故也时有发生。有的工程因此被迫停工、返工甚至拆除,有的影响使用,有的留下严重质量、安全隐患,还有的直接造成了重大的人身伤亡事故和财产损失,给国家和人民造成了不应有的损失,社会影响极坏。尤为严重的是,有些事故一再重复发生,主要原因在于一些重大的、典型的事故经验教训没有及时总结和通报交流,因此没能起到前车之鉴的作用。

通过调查事故情况,分析事故产生的原因和规律,研究恰当的工程事故处理方法,研讨工程事故的预防措施,可以使广大建筑从业人员掌握一些典型事故的分析处理技术,有助于在今后的建设工程中少犯错误,使工程质量得到充分的保障。

第一节　建筑工程质量事故概述

一 建筑工程质量事故的相关概念

“百年大计、质量第一”是建筑工程实施中的座右铭。《建筑法》是中国确保建筑工程质量和安全的国家法律，是使建筑业“有法可依、有法必依、执法必严、违法必究”的依据，是使中国建筑工程的实施过程走上制度化、科学化、规范化和法制化道路的重要保证。

为保证建筑工程的质量，在《建筑法》中明确规定：“建筑工程勘察、设计、施工的质量必须符合国家有关建筑工程安全标准的要求”；“建筑物在合理使用寿命内，必须确保地基基础和主体结构的质量”；“交付竣工验收的建筑工程，必须符合规定的建筑工程质量标准”。建筑工程的分项分部工程和单位工程，凡是不符合规定的建筑工程质量标准者，均应视为存在质量问题。住房和城乡建设部也明确指出：“凡工程质量达不到合格标准的工程，必须进行返修、加固或报废”。

住房和城乡建设部在《关于做好房屋建筑和市政基础设施工程质量事故报告和调查处理工作的通知》（建质〔2010〕111 号）中规定：“工程质量事故，是指由于建设、勘察、设计、施工、监理等单位违反工程质量有关法律法规和工程建设标准，使工程产生结构安全、重要使用功能等方面的质量缺陷，造成人身伤亡或者重大经济损失的事故。”按照《建筑结构可靠度设计统一标准》（GB 50068—2001），建筑结构必须满足以下各项功能的要求：

(1) 能承受正常施工和正常使用时可能出现的各种作用；

(2) 在正常使用时具有良好的工作性能；

(3) 在正常维护条件下具有足够的耐久性；

(4) 在偶然作用（如地震作用、爆炸作用、撞击作用等）发生时及发生后，结构仍能保持必要的整体稳定性。

为了使建筑工程质量事故定义具有可操作性，结合住房和城乡建设部的规定和《建筑结构可靠度设计统一标准》（GB 50068—2001）的要求，本书定义：

(1) 凡工程产品质量没有满足某个规定的要求，就称之为质量不合格或存在质量问题；

(2) 建筑工程经常出现的（频率较高），由材料自身缺陷或工艺不完善、不按规范工艺施工，对建筑安全无影响或影响甚微的质量问题，称之为质量通病；

(3) 没有满足某个预期的使用要求或合理的期望或建筑施工质量中不符合规定要求的检验项、检验点，称之为质量缺陷；

(4) 由于建筑工程质量不合格引发的人身伤亡事故，或使建筑物在设计有效使用年限内存在不可补救的缺陷，并因此引发较大的经济损失[直接经济损失在 5000 元（含 5000 元）以上]的事件，称之为建筑工程质量事故。

相关术语和名词解释如下：

(1) 建设单位：是建设工程的投资人，也称“业主”。

(2) 勘察单位：是指已通过建设行政主管部门的资质审查，从事工程测量、水文地质和岩土工程等工作的单位。

(3)设计单位:是指经过建设行政主管部门的资质审查,从事建设工程可行性研究、建设工程设计、工程咨询等工作的单位。

(4)施工单位:是指经过建设行政主管部门的资质审查,从事土木工程、建筑工程、线路管道设备安装、装修工程施工承包的单位。

(5)工程监理单位:是指经过建设行政主管部门的资质审查,受建设单位委托,依照国家法律法规要求和建设单位要求,在建设单位委托的范围内对建设工程进行监督管理的单位。

(6)建筑工程:为新建、改建或扩建房屋建筑物和附属构筑物设施所进行的规划、勘察、设计和施工、竣工等各项技术工作和完成的工程实体。

(7)建筑活动:各类房屋建筑及其附属设施的建造和与其配套的线路、管道、设备的安装活动。

(8)建筑工程质量:反映建筑工程满足相关规定或合同约定和要求,包括其在安全、使用功能及其在耐久性能、环境保护等方面所有明显和隐含能力的特征总和。

(9)返修:对工程不符合标准规定的部位采取整修等措施。

(10)返工:对不合格的工程部位采取的重新制作、重新施工等措施。

(11)加固:是指对可靠性不足或业主要求提高可靠度的承重结构、构件及其相关部分采取增强、局部更换或调整其内力等措施,使其具有现行设计规范及业主所要求的安全性、耐久性和适用性。

(12)工程质量监督:是建设行政主管部门或其委托的工程质量监督机构(统称监督机构)根据国家的法律、法规和工程建设强制性标准,对责任主体和有关机构履行质量责任的行为以及工程实体质量进行监督检查,维护公众利益的行政执法行为。

(13)监督抽测:由监督人员根据结构部位的重要程度及施工现场质量情况,运用先进的检测仪器设备,对涉及结构安全使用功能、关键部位的主体质量或材料进行随机抽测。

(14)监督抽检:监督机构经监督抽测发现工程质量不符合工程建设强制性标准,或对工程质量有怀疑的,应责令有关单位委托有资质的检测单位进行检测。

(15)检验批:按同一生产条件或按规定的方式汇总起来供检验用的,由一定数量样本组成的检验体。检验批可根据施工及质量控制和专业验收需要按楼层、施工段、变形缝等进行划分。

(16)验收:建筑工程在施工单位自行质量检验评定的基础上,参与建设活动的有关单位共同对检验批、分项、分部、单位工程的质量进行抽样复验,根据相关标准以书面行式对工程质量达到合格与否做出确认。

(17)进场验收:为进入施工现场的材料、构配件、设备等按相关标准规定要求进行检验,对产品达到合格与否做出确认。

(18)标准:是指为在一定范围内获得最佳秩序,对活动或其结果规定共同的和重复使用的规则、导则或特定文件。该文件经协商一致制订并经过一个公认机构批准。按照《中华人民共和国标准化法》规定,我国标准分为国家标准、行业标准、地方标准、企业标准。

(19)国家标准:是指对需要在全国范围内统一的或国家需要控制的技术要求所制定的标准,由国务院标准化行政管理部门制定发布。国家标准是通用的,在全国范围内普遍通用,不受行业的限制。

(20)行业标准:是指对没有国家标准,而需要在全国某个行业范围内统一的技术要求所

制定的标准。由国务院有关行政管理部门制定发布,并报国务院标准化行政管理部门备案。行业标准是对国家标准的补充,行业标准在国家标准实施后,自行废止。

(21)地方标准:是指在某个省、自治区、直辖市范围内需要统一的标准。对没有国家标准、行业标准而又需要在省、自治区、直辖市范围内统一的技术要求,可以制定地方标准。地方标准由省、自治区、直辖市人民政府标准化行政管理部门制定发布,并报国务院标准化行政管理部门和国务院有关行政主管部门备案。地方标准不得与国家标准、行业标准的规定相抵触,在本行政辖区范围内适用,在相应的国家标准和行业标准实施后,地方标准自行废止。

(22)企业标准:是指企业制定的产品标准和在企业内需要协调、统一的技术要求和管理、工作要求所制定的标准。企业生产的产品在没有相应的国家标准、行业标准和地方标准时,应当制定企业标准,作为组织生产的依据。在有相应的国家标准、行业标准和地方标准时,国家鼓励企业在不违反强制性标准的前提下,制定严于国家标准、行业标准和地方标准的企业标准,在企业内部使用。企业标准由企业制定,由法人代表或法人代表授权的主管领导批准发布,一般报当地标准化行政管理部门和有关行政主管部门备案。

二 建筑工程质量事故的分类、特点

(一)建筑工程质量事故的分类

住房和城乡建设部在《关于做好房屋建筑和市政基础设施工程质量事故报告和调查处理工作的通知》(建质〔2010〕111号)中规定:根据工程质量事故造成的人员伤亡或者直接经济损失,工程质量事故分为4个等级。

(1)特别重大事故,是指造成30人以上死亡,或者100人以上重伤,或者1亿元以上直接经济损失的事故;

(2)重大事故,是指造成10人以上30人以下死亡,或者50人以上100人以下重伤,或者5000万元以上1亿元以下直接经济损失的事故;

(3)较大事故,是指造成3人以上10人以下死亡,或者10人以上50人以下重伤,或者1000万元以上5000万元以下直接经济损失的事故;

(4)一般事故,是指造成3人以下死亡,或者10人以下重伤,或者100万元以上1000万元以下直接经济损失的事故。

本等级划分所称的"以上"包括本数,所称的"以下"不包括本数。

按事故发生的阶段,有施工过程中发生的事故、使用过程中发生的事故和改建时或改建后引起的事故。

按事故发生的部位来分,有地基基础事故、主体结构事故、装修工程事故等。

按结构类型分,有砌体结构事故、混凝土结构事故、钢结构事故和组合结构事故等。

(二)建筑工程质量事故的特点

对建筑工程中出现工程质量事故的实例进行比对和分析,建筑工程质量事故主要具有复杂性、严重性、多变性和多发性等特点。

1. 工程质量事故的复杂性

在建筑业产品中，为满足各种特定的使用功能要求，适应自然和人文环境的需要，其种类繁多。我国幅员辽阔，各地区气候、地质、水文等条件相差很大，同种类型的建筑工程，由于所处地区不同、施工条件不同，可形成诸多复杂的技术问题和工程质量事故。尤其需要注意的是，导致工程质量事故发生的原因往往错综复杂，同一种类的工程质量事故，其原因也可能截然不同，因此对其处理的原则和方法也不尽相同。此外，建筑物在使用中也存在各种问题，所有这些复杂的影响因素，使得工程质量事故的性质、表现形式、危害和处理方法均比较复杂。如建筑物的开裂，其原因是多方面的，设计构造不合理、计算错误、地基沉降过大或出现不均匀沉降、温度变形、材料干缩过大、材料质量低劣、施工质量差、使用不当或周围环境的变化等，其中一个或几个原因均可导致质量事故的发生。

2. 工程质量事故的严重性

工程质量事故的发生，往往会给相关单位带来诸多困难，会影响工程施工的继续进行、会给工程留下隐患、会缩短建筑物的使用年限、会使建筑物成为危房或影响建筑物的安全使用甚至不能使用，最为严重的是使建筑物发生倒塌，造成人员伤亡和巨大的经济损失。如某县建委3层办公楼，于1987年9月14日凌晨4时30分，房屋突然倒塌于湖水中，造成结构严重破坏，住在该房屋中的41名施工人员，除1人重伤遇救外，其余40人全部死亡。

3. 工程质量事故的多变性

建筑工程中的质量问题，多数是随时间、环境、施工条件等变化而发生变化的。如钢筋混凝土大梁上出现的裂缝，其数量、宽度和长度会随着周围环境温度、湿度的变化而变化，或随着荷载大小和荷载持续时间而变化，甚至有的细微裂缝也可能逐步发展成构件的断裂，以致造成工程倒塌。

因此，一方面要及时发现工程存在质量问题，另一方面也应及时对工程质量问题进行调查分析，以做出正确的判断，对不断发生变化，并可能发展成为断裂倒塌事故的工程或部位，要及时采取应急补救措施。

4. 工程质量事故的多发性

工程质量事故的多发性有两层含义，一是有些工程质量事故像“常见病”、“多发病”一样经常发生，被称为工程质量通病。这些问题不会引起构件断裂、建筑物倒塌等严重的后果，但由于其影响建筑产品的正常使用，也应予以充分重视，如混凝土裂缝、砂浆强度不足，预制构件开裂，房屋卫生间和房顶的渗漏等。二是有些表征相同或相近的严重工程质量事故重复发生，如悬挑结构断裂倒塌事故，近几年在湖南、贵州、云南、江西、湖北、甘肃、广西、上海、浙江、江苏等地先后发生数十次，给国家带来巨大的经济损失。

第二节　建筑工程质量事故分析与处理的意义

由于设计、施工、使用、管理和灾害等方面的原因，不符合国家有关法规、技术标准和合同规定的对于建筑工程的适用、安全、经济、美观等各项要求的问题比较常见。发生建筑工程事

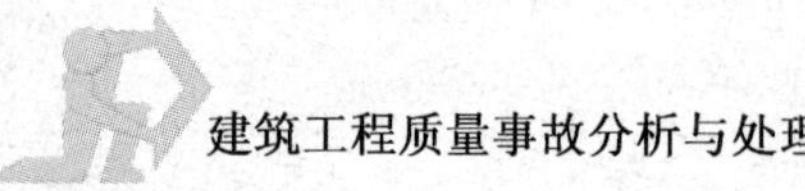

故，有的会造成工程停工、返工，有的会影响结构的正常使用、降低耐久性，有的会使事故不断恶化，甚至发生建筑物倒塌事件，造成国家和人民生命财产严重损失。

自中华人民共和国成立以来，我国进行了大规模的社会主义建设，特别是实行改革开放政策以来建造的一些建筑物，总建筑面积已超过60亿m^2，成绩显著。这些建筑物在时间上虽然没有超过使用年限，但由于设计上的失误、施工质量较差、使用不合理、管理不善、环境因素等原因，使得一些建筑物提前出现了老化，不能完成预定的功能。有的建筑物虽为近年来才建成，但也出现了质量事故，存在很多隐患，有的已经成为"危房"而无法继续使用，有的甚至倒塌，造成重大人员伤亡，给国家财产和人民生命造成了巨大损失。据1985年某省的房屋普查数据，该省被调查的房屋中，倒危房屋占2.16%，严重损坏的房屋占6.99%，一般损坏的房屋占18.85%，三项合计达28%。鉴于这些原因，建筑物存在有一定程度的质量问题和影响正常使用甚至危及安全的问题。因此，正确进行建筑工程质量事故分析与处理已是当今建筑业发展的一个重要方面。

目前，我国基本建设正处在一个蓬勃发展时期，但是有些地方和单位，也出现了乱设计、乱施工、乱指挥的混乱现象。尤其是某些农村建筑队，由于管理比较混乱，缺乏基本的设计和施工技术知识，以致发生了不少工程事故，给国家和人民生命财产造成严重损失，对此必须引起我们的足够重视。

不重视科学就要吃苦头。这些用生命和财产换来的深刻教训，必须认真对待。从很多工程事故的分析中可以看出，非正式设计单位或私人设计，不懂设计而乱套用和乱修改设计，结构计算错误，技术措施不当，诸如地基承载力不够、土质软硬不均、浸水湿陷、构件截面过小、支撑系统不完善、配筋不足及抗倾覆力矩不够等，对建筑工程安全的危害是很大的，是造成事故的直接原因。

技术管理混乱，施工质量低劣，如不遵守施工和验收规范，违反操作规程，原材料不做试验，材料以小代大，以劣代好，钢筋漏放和错位，墙体高厚比过大，结构失稳，模板支撑不牢、拆模过早，施工超载堆放，缺乏冬期施工措施，混凝土及砂浆强度严重不足以及赶进度、轻质量、结构强度不够、整体性差等所造成的工程事故也是比较多的。

使用单位对建筑工程的维护管理不善，比如地基浸水湿陷造成墙体开裂、柔性屋面踩裂漏水、木结构腐朽虫害、钢结构锈蚀强度过分削弱等造成的工程事故也屡见不鲜。

不按基建程序办事，违反客观规律，长官意志，不勘测就设计、无设计就施工、未完工就使用，甚至仍然采取边勘测、边设计、边施工、边使用的错误做法，是造成一些工程事故的主要原因。

"隐患险于明火，防范胜于救灾，责任重于泰山"，"百年大计、质量第一"，道出了工程质量的重要性。但在实际工作中却存在着对于工程事故分析不清、处理不当，以及所采用的处理技术欠合理等情况。这样不仅会造成不应有的经济损失，也给工程留下了新的隐患。通过调查事故情况，分析事故产生的原因，研究恰当的处理方法，探讨预防事故再次发生的措施，使广大建筑业同行了解一些典型事故的分析处理技术，有助于在今后的建设工程中少犯错误。因此，正确分析与处理事故，及时解决质量问题是每个建筑工程技术人员必须掌握的一项专门技能，也是确保工程质量的一项重要工作。

第三节　课程的主要内容及学习方法

一 主要内容

本书根据初、中级建筑工程技术人员培养的需要而编写。主要阐述地基基础和主体结构工程事故的分析、处理。全书分为概述、建筑工程施工现场检测的一般方法、地基和基础工程质量事故与处理、砌体工程质量事故与处理、钢筋混凝土结构工程质量事故与处理、钢结构工程质量事故与处理、防水工程质量事故与处理、装饰工程和外墙保温工程质量事故与处理以及工程质量事故原因综述共九章内容,还简要介绍了建筑工程事故处理技术和加固维修技术。书中事故实例具有一定的代表性或典型性,内容真实、可靠,在文字阐述方面力求深入浅出,以方便学生自学和在工程中应用。

二 学习方法及要求

本课程是建筑工程技术专业的一门职业技术课。其目的与任务是:使学生通过教学大纲所规定的全部教学内容的学习,获得建筑工程事故预防、分析及处理最必需的基本理论与基本知识,为将来从事建筑工程施工及技术管理打下坚实的基础。

本课程是一门综合性课程,内容庞杂,各章自成系统,它涉及许多学科,如建筑材料、房屋建筑学、建筑力学、建筑结构、建筑施工技术、建筑施工组织等。但反映在课程中却仅仅是这些学科中与建筑质量有关的个别概念,而不是系统的知识,因而学生往往感到不习惯,抓不住要领。根据上述特点,从课程的目的、任务出发,按照课程的基本要求,要采取正确的学习思路和相应的学习方法。

本课程的目的主要在于使学生有如下认识:

(1)从工程事故中吸取教训,以改进设计、施工和管理工作,从而防止同类事故的发生。目前,学校中安排的土木工程建设的有关课程,绝大部分是从正面学习,自成体系。而事故的发生,造成经济损失,有时还引起人员伤亡,这从反面给我们以深刻的教训。从事故中吸取教训,有利于对正面学习到的规律和知识理解得更深刻、运用得更准确。

(2)掌握事故处理的基本知识和方法。因设计和施工的失误或管理不善而引起的事故,是工程技术人员经常遇到的。如何正确处理事故、分析事故原因、判断残余承载力及采取修复加固措施,与设计和建造新建筑有较大的不同,而掌握这方面的知识和技术是非常必要的。

本课程的学习包括课堂讲授、实训教学、事故分析演练等几个教学环节。

本课程的讲授环节要求在规定的学时分配条件下,本着难点与重点并重的原则,使学生掌握建筑工程事故分析、处理、预防的基本理论知识。本课程的内容很丰富,涉及面较宽,讲授过程不可能面面俱到,只能做到少而精,重点讲透,难点讲清。同时尽量使用录像、幻灯片、多媒体等辅助教学手段,形象直观,以便学生能深刻理解所讲授的内容。

通过教材自学、听课、观看多媒体材料、进行实训教学、进行事故分析演练等多角度、多方

位的学习，要求学生在掌握建筑工程事故分析、处理及预防基本理论的基础之上，重点理解不同结构、不同类型事故发生的机理，明确建筑工程事故分析、处理及预防基本原理与要求，在此基础之上掌握建筑工程事故防治技术，对现有的事故进行技术分析。

实训教学、事故分析演练是培养实践能力的一个重要教学环节，同学们可以通过现场教学、事故调查、事故分析，掌握实际应用技能，提高实践能力。实习分5～6人一组，原则要求每个学生都能把主要事故原因分析及处理内容操作一遍。每个小组演练一个典型的工程事故，每个人写一份实习报告。

本章小结

本章主要介绍了建筑工程质量事故、质量问题、质量缺陷、质量通病等基本概念，建筑工程质量事故的分类、特点、基本分析，以及本课程的主要内容及学习方法。通过本章内容的学习，可以基本了解建筑工程事故分析和处理的一般知识，为以后章节内容的学习打下基础。

小知识

要想质量好　监理离不了

管理的落后，的确是最可怕的落后。我国大量建筑工程事故的发生，许多建筑工程的质量得不到可靠保证，与建设管理体制的不相适应颇有关系。

为了确保建设工程质量，国际上广泛推行建设监理制。早期国内建筑界对这种监督和管理的科学体系还不熟悉，但它的推广势在必行，目前已经广泛实施。

监督管理是针对建设者在工程项目实施计划中的技术经济活动，它要求这些活动必须符合有关法规、技术标准、规范和工程合同的规定，确保工程项目在合理的期限内以合理的代价与合格的质量实现其预定的全部功能。这种监理职能通常由建设单位委托专业的监理机构来执行。

几十年来，我国的建设项目不论规模大小，基本上是由建设单位的基建管理部门与承包单位负责，或由有关各方组成的工程指挥部统一指挥。这两种方式都缺少严格的监理制度，容易导致超投资、拖进度、质量不符合要求、组织协调困难等通病。

工程建设项目涉及多学科多专业，无论材料、设备、工艺和生产组织都多种多样。在实行承包制的条件下，即使把设计施工的全部工作委托给承包商，建设单位也需要一批内行的专业人员来和承包商打交道，对他们的活动进行监督检查和管理。

对投资者，要组织大量各类专业人员来实施监理，是不划算的，因为项目一完成，这些人员就只得解散，无法形成稳定的监理队伍。于是，为建设单位服务的专业监理机构便应运而生。

比如在上海，同济大学成立了相应的机构，上海市建筑科学研究院也有监理公司及若干活跃在南浦大桥、杨浦大桥、上海电视台新闻大楼等工程项目中的"监理"队伍。熟悉设计、施工业务的监理工程师，能对建设项目进行全面的或某些专业的工程监理，这就使建设单位机构简化，开支节约，同时又使工程质量得到保证。

对承包商，与懂行的监理工程师在技术上有共同的语言，对各类矛盾易于按双方熟悉的专业法规、标准、规范去处理，可避免因一方懂行而另一方不懂行而产生纠纷的现象。

对专业的监理机构，既可充分发挥智力密集的优势，为工程提供优质服务，又可在大量工程实践中磨炼出一支稳定的监理工程师队伍。

根据国际上的惯例，社会监理单位的一般任务是：从组织和管理的角度采取措施进行投资控制、进度控制、质量控制、信息管理和合同管理，以确保建设项目的总目标——费用目标、工期目标、质量目标的最合理实现。

我国对社会监理的主要工作内容作了如下具体规定。

1. 建设前期阶段

(1) 进行建设项目的可行性研究；

(2) 参与设计任务书的编制。

2. 设计阶段

(1) 提出设计要求，组织评选设计方案；

(2) 协助选择勘察、设计单位，商签勘察设计合同并组织实施；

(3) 审查设计和概(预)算。

3. 施工招标阶段

(1) 准备与发送招标文件，协助评审投标书，提出决标意见；

(2) 协助建设单位与承建单位签订承包合同。

4. 施工阶段

(1) 协助建设单位与承建单位编写开工报告；

(2) 确认承建单位选择的分包单位；

(3) 审查承建单位提出的施工组织设计、施工技术方案和施工进度计划，并提出修改意见；

(4) 审查承建单位提出的材料和设备清单及其所列的规格与质量；

(5) 督促、检查承建单位严格执行合同和技术标准；

(6) 调解建设单位与承建单位之间的争议；

(7) 检查工程使用的材料、构件和设备的质量，检查安全防护措施；

(8) 检查工程进度和施工质量，验收分部分项工程，签署工程付款凭证；

(9) 督促整理合同文件和技术档案资料；

(10) 组织设计单位和施工单位进行工程竣工验收，并初步提出竣工验收报告；

(11) 审查工程结算。

5. 保修阶段

负责检查工程状况，鉴定质量问题责任，督促保修。

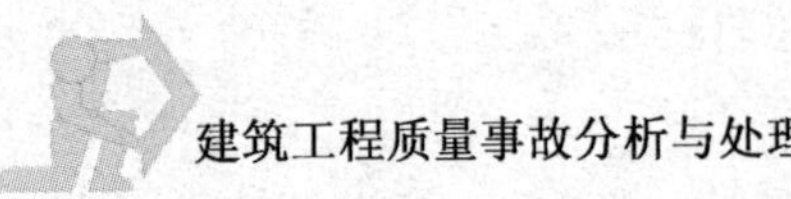

每一工程项目，监理的具体内容则根据委托方的要求来确定，可按需要把一个建设项目全过程的管理、组织、协调等工作完全委托给某一监理单位，也可将某些专业的工程项目委托给监理单位。

建设监理制的推行，促进一大批专业技术人员、科研人员和大专院校教师走上为经济建设服务、与生产劳动结合的大舞台。他们走出学校、走出研究所，在更广阔的空间中施展着多方面的才干，同时创造了可观的经济效益和社会效益。

目前，世界上绝大多数国家都推行严格的建设监理制。各类工程每完成一个阶段，只有总监理工程师验收签字后，政府才允许建设单位或银行付款。工程全部完成后，也只有在总监理工程师签字后政府才发给使用执照。

练 习 题

1-1 建筑结构检测一般包括哪些方面的内容？

1-2 简述建筑结构现场检测的主要特点。

1-3 何谓质量通病、质量缺陷、质量事故？

1-4 对建筑工程事故，应从哪几个方面分析其产生原因？

1-5 工程事故处理与新结构的设计有什么异同？

1-6 试述建筑工程事故处理课程的任务和作用。

本章实训课时:2 课时。

第二章
建筑工程施工现场检测的一般方法

【职业能力目标】

培养学生在建筑工程施工现场具有一定的质量检测能力，达到胜任施工员、质检员、监理员等职业岗位的要求。

【学习要求】

(1)了解各分部分项工程质量检测的原理；

(2)熟悉各分部分项工程的质量检测标准，能编制质量检测方案；

(3)掌握各分部分项工程的质量检测常用办法。

第一节 概 述

在建筑物正常施工过程中，为保证建筑工程质量和安全，根据国家相关规范规定和要求，对建筑结构和构件必须进行检测。当建筑物发生质量事故后，为了正确分析事故发生的原因，为工程质量事故的仲裁提供客观而公正的技术依据，也为建筑结构的修复、加固提供参考数据，往往有必要对发生事故的结构或构件进行必要的检测。检测包括如下内容：

(1)常规的外观检测，如平直度、偏离轴线的公差、尺寸准确度、表面缺陷、砌体的咬槎情况等；

(2)强度检测，如材料强度、构件承载力、钢筋配置情况等；

(3)内部缺陷的检测，如混凝土内部的孔洞、裂缝、钢结构的裂缝、焊接缺陷等；

(4)材料成分的化学分析，如混凝土的集料分析、水泥成分及性能分析、钢材化学成分分析等。

与常规的检测工作相比，对发生质量事故的结构进行检测有下列一些特点：

(1)检测工作大多在现场进行，条件差，环境干扰因素多。

(2)发生严重质量事故的结构工程，常常管理不善，没有完整的技术档案，有时甚至没有技术资料，有时还会遇到虚假资料的干扰，因而检测工作要做到周密细致，慎重对待。

(3)有些强度检测常常要采用非破损或少破损的方法进行。因事故现场尤其是对非倒塌事故一般不允许破坏原构件,或者从原构件上取样时只能允许有微破损,稍加加固后即不影响结构强度。

(4)检测数据要公正、可靠,经得起推敲。尤其是对于重大事故的责任纠纷,涉及法律责任和经济负担,为各方所重视,故所有检测数据必须真实、可信。

被检测的结构构件类别,主要有砌体结构构件、钢筋混凝土结构构件和钢结构构件。由于结构构件类别不同,检测的方法也有所不同,至少是检测的侧重点有所不同。为叙述方便,下面按结构构件类别介绍常用的一些检测方法,而且侧重介绍现场仪器检测的方法,至于按一般规程进行的外观检测不作详细叙述。

第二节　桩基础的检测方法

桩基是工程结构常用的基础形式之一,属于地下隐蔽工程,施工技术比较复杂,工艺流程相互衔接紧密,施工时稍有不慎极易出现断桩等多种形态复杂的质量缺陷,影响桩身的完整性和桩的承载能力,从而直接影响上部结构的安全。因此,其质量检测成为桩基工程质量控制的重要手段。

根据《建筑桩基检测技术规范》(JGJ 106—2003),目前桩基检测的主要方法有静载试验法、钻芯法、低应变法、声波透射法等几种。

一　静载试验法

桩基静载试验是理论上无可争议的桩基检测技术。在确定单桩极限承载力方面,它是目前最为准确、可靠的检验方法。

(一)基本原理

按桩的使用功能,分别在桩顶逐级施加轴向压力、轴向上拔力或在桩基承台底面标高一致处施加水平力,观测桩的相应检测点随时间产生的沉降、上拔位移或水平位移,判定相应的单桩竖向抗压承载力、单桩竖向抗拔承载力或单桩水平承载力。

(二)适用范围

单桩竖向抗压静载荷试验、单桩水平静载荷试验、单桩竖向抗拔静载荷试验、地基处理的静载荷试验、天然地基的平板竖向静载荷试验等。

(三)主要仪器设备

千斤顶、荷重传感器、位移传感器、百分表等。

(四)测试方法

我国大部分的检测规范(或规程)制订的是“慢速维持荷载法”,具体做法是按一定要求将荷载分级加到桩上，在桩下沉未达到某一规定的相对稳定标准前，该级荷载维持不变；当达到稳定标准时，继续加下一级荷载；当达到规定的终止试验条件时终止加载；然后再分级卸载到零。

钻芯法

这种方法具有科学、直观、实用等特点。一次完整、成功的钻芯检测，可以得到桩长、桩身混凝土强度以及桩底沉渣厚度和桩身完整性的情况，并能判定或鉴别桩端持力层的岩土性状。抽芯技术对检测判断的影响很大。钻芯法是从桩身混凝土中钻取芯样，以测定桩身混凝土的质量和强度，它具有施工周期短、对桩破坏小、获取资料全面可靠、经济效果好以及发现问题便于采取补救措施等优点。

（一）适用范围

灌注桩（除局部强度等级低于 C10 的桩身混凝土或龄期较短的混凝土）。

（二）测定方法

（1）安置钻机。钻孔位置确定后，应对准孔位安置钻机。钻机就位并安放平稳后，应将钻机固定，以便工作时不致产生位置偏移。固定方法应根据钻机构造和施工现场的具体情况，分别采用顶杆支撑、配重或膨胀螺检等方法。

（2）施钻前的检查。施钻前应先通电检查主轴的旋转方向，当旋转方向为顺时针时，方可安装钻头，并调整钻机主轴的旋转轴线，使其成垂直状态。

（3）开钻。开钻前先接水源和电源，将变速钮拨到所需转速，反向转动操作手柄，使钻头慢慢地接触混凝土表面，待钻头入槽稳定后方可加压进行正常钻进。开孔时可用短钻具和合金钻头，待钻至 1m 左右深度后再换用金刚石钻头钻进。

（4）钻进取芯。在钻进取芯过程中，应保持钻机的平稳，钻速不宜小于 140r/min，钻孔内的循环水流不得中断，水压应保证能充分排除孔内混凝土料屑，循环冷却水出口的温度不能超过 30℃，水流量宜为 3 ~ 5L/min，每次钻孔进尺长度不宜超过 1.5m。提钻取芯时，应拧下钻头和胀圈，严禁敲打卸取芯样。卸取的芯样应冲洗干净后标上深度，按顺序置于芯样箱中。当钻孔接近可能存在裂缝或混凝土可能存在疏松、离析、夹泥等质量问题的部位以及桩底时，应改用适当的钻进方法和工艺，并注意观察回水变色、钻进速度的变化，做好记录。

钻孔深度视委托方的要求而定，一般进入桩底持力层 0.5 ~ 1.0m 即可结钻。若需对地质报告中有关持力层的特性作进一步检验及准确查明桩底以下近桩底处是否有软弱夹层，则钻孔穿过桩底的深度宜超过 1.5 倍桩径（扩底桩按扩大端计）。

（5）在钻孔取芯过程中，应做好施工记录，对异常孔段和终孔及时验证孔深，对芯样应逐段进行地质描述，对有缺陷的芯段及桩底与基岩交接嵌合部位要进行必要的素描和拍照，最后提交《混凝土灌注桩钻孔取芯检验报告》。

（6）桩身混凝土钻芯后所留下的孔洞，应及时用水泥砂浆进行修补，以保证桩基正常工作。

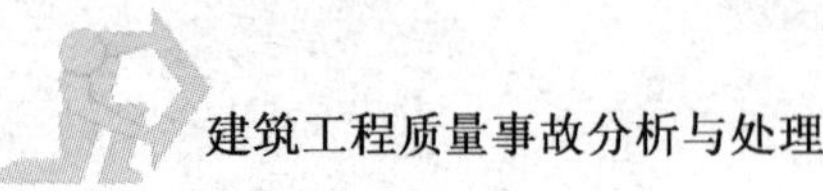

三 低应变法

低应变反动测技术检测桩身完整性已应用多年,是较为成熟的技术。

(一)基本原理

基桩一般都具有较大的长径比,可近似看作一维杆件。当在桩顶施加某一机械力 F 时,桩身质点因受迫振动产生弹性波沿桩体向下传播,当波遇到桩身因存在断裂等缺陷而形成波阻抗界面时,产生波的反射,并被安置在桩顶的高灵敏度传感器接收,通过对接收的反射波波形、振幅、频率及平均波速等进行分析,综合判别桩基的结构完整性,确定缺陷部位和程度,从而对桩的质量做出综合评价。

低应变法就是在桩顶施加低能量荷载,实测桩顶速度(或同时实测力)的响应,通过时域和频域分析,判定桩身的完整性的检测方法。

(二)适用范围

适用于各种混凝土预制桩、灌注桩的完整性检验,并可用来判定桩身是否存在缺陷以及缺陷的程度及其位置。

四 声波透射法

(一)基本原理及方法

混凝土是由多种材料组成的多相非匀质体。对于正常的混凝土,声波在其中传播的速度是有一定范围的,当传播路径遇到混凝土有缺陷时,如断裂、裂缝、夹泥和密实度差等,声波要绕过缺陷或在传播速度较慢的介质中通过,声波将发生衰减,造成传播时间延长,使声时增大,计算声速降低,波幅减小,波形畸变。声波透射法就是利用超声波在混凝土中传播的这些声学参数的变化,来分析判断桩身混凝土质量。

声波透射法检测桩身混凝土质量,是在桩身中预埋 2~4 根声测管,将超声波发射、接收探头分别置于 2 根导管中,进行声波发射和接收,使超声波在桩身混凝土中传播,用超声仪测出超声波的传播时间 t、波幅 A 及频率 f 等物理量,就可判断桩身结构完整性。

(二)适用范围

适用于检测桩径大于 0.6m 混凝土灌注桩的完整性检测。因为桩径较小时,声波换能器与检测管的声耦合会引起较大的相对测试误差,桩长则不受限制。

(三)仪器设备

声波透射法试验装置包括超声检测仪、超声波发射及接收换能器(亦称探头)、预埋测管等,也有加上换能器标高控制绞车和数据处理计算机,其装置如图 2-1 所示。

(四)测试技术

(1)预埋声测管应符合下列规定:桩径0.6~1.0m应埋设双管,桩径1.0~2.5m应埋设三根管,桩径2.5m以上应埋设四根。图2-2为声测管布置方式。

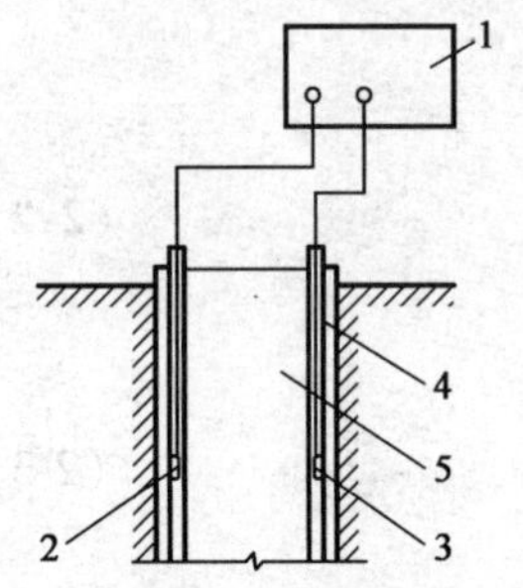

图2-1 声波透射法
1-超声检测仪;2-发射换能器;3-接收换能器;4-声测管;5-灌注桩

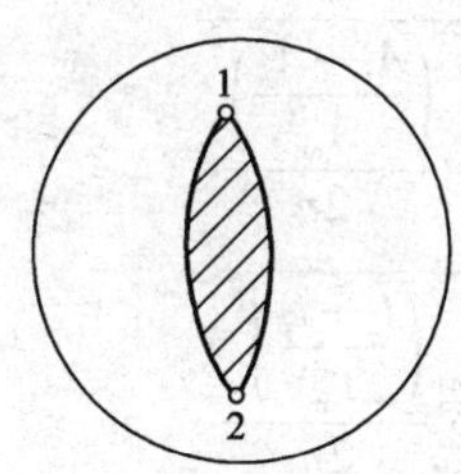

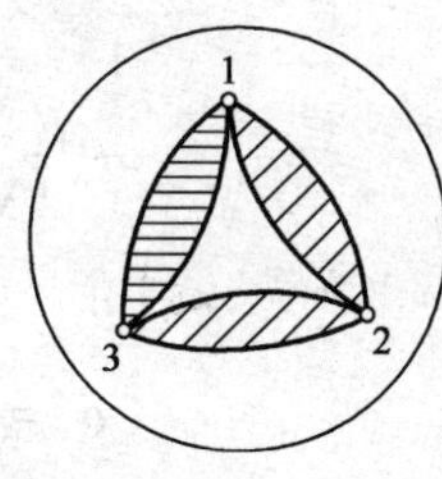

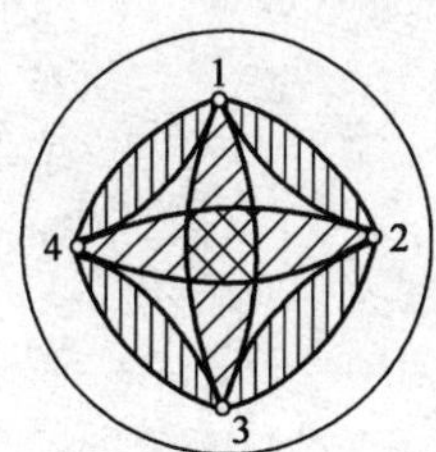

图2-2 声测管布置方式

声测管底端及接头应严格密封,保证管外泥水在1MPa压力下不会渗入管内,上端应加盖。声测管可焊接或绑扎在钢筋笼的内侧,检测管之间应互相平行,在检测管内应注满清水。

(2)现场检测前应测定声波检测仪发射至接收系统的延迟时间 t_0,并应按下式计算声时修正值 t':

$$t' = (D - d)/v_t + (d - d')/v_w \tag{2-1}$$

式中:D——检测管外径(mm);

d'——检测管内径(mm);

d——换能器外径(mm);

v_t——检测管壁厚度方向声速(km/s);

v_w——水的声速(km/s);

t'——声时修正值(μs)。

将发射、接收换能器置于水中,间距0.5m左右,接收信号波幅调节到2或3格,改变发射、接收换能器间距,测量不同距离的声时值,按时距曲线求出 t_0 值。

(3)检测步骤应符合下列要求:

接收及发射换能器应在装设扶正器后置于检测管内,并能顺利提升及下降。

测量时,上述发射与接收换能器可置于同一标高,当发射与接收换能器置于不同标高时,其水平测角可取30°~40°。

测量点距20~40cm。当发现读数异常时,应加密测量点距,以保证测点间声场可以覆盖而不致漏测。

发射与接收换能器应同步升降。各测点发射与接收换能器累计相对高差不应大于2cm,并应随时校正。

检测宜由检测管底部开始,发射电压值应固定,并应始终保持不变,放大器增益值也应始终固定不变。调节衰减器的衰减量,使接收信号初至波幅度在荧光屏上为2或3格。由光标确定

首波初至，读取声波传播时间及衰减器衰减量，依次测取各测点的声时及波幅并进行记录。

一根桩有多根检测管时，应将每两根检测管编为一组，分组进行测试。

每组检测管测试完成后，测试点应随机重复抽测10%~20%。其声时相对标准差不应大于5%；波幅相对标准差不应大于10%；并对声时及波幅异常的部位应重复抽测。测量的相对标准差可按下式计算：

$$\sigma'_{\mathrm{A}}=\sqrt{\sum_{i=1}^{n}\frac{\left(\frac{A_i-A_{ji}}{A_{\mathrm{m}}}\right)^2}{2n}} \tag{2-2}$$

$$\sigma'_{\mathrm{t}}=\sqrt{\sum_{i=1}^{n}\frac{\left(\frac{t_i-t_{ji}}{t_{\mathrm{m}}}\right)^2}{2n}} \tag{2-3}$$

式中：σ'_{t}——声时相对标准差；

σ'_{A}——波幅相对标准差；

t_i——第 i 个测点声时原始测试值（μs）；

A_i——第 i 个测点波幅原始测试值（dB）；

t_{ji}——第 i 个测点第 j 次抽测声时值（μs）；

A_{ji}——第 i 个测点第 j 次抽测波幅值（dB）；

A_{m}——波幅平均值（dB）；

t_{m}——测点声时平均值（μs）。

（4）检测数据的处理与判定

①根据现场所测的数据绘制声时—深度曲线及波幅（衰减值）—深度曲线，其声时 t_{c} 及声速 v_{p} 应按下列公式计算：

$$t_{\mathrm{c}}=t-t_0-t' \tag{2-4}$$

$$v_{\mathrm{p}}=l/t_{\mathrm{c}} \tag{2-5}$$

式中：t_{c}——混凝土中声波传播时间（μs）；

t——声时原始测试值（μs）；

t_0——声波检测仪发射至接收系统的延迟时间（μs）；

t'——声时修正值（μs）；

l——两个检测管外壁间的距离（mm）；

v_{p}——混凝土声速（km/s）。

②桩身完整性应按下列规定判定：

应采用声时平均值 μ_{t} 与声时2倍标准差 σ_{t} 之和 $\mu_{\mathrm{t}}+2\sigma_{\mathrm{t}}$ 作为判定桩身有无缺陷的临界值，并应按下列公式计算：

$$\mu_{\mathrm{t}}=\sum_{i=1}^{n}\frac{t_{\mathrm{c}i}}{n} \tag{2-6}$$

$$\sigma_{\mathrm{t}}=\sqrt{\sum_{i=1}^{n}\frac{(t_{\mathrm{c}i}-\mu_{\mathrm{t}})^2}{n}} \tag{2-7}$$

式中：n——测点数；

$t_{\mathrm{c}i}$——混凝土中第 i 测点声波传播时间（μs）；

μ_t——声时平均值(μs);

σ_t——声时标准差。

亦可按声时—深度曲线相邻测点的斜率 K_{tz} 及相邻两点声时差值 Δ_t 的乘积 $K_{tz} \cdot \Delta_t$ 作为缺陷的判据:

$$K_{tz} = (t_{ci} - t_{ci-1})/(Z_i - Z_{i-1}) \tag{2-8}$$

$$\Delta_t = t_{ci} - t_{ci-1} \tag{2-9}$$

$$K_{tz} \cdot \Delta_t = (t_{ci} - t_{ci-1})^2/(Z_i - Z_{i-1}) \tag{2-10}$$

式中:t_{ci}——第 i 测点的声时(μs);

t_{ci-1}——第 $i-1$ 测点的声时(μs);

Z_i——第 i 测点的深度(m);

Z_{i-1}——第 $i-1$ 测点的深度(m)。

$K_{tz} \cdot \Delta_t$ 值能在声时—深度曲线上明显地反映出缺陷的位置及性能,可结合 $\mu_t + 2\sigma_t$ 值进行综合判定。

波幅(衰减量)比声速对缺陷反应更灵敏,可采用接收信号能量平均值的一半作为判断缺陷临界值。波幅值用衰减器的衰减量 q 表示。波幅判断的临界值 q_D 有下列关系:

$$q_D = \mu_q - 6 \tag{2-11}$$

$$\mu_q = \sum_{i=1}^{n} \frac{q_i}{n} \tag{2-12}$$

式中:μ_q——衰减量平均值(dB);

q_i——第 i 测点的衰减量(dB);

n——测点数。

对超越临界值的测区,应进行缺陷分析与判断。

桩的完整性宜采用上述判据,并辅以接收波形的视频率做进一步的综合判定。在做出缺陷判定后,如需判定桩身缺陷尺寸及空间分布,宜进一步采用多点发射、不同深度接收的扇形测量法,根据多条交会的声线所测取的波速及波幅的异常情况加以判定。

第三节　砌体结构的检测方法

对砌体结构构件的检测主要包括材料(砖材、石材或其他块材及砂浆)强度、砌筑质量(如砌筑方法,砌体中砂浆饱满度、截面尺寸及垂直度等)、砌体裂缝及砌体强度。其中,关于砌筑质量的检查可按有关施工规程的要求进行,一般并无技术上的困难,这里就不作介绍。因为砌体承载力的评定是质量评定的关键问题,而砌体承载力取决于砌块及砂浆的强度,还与砌筑质量也有关。由于砌体中的砂浆很薄,无法再加工成标准的立方体进行压力试验,这就给检测工作带来困难。下面重点介绍砂浆材料强度及砌体承载力的检测方法。

一　砌体中砌块与灰缝砂浆强度的检测

砌体是由砌块和砂浆组成的复合体。有了砂浆及砌块的强度,就可按有关规范推断出砌体的强度。所以对砌块及砂浆强度的检测是十分关键的。

对于砌块,通常可从砌体上取样,清理干净后,按常规方法进行试验。

取5块砖做抗压强度试验,将砖试样锯成两个半砖(每个半砖长度不小于100mm),放入室温净水中浸10～30min,取出以断口方向相反叠放,中间用净水泥砂浆粘牢,上下面用水泥砂浆抹平,养护3d后进行压力试验。加荷前测量试件两半砖叠合部分的面积$A(mm^2)$,加荷至破坏,若破坏荷载为P(N),则抗压强度f_c(MPa)为:

$$f_c = P/A \tag{2-13}$$

另取5块做抗折试验,可在抗折活动架上进行。滚轴支座置于条砖长边向内20mm,加荷压滚轴应平行于支座,且位于支座之中间$L/2$处,加载前测得砖之宽b,厚h,支承距L。加荷破坏荷载为P,则抗折强度f_r(MPa)为

$$f_r = \frac{3PL}{2bh^2} \tag{2-14}$$

式中,b、h,L的单位为mm,P的单位为N。

根据试验结果,可按表2-1确定砖的强度等级。

黏土砖的强度指标 表2-1

砖的等级	抗压强度(MPa)		抗折强度(MPa)	
	平均值不小于	最小值不小于	平均值不小于	最小值不小于
MU20	20	14	4.0	2.6
MU15	15	10	3.1	2.0
MU10	10	6.0	2.3	1.3
MU7.5	7.5	4.5	1.8	1.1
MU5	5.0	3.5	1.6	0.8

当然,在寻找事故原因的复核验算中,可按实测值作为计算指标进行复核计算,不一定去套等级号。例如,若测得强度指标可达MU12,则可按此强度验算,不一定降到MU10。但对于设计,则必须按有关规定执行。

对于砌体中的砂浆,则已不可能做成标准的立方体(70.7mm×70.7mm×70.7mm)的试件,无法按常规试验方法测得其强度。

目前常采用冲击法、点荷法与回弹法等来检测砌体中砂浆的强度。现将这些方法简要介绍如下:

1.冲击法

冲击法是在砌体上凿取一定数量的砂浆,加工成颗粒状,由冲击锤将其粉碎。冲击将消耗一定的能量。砂浆粉碎后颗粒变小变细,其表面积增加。试验研究表明,在一定冲击作用下,砂浆颗粒增加的表面积ΔA与破碎功的增量ΔW呈线性关系,而砂浆的抗压强度与单位功的表面积增量$\Delta A/\Delta W$有定量关系,从而可以据此测得砂浆的强度。

试验中主要的设备是冲击仪,孔径为12mm及10mm的圆孔筛,一套砂标准筛及感量为0.01g的天平。

(1)试件制作。从拟检验的砌体中取硬化的砂浆约600g(一部分用于测密度,一部分用于冲击试验)。将其锤击加工成粒径10～12mm的颗粒,形状近于圆形,两个垂直方向的直径之

比不宜大于1.2。可用孔径为12mm及10mm的筛子筛分，取通过12mm孔径而留在10mm孔径筛子上的颗粒作为冲击试验的用料。取180～200g试料，放入烘箱内，在50～60℃下烘烤4～6h（干燥的试样可不必烘烤），取出在常温下搁置8～12h，再将其分为三份，每份50g，称量精确至0.01g，用来做三组平行试验。

（2）试验方法及步骤。根据砂浆的特征，估计其强度的大致范围，按表2-2选好打击锤的重量及落锤高度。然后将试样放入冲击仪的冲击筒中，并将其顶面摊平。整个试验分三个阶段，每一阶段均有冲击、筛分、称重三个步骤。第一阶段，冲击2次，进行筛分与称重；第二阶段，将试样重新放入筒内，摊平，冲击4次，再进行筛分与称重；第三阶段，将试样重新放入筒内摊平，最后冲击4次，然后筛分、称重。每一份试样总计冲击10次，筛分，称重3次。三组试样平行做三次。

锤重及落锤高度的选择 表2-2

估计砂浆强度（MPa）	锤重（质量）（kg）	落锤高度（cm）	冲击次数
<5.0	1.0	10	10
5.0～10	1.5	12	10
10～20	1.5	30	10
20～30	2.5	36	10
>30	3.0	50	10

（3）测定砂浆密度。可取未冲击的砂浆试样做成8cm³左右的块状试件，用蜡封法测其密度。

（4）测定冲击后试料的表面积。试样粉碎后筛分2min，分别称量各筛子上的筛余量Q_i及通过小于0.015cm筛试料的质量Q_8，然后可按下式计算试料的总表面积：

$$A=\frac{10.5}{\gamma_0}\sum_{i=1}^{7}\frac{Q_i}{d_{cpi}}+A_8 \tag{2-15}$$

式中：γ_0——试料质量密度（g/cm³）；

Q_i——各筛号上的筛余量（g）；

d_{cpi}——各筛号上试料的平均粒径（cm）（参见表2-3）；

A_8——小于0.015cm的试料表面积，可按$A_8=1510Q_8/\gamma_0$计算。

各筛号上的平均粒径 表2-3

i	1	2	3	4	5	6	7
筛号粒度范围（cm）	1.2～1.0	1.0～0.5	0.5～0.25	0.25～0.12	0.12～0.06	0.06～0.03	0.03～0.15
平均粒径d_{cpi}（cm）	1.097	0.722	0.361	0.177	0.0866	0.0433	0.022

同时计算破碎试料所消耗的功：

$$W=m\cdot h\cdot n \tag{2-16}$$

式中：W——冲击机械功（J）；

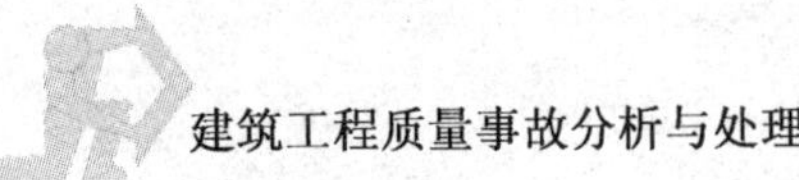

m——锤重(kg)；

h——落锤高度(cm)；

n——冲击次数。

计算 $\Delta A/\Delta W$ 值。一组试验分三阶段，每一阶段均可计算出 $(A_1,W_1)(A_2,W_2)(A_3,W_3)$，用最小二乘法，可计算出单位功的单位面积增量，即 $\Delta A/\Delta W$ 值。

取三组试验的平均值 $\Delta A/\Delta W$，然后按下式计算砂浆的抗压强度值 f_m(MPa)：

$$f_m = 64.55\left(\frac{\Delta A}{\Delta W}\right)^{-0.78} \tag{2-17}$$

上式适用于砂子的细度模数为 $2.1 < M_R < 2.9$，砂子最大粒径小于4mm，每立方米砂浆用砂量为1300～1600kg的水泥砂浆或混合砂浆。否则应重新标定，按对比试验求出有关参数，公式形式仍与式(2-17)相同，即：

$$f_m = a\left(\frac{\Delta A}{\Delta W}\right)^{b} \tag{2-18}$$

但式中参数 a、b 应经试验确定。

2. 点荷法

点荷法是通过对砂浆层施加集中点荷，测定试件所能承受的点荷值，结合试件的尺寸等因素，推算出砂浆的立方体强度。这种试验类似于混凝土的劈裂试验，本质上是利用了砂浆的劈拉强度与抗压强度的关系。

(1)试件加工。在砌体上凿出带有两块砖的砂浆层，小心地剥下砖块。若轻轻敲击即可使砖脱落，则可取下砂浆层。若轻敲不能使砖剥离，则不可用蛮力，应用手动钢锯或砂轮锯将其锯开，应注意不要对砂浆造成破损。剥离出砂浆层后，应剔除有明显缺陷、无代表性的试样，留下厚薄均匀的试样加工，可用小锤、手锯等工具，细心将试样加工成厚度为5～12mm，直径30～50mm的圆形试件(半径 R 在15～25mm之间)，将加荷面或支承面处细心磨平。

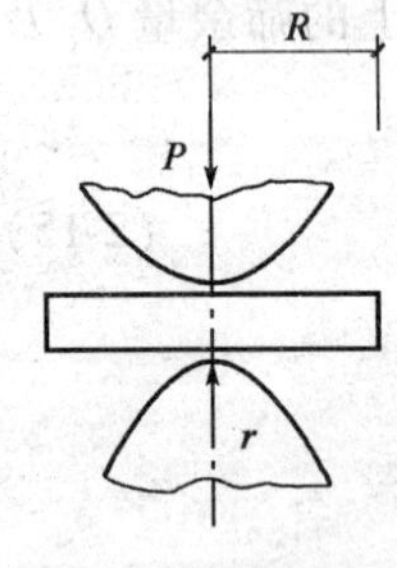

图2-3　点荷法

(2)试验步骤。点荷法的加载头及支座均为一圆锥体，锥头半径 r = 5mm，如图2-3所示。加载时，上、下压头要对中，试件要保持水平。然后慢慢加压至试件破坏，记下破坏时的荷载 P(kN)，并量测试件的厚度 t(mm)，测定加载点到试件边缘的距离 R(mm)。可按下式推算砂浆的强度 f_c：

$$f_c = (0.33\xi_5\xi_6 P - 1.1)^{1.09} \tag{2-19}$$

$$\xi_5 = 1/(0.05R + 1)$$

$$\xi_6 = 1/[0.03t(0.1t + 1) + 0.4]$$

式中：ξ_5——荷载作用半径的修正系数；

ξ_6——试件厚度修正系数；

R——荷载作用半径(mm)；

t——试件厚度(mm)。

3. 回弹法

回弹法是根据表面硬度与强度之间有一定关系而建立的一种非破损试验法。这种方法在现场混凝土强度的测量中已得到广泛应用。应用于砂浆的回弹仪与混凝土回弹仪相似，但探头要小一些。有专门用于测定砂浆强度的回弹仪，外形尺寸为60mm×280mm，冲击动能为0.196J。

在测定前应将砖墙上的抹灰或饰面清除干净，当清水墙灰缝已用水泥砂浆勾缝时，应将勾缝砂浆清除干净，然后用小砂轮小心地将灰缝磨平。选择的测点，砂浆与砖应黏结良好，缝厚适中（9~11mm）。

测定方法：将回弹仪对准平缝的砂浆缝，回弹仪应与被测面垂直，保持水平位置，然后连续弹击5次，前2次为预弹，不读数，以第3、4、5次的回弹值为准，取其平均数。同时将弹击点击出的小圆坑的坑深量出，精确到0.1mm。

由回弹值 N 及坑的深度 d，即可由有关图表（预先标定过的）查出砂浆的强度，如图2-4所示。表的用法是：由回弹数 N 向上作垂线与强度曲线相交，由交点向相应坑深的直线作垂线，由与坑深线的交点向左引水平线，即可读得砂浆强度值。若 $N=23$，$d=0.7$mm，则可查出 $f_c=6.2$MPa，如图2-4的虚线所示。

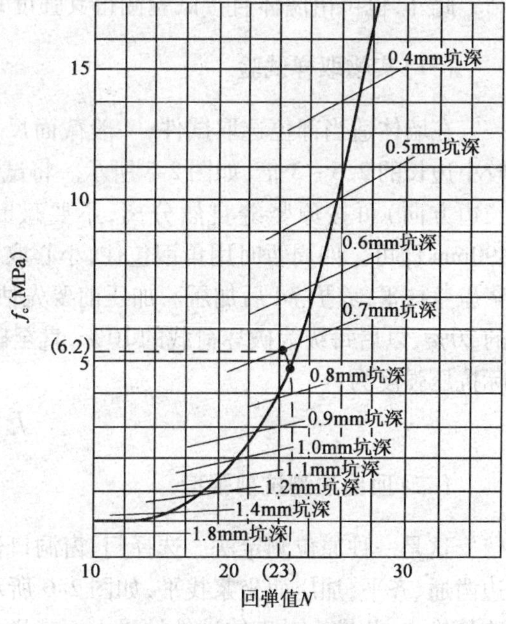

图2-4　砌体砂浆强度曲线

根据碳化深度 d 的不同也可按下列公式计算：

$$f_c=\begin{cases}3.97\times10^{-5}R^{2.57}(d\leqslant1.0\text{mm})\\4.85\times10^{-4}R^{3.04}(1.0\text{mm}<d<3.0\text{mm})\\6.34\times10^{-5}R^{3.6}(d\geqslant3.0\text{mm})\end{cases}\tag{2-20}$$

由于砂浆强度的离散性较大，对每一测区至少应取5个点进行回弹检测，然后取其平均值作为评判强度的依据。

回弹法的优点是操作简便，测试速度快，仪器便于携带，又是非破损的，因而可以多测。其缺点是测试结果离散度较大，因而常与冲击法等结合应用。

二　砌体强度的检测

有了砌块及砂浆的强度，即可按《砌体结构设计规范》（GB 50003—2001）求得砌体强度，这是一种间接测定砌体强度的方法。在《砌体结构设计规范》（GB 50003—2001）中由砌块及砂浆的强度等级可查到相应的砌体抗压强度的数值。但现场实测所得的砖及砂浆的强度不一定就恰好很接近强度等级的数值。作为强度等级标志，可往下靠而定出其等级。但进行事故原因分析时，则可取实测的强度值。对此，可用规范推荐的公式由砖及砂浆的强度推算砌体的强度，计算公式为：

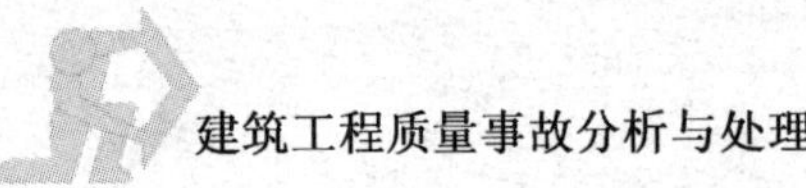

$$f_m = 0.46f_1^{0.9}(1 + 0.07f_2)(1.1 - 0.01f_2) \tag{2-21}$$

式中：f_m——轴心抗压强度（MPa）；

f_1——砖或砌块的抗压强度（MPa）；

f_2——砂浆的抗压强度（MPa）。

此外，也可由墙体直接试验测得其强度，下面介绍三种测定法。

（一）实物取样试验

在墙体适当部位选取试件，一般截面尺寸为240mm×370mm或370mm×490mm，高度为较小边长的2.5~3倍，如图2-5所示。将试件外围四周的砂浆剔去，注意在墙长方向（即试件长边方向）可按原竖缝自然分离，不要敲断条砖，留有马牙槎，只要核心部分长370mm或490mm即可。四周暂时用角钢包住，小心取下，注意不要让试件松动。然后在加压面用1:3砂浆坐浆抹平，养护7d后加压。加压前要先估计其破坏荷载。加压时的第一级为预估破坏荷载的20%，以后每级为破坏荷载的10%，直至破坏。设破坏荷载为N，试件面积为A，则砌体的实际抗压强度为：

$$f_m = N/A \tag{2-22}$$

（二）顶出法测抗剪强度

这是一种原位测定法。选择门、窗洞口作为测区，将试验区取L（370~490mm）长一段，两边凿通、齐平，加压面坐浆找平，如图2-6所示。加压用千斤顶，受力支承面要加钢垫板，逐步施加推力，此推力对砌体试件的受力面来说是剪力。若砌体破坏时的剪力为V，被推出部分的受剪面积为A，则该砌体的抗剪强度为：

$$f_{v,m} = V/A \tag{2-23}$$

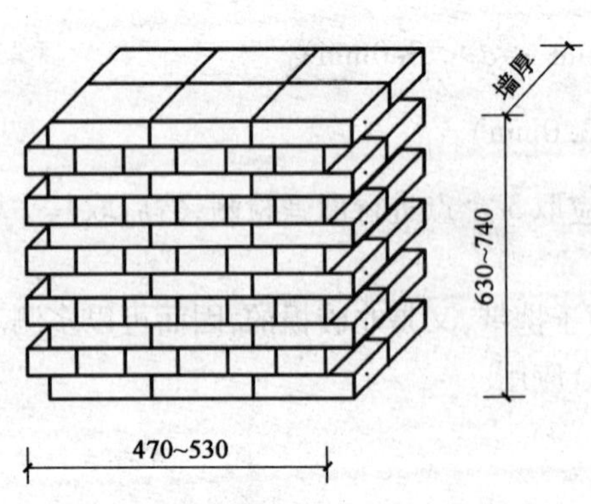

图2-5　砌体取样抗压试验（尺寸单位：mm）

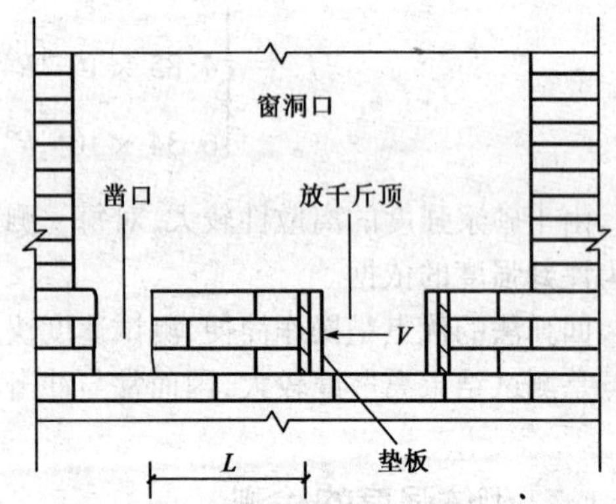

图2-6　顶出法测抗剪强度

应当说明，上述所测定的强度均指平均值，如要取作设计指标，则应按下式推算：

$$f = f_m(1 - 1.645\delta_f)/\gamma_f \tag{2-24}$$

对砌体结构抗压强度可取变异系数$\delta_f = 0.17$，材料分项系数$\gamma_f = 1.5$；对砌体结构抗剪强度则可取$\delta_f = 0.20$，$\gamma_f = 1.5$。也可按下式近似取作：

$$f = 0.447f_{v,m} \tag{2-25}$$

(三)原位轴压法测定砌体抗压强度

若希望直接在原砌体上采用少破损法测定其强度，则可在砌体上直接用扁千斤顶加压测定的方法。

该法是用一种特制的扁千斤顶在墙体上直接测量砌体抗压强度的方法。它的测试过程是在墙体垂直方向相隔五皮砖凿开两个相当于扁千斤顶的水平槽，宽为240mm，高为70～130mm，然后在两槽内各嵌入一个千斤顶并用自平衡拉杆固定(见图2-7)，用手动油泵对槽间砌体分级加载至受压砌体的抗压强度f_m，其值按下式计算：

$$f_m = [N/A]/\xi_1 \tag{2-26}$$

式中：f_m——砌体抗压强度的推定值(MPa)；

A——受压砌体截面积(mm^2)；

N——试验的破坏荷载(N)；

ξ_1——强度换算系数，$\xi_1 = 1.36 + 0.54\sigma_0$；

σ_0——被测试砌体上部结构引起的压应力(MPa)值，其值可按墙体实际所承受的荷载标准值计算。

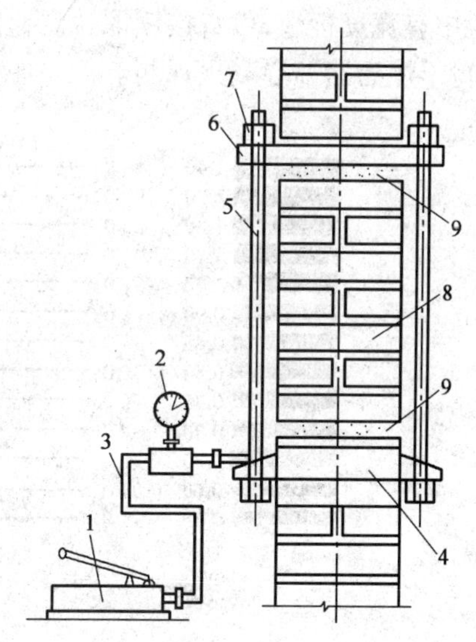

图2-7 原位压力机测试工作状况

1-手动油泵；2-压力表；3-高压油管；4-扁式千斤顶；5-拉杆(共4根)；6-反力板；7-螺母；8-槽间砌体；9-砂垫层

第四节 钢筋混凝土结构构件的检测方法

钢筋混凝土结构构件的检测，主要是要测定混凝土的强度，钢筋的位置与数量，混凝土裂缝及内部缺陷等。这些检测要在已有的结构或构件上进行，大多为现场操作，因而有一定的难度。目前已总结了一系列方法，可以对混凝土质量的评定做出较准确的检测。

一 混凝土表面裂缝及蜂窝面积的检测

(一)混凝土裂缝的检测

混凝土裂缝有直观性，易于被人们发现，而不同的裂缝是由不同原因引起的。因而，裂缝的观察与测量有助于对结构的质量的评判。裂缝检测的项目主要包括：

(1)裂缝的部位、数量和分布状态；

(2)裂缝的宽度、长度和深度；

(3)裂缝的形状，如上宽下窄、下宽上窄、中间宽两端窄、八字形、网状形、集中宽缝形等；

(4)裂缝的走向，如斜向、纵向、沿钢筋向，是否还在发展等；

(5)裂缝是否贯通，是否有析出物，是否引起混凝土剥落等。

裂缝长度可用钢尺或直尺量，宽度可用检验卡(见图2-8)，或20倍的刻度放大镜测定。检验卡实际上为一种标尺，上面印有不同宽度的线条，与裂缝对比即可确定裂缝宽度。刻度放大镜中有宽度标注,可直接读取。裂缝深度可用细钢丝或塞尺探测,也可用注射器注入有色液体,待干燥后凿开混凝土观测。

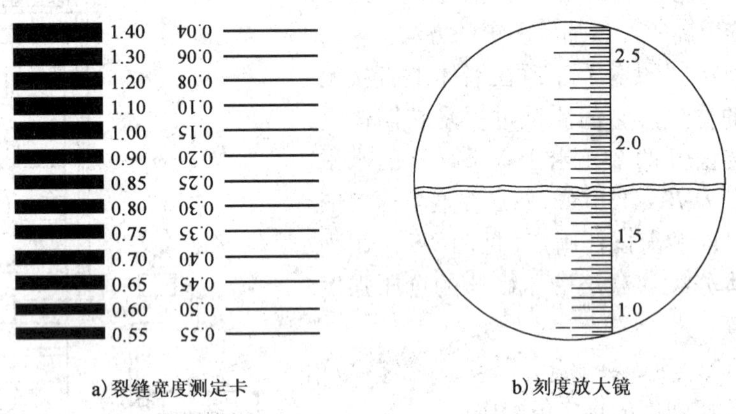

a)裂缝宽度测定卡　　b)刻度放大镜

图 2-8　裂缝检测

(二)蜂窝面积测定

蜂窝处砂浆少、石子多,严重影响混凝土强度。蜂窝面积可用钢尺、直尺或百格网进行测量,以蜂窝面积占总面积的百分比计。

二　混凝土强度的非破损检测

混凝土的非破损检验法是通过测定混凝土的有关物理参数,利用该物理参数与混凝土强度有一定关系来推断混凝土的强度。而这种物理参数与混凝土强度的相关关系是通过对相同混凝土强度的标准试块进行试验,得到大量数据后经回归分析求得的,一般用测强曲线或强度方程来表示。下面介绍在我国常用的几种非破损检验方法。

(一)回弹法检测混凝土强度

回弹法的原理是根据混凝土表面的硬度与抗压强度之间有一定的关系,利用测量表面硬度来推算混凝土的强度。所用的仪器是回弹仪,它在国内已有多个厂家进行生产。在建筑结构检测中常采用中型回弹仪,其冲击动能为 2.207J。由于回弹仪结构简单,携带和操作方便,便于重复使用,所以应用非常广泛。

检测方法:回弹仪测区面积一般为 200mm × 200mm 左右,选 16 个点。测定 16 个点的回弹值,分别剔除三个偏大值与三个偏小值,取中间 10 个点的回弹值平均值作为测定值。测区表面应清洁、平整、干燥,避开蜂窝麻面。当表面有饰面层、杂物、油垢时,可以除去或避开。回弹仪还应该避免钢筋密集区。如构件体积小、刚度差或测试部位混凝土厚度小于 10cm,应加支撑加固后测试,否则影响精度。

我国已经颁布了《回弹法检测混凝土抗压强度技术规程》(JGJ/T 23—2011),应用时应予遵守。

混凝土强度的推测:先求平均回弹值 N,再由回弹值与混凝土强度的关系曲线(称为测强曲线)即可查得混凝土的强度。根据使用条件和范围的不同,有三类测强曲线。

1. 统一测强曲线

这是《回弹法检测混凝土抗压强度技术规程》(JGJ/T 23—2011)给出的测强曲线。它是由北京、陕西、四川、杭州等 12 个省市或地区进行混凝土率定所得的统计回归曲线。

因回弹值受混凝土表面碳化深度的影响,因而除新建结构外,还应用下列方法测定碳化深度。

在回弹仪回弹测量完毕后,一般可在每个测区上选择几处测碳化深度。选好点后可在表面制成直径约 15mm 的孔洞,深度略大于混凝土的碳化深度,然后除去孔洞中的粉末和碎屑(不可用液体冲洗),并立即用浓度为 1% 的酚酞酒精溶液洒在孔洞内壁的边缘外,未碳化部分的混凝土会变为紫红色,再用钢尺测量自混凝土表面到不变色处的距离,可选有代表性的碳化处测 1 ~2 次,取平均值,读数精确至 0.5mm。

如钻孔、清孔有困难时,也可从测区混凝土表面凿取一小块混凝土,然后劈开(劈开面与表面垂直),并立即在断面上涂上 1% 的酚酞酒精溶液,用钢尺测量碳化深度。测量多处后取平均值。若 $L \leqslant 0.4$mm,可按未碳化处理。

为查用方便,《回弹法检测混凝土抗压强度技术规程》(JGJ/T 23—2011)已将统一测强曲线制成表格,列于规程附录 A 中,如表 2-4 所示。

测区混凝土强度值换算表 表 2-4

平均回弹值$\overline{N}$	测区混凝土强度值 R_{ni}(MPa)												
	平均碳化深度值$\overline{L}$(mm)												
	0	0.5	1.0	1.5	2.0	2.5	3.0	3.5	4.0	4.5	5.0	5.5	6.0
20.0	10.3	10.1	—	—	—	—	—						
20.2	10.5	10.3	10.0	—	—	—	—						
20.4	10.7	10.5	10.2	—	—	—	—						
20.6	11.0	10.8	10.4	10.1	—	—	—						
20.8	11.2	11.0	10.6	10.3	—	—	—						
21.0	11.4	11.2	10.8	10.5	10.0	—	—						
21.2	11.6	11.4	11.0	10.7	10.2	—	—						
21.4	11.8	11.6	11.2	10.9	10.4	10.0	—						
21.6	12.0	11.8	11.4	11.0	10.0	10.2	—						
21.8	12.3	12.1	11.7	11.3	10.8	10.5	10.1						
22.0	12.5	12.2	11.9	11.5	11.0	10.6	10.2						

2. 地区测强曲线

这是由某省或某一地区根据本地区的具体条件率定的曲线。

3. 专用测强曲线

这是专以某种工程对象所率定的曲线。

应用回弹法时,应优先选用地区或专用测强曲线。

由此可知,碳化深度对强度测定有较大影响,这是由于碳化后混凝土表面硬度增加。

此外,若混凝土的测试面不是侧面,而是上表面或底面,则回弹值应修正,见表 2-5。检测时回弹仪的角度对混凝土测试面不垂直于地面,即回弹仪不处于水平方向,如图 2-9 所示,则其值也应修正。

不同测试角度的修正值列于表 2-6 中。

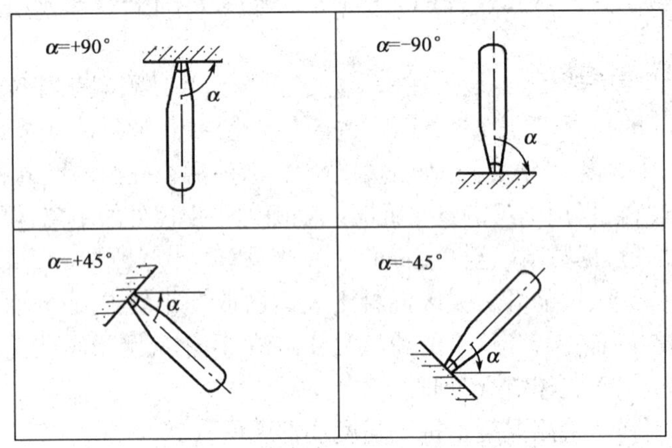

图 2-9 测试角示意图

不同浇筑面的回弹值修正值 ΔN_s 表 2-5

$\overline{N}_s$	ΔN_s	
	表 面	底 面
20	+2.5	-3.0
25	+2.0	-2.5
30	+1.5	-2.0
35	+1.0	-1.5
40	+0.5	-1.0
45	0	-0.5
50	0	0

不同测试角度口的回弹值修正值 ΔN_α 表 2-6

$\overline{N}_\alpha$	测试角度 α							
	+90°	+60°	+45°	+30°	-30°	-45°	-60°	-90°
20	-6.0	-5.0	-4.0	-3.0	+2.5	+3.0	+3.5	+4.0
30	-5.0	-4.0	-3.5	-2.5	+2.0	+2.5	+3.0	+3.5
40	-4.0	-3.5	-3.0	-2.0	+1.5	+2.0	+2.5	+3.0
50	-3.5	-3.0	-2.5	-1.5	+1.0	+1.5	+2.0	+2.5

注:表中未列入的相应于$\overline{N}_\alpha$ 的 ΔN_α 修正值,可用内插法求得,精确至一位小数。

只有碳化深度修正时:

$$\overline{N} = \overline{N}_s + \Delta N_s$$

只有角度修正时:

$$\overline{N} = \overline{N}_{\alpha} + \Delta N_{\alpha}$$

同时有碳化深度和角度修正时：

$$\overline{N} = \overline{N}_{\alpha s} + \Delta N_{\alpha} + \Delta N_{s} \tag{2-27}$$

式中，$\overline{N}_s$、$\overline{N}_\alpha$ 或$\overline{N}_{\alpha s}$均为未经修正的直接测定值。

对于泵送混凝土，因其平均骨粒粒径偏小，流动性偏大，对回弹值也应修正，应用时可查阅有关规定，这里不再细述。

(二)超声脉冲法检测混凝土强度

超声脉冲法是根据超声脉冲在混凝土中的传播规律与混凝土强度有一定关系的原理，通过测定超声脉冲的参数，如传播速度或脉冲衰减值，来推断混凝土的强度，如图2-10所示。目前国产的超声脉冲仪大多是测量传播速度的。超声脉冲仪产生的电脉冲通过发射探头(即电—声换能器)使声脉冲进入混凝土，然后电接收探头(即声—电换能器)接收，仪器测得信号的时间可直接化为声速表示出来，从仪器上读出了声速即可由有关测强曲线求得混凝土的强度。

1. 测试步骤

测试要选两个对面，一边放发射探头，一边放接收探头。测点布置视结构的大小和精度而定，一般可取10个方格。一般方格边长为15～20cm，在一方格内测三个声速，取其平均值。测点应避开有缺陷及应力集中的部位，并应避开预埋件及与声通路平行而又很近的钢筋。两对面一般选择两侧面。设探头处表面要平整、干净，有不平整处可用砂纸磨平，在置探头处可适当涂一薄层黄油等黏合剂，探头要压紧表面，以减少声能反射损失。

2. 混凝土强度的推断

与回弹法相似，应当率定测强曲线。目前还没有统一规程规定的测强曲线，各单位、各部门自己应当率定，图2-11是某系统试验率定的测强曲线。

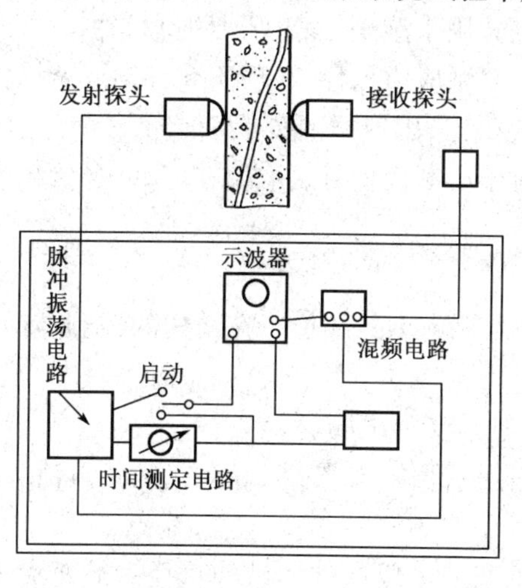

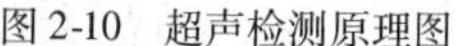
图2-10　超声检测原理图

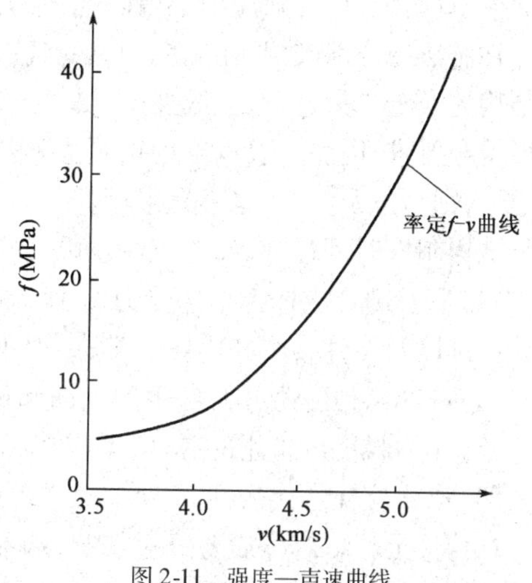

图2-11　强度—声速曲线

(三)超声回弹综合法检测混凝土强度

由于影响混凝土强度的因素比较多，超声法和回弹法的精度受各因素影响的程度也不同，

用单一方法测定往往有较大的误差,将两种方法综合运用,则可提高检测的精度,消除一些不利的影响。如测得声速为 v_a,回弹值为 R_a,则强度公式如下:

$$f_{cu} = a(v_a)^b (R_a)^c \tag{2-28}$$

式中:f_{cu}——混凝土强度值(MPa);

v_a——声速(km/s);

R_a——回弹值,已经过修正;

a、b、c——系数,由试验值回归确定。

建设部已颁布了《超声回弹综合法检测混凝土强度技术规程》(CECS 02:2005),并附有通用强度换算表可以参考应用。

三 局部破损法检测混凝土强度

(一)钻芯法

钻芯法是使用专门的钻芯机在混凝土构件上钻取圆柱形芯样,经过适当加工后在压力试验机上直接测定其抗压强度的一种局部破损检测方法。这种方法非常直观,更为可靠,在事故质量评判中也更能令人信服,因而受到重视。以前钻芯机靠外国进口,现在已有多个厂家生产钻芯机,钻孔最大孔径可达 160 ~ 200mm,完全可以满足工程需要,目前钻芯测强的方法已经得到愈来愈广泛的应用。由于取芯数量不能很多,因而这种方法也常结合非破损方法同时应用,它可修正非破损方法的精度,并且取芯数目可以适当减少。

取芯直径常在 100mm 左右,只要布置适当并修补及时,一般不会影响原构件的承载力。故取芯后留下的圆孔应及时修补,一般可用胶结材料为合成树脂的豆石混凝土,或用微膨胀水泥混凝土填补。填补前应细心清除孔中的污物及碎屑,用水湿润,修补后要细心养护。

钻芯法有局部破损,在使用中也受到一定限制。对预应力构件,一般不允许钻取芯样以确保结构的安全。另外,对于低强度(如小于 C10)的混凝土,因取样后外表面粗糙,芯样难以修整得符合要求,因而一般也不用钻芯法测其强度。对于小截面构件,钻芯直径尺寸超过构件尺寸之半,则易危及安全,也不宜采用。

试样制取时,取芯的部位应注意以下几点:

(1)取芯部位应选择结构受力面小、对结构承载力影响小的部位。在结构的控制截面、应力集中区以及构件接头和边缘处等,一般不宜取芯。

(2)取芯部位应避开构件中的钢筋和预埋件,特别是受力主筋。

(3)作为强度试验用的芯样,不应在混凝土有缺陷的部位(如裂缝、蜂窝、疏松区)钻取。

(4)取样应注意代表性。

在构件上钻取芯样后要经过切割,端部磨平等工艺加工成试件。试件直径一般要大于骨料最大粒径的 2 ~3 倍,高度为直径的 1 ~2 倍。一般建筑结构梁、柱、剪力墙的混凝土骨料最大粒径在 40mm 以下,故一般可加工成 $D \times H = 100\text{mm} \times 100\text{mm}$ 的圆柱体试件。

我国混凝土标准试块为 150mm ×150mm ×150mm 的立方体,尺寸不同时,测定强度值会有差异,应予修正,见表2-7。该试验表明,直径为 100mm 或 150mm 且 $D:H = 1:1$的芯样试件的抗压强度与标准立方体强度相当,因而可以不用修正,直接用芯样的抗压强度作为混凝土立方体强度。

芯样试件混凝土强度换算系数 表 2-7

高径比 H/D	1.0	1.1	1.2	1.3	1.4	1.5	1.6	1.7	1.8	1.9	2.0
系数 a	1.00	1.04	1.07	1.10	1.13	1.15	1.17	1.19	1.21	1.22	1.24

(二)拔出法

拔出法是指在混凝土构件中埋置一锚杆(可以预置,也可后装),然后将锚杆从混凝土中拔出,通过测定其拔出力的大小来评定混凝土强度,图 2-12 为拔出法示意图。试验证明,这种拔出力与混凝土的抗拉强度有密切关系,而混凝土抗拉力与抗压力是有一定关系的,从而可据此推得混凝土的抗压强度。这种方法在美国、俄罗斯和日本等国已经制定了试验标准,我国也已开始应用,相关部门已通过了试验的技术标准。对于质量事故的检查,主要用后置锚杆法。对此,中国工程建设标准化协会颁布了《后装拔出法检测混凝土强度技术规程》(CECS 69:2011)。

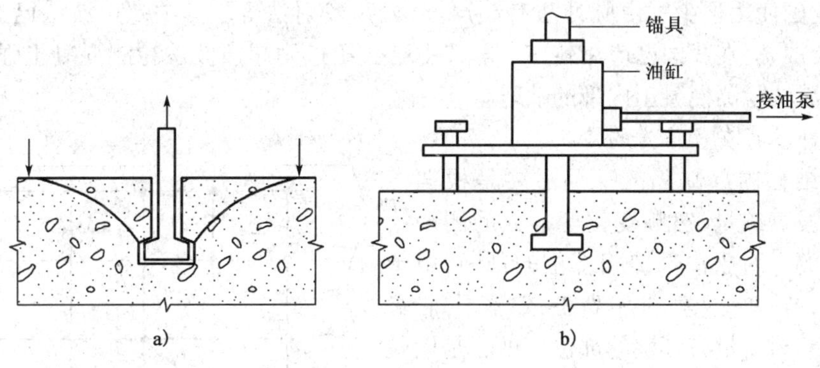

图 2-12 拔出法示意图

1. 试验取样

单个构件取样不少于一组,对整体结构不少于构件总数的 30% 且不少于 10 件。按单个构件检测时,应在构件上均匀布置 3 个测点。当 3 个拔出力中的最大拔出力和最小拔出力与中间值之差均小于中间值的 15% 时,仅布置 3 个测点即可,取最小值作为该构件拔出力计算值;当最大拔出力或最小拔出力与中间值之差大于中间值的 15%(包括两者均大于中间值的 15%)时,应在最小拔出力测点附近再加测 2 个测点,加测的 2 个拔出力值和最小拔出力值一起取平均值,再与前一次的拔出力中间值比较,取小值作为该构件拔出力计算值。

2. 试验步骤

(1)在混凝土构件上钻孔,孔径 30mm,深 25mm 左右;

(2)在钻孔头部扩孔成上形,下部环形槽深 2.5mm;

(3)将锚具放入孔内;

(4)安装拔出机;

(5)拔出锚杆,读下拔出机上的最大拔力值。

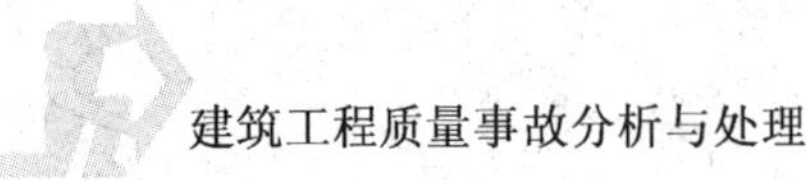

强度推断,设拔力为 F_p,则混凝土抗压强度与 F_p 有直线关系,即:

$$f_c = AF_p + B \tag{2-29}$$

式中,A、B 为待定常数,要先标定。例如某一地区标定的测强公式为:

$$f_c = 1.6F_p - 5.8 \tag{2-30}$$

拔出法与钻芯法均为微破损检测法。拔出法的精度比回弹法、超声法等非破损检验法要高,但比钻芯法稍低。拔出法检测快,一般测一点只需十几分钟,而钻芯法要几天甚至十几天,并且拔出法破损小,破损面直径小于100mm,深度不超过30mm,大约在保护层厚度附近,不影响结构强度,因而其使用受限制少,可更广泛地应用。

四 混凝土内部缺陷的检测

混凝土结构外部缺陷和损伤,如麻面、露筋、外露的蜂窝、孔洞,一般易于发现,用外观检查法即可做出全面、准确的测定和评判。但对于混凝土内部缺陷(外部无显露痕迹),测定和评判则比较困难。用于探测内部缺陷的方法有声脉冲法和射线法两大类。射线法是运用X射线、γ射线透射混凝土,然后照相分析。这种方法穿透能力有限,在使用中需要解决人体防护的问题,在我国使用很少。声脉冲法有超声波法、声发射法等。其中超声波法已有商品化仪器,技术比较成熟,在我国已应用较广。前节中已介绍过用超声波法检测混凝土强度,本节则介绍用超声波法检测混凝土内部的缺陷。

1. 缺陷部位存在及位置的检测

混凝土结构内部缺陷的探测主要是根据声时、声速、声波衰减量、声频变化等参数的测量结果进行评判的。对于内部缺陷部位的判断,由于无外露痕迹,若一一搜索,非常费工,效率不高,一般应首先判断对质量有怀疑的部位。做法是以较大的间距(如300mm)画出网格,称为第一级网格,测定网格交叉点处的声时值。然后在声速变化较大的区域,以较小的间距(如100mm)画出第二级网格,再测定网格点处的声速。将具有数值较大声速的点(或异常点)连接起来,则该区域即可初步定为缺陷区,如图2-13所示。

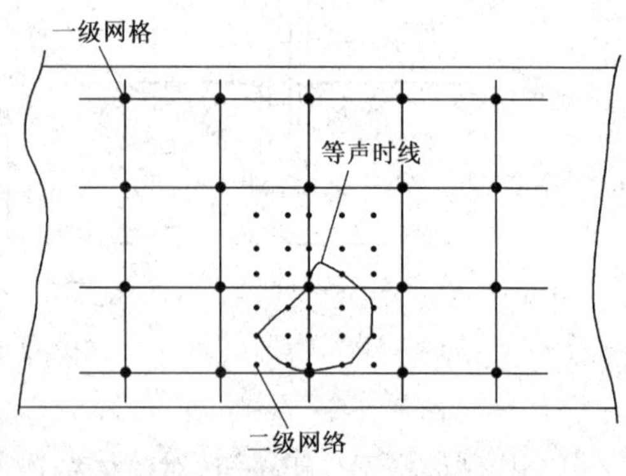

图2-13 用超声波法测内部缺陷时的网格布置

声速值在均匀的混凝土中是比较一致的,遇到有孔洞等缺陷时,会因经孔隙而变小。但考虑到混凝土原材料的不均匀性,宜用统计方法判定异常点。试测几个声速点,若混凝土构件的厚度相同,其平均值为 v_m,其标准差为 σ_v,则下列声速点可判为有缺陷,即:

$$v_i < v_m - 2\sigma_v \tag{2-31}$$

式中:v_i——第 i 个测点的声速值;

v_m——平均声速值;

σ_v——声速值的标准差。

声速值的变化可以判断缺陷的存在,在其缺陷附近测得声时最长的点,然后将探头置于构件两边,其连线应与构件垂直并通过声时最长点,然后由下式估算缺陷尺寸的直径:

$$d = D + l\sqrt{(t_2/t_1)^2 - 1} \tag{2-32}$$

式中：d——缺陷横向尺寸；

l——两探头间距离；

t_2——超声脉冲探头在缺陷中心时的声时值；

t_1——按相同方式在无缺陷区测得的声时值；

D——探头直径。

2. 裂缝深度的测定

对于开口且垂直于构件表面的裂缝，可按如图 2-14a）所示方法测量。首先将探头放在同一构件无裂缝位置，测得其声时值 t_0；然后将探头置于裂缝两边，测出其声时值 t_1。测 t_0 及 t_1 时，应保持探头间距离 l 相同。裂缝深度 h 可按下式计算：

$$h = \frac{l}{2}\sqrt{\left(\frac{t_1}{t_0}\right)^2 - 1} \tag{2-33}$$

需注意的是，$\frac{l}{2}$与 h 相近时，测量效果较好；应避开钢筋，一般探头离钢筋轴线的距离为 $1.5h$ 为好。

如为开口斜裂缝，则可按图 2-14b）布置。测试时首先在裂缝附近测得混凝土的平均声速 v；然后将一探头置于 A，另一探头跨过裂缝，先置于 D，量得 $AD = l_1$，测得 ABD 的声时为 t_2；再置于 E，量得 $AE = l_2$，测得 ABE 的声时为 t_1；E 离裂缝边的距离为 l_3。

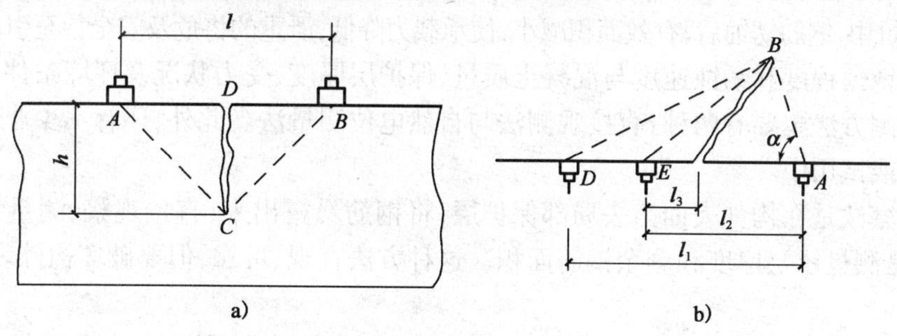

图 2-14　裂缝深度探测

则有方程：

$$\begin{aligned}(AB) + (BE) &= t_1 v \\ (AB) + (BD) &= t_2 v \\ (BE)^2 &= (AB)^2 + l_2^2 - 2(AB)l_2\cos\alpha \\ (BD)^2 &= (AB)^2 + l_1^2 - 2(AB)l_1\cos\alpha\end{aligned} \tag{2-34}$$

式中，v、t_1、t_2、l_1、l_2 均为测得值，代入后即可解出 AB、BE 及 BD 值，从而可确定裂缝的深度。

测量注意事项同垂直裂缝的测量。

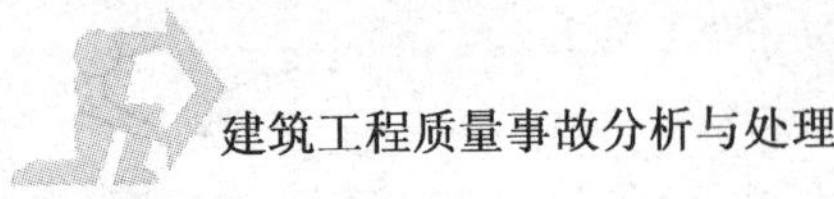

五 钢筋的检测

1. 钢筋位置的检测

钢筋的检测，一般可在构件上进行。凿去保护层，即可看到钢筋的数量并测量其直径，然后与图纸对照复核。必要时，可截取钢筋做强度试验，甚至做化学成分分析。

此外，可用钢筋检测仪测量钢筋的位置、数量及保护层厚度。我国生产的钢筋检测仪是利用电磁感应原理制成的。图2-15a）是某国产钢筋检测仪的面板及探头外貌。

检测方法：首先接通电源，探头放在空位（不可接近导磁体），调整零点，然后将探头沿垂直于钢筋方向平移（探头平行于要测钢筋方向），边移动边观察指示表上的指针，指针最大读数处，即为钢筋所在位置，见图2-15b）。此外，此仪器还可测得保护层厚度。国内外有些钢筋检测仪器在一定保护层厚度内可测得钢筋的直径，这种方法已逐步推广、应用。

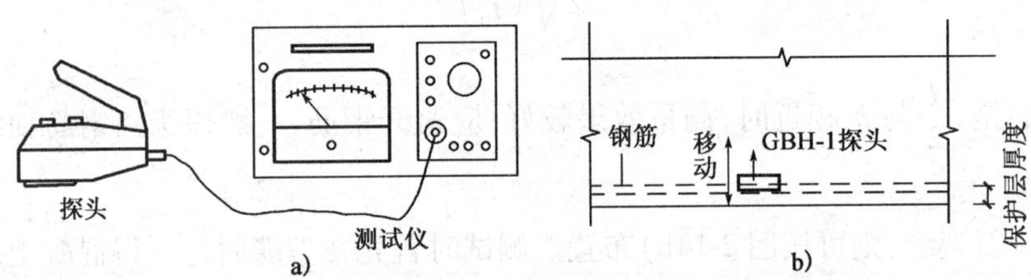

图2-15　钢筋检测仪

2. 钢筋锈蚀程度的检测

在旧建筑中，钢筋锈蚀后，有效面积减小，使承载力降低，严重的将危及安全甚至引起倒塌。

钢筋的锈蚀程度和锈蚀速度与混凝土质量、保护层厚度、受力状况及环境条件有关。对锈蚀程度的检测方法主要有两种：直接观测法与自然电位测量法。此外，还有不少非破损检测方法正在研究或试用中。

直接观察法是在构件表面凿去局部保护层，将钢筋暴露出来，直接观察、测量钢筋的锈蚀程度，主要是测量锈层厚度和剩余钢筋面积。这种方法直观、可靠，但要破坏构件表面，一般不宜做得太多。

自然电位法的基本原理是钢筋锈蚀后其电位发生变化，测定其电位变化来推断钢筋的锈蚀程度。所谓自然电位，是钢筋与其周围介质（在此为混凝土）形成一个电位，锈蚀后钢筋表面钝化膜破坏，引起电位变化。现已有专用电位仪用于测定钢筋锈蚀程度。

在钢筋处于钝化状态时，自然电位一般处于－100～－200mV范围内（对比硫酸铜电极），若钢筋腐蚀后，自然电位向低电位变化。对此，国内外均有一些标准。如美国标准，当钢筋中的电位高于－200mV时，可判定有90%的置信度判断不腐蚀；当处于－200～－300mV间时，不能确定是否腐蚀；当低于－350mV时，则有90%的可能是腐蚀了。又如日本标准为高于－300mV时，不腐蚀；局部低于－300mV时，局部腐蚀；全部低于－300mV时，全面腐蚀。我国冶金建筑研究院对此也作过深入研究，并提出一个判别标准，0～－250mV时，不腐蚀；－250～－400mV时，有腐蚀的可能；低于－400mV时，腐蚀。

江苏省建筑工程诊断与处理中心制定了省地级地方标准，其建议见表2-8。

钢筋状态判据 表 2-8

电位水平(mV)	钢筋状态	电位水平(mV)	钢筋状态
0 ~ −100	未锈蚀	−300 ~ −400	发生锈蚀的概率大于 90%,全面锈蚀
−100 ~ −200	发生锈蚀的概率小于 10%,开始有锈蚀	< −400	肯定锈蚀,锈蚀严重
−200 ~ −300	锈蚀状态不明确,可能有坑蚀		

用自然电位法测钢筋锈蚀情况,方法简便,不用复杂设备,得结果快速,可在不影响正常生产的情况下进行。但电位易受周围环境因素干扰,且对腐蚀的判断比较粗略,故常与其他方法如直接观察法联合应用。

3. 钢筋实际应力的测定

混凝土结构中钢筋实际应力的测定,是对结构进行承载力判断和对受力筋进行受力分析的一种较为直接的方法。

一般选取构件受力最大的部位作为钢筋应力测试的部位,因为此部位的钢筋实际应力反映了该构件的承载力情况。

测定步骤:

(1)凿除保护层,粘贴应变片:在所选部位将被测钢筋的保护层凿掉,使钢筋表层清洁并粘贴好测定钢筋应变的应变片(见图 2-16)。

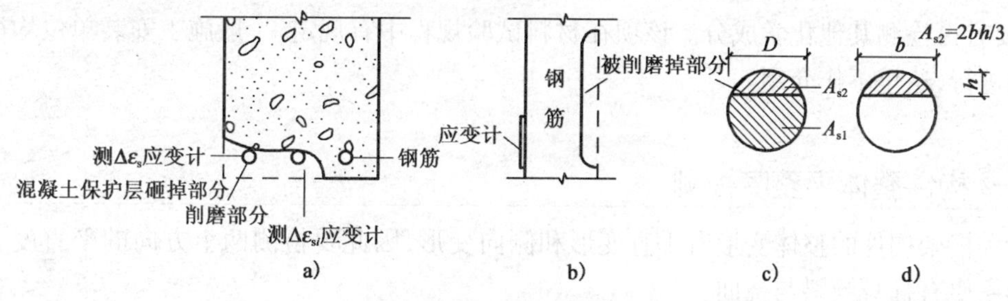

图 2-16 磨削法测钢筋应力

(2)削磨钢筋面积,量测钢筋应变:在与应变片相对的一侧用削磨的方法使被测钢筋的面积减小,然后用游标卡尺测量其减小量,同时应变记录仪记录钢筋因面积变小而获得的应变增量 $\Delta\varepsilon_s$。

(3)钢筋实际应力 σ_s 计算近似可取:

$$\sigma_s = \frac{\Delta\varepsilon_s E_s A_{s1}}{A_{s2}} + E_s \frac{\sum_{i=1}^{n} \Delta\varepsilon_{si} A_{si}}{\sum_{i=1}^{n} A_{si}} \tag{2-35}$$

式中:$\Delta\varepsilon_s$——被削磨钢筋的应变增量;

$\Delta\varepsilon_{si}$——构件上被测钢筋邻近处第 i 根钢筋的应变增量;

E_s——钢筋弹性模量;

A_{s1}——被测钢筋削磨后的截面积(见图 2-16c);

A_{s2}——被测钢筋削磨掉的截面积(见图 2-16d);

A_{si}——构件上被测钢筋邻近处第 i 根钢筋的截面积。

(4)重复测试,得到理想结果:重复步骤(2)、(3),当两次削磨后得到的应力值 σ_s 很接近时,便可停止削磨测试而将此时 σ_s 值作为钢筋最终要求的实际应力值。

测试中应注意,经削磨减小后的钢筋直径不宜小于 $2d/3$(d 为钢筋的原直径)。削磨钢筋应分 2~4 次进行,每次都要记录钢筋截面积减小量和钢筋削磨部位的应变增量。钢筋的削磨面要平滑。测量削磨后的钢筋面积应使用游标卡尺。削磨时,因摩擦将使被削钢筋温度升高而影响应变读数,因此一定要等到钢筋削磨面的温度与大气温度相同时,方可记录应变仪读数。

测试后的构件应进行补强,可用 $\phi20$,$l=200$mm 的短钢筋焊接到被削磨钢筋的受损处,并用比构件高一强度等级的细石混凝土补齐保护层。

第五节　钢结构构件的检测方法

钢结构构件中的型钢,如由正规钢厂出厂并具合格证明,则一般材料的强度及化学成分是有保证的。检测的重点在于加工、运输、安装过程中产生的偏差与失误。主要内容有外观平整度的检测,构件长细比、平整度及损伤的检测,连接的检测(应作为重点)。

如果钢材无出厂合格证明,或者来路不明者,则应再增加检测钢材及焊条的材料力学性能,必要时再检测其他化学成分。该项在材料试验规程中有规定,一般施工安装单位均可按常规试验进行,这里不作介绍。

一　构件整体平整度检测

梁和桁架构件的整体变形有垂直变形和侧向变形,因此要检测两个方向的平直度。柱子的变形主要有柱身倾斜与挠曲。

检查时,可先目测,发现有异常情况或疑点时,对梁或桁架可在构件支点间拉紧一根细铁丝,然后测量各点的垂度与偏度;对柱子的倾斜度则可用经纬仪检测;对柱子的挠曲度可用吊锤线法测量。如超出规程允许范围,应加以纠正。

二　构件长细比、局部平整度及损伤检测

构件的长细比在型钢代换中常被忽视而不满足要求,应在检查时重点加以复核。

构件的局部平整度可用靠尺或拉线的方法检查,其局部挠曲应控制在允许范围内。

构件的裂缝可用目测法检查,但主要要用锤击法检查,即用包有橡皮的木槌轻轻敲击构件各部分,如声音不脆,传音不匀,有突然中断等异常情况,则必有裂缝。另外,也可用 10 倍放大镜逐一检查。如疑有裂缝,尚不肯定时,可用滴油的方法检查。无裂缝时,油渍成圆弧形扩散;有裂纹时,油会渗入裂隙呈直线状伸展。

当然也可用超声探伤仪检查,这在前一节中已叙述过。对钢结构的检查,原理和方法与检查混凝土时相仿,这里不再赘述。

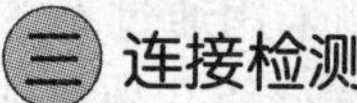

三 连接检测

钢结构事故往往出在连接上，故应将连接作为重点对象进行检查。

连接板的检查包括以下内容：

(1)检测连接板尺寸(尤其是厚度)是否符合要求；

(2)用直尺作为靠尺检查其平整度；

(3)测量因螺栓孔等造成的实际尺寸的减少；

(4)检测有无裂缝、局部缺损等损伤。

焊接连接目前应用最广，出事故也较多，应检查其缺陷。焊缝的缺陷种类很多，如图2-17所示，有裂纹、气孔、夹渣、未熔透、虚焊、咬肉、弧坑等。检查焊接缺陷时，首先进行外观检查，借助于10倍放大镜观察，并可用小锤轻轻敲击，细听异常声响，必要时可用超声探伤仪或射线探测仪检查。

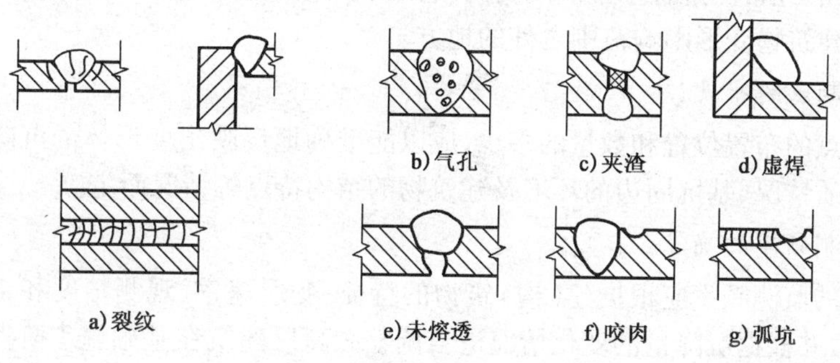

图2-17 焊接的缺陷

对于螺栓连接，可用目测与锤击相结合方法检查，并用示功扳手(带有声、光指示的扳手)，当示功扳手达到一定的力矩时，校核其拧紧度。

第六节 建筑物的变形监测方法

城市的各类建(构)筑物，特别是大量兴建的高层建(构)筑物，在施工和使用期间，由于受建筑工程地质条件、地基处理方法、建(构)筑物上部结构的荷载等多种因素的影响，将会引起基础及其四周的地层产生一定程度的变形，这种变形在一定的允许限值内，应当认为是正常现象。但如果超过了规定的允许限度，就会影响建筑物的正常使用，使建筑物发生不均匀沉降而导致倾斜，或造成建筑物开裂，严重时会危及建筑物安全甚至造成严重的安全事故，给人民生命和国家财产造成不可挽回的损失。因此，在工程建筑物的设计、施工和运营期间，必须对其进行变形监测。

工程建筑物变形监测的方法通常可采用常规精密大地测量方法进行，主要包垂直位移监测方法和水平位移监测方法。

一般说来，垂直位移监测多采用精密水准测量、液体静力水准测量等方法；水平位移监测，情况则比较复杂。对于直线形的建(构)筑物，采用基准线法监测；对于曲线形的建筑(构)物，

采用导线测量方法监测，也可用前方交会的方法。而建筑结构的挠度监测采用通过不锈钢丝悬挂重锤的正垂线法。这些监测方法都是一些常规的地面测量方法。下面介绍几种常见的建筑物变形监测方法。

一 建筑物沉降监测

建筑物沉降监测是用水准测量的方法，周期性地监测建筑物上的沉降监测点和水准基点之间的高差变化值。沉降监测的具体实施步骤有水准基点的布设、沉降监测点的布设、沉降监测频率的确定、沉降监测精度的确定和沉降监测数据的采集等。

1. 水准基点的布设

水准基点是固定不动且作为沉降监测高程基准点的水准点。它是监测建筑物地基及建筑物主体变形的基准，一般设置三个（或三个以上）水准点构成一组，同时在每组水准点的中心位置设固定测站，经常测定各水准点间的高差，用以判断水准基点的高程有无变动。通常水准基点应埋设在建筑物变形影响范围之外的地方。

2. 沉降监测点的布设

沉降监测点的布置位置和数量的多少，应以能准确地反映出变形体的沉降情况并结合建筑物场地的地质情况、基坑周边的环境及建筑物的结构特点等情况而定。

3. 沉降监测频率的确定

沉降监测的监测频率应根据建（构）筑物的特征、变形速率、观测精度和工程地质条件等因素综合考虑，并根据沉降量的变化情况适当调整。高层建筑在基础施工阶段变形监测应在较大荷重增加前后进行监测。施工期间，高层建筑每增加 1 ~ 2 层应监测 1 次。同时，对建筑结构突然发生严重裂缝或大量沉降等特殊情况，应增加监测次数。建筑物使用阶段第一年监测 3 ~4 次，第二年监测 2 ~ 3 次，第三年后每年 1 次。当建筑物沉降速度达到 0.01 ~0.04mm/d 即视为稳定。

4. 沉降监测精度的确定

按照我国《建筑变形测量规程》（TGJ/T 8—1997）的要求，对建筑物沉降监测的精度要求应控制在建筑物允许变形值的 1/10 ~ 1/20 之间。

一般说来，应根据建筑物的特性和建设单位、设计单位的要求选择沉降监测精度的等级。在没有特殊要求的情况下，一般高层建（构）筑物施工过程中，应采用二等水准测量的监测方法进行观测，以满足沉降监测工作的精度要求。

各种具体的建筑物的沉降监测精度要求见表 2-9。

建筑物的沉降监测精度要求 表 2-9

变形测量等级	垂直位移监测		水平位移监测	适用范围
	变形点的高程中的误差（mm）	相邻变形点高差中的误差（mm）	变形点的点位中的误差（mm）	
一等	±0.3	±0.1	±1.5	变形特别敏感的高层建筑、工业建筑、高耸构筑物，重要古建筑、精密工程设施等

续上表

变形测量等级	垂直位移监测		水平位移监测	适用范围
	变形点的高程中的误差(mm)	相邻变形点高差中的误差(mm)	变形点的点位中的误差(mm)	
二等	±0.5	±0.3	±3.0	变形比较敏感的高层建筑、工业建筑、高耸构筑物,古建筑、重要工程设施和重要建筑场地的滑坡监测等
三等	±1.0	±0.5	±6.0	一般性的高层建筑、工业建筑、高耸构筑物、滑坡监测等
四等	±2.0	±1.0	±12.0	监测精度要求较低的建筑物,构筑物和滑坡监测

5. 沉降监测数据的采集

高层建筑的沉降监测,通常使用精密水准仪配合铟瓦钢尺来施测,在监测之前应当对使用的水准仪和水准尺进行校检。在水准仪的校检中,应当对影响精度最大的 i 角误差进行重点检查。在施测的过程中应当严格遵循国家二等水准测量的各项技术要求,将各监测点布设成闭合环或附合水准路线,并需联测到水准基点上。

6. 沉降观测成果整理

沉降观测成果应根据观测时间与每次观测后各点的下沉情况,绘制每一点的时间与沉降量的关系曲线,计算出每一点各阶段的下沉量、下沉速度与总下沉量,作为评定各点垂直运动情况的依据,并根据各点垂直运动的结果综合评定整个建筑物的下沉情况,判定其稳定性。

二 建筑物倾斜监测

建筑物因地基基础不均匀下沉或其他原因,往往会产生倾斜。为了解建筑物的倾斜对其稳定性的影响,应进行建筑物的倾斜监测,以便及时采取措施。测定建筑物倾斜有直接法和通过测量建筑物基础相对沉陷来确定等方法。

(1)直接法测定建筑物的倾斜。本方法中最简单的是悬吊垂球的方法,它是根据所测得的偏差值来直接确定建筑物的倾斜度;而对于高层建筑、水塔、烟囱等建筑物,通常采用经纬仪投影、测水平角的方法或用激光铅直仪的方法来测定它们的倾斜。

(2)通过测量建筑物基础相对沉陷来确定建筑物的倾斜。该类方法一般常用水准测量的方法、液体静力水准仪测量方法以及使用气泡式倾斜仪来测定建筑物基础的沉陷值,进而计算建筑物的倾斜。

三 建筑物水平位移监测

水平位移监测的任务是测定变形体在平面位置上随时间变化的移动量。若要测定某大型变形体的水平位移时,可以根据变形体的形状、大小,布设相应形式的控制网,以进行水平位移监测;如要测定变形体在某一特定方向上的位移量时,可以在垂直于待测的方向上,建立一条基准线,定期地测量变形体上所设立的观测标志偏离基准线的距离,这样就可以了解变形体的

水平位移情况。

1. 基准线法

对于直线形建(构)筑物的水平位移监测,采用基准线法具有速度快、精度高、计算简便等优点。

基准线法测量水平位移的原理是:以通过大型建(构)筑物轴线(如大坝轴线、桥梁主轴线等)或者平行于建(构)筑物的固定不变的铅直平面为基准面,来建立一条由两基准点(或多点)所构成的基准线(可以是折线),然后根据它来周期性的测定建(构)筑物上的各变形观测点相对该基准线的距离变化。此法一般只用来测量建(构)筑物与基准线相垂直的方向的水平位移。

2. 前方交会法

利用经纬仪和测距仪等测量仪器进行前方交会,能迅速获得大量观测点的坐标及位移值。由于在不少的变形观测中,观测条件很差,观测点分布在难以达到的地方,如陡峭的滑坡、悬岩、大坝的下游坝面、桥梁、烟囱和电视塔等,此时采用其他方法不易实施变形观测作业,则可利用前方交会方法进行变形监测工作,并且往往能很容易解决问题。因此,采用前方交会法测定变形点的水平位移是一种广泛使用的方法。

前方交会通常采用 J1 型经纬仪,用全圆方向法进行观测。观测点位移值的计算通常不采取先计算各观测点的坐标,然后计算出不同观测周期的坐标差,最终计算水平位移值的办法,而是采用根据各变形观测点观测值的变化直接计算出其水平位移值的计算方法。

3. 导线测量法

视准线法对直线形建(构)筑物的变形测量具有速度快、精度高的特点,但对曲线形建(构)筑物,如重力大坝、曲线桥梁以及一些工程建筑物的位移观测,就不如导线法、前方交会法以及地面摄影等方法。这些方法可以同时测定建筑物上某观测点在两个方向上的位移(即在水平面内的位移)。与一般测量工作相比,由于变形观测是通过周期性的重复观测,从不同周期观测成果的比较中确定观测点的位移,因此这种监测网导线在布设、观测以及计算方面都具有自身的特点。对变形监测的导线测量方法而言,一般具有工作测点数量大、点位密度大,边长较短,变形测量是周期性的观测等特点,最终应通过对不同周期观测成果的对比,来确定各变形测点的水平位移。首先布设观测导线,用于变形观测中的精密导线,它通常均采用特制的铟瓦线尺量距,所以各导线点间均布设成一尺段长的等距形式,各导线点就是变形观测点。此外,导线布设时必须考虑与基准点或工作基点的联系方式。一种是导线两端 A、B 点不通视,因此在端点不测连接角;另一种是在端点处可以照准其他已知方向,即可观测连接角。前者称为坐标联测导线,后者称为方位角联测导线。最后计算导线的平差。

本章小结

(1)桩基础的检测方法有静载试验法、钻芯法、低应变法、声波透射法。

(2)砌体中砌块的检测方法有抗压强度试验、抗折试验,灰缝中砂浆强度检测目前常采用冲击法、点荷法与回弹法,砌体强度的检测方法有实物取样试验、顶出法测抗剪强度、原位轴压法测定砌体抗压强度。

(3)钢筋混凝土结构构件的检测,主要是要测定混凝土的强度、钢筋的位置与数量、混凝土裂缝及内部缺陷等。混凝土强度的非破损检测方法有回弹仪检测法、超声脉冲法、超声回弹综合法。局部破损法检测混凝土强度的常用方法为钻芯法拔出法。混凝土结构外部缺陷和损伤,如麻面、露筋、外露的蜂窝、孔洞,一般易于发现,用外观检查法即可做出全面、准确的测定和评判。但对于混凝土内部缺陷(外部无显露痕迹),测定和评判比较困难。用于探测内部缺陷的方法有声脉冲法和射线法两大类。

(4)钢筋检测仪测量钢筋的位置、数量及保护层厚度。自然电位法检测钢筋锈蚀。

(5)钢结构构件检测,主要内容有外观平整度检测,构件长细比、平整度及损伤检测,连接检测。

(6)建筑物的变形监测主要包括垂直位移监测方法和水平位移监测方法。垂直位移监测多采用精密水准测量、液体静力水准测量等方法,水平位移监测,情况则比较复杂。对于直线形建(构)筑物,采用基准线法监测;对于曲线形建筑物,采用导线测量方法监测,也可用前方交会的方法。

练 习 题

2-1 试说明桩基检测几种方法的基本原理及适用范围。

2-2 砌体强度如何进行现场检测?

2-3 试述混凝土强度现场检测的方法。

2-4 建筑物变形观测的主要方法有哪些?

本章实训课时:6 课时。

第三章 地基和基础工程质量事故与处理

【职业能力目标】

培养学生对常见地基和基础工程质量事故进行分析与处理的能力，使其初步具有预防地基工程和基础工程质量事故发生的能力。

【学习要求】

(1)掌握建筑工程地基与基础质量事故的基本类型及特点；

(2)了解简单的地基与基础事故原因分析；

(3)通过相关实例，掌握处理建筑地基基础质量事故的一些基本措施，熟悉相关的施工现场操作。

在建筑结构的建造使用过程中，地基和基础工程的质量问题，可能会使建筑物墙体和楼盖开裂而影响使用，也可能妨碍观瞻并使人有不安全的感觉，更有甚者会使建筑物倒塌，这样的事故在近几年有上升的趋势。根据统计资料显示，其中地基和基础工程的质量问题，占总事故的21%。在建筑结构的设计和施工过程中，人们普遍认为最难驾驭的并不是上部结构，而是该工程的地基和基础工程问题。建筑物的上部结构尽管千变万化，复杂万分，但是随着电子计算机的普遍应用，它们基本上都是在设计和施工中可以被预知和掌握。而对于建筑群所在场地的地下土层分布则不然，一般来说，人们只能在设计前通过几个钻孔的土样试验得知其少数信息，也只能在施工后，通过槽底的钎探结果了解其表层信息，而对于更深层的情况却不能全面地掌握，往往只能凭经验加以处理，这就会产生误差甚至错误而造成对建筑物建成后的损坏。而且，地基基础都是地下隐蔽工程，建筑工程竣工后，难以检查，使用期间出现事故的苗头也不易察觉，一旦发生事故难以补救，甚至造成灾难性的后果。

地基基础工程事故发生可能是因勘测、设计、构造、制造、安装与使用等因素相互作用引起的。而在这些因素中，一些因素可能引起突发事故，另一些因素可能导致消耗性逐渐发生的事故。从安全上讲，突发事故是危险的。所以，研究并探讨地基基础工程事故发生的原因，更具有普遍性、地方性和经验性，对它的分析所得到的经验教训，更是建筑工程技术人员需要不断积累的知识财富。对地基基础工程事故采取有效的防治措施，是一个值得重视的课题。

第一节　地基工程事故

建筑物事故的发生,不少与地基问题有关。而地基工程事故主要是由于勘察、设计、施工不当或环境和使用情况改变而引起的,其最终反映是产生过量的变形或不均匀变形,从而使上部结构出现裂缝、倾斜,削弱和破坏了结构的整体性、耐久性,并影响到建筑物的正常使用,严重者,地基失稳,导致建筑物倒塌。

地基事故可分为天然地基上的事故和人工地基上的事故两类。无论是天然地基上的事故还是人工地基上的事故,按其性质都可概括为地基强度和变形两大问题。地基强度问题引起的地基事故主要表现在地基承载力不足或地基丧失稳定性或斜坡丧失稳定性。地基变形问题引起的地基事故经常发生在软土、失陷性黄土、膨胀土、季节性冻土等地区。

一　地基工程事故原因分析

1. 地质勘察深度不足或者根本不勘察

设计基础前,规范要求应对地基进行勘察,为设计提供地基土质情况、承载力大小,水位高低、土层分布、有无局部异常现象等资料。若设计前地质勘察深度不足或根本未进行勘察,则后果是非常危险的。如上海某建筑公司住宅楼,由于地基未勘察,土质不明,致使该工程正好建在一条暗河上,造成基础沉陷失去稳定,于1985年3月18倒塌。又如某石化公司指挥部办公楼,地基未勘察,当时为保险起见,在地基上做了灰土垫层,但基础刚施工完即出现裂缝,后经补勘,发现地基为自重湿陷性黄土,仅加固费就达10余万元。

2. 基础设计不调查、不计算

一栋建筑物的基础,应根据地基土的性质、外部荷载、基础材料和形状来确定基础底面的尺寸,使基础底面应力小于地基土的容许承载力,使地基土变形值小于容许变形值,从而保证建筑物上部结构的安全和正常使用。如吉林省某县一栋四层钢筋混凝土框架厂房,当工程接近完工时,于1985年11月3日突然倒塌,造成巨大经济损失,其原因是地基基础既未勘察又未经计算,致使每个基础底面处的实际平均压力超过了地基容许承载力的2.7倍。又如哈尔滨市某装酒车间砖混结构,由于基础设计未经计算,使地基土的承载力大大超过允许值,造成工程完工后不久即出现不均匀的沉陷,并向一边倾斜,墙体出现40道裂缝,裂缝宽度达20mm。

3. 软弱地基不处理

软弱地基是指压缩层主要由淤泥、淤泥质土、冲填土、杂填土或高压缩性土层构成的地基。由于它的压缩模量很小,在荷载作用下变形较大。因此,在软弱地基上建造房屋就必须注意减小基础的沉降,使之控制在允许范围内。如武汉某区溜冰房跨度20m,长度80m,由于干砌片石基础直接坐在未经处理的淤泥上,使新房成了危房。

4. 忽视寒冷地区地基土的冻胀

在寒冷地区,基础埋置的最小深度要根据地基土的冻胀深度来确定,以免基础遭受冻害。如大连市某县小学校教室基础埋置深度太浅,只有50cm厚,遭到冻害,后墙鼓出,致使倒塌。

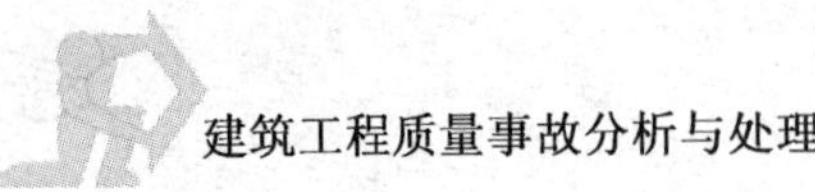

5. 基础埋置深度不足

基础的埋置深度,除在寒冷地区内要考虑地基土的冻胀程度外,还要考虑工程地质和水文条件,并考虑相邻建筑物或构筑物的基础深度与基础的形式和构造的相关性,以及与传递到地基的荷载大小和性质的相关性。然后,经过计算,在安全可靠和最经济的条件下确定其埋置深度。一般情形埋深大,造价较高,埋深小,不能保证建筑物的稳定性,通常一般不小于50cm。如丹东市某住宅小区5栋住宅楼有的基础坐落在没有开挖的草皮上,致使施工中就出现沉陷,墙体开裂,不得不推倒重建。又如四川省某县粮食局菜子油库,突然于1985年6月倒塌,原因之一就是基础埋深太浅,最浅的只有6.5cm。

6. 地基基础缺乏防护、防水、排水措施

地基基础,应尽量避免在雨季施工,必须在雨季施工时,应采用技术措施保证地面水不流入基坑,已流入基坑的水要及时排出。如地下水位高于基坑(槽)底面时,也应采取排水或降低地下水位的措施,使基坑(槽)保持无积水状态,被水浸泡的地基表层土要将其松软浸泡的部分铲去。基础施工完毕后,应分层夯实回填土。遇有湿陷性黄土土质时,一般常用换土法,用3:7灰土地基代替,或者采取其他必要的措施加固和防护地基。例如,上海某化工厂钢筋混凝土工业厂房檐高25m,框架结构,其基础建在湿陷性黄土层上,原设计要求对地基进行地表面重锤夯实处理,以降低其透水性和提高承载能力。但在施工中,改为在柱子下增加混凝土垫层。地基基础施工中,无防水及排水措施,地基数次遭水浸泡。回填土时,没有分层夯实。试车后,生产中大量废水又通过各种渠道浸入地基,终于引起湿陷,造成不均匀下沉、倾斜,墙体和地面出现裂缝,最大裂缝宽度竟达42mm,仅加固返修就损失30多万元。

7. 不按图纸规范施工,粗制滥造

如浙江温州市某油库工程基础设计是钢筋混凝土预制桩,桩长为10m,混凝土强度等级为C30,但施工单位却私自将桩长改为8.5m,混凝土强度等级改为C20。桩顶也未配置钢筋,致使打桩时,桩顶都被打烂。又如某市住宅小区住宅楼钢筋混凝土基础板,设计配筋是ϕ18@200mm,实际改为ϕ14@150mm,比设计钢筋用量减小350%,从而给建筑物留下隐患。

【例3-1】 某市修建的一座库房楼,该库房为两层楼房,平面呈一字形,东西向长47.28m,南北向宽10.68m,高7.50m。库房正中为楼梯间,东西各两大间,每间长10.89m、宽10.20m。中部有两个独立柱基。内外墙均为条形基础。此楼在使用一年后,库房西侧二楼墙上即发现有裂缝,此后裂缝数量增多,裂缝宽度扩展。据详细调查统计,大裂缝已有33条,有的裂缝长度超过1.80m,宽度达10~30mm,且地面多处开裂。6年之后,再度调查,发现裂缝长达3.20m,裂缝宽为8~10mm,且内外贯通。这说明6年多来库房的沉降一直都在发展。

1)事故原因分析

原勘查失误是事故的主因,原勘查报告虽有钻孔资料,但仅有库房对角线41号、46号孔分别深5.10m、5.35m,其余5个孔只有2m多深,远不及基础受压层深度。更值得注意的是,有两个孔已穿过有机土和泥炭层,但却未做记录,在报告中未说明,只是简单地建议地基计算强度为$f_k = 100\text{kN/m}^2$。这是该库房发生严重质量问题的根源,设计人员对这份粗糙的勘查报告,并未提出补做勘查的要求。此外按规范规定对于三层及三层以上的房屋,其长高比L/H宜小于或等于2.5,本例虽为二层砌体结构,但长高比$L/H = 47.28/7.5 = 6.3$,此值大于2.5,

导致房屋的整体刚度过小,对地基过大不均匀沉降的调整能力太弱。设计人员又未采取加强上部结构刚度的有力结构措施,也是导致墙体开裂的重要原因。

2)应吸取的教训

(1)工程勘查工作做得粗糙;

(2)地基的选择和处理方法不当,未能使房屋坐落在比较均匀的天然或人工地基上;

(3)上部结构整体刚度弱。

这三点教训也就是平时常说的"情况不明,决心不大,方法不好"。此外,在勘查时要重视对钻孔深度的选择。由于钻孔深度必须符合设计要求,如果不符合设计上对压缩厚度的需要,或者达不到桩所坐落的土层时,那就不可能正确计算出地基的沉降,或桩的正确承载力,也就达不到基础设计要求。因此必须按设计要求确定合适钻孔深度。如果由于勘查量不足,钻孔和探坑布点少,再加上钻孔深度不够,以致不能表现出土的不均匀性和层理的不一致性,就有可能引起建筑的翘曲和弯折而出现裂缝,造成危害和浪费。

二 地基失稳事故

对于一般地基,在局部荷载作用下,地基的失稳过程,可以用荷载试验的 p-S 曲线来描述。图 3-1 表示由静荷载试验得出的荷载 p 和沉降 S 的关系曲线。当荷载大于某一数值时,曲线 1 有比较明显的转折点,基础急剧地下沉。同时,在基础周围的地面有明显的隆起现象,基础倾斜,甚至建筑物倒塌,地基发生整体剪切破坏。图 3-2 为国外一个水泥厂料仓的地基破坏情况,是地基发生整体滑动、建筑物丧失稳定性的典型例子。曲线 2(见图 3-1)没有明显的转折点,地基发生局部剪切破坏。软黏土和松砂地基属于这一类型(见图 3-3),它类似于整体剪切破坏,滑动面从基础的一边开始,终止于地基中的某点。只有当基础发生相当大的竖向位移时,滑动面才发展到地面。破坏时,基础周围的地面也有隆起现象,但是不会出现基础明显倾斜或建筑物倒塌。

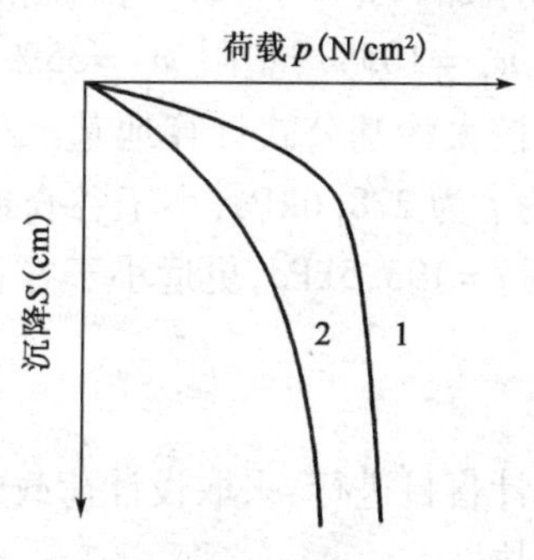

图 3-1　静荷载试验的 p-S 曲线

1-曲线 1 有明显转折点;2-曲线 2 无明显转折点

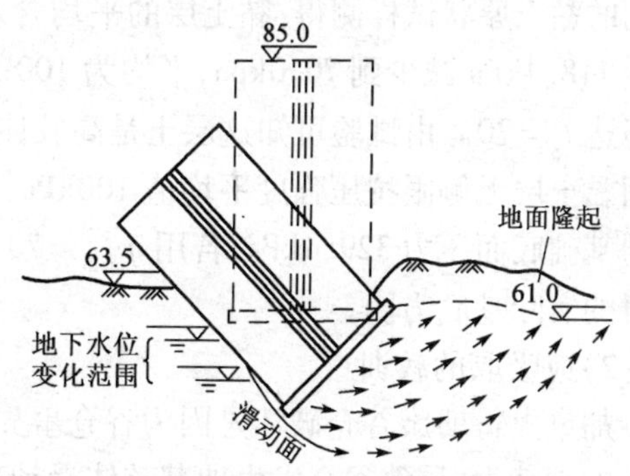

图 3-2　某水泥厂料仓库的地基事故

对于压缩性比较大的软黏土和松砂,其 p-S 曲线也没有明显的转折点,但地基破坏是由于基础下面弱土层的变形使基础连续地下沉,产生了过大的不能容许的沉降,基础就像"切入"土中一样,故称为冲切剪切破坏,如图 3-4 所示。如建在软土层上的某仓库,由于基底压力超过地基承载力近一倍,建成后,地基发生冲切剪切破坏,造成基础过量的沉降。

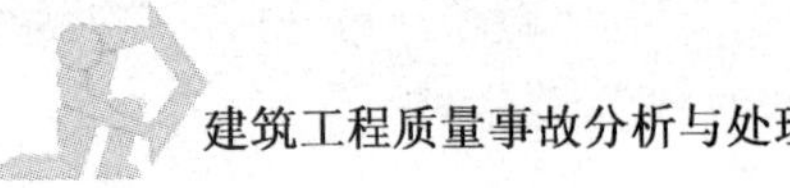

地基究竟发生哪一种形式的破坏，除了与土的种类有关以外，还与基础的埋深、加荷速率等因素有关。如当基础埋深较浅，荷载为缓慢施加的恒载时，将趋向于形成整体剪切破坏；若基础埋深较大，荷载是快速施加的，或是冲击荷载，则趋向于形成冲切或局部剪切破坏。

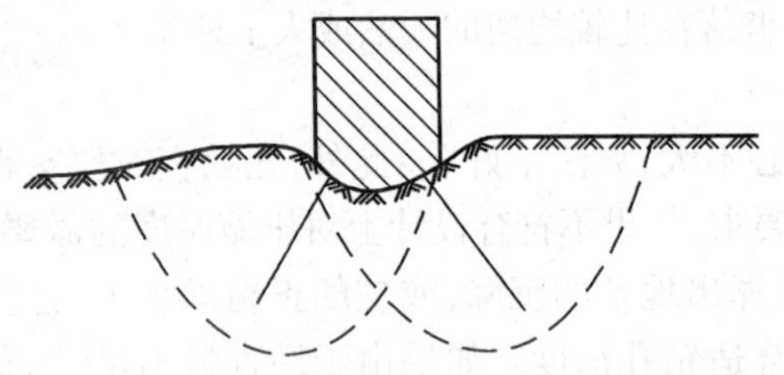
图 3-3　地基局部剪切破坏

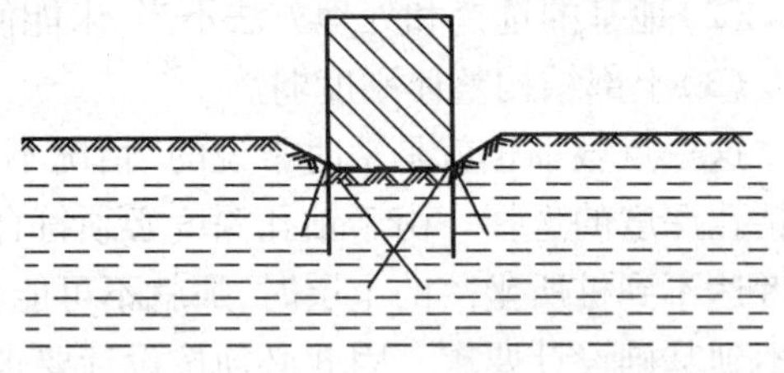
图 3-4　地基冲切剪切破坏

在建筑工程中，由于对地基变形要求较严，因此，地基失稳事故与地基变形事故相比相对较少。但地基失稳的后果常很严重，有时甚至是灾难性的破坏。

【例 3-2】　加拿大特斯康谷仓，平面呈矩形，长度为 59.44m，高度为 31.00m，宽度为 23.47m。容积为圆筒仓，每排 13 个仓，5 排，总计 65 个圆筒仓组成，谷仓的基础为整块钢筋混凝土筏板基础，基础厚度为 61cm，基础埋深为 3.66m。1911 年该仓开始施工，1913 年秋完工。谷仓自重 20000t，相当于装满谷物后总质量的 42.5%。1913 年底月起此谷仓装谷物，仔细装载，分布均匀。10 月当谷仓装了 31822m^3 谷物时，发现谷仓下沉，1h 沉降达 31.5cm，结构物向西倾斜，并在 24h 内，整个谷仓倾倒，倾倒度达 26.53°，谷仓西端下沉 7.32m，东端上抬 1.52m。

1）事故原因分析

经检查，谷仓工程未做勘察。设计根据邻近工程基槽开挖实验结果，计算地基承载力为 352kPa，应用到这个谷仓。谷仓场地位于冰川湖的盆地中，地基表层为近代沉积层，厚度为 3m，表层下面为冰川沉积黏土层，厚度为 122m。1952 年在离谷仓 18.3m 处打了一些钻孔，从钻孔的黏土原状试样测得：黏土层的平均含水率随深度而增加，为 40%~60%；无侧限抗压强度从 118.4kPa 减少到 70.0kpa，平均为 100kPa；平均液限 $w_L=105\%$，塑限 $w_p=35\%$，塑性指数高达 $I_p=70$。由试验可知这层土是高胶体、高塑性的。按太沙基公式计算地基承载力 f，如采用黏土层无侧限抗压强度平均值 100kPa，则地基承载力 f 为 278.6kPa，小于谷仓地基破坏时的基础底面压力 329.4kPa，若用 $q_{umin}=70.0$kPa 计算，则 $f=193.5$kPa，更远小于谷仓基础滑动时的实际基底力。

2）应吸取的教训

加拿大特斯康谷仓破坏是因为谷仓事先未做勘察，设计盲目进行，采取设计荷载远超过地基土的承载力，导致谷仓发生地基整体滑动破坏的严重事故。

地基整体剪切破坏事故造成的工程事故灾害很严重，必须引起土建工程技术人员的极度重视。设计人员应慎重对待工程勘查报告提供的地基承载力建议值，严格计算基础的实际土压力，若对勘察告的建议值有怀疑，可以再做载荷试验验证。施工人员在天然地基上建造大中型工程时，应复核设计地基承载力的合理性。一旦地基产生较大的沉降或倾斜，必须立即停工，会同勘查、设计和使用单位共同研究，并采取必要措施，防止地基和建筑物发生灾难性破坏。

【例 3-3】 某高速公路路堤地基失稳破坏。

1)工程及事故概况

该路段属沼湖和丘陵交界地段,工程地质勘察报告表明硬壳层下有 16 ~ 20m 厚的淤泥、淤泥质黏土,含水率为 58.9%~ 59.7%,孔隙率为 1.42 ~ 1.66,塑性指数为 24.3 ~ 24.5。天然地基标高为 2.1 ~ 2.2m,路面设计标高为 7.05m,加上地基沉降后的补填量,路堤需填筑6.5m左右。原设计路堤采用粉煤灰填筑,地基处理采用排水固结法,排水系统采用塑料排水带,埋深 16m,平面正方形布置,间距 1.2m。控制路堤填筑速度,利用路堤自重堆载顶压,达到提高地基承载力、减小沉降的目的。考虑到粉煤灰来源及运输费用,经比较分析决定路堤改用石碴填筑。石碴路堤比粉煤灰路堤作用在软土地基上荷载大,经论证在原排水固结法处理地基基础上,增加铺设两层土工布,并加强观测以保证路堤填筑时地基稳定。路堤剖面形状及观测点示意如图 3-5 所示。

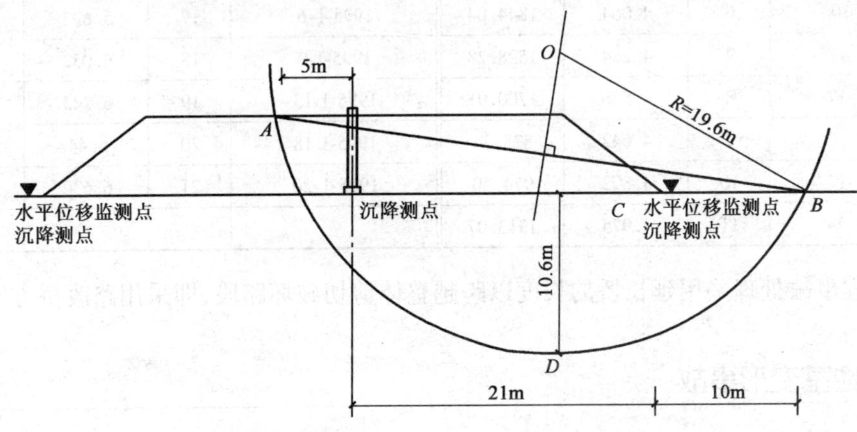

图 3-5　路堤剖面、观测点及滑弧位置示意

路堤填筑从 1993 年 3 月 19 日开始,至 1995 年 1 月 20 日分 21 层填筑至设计标高,填筑进度见表 3-1。该路段共设 8 块沉降板和 16 个侧向位移桩。填筑前一天观测,固结沉降合格后再填筑下一层。路堤填筑至天然地基路堤填筑临界高度以上时每天观测。从 1994 年 1 月 5 日至 1995 年 1 月 20 日的沉降位移资料分析,1995 年 1 月 16 日两侧的沉降和位移都属正常。在 1 月 20 日填筑完最后一层后,对 1 月 21 日上午观测资料在当天晚上计算时,发现侧向位移分别达 63mm 和 71mm,严重超过控制值。观测人员以为观测错误,准备第二天复测,没有及时报告,失去抢修时间。路堤于 1995 年 1 月 22 日凌晨 6 时发生整体剪切破坏。

2)事故原因分析

可能与排水固结法与土工布垫层联合作用效果不佳有关。众所周知,采用排水固结处理可以有效地提高土的抗剪强度,提高地基稳定性,铺设土工布垫层也可以提高地基的整体稳定性。如果土工布垫层在荷载作用下,当荷载较小时,变形很小,而达到极限荷载时,呈脆性破坏,则用土工布垫层与排水固结法改良土体,两者能否联合作用提高整体稳定性就值得怀疑。在这种情况下,当路堤填筑高度较小时,土工布垫层变形很小,压力扩散效果较好。当土工布垫层破坏时,软黏土地基难以承担路堤荷载,地基发生整体滑动。由于存在土工布垫层,起初压力扩散效果较好,与无土工布垫层情况相比,地基中附加应力较小,土体固结引起抗剪强度提高也较小。因此,在土工布垫层产生脆性破坏情况下,土工布垫层和排水固结法改良土体两者不仅不能联合作用提高地基稳定性,而且土工布垫层的存在可能减小地基土体由于排水固结抗剪强度提高的幅度。

路堤(K125+250~K125+435)施工情况

表3-1

施工日期(年-月-日)	层数	填筑高度(m)	填筑量(m^3)	施工日期(年-月-日)	层数	填筑高度(m)	填筑量(m^3)
1994-3-19	1	2.815	1960.00	1994-11-27	12	5.115	852.60
1994-4-12	2	3.060	1883.75	1994-12-1	13	5.262	895.23
1994-5-10	3	3.310	1800.23	1994-12-7	14	5.438	1036.112
1994-6-8	4	3.550	1253.90	1994-12-12	15	5.598	941.92
1994-7-2	5	3.800	1812.05	1994-12-29	16	5.749	888.94
1994-8-10	6	4.064	1844.04	1995-1-6	17	5.892	841.84
1994-11-11	7	4.284	1528.28	1995-1-9	18	6.052	896.00
1994-11-17	8	4.536	1700.91	1995-1-13	19	6.243	1069.60
1994-11-17	9	4.642	828.24	1995-1-18	20	6.44	1063.80
1994-11-17	10	4.802	974.40	1995-1-20	21	6.630	1026.00
1994-11-24	11	4.975	1313.07				

该工程事故处理采用延长桥的长度以跨越整体剪切破坏路段,即采用路改桥方案。

三 地基变形事故

(一)湿陷性黄土地基的变形

1. 湿陷性黄土地基变形特征

湿陷性黄土地基,其正常的压缩变形通常在荷载施加后立即产生,随着时间增加而逐渐趋向稳定。对于大多数湿陷性黄土地基(新近堆积黄土和饱和黄土除外),压缩变形在施工期间就能完成一大部分,在竣工后3~6个月即可基本趋于稳定,而且总的变形量往往不超过5~10cm。而湿陷变形与压缩变形是完全不同的。

1)湿陷变形特点

湿陷变形只出现在受水浸湿部位,其特点是变形量大,常常超过正常压缩变形几倍甚至几十倍,发展快,受水浸湿后1~3h就开始湿陷。对一般事故来说,往往1~2d就可能产生20~30cm变形量。这种量大、速率高而又不均匀的湿陷会导致建筑物发生严重的变形甚至破坏。

湿陷的出现完全取决于受水浸湿的概率。有的建筑物在施工期间产生湿陷事故,有的则在正常使用几年甚至几十年后才出现湿陷事故。

2)外荷湿陷变形特征

湿陷变形可分为外荷湿陷变形和自重湿陷变形。前者是由于基础荷载(或称为基底附加压力)引起的,后者是在土层饱和自重压力作用下产生的。两种变形的产生范围与发展是不同的。

外荷湿陷只出现在基础底部以下一定深度范围的土层内,该深度称为外荷湿陷影响深度,它一般小于地基压缩层深度。无论是自重湿陷性黄土地基,还是非自重湿陷性黄土地基都是如此。试验表明,外荷湿陷影响深度与基础尺寸、压力大小及湿陷类型有关。对于方形基础,当浸水压力为200kPa时,对于非自重湿陷性黄土地基的外荷湿陷影响深度约为基础宽度的1~2.4倍;对于自重湿陷性黄土地基约为基础宽度的2~2.5倍;当压力增大到300kPa时,影响深度可达基础宽度的3.5倍。

外荷湿陷变形的特点是发展迅速、湿陷稳定快。

3)自重湿陷变形特征

自重湿陷变形是在饱和自重压力作用下引起的,它只出现在自重湿陷性黄土地基中,而且它的范围是在外荷湿陷影响深度以下。自重湿陷性黄土地基变形由两部分组成,即直接位于地基以下土层产生的是外荷湿陷,它只与附加压力有关;外荷湿陷影响深度以下产生的是自重湿陷,它只与饱和自重压力大小有关。

自重湿陷变形的产生与发展比外荷湿陷要缓慢,其稳定历时较长,往往要三个月甚至半年以上才能完全稳定。自重湿陷变形的产生与发展是有一定条件的,浸水面积较大时(超过湿陷性黄土层厚度),自重湿陷才能充分发展;而浸水面积较小时,自重湿陷就很不充分,甚至完全不产生湿陷。

2.湿陷变形对上部结构产生的效应

1)基础及上部结构开裂

黄土地基湿陷引起房屋下沉量大,墙体裂缝大,并发展迅速。

2)倾斜

湿陷变形只出现在受水浸湿部位,而没有浸水部位则基本不动,从而形成沉降差,因而整体刚度较大的房屋和构筑物,如烟囱、水塔等则易发生倾斜。

3)折断

当地基遇到多处湿陷时,基础往往产生较大的弯曲变形,引起房屋基础和管道折断。当给、排水干管折断时,对周围建筑物还会造成更大的危害。

(二)软土地基的不均匀沉降

1.软土地基变形特征

软土地基的变形问题主要反映在以下三个方面。

1)沉降大而不均匀

软土地基的不均匀沉降,是造成建筑物裂缝损坏或倾斜等工程事故的重要原因。影响不均匀沉降的因素很多,如土质的不均匀性、上部结构的荷载差异、建筑物体型复杂、相邻影响、地下水位变化及建筑物周围开挖基坑等。

2)沉降速率大

建筑物的沉降速率是衡量地基变形发展程度与状况的一个重要标志。软土地基的沉降速率是较大的,一般在加荷终止时沉降速率最大,沉降速率也随基础面积与荷载性质的变化而有所不同。一般民用或工业建筑活荷载较小时,其竣工时沉降速率大约为0.5~1.5mm/d;活荷载较大的工业建筑物和构筑物,其最大沉降速率可达45.3mm/d。随着时间的发展,沉降速率逐渐衰减,但大约在施工期半年至一年左右的时间内,是建筑物差异沉降发展最为迅速的时期,也是建筑物最容易出现裂缝的时期。在正常情况下,如沉降速率衰减到0.05mm/d以下时,差异沉降一般不再增加。如果作用在地基上的荷载过大,则可能出现等速下沉,长期的等速沉降就有导致地基丧失稳定的危险。

3)沉降稳定历时长

建筑物沉降主要是由于地基受荷后,孔隙水压力逐渐消散,而有效压力不断增加,导致地基土固结作用所引起的。因为软土的渗透性低,孔隙水不易排除,古老建筑物沉降稳定历时均较长。有些建筑物建成后几年、十几年甚至几十年,沉降均未完全稳定。

2.不均匀沉降对上部结构产生的效应

1)砖墙开裂

由于地基不均匀沉降使砖砌体受弯曲,导致砌体因受主拉应力过大而开裂。

2)砖柱开裂

砖柱裂缝有水平缝和垂直缝两种类型。前者是由于基础不均匀沉降,使中心受压砖柱产生纵向弯曲而拉裂。此种裂缝都出现在砌体下部,沿水平灰缝发展,使砌体受压面积减少,严重时将造成局部压碎而失稳。垂直裂缝一般出现在砖柱上部。

3)钢筋混凝土柱倾斜或断裂

单层钢筋混凝土柱的排架结构,常因地面上大面积堆料造成柱基倾斜。由于刚性屋盖系统的支撑作用,在柱头产生较大的附加水平力,使柱身弯矩增大而开裂,裂缝多为水平缝,且集中在柱身变截面处及地面附近。露天跨柱的倾斜虽不致造成柱身裂损,但会影响吊车的正常运行,引起滑车或卡轨现象。

如某铸钢车间露天跨,堆载为100kPa,压于基础上,造成轨顶最大位移值达125cm,柱基最大内倾值达0.0125,导致吊车卡轨、滑车,工字形柱出现倾斜和裂缝。1964～1965年曾凿开基础杯口,用钢丝绳纠偏,目前柱子尚有明显的倾斜。

4)高耸构筑物的倾斜

建在软土地基的烟囱、水塔、筒仓、立窑、油罐和储气柜等高耸构筑物,如采用天然地基,则产生倾斜的可能性较大。

(三)膨胀土地基膨胀或收缩

1.膨胀土地基胀缩变形特征

1)胀缩变形的不均匀性与可逆性

随着季节气候的变化,反复失水吸水,会使膨胀土地基变形不均匀,而且长期不能稳定。中国膨胀土多位于亚干旱和亚湿润区,土的天然含水率多在塑限上下波动。如安徽合肥地区某平房,经过5年观测,每年4～8月份下沉,其他月份上升,随着季节出现周期性变化。

2)坡地变形特征

现场实地观测表明,边坡不但有升降变形,而且还有水平变位移。升降变形幅度和水平位移量都以坡面上的点为最大,随着离坡面距离的增大而逐渐减小。

位于斜坡地段的膨胀土地基问题,较平坦场地更为复杂。在斜坡上建筑时,整平场地必然有挖有填,土的含水率也必然不同,因而使土的膨胀变形不均匀。在斜坡整平后,场地前缘形成陡坎或土坡，这时地面蒸发加快，既有坡肩蒸发，也有临空的坡面蒸发，其含水率变化幅度较坡面部分高出1~2倍，致使房屋临坡面变形增大。此外，边坡平整过程中，坡体内应力产生重新分布，坡肩处形成张力带，坡脚处形成最大剪应力区，再加上膨胀引起的侧向膨胀力作用，坡体变形便向外发展，形成较大的水平位移，甚至演变成蠕动。

2. 膨胀变形对上部结构产生的效应

(1)建筑物的开裂破坏。一般具有地区性成群出现的特征，大部分是在建成后3~5年，甚至是1~20年后才出现开裂，也有少部分在施工期就开裂的，主要是受地基土含水率、场地的地形、地貌、工程与水文地质条件、气候、施工以及种植树木等综合因素的影响。如四川成都龙潭区三级阶地上的房屋，大多数建成5~6年后，出现了地基干、湿变化，造成建筑物开裂、变形，尤其以平房和三层以下的建筑物更为普遍和严重。

(2)遇水膨胀、失水收缩引起墙体开裂。墙体裂缝有八字形、X形，还有水平裂缝、垂直裂缝及局部斜裂缝。随着胀缩反复交替出现，墙体可能发生挤碎或错位。

(3)在地质条件相同情况下的房屋开裂破坏。此种破坏一般出现在单层房屋，尤其单层民用房屋的开裂破坏最为普遍，其破坏率占单层建筑物总数的85%；二层房屋破坏率约为25%~30%；三层房屋一般略有轻微的变形开裂破坏，其破坏率约为5%~10%。条形基础的房屋较单独基础的房屋破坏更为普遍。排架、框架结构房屋，其变形开裂破坏的程度和破坏率均低于砖混结构。体型复杂的房屋，由于失水和得水的临空面大，受大气的影响也大，故变形开裂破坏较体型简单的房屋严重。地裂通过处的房屋，必定开裂。

(4)外墙与内墙交接处的破坏。

(5)室内地坪开裂，特别是空旷的房屋或外廊式房屋的地坪容易出现纵向裂缝。

(四)季节性冻土地基冻胀

1. 季节性冻土地基变形特征

季节性冻土地基变形大小与土的颗粒粗细、土的含水率、水文地质条件、土的温度等密切相关，其中土的温度变化起控制作用。

1)有规律的季节性变化

冬季冻结、夏季融化，每年冻融交替一次。而季节性冻土地基在冻结和融化的过程中，往往产生不均匀的冻胀，若不均匀冻胀过大，将导致建筑物的破坏。

2)与气温有关

地面下一定深度范围内的土温，随大气温度而改变。当地层温度降至摄氏零度以下时，主体便发生冻结。若地基为含水率较大的细粒土，则土的温度愈低，冻结速度愈快，且冻结期愈长，冻胀愈大，对建筑物造成的危害也愈大。

2. 冻胀、融陷变形对上部结构的效应

当基础埋深浅于冻结深度时，在地基侧面作用着切向冻胀力T，在基底作用着法向冻胀力N，如图3-6所示。如果基础上荷载F和自重G不足以平衡法向和切向冻胀力，基础就要被抬起来。融化时，冻胀力消失，冰变成水，土的强度降低，基础产生融陷。不论上抬还是融陷，一般是不均匀的，其结果必然造成建筑物的开裂破坏。

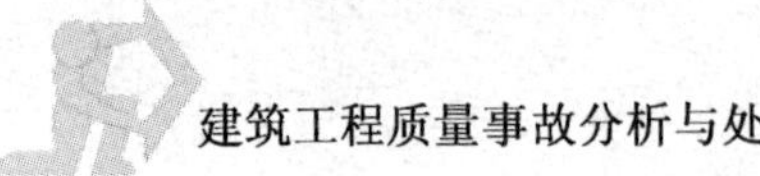

建筑物因地基冻融产生的破坏现象,可概括如下。

1)墙体裂缝

一、二层轻型房屋的墙体裂缝很普遍。从裂缝形状上看,有斜裂缝,水平裂缝、垂直裂缝三种,如图3-7所示。这些裂缝与膨胀土地基上房屋开裂的情况十分相似。垂直裂缝多出现在内外墙交接处或外门斗与主体结构连接的地方。

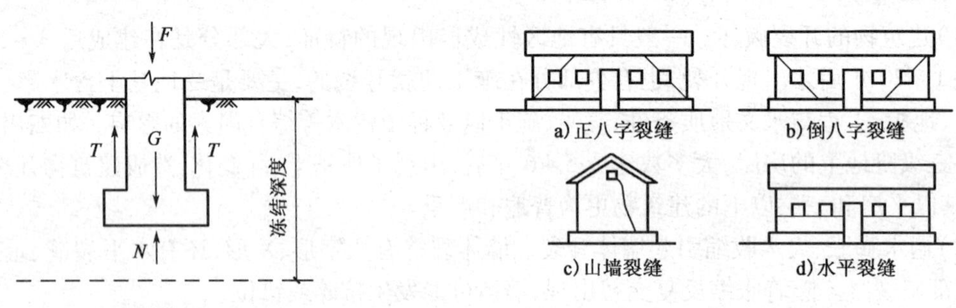

图3-6　作用在基础上的冻胀力

图3-7　墙体裂缝示意图

2)基础拉断

这种情况经常发生在不采暖的轻型结构砖砌柱基础中,主要因侧向冻胀力作用所致。电杆、塔架、桥墩、管架等一般轻型构筑物基础,在切向冻胀力的作用下,有逐年上拔的现象。在东北某工程的钢筋混凝土桩,3~4年内上拔60cm之多。

3)外墙因冻胀抬起,内墙不动,天棚与内墙分离

这种情况常发生在采暖房屋,因内墙与外墙不连,天棚支撑在外墙上,当外墙因冻胀抬起时,天棚便与内墙分离,最大可达20cm。

4)台阶隆起,门窗歪斜

据哈尔滨市调查,部分居民住宅,每到冬天由于台阶隆起导致外门不易推开,来年开冻以后台阶又回落,经多年起落,变形不断增加,出现不同程度的沉落和倾斜。因为台阶埋深小,与房屋基础埋深相差很多,冻结融化都较早,而在构造上它又与房屋不相连接,故台阶变形较为显著且极为普遍,在冻胀性地区到处可见。

由于纵墙变形不均匀或内外墙变形不一致,常使门窗变形,压碎玻璃。故当地居民在入冬与春融前后都要修整一次门窗。

【例3-4】　盘锦市位于辽宁省中部,当地处于北纬41.2°,属季节性冻土地区。盘锦市地基土层为黏土与粉质黏土,呈可塑状态,厚度为3.0~5.0m。第二层为灰色淤泥质粉砂,软弱。地下水位埋藏浅,为0.5~2.0m,属强冻胀性土。对该市1978年以前建成的48栋单层砖木混合结构的家属宿舍进行检查发现,有42栋宿舍发生不同程度的冻胀破坏,破坏率达87.5%,其中30%破坏严重。有的宿舍墙体开裂,裂缝长度超过1.0m,裂缝宽度超过15mm。有的宿舍楼因台阶冻胀抬高,以致大门被卡住,无法打开。

1)事故原因分析

盘锦市冬季标准冻深为1.1m,最大冻深为1.27m。上述发生冻胀破坏的房屋,基础埋深一般为0.7~0.9m,小于标准冻深,又没有采取技术措施。在冬季温度下降至0℃以下时,地基土中的水冻结成冰。水有一特性,在4℃时密度最大,当温度小于4℃时,体积反而膨胀。由于土中毛细作用,使地下水上升,又结成冰,造成地基中冰体越来越大,遂即产生冻胀,向上挤

压,成为冻胀力。当建筑物自重小于冻胀力时,建筑物就被拱起。

由于冻胀力的不均匀性和建筑物各部位的自重与刚度不均匀等原因,使建筑物产生不均匀变形,当它超过建筑物本身的强度时,就会发生冻胀破坏。通常在门窗刚度削弱处最容易发生墙体开裂。

同理,春暖化冻,地基土中的含水率增加,使土体呈流塑状态,造成建筑物下沉。由于地基土质和含水率分布不均匀,融化速度不同,以及建筑物各部位自重和刚度不均等原因,使地基产生不均匀沉降,当它超过建筑物本身的强度时,便发生建筑物融陷破坏。

2)事故处理方法

建筑物冻胀事故处理应以预防为主。通常对建筑物基础埋深进行冻深计算,防止基础因冻胀上拱。第二种方法,在基底铺设一层卵石或碎石垫层,切断毛细管,避免冻胀。第三种方法,针对盘锦市地基土表层黏性土较好,但厚度仅3.0~5.0m,第二层为淤泥质软弱土的条件,采用浅埋并设钢筋混凝土封闭地圈梁,加强建筑物整体刚度等技术措施,用建筑物自重来抵御基础底面的冻胀力。

【例3-5】 江苏某银行营业综合楼事故。

1)工程及事故概况

江苏某银行营业综合楼地处长江三角洲,经地质勘探揭示,场地在埋深30mm深度以内地层主要为填土、粉质黏土、粉砂、黏质粉土、淤泥质黏土等。

综合楼由主楼和裙房组成,主楼为17层,地下两层。基础为天然地基上的箱形基础,底平面尺寸为25.8m×17.4m,基础外尺寸为27.8m×19.4m,底面积为539.32m²。

主楼西部与南部连有两幢二层裙房,框架结构,建筑面积一幢为544m²,另一幢为514m²。裙房为半地下室,地上1.2m,地下4.5m,筏板基础,综合楼总荷载152869kN。主楼以土层灰粉砂层为持力层,设计取$f=190$kPa,埋深为4.73m,箱形基础基底相对标高为-5.930,附房以土层灰粉砂加黏土为持力层,设计取$f_s=120$kPa,埋深为2.43m,基底相对标高为-3.630,±0.000相当于标高1.400,主楼箱基础混凝土为C50。

综合楼沉降观测点布置及沉降发展情况,如图3-8所示。综合楼建设过程沉降观测表明:主体结构完成后,1996年6月21日最大沉降点为东南角2号测点,沉降量为314.87mm,最小沉降点为西北角1号测点,沉降量为256.43mm。两点不均匀沉降为97.81mm,综合楼已产生明显倾斜,并呈发展趋势,各观测点的沉降速率尚未减小,也在发展中。为了有效制止沉降和不均匀沉降进一步发展,经研究决定进行加固纠倾。

2)事故处理方法

采用综合加固纠偏方案,主要包括以下几个方面。

(1)采用锚杆静压桩加固,以形成复合地基,提高承载力,减小沉降。桩断面取200mm×200mm,桩长计划取26m,单桩承载力取220kN。布桩密度视各区沉降量确定,沉降较大一侧多布桩,沉降较小一侧少布桩。沉降较大一侧先压桩,并立即封桩,沉降较小一侧后压桩,并在掏土纠倾后再封桩。计划采用钢筋混凝土方桩,后因施工困难,部分采用无缝钢管桩,共压117根。

(2)在沉降量较大、沉降速率较快的东南角外围基础20m范围内加宽底板,与原基坑水泥土围护墙连成一体,减少底板接触压力。

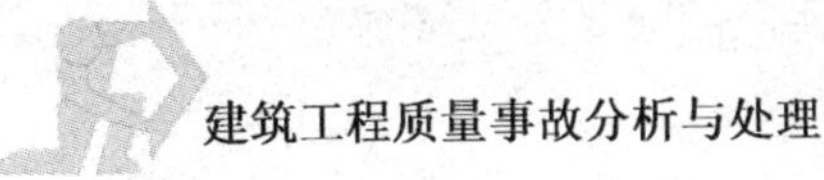

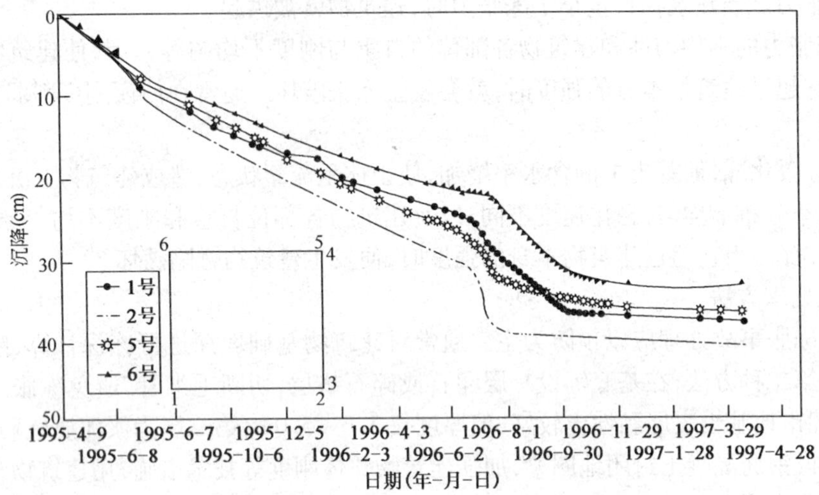

图 3-8　测点布置及沉降时间曲线

(3)在沉降量相对较小、沉降速率较慢的西南、西北角,采用钢管内冲水掏土,在地基深部掏土,适当加大沉降速率。掏土量根据每天的沉降观测资料决定,掏土过程中有专人负责,详细记录。定期会诊分析,原则上沉降量每天控制在 2.0mm 以内。

在加固纠倾过程中加强监测。在进行地基基础加固过程中两天观测 1 次,在掏土纠倾过程中一天观测 2 次。

在地基加固过程中,附加沉降应予以重视。从图 3-8 中可以看到,在施工初期不均匀沉降发展趋势加快。在加固和纠倾后期,沉降发展趋势得到有效遏制,不均匀沉降明显减小,原先沉降较大的东南角,沉降已稳定。加固纠倾完成后,不均匀沉降进一步减小,沉降观测资料表明所采用综合加固纠倾方案是合理有效的。

四 斜坡失稳事故

1. 斜坡失稳的特征

斜坡失稳具有以下特征:

(1)斜坡失稳常以滑坡形式出现,滑坡规模差异很大,滑坡体积从数百立方米到数百万立方米,对工程危害很大。

(2)滑坡可以是缓慢的、长期的,也可以是突发的,以每秒几米甚至每秒几十米的速度下滑。古滑坡可以因外界条件变化而激发新滑坡。例如某工程,1954 年扩建于江岸边转角处的一个古滑坡体上,由于江水冲刷坡脚,以及工厂投产后排水和堆放荷载的影响,先后在古滑坡体上发生了 10 个新滑坡,严重影响了该厂的正常生产,迫使铁路改线重建。该厂经过十多年的整治滑坡工作,耗费大量人力、物力和资金,整治工作才结束。

2. 斜坡上房屋稳定性破坏类型

由于房屋位于斜坡上的位置不同,因此斜坡出现滑动时,对房屋产生的危害也不同,大致可分为以下三类:

(1)房屋位于斜坡顶部时,顶部形成滑坡,土从房屋下挤出,地基土移动(见图 3-9),地基出现不均匀沉降,房屋将出现开裂损坏或倾斜。

(2)房屋位于斜坡上,在滑坡情况下,房屋下的土发生移动,部分土绕过房屋基础移动(见图3-10)。在这种情况下,无论是作用在基础上的土压力,还是单独基础在平面上的不同位移,都可引起房屋所不允许的变形,导致房屋破坏。

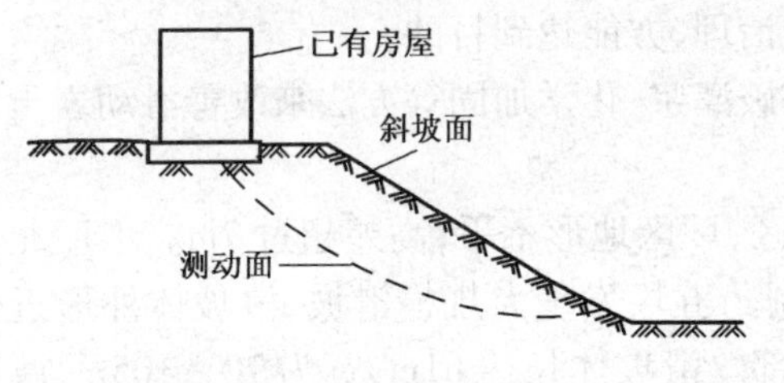

图3-9　房屋下地基土松动

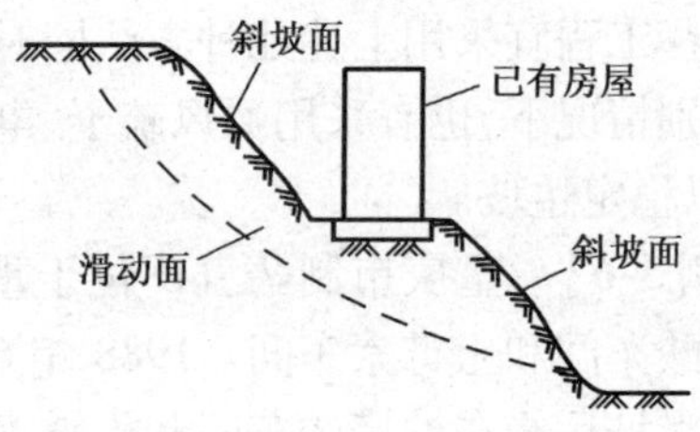

图3-10　房屋下土移动

(3)房屋位于斜坡下部,房屋要经受滑动土体的压力(见图3-11)。其对房屋所造成的危害程度与滑坡规模、体积有关,常常是灾难性的。

3. 滑坡整治

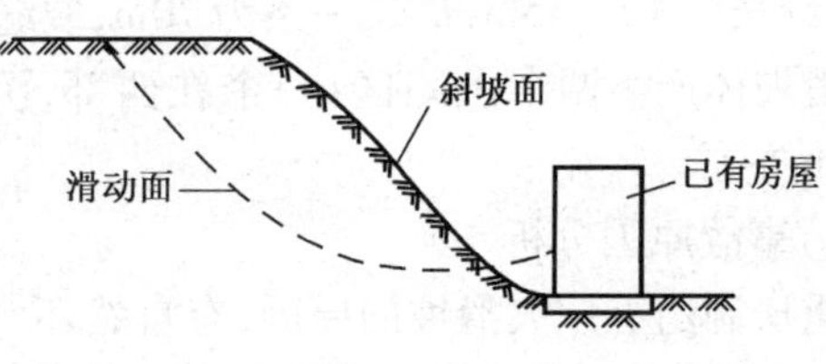

图3-11　房屋受滑动土体的压力作用

滑坡整治前,首先应深入了解形成滑坡的内、外部条件及这些条件的变化,对诱发滑坡的各种因素,应分清主次,采取各种相应的措施,使滑坡最终趋于稳定。一般情况下滑坡发生总有个过程,因此,在其活动初期,如能立即整治,就比较容易,收效也较快。我国防治滑坡的工程措施很多,归纳起来有三类:一是消除或减轻水的危害;二是改变滑坡体外形、设置抗滑建筑物;三是改善滑动带土石的性质。其主要工程措施简要分述如下。

1)消除或减轻水的危害

(1)排除地表水。排除地表水是整治滑坡不可缺少的辅助措施,而且应是首先采取并长期运用的措施。其目的在于拦截、旁引滑坡外的地表水,避免地表水流入滑坡区或将滑坡外的雨水及泉水尽快排除,阻止雨水、泉水进入滑坡体内。主要工程措施有:滑坡体外设截水沟,滑坡体上设地表水排水沟,引泉工程,做好滑坡区的绿化工作等。

(2)排除地下水。对于地下水,可疏而不可堵。其主要工程措施有:截水盲沟,用于拦截和旁引滑坡外围的地下水;支撑盲沟,兼具排水和支撑作用;仰斜孔群,用近于水平的钻孔把地下水引出;此外,还有盲洞、渗管、渗井、垂直钻孔等排除滑体内地下水的工程措施。

(3)防止河水、库水对滑坡体坡脚的冲刷。主要工程措施有:在滑坡上游冲刷地段修筑促使主流偏向对岸的堤坝;在滑坡前缘抛石、铺设石笼,修筑钢筋混凝土块排管,以使坡脚的土体免受河水冲刷。

2)改变滑坡体外形,设置抗滑建筑物

(1)削坡减重。常用于治理处于“头重脚轻”状态,而在前方又没有可靠抗滑地段的滑体。这种方法可以使滑体外形改善、重心降低,从而提高滑体稳定性。

(2)修筑支挡工程。因失去支撑而引起滑动的滑坡或滑坡床陡以及滑动可能较快的滑坡,采用修筑支挡工程的办法,可增加滑坡的重力平衡条件,使滑体迅速恢复稳定。支挡建筑

物种类有抗滑片石垛、抗滑桩、抗滑挡墙等。

3)改善滑动带土石性质

一般采用焙烧法、爆破灌浆法等物理化学方法对滑坡进行治理。

由于滑坡成因复杂,影响因素多。因此除上述方法外常常需要根据现场实际情况因地制宜。某些工程宜采用上述几种方法同时使用,综合治理,方能达到目的。

个别情况下,也有采用通风疏干、电渗排水、爆破灌浆、化学加固等方法来改善滑动岩土的性质,以稳定边坡。

【例3-6】 重庆市制药五厂位于重庆市北碚区,厂区地形不平,高差超过7m。工厂北部为柠檬酸车间和土霉素车间。1988年6月22日制药五厂发生大规模滑坡,滑坡体外形近似箕形。滑坡后缘在柠檬酸车间和土霉素车间西半部。滑坡体长达61m,宽为70~105m,厚度8~12m,面积5287m^2,体积5万m^3。

滑坡体后缘地面开裂,最宽的裂缝达50cm,高程222.07m。滑坡体前缘高出地面32cm,高程214.80m。滑坡体使墙体开裂错位8cm,使板脱落。滑坡体后缘与中部发生大裂缝14条,裂缝长为12~35m,最长一条为70m,裂缝宽为0.2~15cm,最宽为40cm。

滑坡体产生两个沉陷区:一个在西部,沉降量达500mm左右;另一个在东部,沉降量为300mm左右。

1)事故原因分析

重庆制药五厂大滑坡的原因,有自然环境因素和人为因素两方面。

(1)厂区位于明家溪东岸顺向斜坡带上。地形坡度约为15°。地表为人填土卵砾石,粒径为20~130mm,松散,厚度为1.0~2.66m,最厚达5.41m。第二层为残坡积粉质黏土,可塑状态,厚薄不均,一般厚为0.15~2.19m,最厚达4.0m。第三层为泥岩,泥质,抗风化能力差,吸水后易软化,强度低。

(2)柠檬酸车间排放工业废水,排水管年久失修,管道破裂,大量废水由地表拉裂缝渗入地下,侵蚀软化土体,使土与泥岩的抗剪强度降低。

(3)滑坡体前缘位于空气压缩站,因建房平基切坡,造成临空面。虽然修筑了7m的挡土墙,但挡土墙的基础未达基岩,不能阻挡滑坡体滑动。

(4)1988年3~6月当地降雨多,雨水大量入渗,地下水位抬高,土体有效应力降低,并产生动水力。因此,于6月22日发生大滑坡。

2)事故处理方法

重庆市第五制药厂发生滑坡事故后,首先进行5个钻孔勘察,根据实际情况采用锚挡桩方案。

在滑坡体通过柠檬酸车间北段外墙与南段外墙等部位,进行钻孔灌注钢筋混凝土锚挡桩。其直径为300mm,间距1m。每根桩要求深入滑动面以下2~3m,混凝土浇筑195m^3,于1988年6月26日动工,8月31日完工。

与此同时,对柠檬酸车间排水管全部改建更新。地面裂缝用混凝土抹面填塞,使雨水不再渗入,避免新的滑坡发生。

此外,还采取减重与反压两项工程措施:在滑坡体上部主滑地段拆迁危房,包括库房与传达室,并搬走锅炉与堆放的钢材。在滑坡体下部堆放千吨砂石与条石对滑坡体进行反压,以阻挡滑动。

经上述治理措施，通过5个观测点实测，效果良好。

五 基坑工程事故

随着高层建筑和城市地下空间利用的极大发展，深基坑工程的数量迅速增加，基坑围护体系的设计计算方法、施工技术、监测手段以及基坑工程理论在我国有了很大的进步。由于基坑工程的区域性、个体差异性、复杂性及不确定性，基坑工程中发生事故的概率往往大于主体工程，事故率可达20%左右。

（一）基坑工程事故的特点

根据有关资料的分析，基坑工程事故有以下一些特点。

（1）基坑工程事故普遍。在建筑施工领域，基坑工程事故十分突出。不但工程地质条件差的东部沿海地区基坑工程事故时有发生，工程地质条件较好的地区，如东北、华北、西北等内陆地区，基坑工程事故也屡见不鲜。另一方面，开挖深的基坑工程事故多，开挖浅的基坑事故也不少。据统计，有的地基基坑工程的成功率只有1/3，而其余2/3的基坑或多或少都存在这样或那样的问题。

（2）基坑工程事故影响范围大，波及面广。基坑工程事故一旦发生，不但威胁施工人员的生命安全，给工程自身带来较大的经济损失，而且还会对周围的管线、道路、房屋等的正常使用产生影响，甚至有可能导致严重的社会问题。1994年9月1日，上海某基坑靠近马路一侧围护结构支撑破坏，地下连续墙突然向基坑内侧倒塌，道路面下沉面积达500m^2，下陷最深处达6~7m；埋设在路面下的管线，包括电力电缆、电车电缆、煤气管道、自来水管道、雨水管道均遭到严重破坏，煤气大量外溢、大面积停电、停气、停水、交通被迫中断。警方出动了350名干警维持秩序，消防局出动了数百名消防战士用大孔径水枪稀释外溢的煤气。这起事故，不仅震动了上海，而且震惊了全国工程界。2000年7月23日，在乌鲁木齐市某大厦施工时，由于基坑失事，导致毗邻建筑物坍塌，4人死亡，5人重伤。

（二）引起基坑工程事故的原因

基坑工程属于广义的岩土工程的范畴，由于岩土材料本身的复杂性，使得基坑工程理论研究和工程实践都还相当不成熟。因此，基坑事故极易发生，引起基坑工程事故的原因也变得复杂起来。归纳起来，引起基坑工程事故的主要原因如下。

（1）思想上重视不够，操作欠规范。大多数设计和施工单位都存在这样一个认识，认为基坑围护设计是施工单位的事情，无需委托有设计资质的单位设计。因此，设计和勘察单位介入不多，基坑围护设计大多由施工单位自行完成或委托别的单位或个人完成。由于设计人员的水平参差不齐，设计参数取值、计算方法无章可循，再加上经济方面的考虑，曾经有一个时期，以谁的基坑施工最节约成了评价设计方案优劣的最主要的依据，致使设计方案本身存在许多问题。

（2）基础地质资料不够准确。工程勘察资料是基坑工程设计的最主要依据，这些资料的

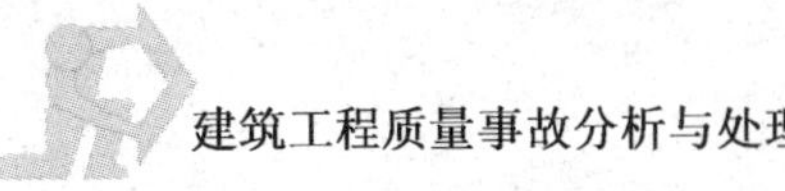

欠缺和不准确，往往蕴藏着潜在的危险。某基坑开挖深度为10m，采用灌注桩作支撑，水泥土搅拌桩作止水结构的围护结构，钻孔灌注桩的直径为800mm，深22～25m，水泥土搅拌桩墙体宽度为1.7m，深7m。由于先期的勘察工作中没有发现场地中废弃的防空洞，致使有的钻孔灌注桩没有施工到预定的深度。后来，基坑开挖时，局部发生坍塌。

(3)计算方法和设计方案不够缜密。在基坑工程设计中，挡土墙背后的土压力是按水土合算好，还是按水土分算好，一直是一个没有很好解决的问题。这无形中为基坑支护设计增加了一道不小的障碍。此外，在基坑设计的各种软件中，对同一基坑，采用同样的计算参数，得到的结果可以相差2～3倍。这种情形，势必会使设计陷入无所适从的地步。

(4)施工不够规范。首先是施工中不规范操作使得支护和止水结构质量存在问题，致使挡墙刚度不够，止水效果不佳。如在用水泥土搅拌桩作止水结构时，若水泥的掺量达不到设计的要求，就会使止水结构变形过大，形成开裂，影响止水效果。其次，不按施工组织设计的要求开挖，会直接导致基坑工程事故发生。

(5)监测工作不够认真、规范。监测工作是基坑工程的重要环节，在此基础上发展起来的信息化施工技术是指导基坑工程设计和施工的重要手段。对监测资料的分析要做到准确性、及时性、综合性、预见性，就是要通过对监测资料的分析，确定基坑的安全状态，对后继施工中可能出现的问题提出处理意见。

(三)减少基坑工程事故的对策

减少基坑工程事故，应严格按照规范操作，以预防为主，立足于把基坑工程事故消灭在萌芽状态。为此，应从以下几个方面着手。

(1)严格把好勘察设计关。这是保证基坑工程安全的重要前提。前一个时期，基坑工程勘察没有统一的规范可循，而是参照普通工程地质勘察规范的要求进行，深度不够。最近，国家和许多地方相继出台了一系列基坑工程设计规程，对基坑工程的勘察和设计提出了严格的要求。此外，还要加强基坑工程设计的宏观管理。所有这些，都有利基坑设计朝着科学化、规范化的方向发展。

(2)强化安全意识，抓好施工环节的管理。建立、健全各种规章制度，严格按照设计和规范的要求编制施工组织设计，确保施工方案的科学性、合理性；严格按照施工组织设计的要求安排施工，确保施工的有序开展。住房和城乡建设部在"关于印发《危险性较大的分部分项工程安全管理办法的通知》(建质〔2009〕87号)"中规定，开挖深度超过3m(含3m)的基坑(槽)的土方开挖工程必须要有安全专项施工方案，开挖深度超过5m(含5m)的基坑(槽)的土方开挖、支护、降水工程和开挖深度虽未超过5m，但地质条件、周围环境和地下管线复杂，或影响毗邻建筑(构筑)物安全的基坑(槽)的土方开挖、支护、降水工程专项方案，应当召开专家论证会。

(3)协调好基坑工程与周边道路、管线和建筑物的关系。在基坑设计和开挖前，要广泛收集工程周围的环境资料，认真征求有关部门对各自工程保护的要求，结合当地经验，制订详尽的保护周边环境的应急方案。

(4)重视基坑开挖工程的监测工作。周密而合理的监测方案，是基坑安全的重要保障。为此，要从思想上高度重视监测工作。基坑开挖前，设计、施工、监理、监测、管线等相关部门要协商制订一个切实可行的监测方案，确定监测要素的报警界限。基坑开挖过程中，要严格按方案的要求组织监测，及时、准确提供有关数据，正确预测基坑的发展变化趋势，及时发现施工中可能出现的问题。施工过程中出现问题后不得私自进行处理，应按有关规定进行专家分析与认证，编制合理的处理方案并严格执行。

(四)基坑事故分析与处理

【例3-7】 某建筑工程设计地上23层，地下两层，现浇框剪结构。地下室平面呈长方形，南北长60.5m，东西宽约50.8m，基坑开挖深度为自然地面以下10.3m，电梯井部位挖深为12.6m。基坑周边环境如下：西侧为新建居民小区，高6~7层，砖混结构。采用桩基础，距基坑15~20m；东侧为20世纪70年代末修建的2~3层住宅小区，条形基础，埋设2.0m，距离基坑8~10m；南侧为市政道路，距离基坑15m；北侧北边为待开发土地。

地质、水文情况：基坑开挖影响深度范围内场地地层，第一层为填土，厚度1.2~3.7m；第二层为粉质黏土，厚度2.0~2.9m；第三层为粉土，厚度1.9~3.1m；第四层为粉质黏土，厚度1.2~1.8m；第五层为粉土，厚度2.2~3.5m；第六层为粉质黏土，厚度8.0~8.5m。场地地下水主要为第四层黏土中的孔隙潜水，水位埋深在4.0m左右。场地地下水主要受大气降水补给，随季节、气候略有变化，水位变化幅度一般在1.0m左右。

基坑支护方案：根据基坑周边环境，支护设计时，东、西、南三侧采用土钉、预应力锚杆联合的复合土钉支护方案，北侧采用放坡开挖。东段支护典型剖面，上部为直坡，设两层土钉和一层预应力锚杆，土钉长度12m，锚杆长度18m，间距1.5m，排距1.5m；中间设1.5m台阶，在内侧设一排微型钢管桩，长度12m，间距1m，外侧设降水井；下部为斜坡，剖面坡率为1:0.2，设4层土钉和一层预应力锚杆，土钉长度12~14m，锚杆长度20m，间距1.3m，排距1.4m。

设计时并未采用止水帷幕以隔断基坑外侧地下水，而是在基坑内部和周边布设降水井点。

1)事故描述

基坑施工按土钉(或锚杆)深度分层开挖、支护。施工期间在东侧第二层土钉钻孔时，发现有污水从钻孔内流出，未引起施工单位重视，当时未作处理，基坑继续向下开挖施工。先挖第三层，施工完预应力锚杆后，再挖第四层。由于工期紧，施工单位认为上部有土钉、坡面中有台阶，边坡应比较安全，并未严格分层、分段开挖，而是一次性将该侧土层挖至第四层位置，随后才进行土钉和锚杆钻孔工作，在随后的挂网、喷浆阶段，发现东侧已喷过的面层局部出现被水浸湿痕迹，并随时间逐渐增大。渗水处附近的水平位移和地面沉降监测数据同时不断增大，变形速率加快，最大达到11~16mm/d，而且在基坑东侧出现一平行于基坑边的裂缝，周围围墙也出现裂缝，最宽可达20mm。建设单位和设计人员迅速赶到现场勘察，最后判断该段基坑边坡已发生破坏，为了防止发生彻底坍塌，立即组织人员对变形边坡进行了回填反压。回填后变形速率迅速减小。

2)事故分析及处理

后来经过调查，发现东侧边坡渗水的原因是住宅小区的污水管常年发生渗漏所致。该小区建设时间较长，污水管网老化、渗漏，在土钉钻孔渗水时就应该发现该问题，但未引起重视，而且为赶工期，下边基坑一次开挖深度超过分层开挖深度，使凌空面加大，主动土压力加大，上部已施工土钉难以承担突然加大的土压力，变形增大；再加上降水引起的地面沉降的影响，从

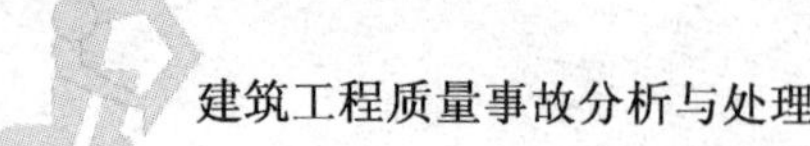

而引起坑周土体不均匀变形加剧，造成污水管网变形增大，进而渗漏量也不断增大，造成土体软化，水平土压力不断增大，最后引起支护结构失效，形成基坑边坡失稳。由于东侧边坡已产生整体滑动，原先布设的土钉或锚杆已失效，须将已滑动的土钉墙及土体作为一滑体来考虑，重新进行支护结构的设计计算。对于未破坏部分土钉墙，重新验算后，局部增加预应力锚杆进行加固，并对东侧的排污管线进行改迁。处理后基坑变形速率稳定。

六 特殊土地基工程事故

随着我国城市化和工业化进程的快速发展以及人们生活水平的不断提高，土地的需求日益上涨，人们不得不在各种复杂和软弱地基上开展工程建设，因此正确认识各种特殊土的工程特性就显得尤为重要，该问题已受到土木工程师的极大关注。特殊土地基种类较多，有软土地基、湿陷性黄土地基、液化土、膨胀土地基和杂填土地基、采空区等。比如湿陷性黄土、膨胀土地基、盐渍土等都是工程中常见的特殊土。

1.特殊土地基的现象及工程危害

1）湿陷性黄土

天然黄土在覆土的自重应力作用下，或在自重应力和附加应力共同作用下，受水浸湿后，其结构迅速破坏并发生显著附加下沉。湿陷性黄土由于水浸湿常会使建筑物出现不均匀沉降，引起边坡滑动，且这种破坏具有突发性，工程上难以预料其下沉部位。

2）膨胀土

膨胀土是一种高塑性黏土，强度一般较高，具有吸水膨胀、失水收缩和反复胀缩变形以及浸水强度衰减、干缩裂隙发育等特性，性质不稳定，常使建筑物产生不均匀的竖向或水平的胀缩变形，造成位移、开裂、倾斜，甚至破坏，而且往往成群出现，尤以低层平房最为严重，危害性较大。裂缝特征有外墙垂直裂缝、端部斜向裂缝和窗台下水平裂缝；内、外山墙主要有对称或不对称的倒八字形裂缝等；地坪则出现纵向长条和网格状的裂缝。一般于建筑物完工后半年到五年内出现。

3）盐渍土

土层中含有石膏、芒硝、岩盐（硫酸盐或氯化物）等，其含量大于0.5%，是一种在自然环境下具有溶陷、盐胀等特殊性的土。盐渍土在干燥时，盐类呈结晶状态，地基具有较高的强度，但当遇水后易崩解，出现土体失稳、强度降低、压缩性增大等情况，造成建筑物不均匀沉陷、裂缝、倾斜，甚至破坏。由于盐渍土浸水后不仅强度降低，而且伴随着土结构破坏，产生较大的溶陷变形，其变形速度一般较黄土湿陷变形快，所以危害更大。另外，盐分渗入与其接触的基础或墙体，会在结晶过程中使材料膨胀或产生腐蚀破坏。

2.特殊土地基的防治与处理方案

1）湿陷性黄土地基防治与处理方案

（1）选用适应不均匀沉降的结构和基础类型（如框架结构和墩式基础），散水坡宜用混凝土，宽度不小于1.5m。

（2）加强建筑物的整体刚度，如控制长度在3m以内，设置沉降缝，增设横墙、钢筋混凝土圈梁等。

(3)将基底的湿陷性土层全部或部分挖除,用灰土夯实。

(4)对湿陷性土层用重锤夯实法或强夯法处理。前法能消除1.0~2.0m厚土层的湿陷性,后法可消除3~6m深土层的湿陷性。

(5)采用灰土挤密桩,消除桩深度范围内黄土的湿陷性,处理深度一般为5~10m。

(6)采用爆扩桩、灌注桩或预制桩将上部荷载传至非湿陷性土层上。爆扩桩长度一般不大于8m,扩大头直径为1m左右。

(7)采用硅化或碱液加固地基。方法是先在加固部位钻孔,将一定浓度的硅酸钠或碱液通过压力或自重灌入土中,与黄土进行化学反应生成钠、铝、钙等化合物,使土粒胶结,增加土体强度。

(8)做好总体的平面和竖向设计及防洪措施,保证场地排水畅通,保持水管与建筑物有足够的距离,防止管网渗漏水,做好屋面和地面防水、排水措施。

(9)合理安排施工程序,先施工地下工程,后施工地上工程。敷设管道时,先施工防洪、排水管道并保证其畅通,临时防洪沟、洗料场等应距离建筑物外墙不小于12m,严防地面水流入基坑内或基槽内。

(10)基础施工完后,应用素土在基础周围分层回填夯实,地基压实系数要符合规范要求。屋面施工完毕,应及时安装天沟、水落管和雨水管道等,将雨水引至室外排水系统。

2)膨胀土地基防治与处理方案

(1)提前平整场地,使用雨水预湿,减少挖填方湿度过大的差额,使含水量得到新的平衡,大部分膨胀力得到释放。

(2)尽量保持原自然边坡、场地的稳定条件,避免大挖大填。基础适当埋深或用墩式基础、桩基础,以增加基础附加荷载,减少膨胀土层厚度,减轻升降幅度,但成孔时切忌向孔内灌水,成孔后,宜当天浇注混凝土。

(3)临坡建筑不宜在坡角挖土施工,避免改变坡体平衡,使建筑物产生水平膨胀位移。

(4)采取换土处理,将膨胀土层部分或全部挖去,用灰土、土石混合物或砂砾回填夯实,或在持力层上采用人工垫层,如砂、砂砾作缓冲层,厚度不小于90cm。

(5)在建筑物周围做好地表渗、排水沟处理等。散水坡适当加宽(可做成1.2~1.5m),其下做砂或炉渣垫层,并设隔水层。室内下水道设防漏、防渗措施,使地基土尽量保持原有天然湿度和天然结构。

(6)加强结构刚度,如设置地箍、地梁,在两端和内外墙连接处设置水平钢筋加强联结等。

(7)做好保湿防水措施,加强施工用水管理,做好现场临时排水,避免基坑(槽)浸泡和建筑物附近积水。

3)盐渍土地基防治与处理方案

(1)做好场地竖向设计,避免大气降水、工业及生活用水、施工用水浸入地基,而造成建筑材料的腐蚀及盐胀。

(2)室外散水坡适当加宽,一般不小于1.5m,下部做灰土垫层,防止水渗入地基造成溶陷,绿化带与建筑物距离应加大,严格控制绿化用水。

(3)对基础采取防腐措施,如采用耐腐蚀建筑材料,或在基础外部做防腐处理等。

(4)将基础埋置于盐渍土层以下,或隔断有害毛细水的上升,或铺设隔绝层、隔离层,以防

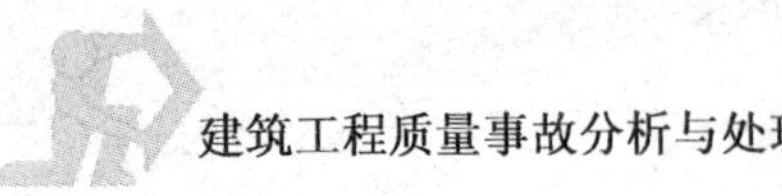

止盐分向上运移。

(5)采用换填法、重锤夯实法或强夯法处理浅部土层。对厚度不大或渗透性较好的盐渍土,可采用浸水预溶,水头高度不小于30cm,浸水坑的平面尺寸,每边应超过拟建房屋边缘不小于2.5m。

(6)对土层厚、溶陷性高的盐沼地,采用桩基、灰土墩、混凝土墩,埋置深度应大于临界深度。

(7)做好现场排洪、排水等,防止施工用水、雨水流入地基或基础周围,各种用水点应离基础10m以上。

(8)合理安排施工程序,先施工埋置深、荷载大的基础,并及时回填好土料,夯实填土。管道敷设时,先施工排水管道,并保证其畅通,防止管道漏水。

【例3-8】 灰土挤密桩处理湿陷性黄土地基。

工程位于甘肃省天水市麦积区境内,其中DIK1366+470~DIK1366+608段路基主要以填方为主,分布有湿陷性黄土,具自重湿陷性,湿陷土层厚度约15m,湿陷等级Ⅲ级。故采用灰土挤密桩进行地基处理,共设计2506孔,桩总长26342m,桩径0.4m,桩间距0.9m,梅花形布置。

施工工艺:

1)施工准备

(1)平整场地,清除场内地上、地下障碍物;

(2)复核地基天然土的含水率、饱和度,以便制订正确的应对措施;

(3)测量放线,定出控制轴线、打桩场地边线并标记;

(4)成孔机械表面应有明显的进尺标记,以此来控制成孔深度。

2)填料选取

灰土中的素土应选用洁净的黄土,有机质含量不得超过5%,土料颗粒不得大于10mm。石灰应选用新鲜消石灰粉,其颗粒直径不大于5mm,不含未熟化生石灰块。石灰的质量选用Ⅲ级及以上,活性CaO+MgO含量(按干容重计)不低于55%。二八灰土采用厂拌,根据土工试验严格控制灰土含水率。灰土拌制根据回填要求随拌随用,被雨水淋湿、浸泡的灰土(水泥土)严禁使用,按作废处理。下雨期间不得进行灰土拌制。

3)试桩

在试桩区试打一部分挤密桩,通过载荷试验复核地基承载力,取土样测定处理深度内桩间土的压缩性和湿陷性,检验处理深度内桩体和桩间土干密度,验证桩体平均压实系数和桩间土的挤密系数是否满足设计要求,从而进一步验证设计参数是否正确。此外,试桩还能了解现场沉管的难易程度(有无硬夹层,并与勘察报告对比)、桩孔回落土情况以及对应的回填量与夯击次数等。

4)成孔

采用沉桩机将与桩孔同直径的钢管打入土中拔管成孔,桩管顶设桩帽,下端做成60°锥形活动桩尖,施工前在桩架或钢管上标出控制深度标记,以便施工中进行钢管深度观测。成孔后清底夯实、夯平,夯实次数不小于8击,成孔后进行孔中心位移、垂直度、孔径、孔深检查,合格后进行下道工序施工或用盖板盖住孔口防止杂物落入。为确保挤密效果,且有效避免塌孔,施工时先两边后中间，隔行单排跳打。在成孔或拔管过程中，对桩孔(或桩顶)上部土层有一定的松动作用，因此在施工前应预留0.5m厚的松动土层，待成孔和桩孔回填夯实结束后铺灰土垫层前将其挖除或夯实处理。

5)桩体夯填

(1)夯机就位；

(2)回填前应将孔底回落土夯击4~8次，然后开始分层填料夯实；

(3)填料：为保证桩体压实度符合设计要求，夯填时采用"三锹四锤"，即人工填料三锹，机械夯击四锤，夯锤落高保持在2~3m；

(4)素土加湿、灰土拌和及桩孔夯填均由专人负责，及时检查监督，每个桩孔的填夯必须做好记录。

6)垫层

二八灰土垫层厚0.5m，分两层用压路机进行碾压，碾压遍数为4遍，在边缘和接缝处增加碾压遍数，压实系数控制在$\lambda_c \geqslant 0.95$。灰土垫层经逐层抽样检验合格后，再铺碾第二层。

从上述湿陷性黄土地基处理应用实例可见，灰土挤密桩在处理湿陷性黄土地基中提高了地基土的承载力，同时增加了地基的水稳性，取得了良好的技术经济效益，保证了工程质量。

七 地基事故处理

1.托换工程分类

托换技术，也称基础托换，是指对原有建筑物的地基和基础进行处理和加固或在原有建筑物基础下需要修建地下工程，其中包括隧道穿越，以及邻近需要建造新工程而影响到原有建筑物安全等问题的处理技术的总称。凡进行托换技术的工程总称为托换工程。

根据实际工程对托换的不同要求，可将托换工程分为三种不同类型。

1)补救性托换

凡因原有建筑物基础下地基土不能满足承载力和变形要求，而需要将原基础加深至比较好的持力层上或因软土层很厚，而加深原基础又会遇到地下水，给施工带来困难，采用扩大原基础底面积的托换，称为补救性托换(见图3-12)。

2)预防性托换

如原有建筑的地基土能满足地基承载力和变形要求，但由于在其邻近要修建较深的新建筑物基础，包括深基坑的开挖和隧道穿越，因而需要将原有建筑物基础加深、桩基托换或进行地基土灌浆加固等托换措施，称为预防性托换。其中也包括平行于原有建筑物基础而修筑的比较深的墙体的侧向托换。侧向托换可采用地下连续墙、板桩墙或网状结构树根桩等托换措施(见图3-13)。

3)维持性托换

在新建的建筑物基础上预先设计好顶升措施，以适应事后产生不容许出现的地基差异沉降值，称为维持性托换。

上述三种托换技术中，补救性托换不仅可以用于原有建筑物的地基事故处理，而且可用于旧房的加层改造。故此种托换量大面广，在托换工程中所占比例很大。需指出的是，补救性托

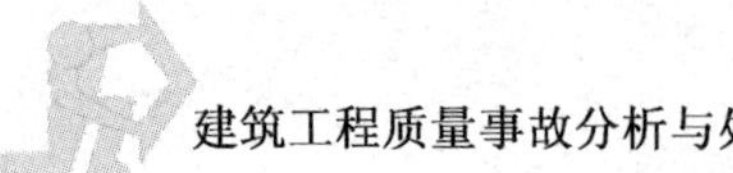

换绝不仅仅是加深基础和扩大原有基础底面积。

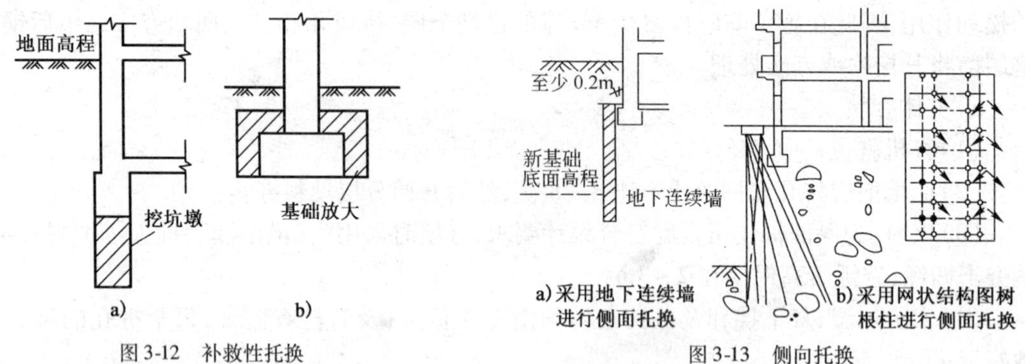

图 3-12　补救性托换　　　　图 3-13　侧向托换

2. 托换选择及实施

在决定地基事故托换方案之前，首先应对上部结构的裂缝外观形态进行调查分析，区分开是属于地基事故，还是上部结构事故。在确认地基事故后，则应针对事故原因进行分析。地基是否需要加固的标准如下：

（1）地基因滑动，或因承载力严重不足，或因其他特殊地质原因，引起不均匀沉降，导致结构明显倾斜、位移、裂缝、扭曲等，并有继续发展的趋势。

（2）地基因毗邻建筑增大荷载，或因自身局部加层增大荷载，或因其他人为因素，引起不均匀沉降，导致结构明显倾斜、位移、裂缝、扭曲等，并有继续发展的趋势。

具有以上情况之一者，需要加固处理，并因地制宜地选择技术有效、经济合理、施工简便的补救性托换方法。一般可供选择的托换方法有基础扩大托换或坑式托换、桩式托换、灌浆托换、纠偏托换。纠偏托换又分为迫降纠偏法和顶升纠偏法。有时尚需采取排水、支挡、减重和护坡等措施综合治理。

一般托换工程具体实施步骤如下：

（1）对需要加固的原有建筑物结构进行加固；

（2）采取适当而稳妥的方法，将原有建筑物基础的全部或部分支托住；

（3）根据工程需要，对原有建筑物地基或基础进行加固；

（4）当需要在建筑物下建造地下构筑物（如地铁通道、车站等）时，在基础已支托的状态下，于原基础下开挖土方，并进行该部分工程施工；

（5）将荷载传到新建的地下工程上；

（6）必要时拆除托换结构。

托换工程需要应用各种地基处理技术，如灌浆加固、石灰桩、树根桩等。通常在大型托换工程中，往往同时采用几种甚至多种技术措施和施工方法，以便达到较优的技术经济效果。常用的施工方法有大、小直径钻孔灌注桩、静压力（钢管）桩、地下连续墙内锚杆等方法。对被托换建筑物的纠偏方法也有多种，如迫降纠偏法（锚杆加压纠偏法、加载纠偏法、掏土纠偏法）与顶升纠偏法（框梁和拖梁顶升纠偏法、静压桩顶升纠偏法等）。规模大的综合托换工程，多数属于高度综合性和富于技巧性的工程技术。

托换工程是一项建筑技术难度较大、建筑费用较贵、工期较长、责任心较强的特殊施工方法。托换范围往往由小到大，逐步扩大。在任何情况下都是一部分被托换后，方可开始另一部分托换工作，否则难以保证工程质量。对一般托换工程，需要半年至一年；对地铁穿越的大型综合托换工程，有的甚至长达几年。因而需要考虑更多的施工因素，如季节性的温度变化和雨雪影响，深基坑开挖后土层卸载引起的基坑回弹影响，基坑排水对相邻建筑物的影响，以及一些临时性的支护结构的可靠性等问题。

季节性冻土地区冻害所引起的事故，很少采用地基处理办法，而多采用消除冻胀的措施。必要时也可采用砂、石进行坑式托换，对于因砂、石垫层处理不当引起的冻害事故，则可采用掏砂迫降托换、灌浆托换等方法。托换的根本目的在于加强基础和改善地基的承载力，有效地传递建筑物荷载，从而控制沉降，减少差异沉降，根除病害，使建(构)筑物恢复安全使用。

【例 3-9】 某公司水电车间基础的扩大托换。

1)工程事故概况

该水电车间为空旷砖混结构，钢筋混凝土屋面梁、板、毛石基础，其顶部设钢筋混凝土圈梁，地处水塘边，1972 年建造。完工后不久，由于基础不均匀沉降，在靠近水塘一角的山墙、拐角及纵墙一段的墙体，开裂严重，且在继续发展。经开挖坑槽检查，墙体开裂部位下的钢筋混凝土圈梁及毛石基础也有明显裂缝。

2)事故原因分析

由于屋面梁传给壁柱的是集中荷载，故对于软弱地段，应将壁柱下基础宽度加大。但由于设计疏忽，采用了与窗间墙下的基础同宽的处理办法，因而造成纵墙下基底压力的分布不均，加之该工程上部结构刚度差，不具备调整基底压力和变形的能力，因此，在壁柱间被门窗洞口削弱的墙体上发生了斜向裂缝。

3)事故处理方法

根据事故原因，选择基础扩大托换方案，分别对墙体开裂部位两个壁柱、一个拐角及山墙中段等四处基础进行加固处理(见图 3-14)。

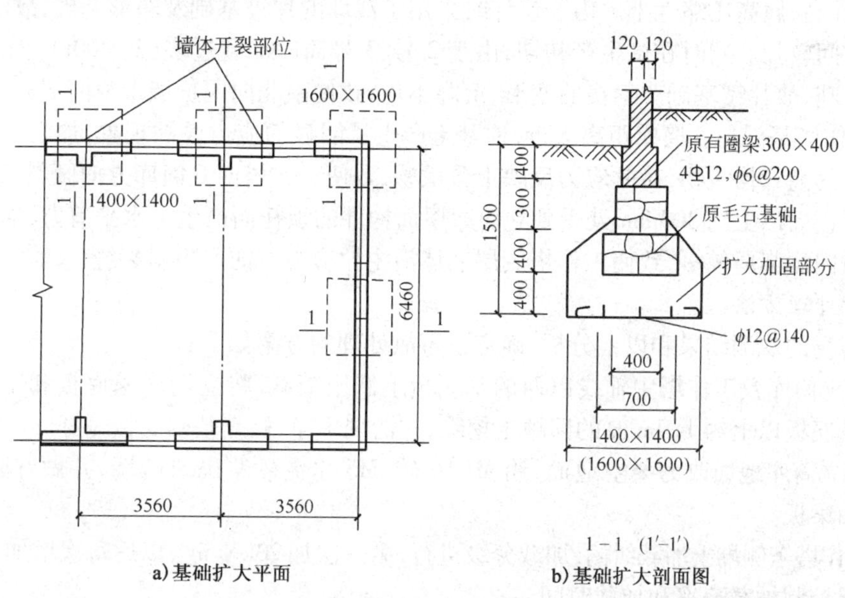

图 3-14 基础扩大托换实例图(尺寸单位：mm)

施工时先在屋面梁底加设临时支撑，卸除加固部位基础上的部分荷载。然后从基础两侧开挖坑槽，并将扩大加固部位基底下的基土掏出，按设计长、宽、厚度浇捣混凝土。于其底部布置 ϕ12mm、间距 140mm 的双向受力钢筋。浇筑的混凝土高出毛石基础底面，原基础要凿毛，以保证新旧基础连接牢固。待加固部分的混凝土达到规定强度后，对旧基础及上部墙体的裂缝用水泥砂浆嵌补，个别开裂严重的墙体做了局部拆砌，最后拆除临时支撑。托换处理后，经数年观测，没有发现问题，效果较好。

【例 3-10】 某面粉厂建在湖区的围垦区，属湖相软弱地基，该面粉厂的立筒库和工作塔分期建造，前后相隔时间约 1 年。其中工作塔平面尺寸为 6.0m × 9.0m，基础为箱形基础，基底板尺寸为 10m × 13.8m，板底标高为 3.0m。立筒库为 4 个呈一字排列的钢板筒库，由直径 5.0m的平面环梁支撑，并通过 12 根立柱传给基础，基础采用片筏基础，基础底板尺寸为 12.34m × 41.40m，板底标高为 2.50m。

1）工程事故概况

该工程建成后的试生产过程中，立筒库基础产生不均匀沉降，导致南北向围护墙窗间墙上出现通过窗口两个对角的斜裂缝，裂缝下宽上窄，最宽处约 10mm，引起立筒库相邻的工作塔向西倾斜，1 个月后工作塔底层的柱间填充墙产生斜裂缝，裂缝方向与水平方向约呈 40°夹角，下宽上窄，最大宽度约 5mm。事故发生后对立筒库和工作塔进行了现场观测，最初 5 个月，立筒库累计总沉降量为 117mm，工作塔倾斜由 30mm 发展到 78mm。2 个月后，立筒库空载情况下累计沉降 5mm，工作塔倾斜无明显发展。

2）事故原因分析

事故发生后，对现场进行多次观察分析，并由设计单位组织对立筒库、工作塔进行观测，认为造成工作事故的原因如下：

（1）立筒库和工作塔构建在湖相软弱地基上，持力层为厚约 6m 左右的轻亚黏土，且含水量大，压缩性高，属高压缩性土。由于设计时采用了浅埋的片筏基础及箱形基础，故沉降量大，沉降稳定时间较长。同时在试生产初期，由于 2 号、3 号筒库加载过多（约 400t），而 1 号、4 号筒库仅几十吨，故片筏基础产生挠曲变形，沉降不均，致使南北向围护墙上窗间墙开裂。

（2）工作塔基础与立筒库距离太近，地基土产生了明显的应力叠加现象，加之工作塔为平面尺寸较小的高耸构筑物，对此应力反映十分敏感，致使工作塔向立筒库方向倾斜。但由于在工作塔二层楼面以上约 300mm 处受到立筒库屋面构件的顶托而产生了水平剪力，加上工作塔底层砖墙被门洞削弱较多，致使工作塔底层墙体沿主拉应力方向产生斜裂缝。

3. 事故处理方法

根据现场的观测结果和以上分析，确定了事故处理的方案如下：

（1）在立筒库及工作塔中轴线以西的基底板上卸土减载，将立筒库基底板和工作塔中轴线以西的基底板以上约 1.9m 厚的回填土挖除，并清洗干净，检查基础底板完好。

（2）将立筒库地面改为架空地面，用 MU10 砖、M5 水泥砂浆砌筑砖墙，并做好防水层，然后现浇地面梁板。

（3）工作塔东侧堆土加载纠偏，加载分级进行，第一次加 20kN/m^2，以后每次增加 10kN/m^2，由观测情况控制加载速率和加载时间。

（4）对立筒库进行加载强迫沉降，以加速地基稳定，并严格控制沉降速率。加载以每日沉降量不超过 2.0mm 为限，每次加载，必须待上次加载后沉降已稳定后再进行。

(5)待地基完全稳定后，再进行围护结构的裂缝处理。

(6)在该工程事故处理施工中还应注意以下几个方面。

①立筒库和工作塔西侧取土减压时应尽量不扰动地基；

②施工过程中应注意排水；

③当工作塔纠偏及立筒加载强迫沉降过程中，应每天派专人观测并作详细记录，观测值包括沉降值垂直度和侧移值。

处理效果：事故处理费时近 2 个月，根据观测结果，在处理后的一年半中，在卸土加固和库内不同装料量阶段中，各立筒库的沉降几乎是均匀的。累计最终沉降量最大为 38mm，最小为 28mm，沉降速率由高峰期的 0.28mm/d，逐渐减少至 0.075mm/d，满足了规范要求。

工作塔的纠偏也取得了明显的效果，从加载开始，工作塔顶部一直向东移，累计位移值达 201mm，使工作塔由原来向西倾斜变为向东倾斜 17mm，倾斜速度由 1.73mm/d 减小至 0.24mm/d，之后再卸除东侧地面堆载。

第二节 基础工程质量事故

由于基础工程的质量问题而引起上部结构(房屋)的开裂、倾斜，进而直接影响使用的事故屡见不鲜，甚至个别地区造成房屋的倒塌事故，涉及人员和财产安全，这些事故的发生不仅造成了较大的经济损失，同时也带来了恶劣的社会影响。因此，基础工程的质量事故，已引起了社会各个方面的关注。基础工程事故，常见的有基础错位、基础变形、混凝土基础孔洞等类型。

一 基础事故原因分析

分析基础工程事故的原因是一项复杂的工作，它涉及的内容是多方面的，而且各种原因之间又相互交叉、相互影响。一般情况下将引起基础工程事故的原因归纳为勘察、设计、施工不当或环境和使用情况改变等几个方面。

(一)基础错位事故常见原因

1. 勘测失误

常见的有滑坡造成基础错位，地基及下卧层勘探不清所造成的过量下沉和变形等。

2. 设计错误

设计草图或制图时存在错误，审图时又未发现未作纠正；设计措施不当，诸如软弱地基未作适当处理，对湿陷性地基上的建筑物，无可靠的防水措施，又无相应的结构措施；对软硬不均匀地基上的建筑物，采用不适当的建筑结构方案等；土建施工图与水、电或设备图不一致。有的因各工种配合不良造成，有的则因土建施工图发出后，设备型号变更或当时提供给土建的资料不正确又未作及时纠正而造成或因设计时考虑不周，施工中途进行图纸更改而造成。

3. 施工问题

1)测量放线错误

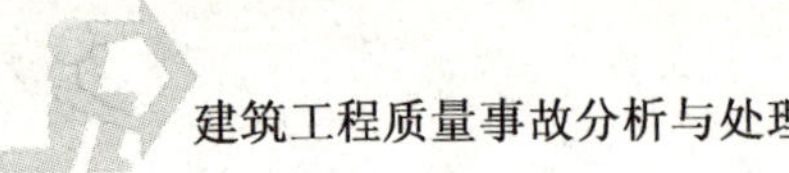

(1)看图错误。错位事故很大一部分是看错图,最常见的是把基础中心线看成轴线而出错。在建筑和结构的施工图中,并不是所有的轴线都与中心线重合。这对设计图纸不熟悉、施工中又不细心的人来说是最易犯的错误。

(2)测量错误。最常见的是读错尺,这种偏差数值往往较大,施工中更应注意。

(3)测量标志移位。如控制桩埋设浅、不牢固或位置选择不当等,车压和碰撞使控制桩发生位移而造成测量放线错误。又如基础施工中控制点设在模板或脚手架上,导致出错等。

(4)施工放线误差大及误差积累过大。此种误差可造成基础位移或标高误差过大。

2)施工工艺不良

(1)场地平整及填方区碾压密实度差。如用推土机平整场地并进行压实,而填土厚度又较大时,往往产生这类质量问题。建造在这种地基上的基础,常会产生过大沉降或倾斜变形。

(2)单侧回填。基础工程完成后进行土方回填,若不是两侧均匀回填,往往造成基础移位或倾斜,有的甚至导致基础破裂。

(3)钢板刚度不足或支撑不良。在混凝土振捣力及其他施工外力作用下,造成基础错位或模板变形过大,基础中杯口采用的是挂吊模法、活模板等,也可能造成杯口产生较大的偏差。

(4)预埋件错位。常见的有预埋螺栓、预留洞(槽)等预埋件固定不牢固而造成水平移位、标高偏大或倾斜过大等事故。

(5)混凝土浇筑工艺和振捣方法不当。

3)施工中地基处理不当

(1)地基长期暴露,或浸水、扰动后,未作适当处理。

(2)施工中发现的局部不良地基未经处理或处理不当,从而造成基础错位或变形。

4. 其他原因

1)相邻建筑影响

如在已有房屋附近新建房屋,造成原有房屋基础错位或变形。

2)地面堆载过大

国外曾报道,某仓库未经处理或处理不当,而造成原有房屋基础位移达4.66m。

(二)基础变形事故常见原因

基础变形事故的原因往往是综合的,因此分析与处理比较复杂,必须从勘测、地基处理、设计、施工及使用等方面综合分析。

1. 地基勘测问题

(1)未经勘测即设计、施工。

(2)勘测资料不足、不准或勘测深度不够,勘测资料错误。

(3)勘测提供的地基承载能力不准,导致地基剪切破坏,形成倾斜。

(4)土坡失稳导致地基破坏,造成基础倾斜。

2. 地下水条件变化

(1)施工中人工降低地下水位,导致地基不均匀下沉。

(2)地基浸水,包括地面水渗入地基后引起附加沉降,基坑长期泡水后承载力降低而产生的不均匀下沉,形成倾斜。

(3)建筑物使用后,大量抽取地下水,造成建筑物下沉。

3. 设计问题

(1)建造在软土或湿陷性黄土地基上,设计没有采取必要的措施,造成基础产生过大的沉降。

(2)地基土质不均匀,其物理力学性能相差较大,或地基土层厚薄不匀,压缩变形差大。

(3)建筑物的上部结构荷载差异大,建筑物体形复杂,导致不均匀下沉。

(4)建筑物上部结构荷载重心与基础底板形心的偏心距过大,加剧了偏心荷载的影响,增大了不均匀沉降。

(5)建筑物整体刚度差,对地基不均匀沉降较敏感。

(6)整板基础的建筑物,当原地面标高差很大时,基础室外两侧回填土厚度相差过大,会增加底板的附加偏心荷载。

(7)挤密桩长度差异大,导致同一建筑物下的地基加固效果明显不均匀。

4. 施工问题

(1)施工顺序及方法不当,如建筑物各部分施工先后顺序错误;在已有建筑物或基础底板基坑附近,大量堆放被置换的土方或建筑材料,造成建筑物下沉或倾斜。

(2)人工降低地下水位影响。

(3)施工时扰动和破坏了地基持力层的土结构,使其抗剪强度降低。

(4)打桩顺序错误,相邻桩施工间歇时间过短,打桩质量控制不严等原因,造成桩基础倾斜或产生过大沉降。

(5)施工中各种外力,尤其是水平力的作用,导致基础倾斜。

(6)室内地面大量的不均匀堆载,造成基础倾斜。

二 基础错位事故及特征

1. 基础错位事故主要类别

(1)建筑物方向错误。这类事故是指建筑物位置不符合总图要求,也即是朝向错误,常见的是南北向颠倒。

(2)基础平面错位。基础平面错位包括单向或双向错位两种。

(3)基础标高错误。基础标高错误包括基底标高错误、基础各台阶标高错误以及基础顶面标高错误。

(4)预留洞和预埋件的标高、位置错误。

(5)基础插筋数量、方位错误。

【例 3-11】 某装配式单层厂房柱基础错位事故处理。

1)工程及事故概况

四川省某造船厂机加工车间扩建工程,其立柱截面尺寸为400mm×600mm。基础施工时,柱基坑分段开挖,在挖完5个基坑后,即浇垫层、绑扎钢筋、支模板、浇混凝土。基础完成后,检查发现5个基础都错位300mm(见图3-15)。

2)事故原因分析

施工放线时,误把柱截面中心线作为厂房边柱的轴线,因而错位300mm,即厂房跨度大了300mm。

3)事故处理方法

现场施工人员认为,为避免返工损失,建议以已施工的5个基础位置为基准,完成全车间的施工任务,即厂房的宽度(跨度)方向全部加大300mm。考虑到此方案有以下弊端,因而不予采纳。

(1)上部结构出现非标准构件,需重新设计,而且施工与安装也增加不少麻烦。

(2)厂房内的桥式吊车成了非标准产品,无法订货。

(3)影响全厂总图布置。

根据现场当时的设备条件,未采用顶推或吊移法,而是采用局部拆除后扩大基础的方法进行了处理,其处理要点如下:

(1)将基础杯口一侧短边混凝土凿除(见图3-16);

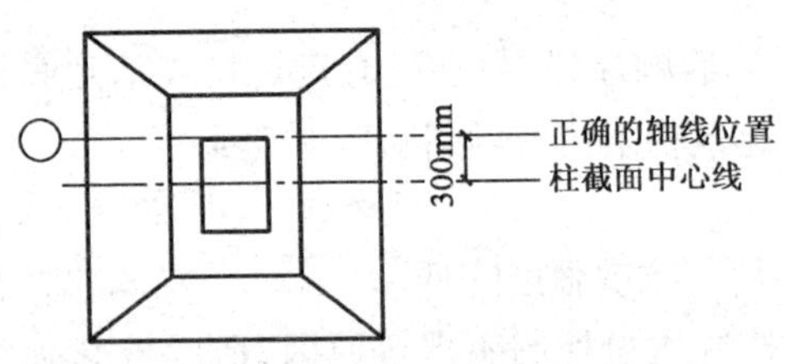

图3-15　柱基础错位示意

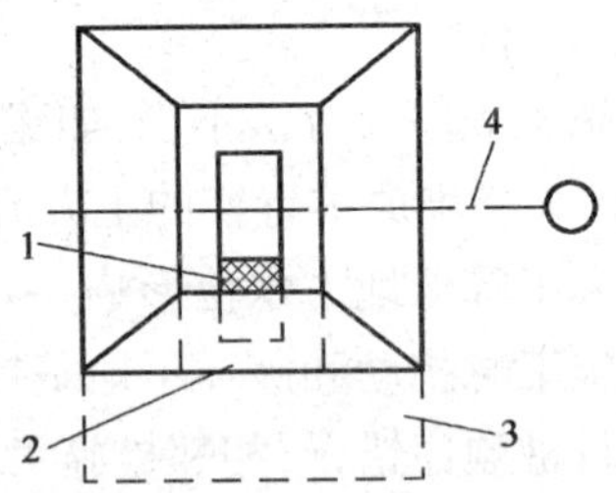

图3-16　错位基础处理示意

1-杯口部分凿除;2-基础一侧部分凿除,露出底部钢筋;3-基础扩大部分;4-厂房柱轴线

(2)凿除部分基础混凝土,露出底板钢筋;

(3)将基础与扩大部分连接面全部凿毛;

(4)扩大基础混凝土垫层,接长底板钢筋;

(5)对原有基础连接面清洗并充分湿润后,浇筑扩大部分的混凝土。

所采用的处理方案具有施工方便,费用低,不需专用设备,结构安全可靠等优点。

2. 基础变形事故处理

基础变形事故多数与地基因素有关,由于变形也是基础事故的常见类别之一,同时又因造成这类事故的原因也不局限于地基事故,因此有必要介绍这类事故的处理。

钢筋混凝土基础变形特征有以下几种:

(1)沉降量,指单独基础的中心沉降。

(2)沉降差,指两相邻单独基础的沉降量差。对于建筑物地基不均匀、相邻柱与荷载差异较大等情况,有可能会出现基础不均匀下沉,导致吊车滑轨、围护砖墙开裂、梁柱开裂等现象的发生。

(3)倾斜,指单独基础在倾斜方向上两端点的沉降差与其距离之比。越高的建筑物,对基础的倾斜要求也越高。

（4）局部倾斜，指砖石承重结构沿纵向6~10m以内两点沉降差与其距离的比值。在房屋结构中出现有平面变化、高差变化及结构类型变化的部位，由于调整变形的能力不同，极易出现局部倾斜变形。砖石混合结构墙体开裂，一般是由于墙体局部变形过大引起的。

【例3-12】 意大利比萨斜塔。

1）工程及事故概况

比萨斜塔为8层建筑，总高为55m，它是意大利中部城市比萨城内大教堂的一座钟楼，四周空旷是一个独立建筑物。该塔自1173年9月8日破土动工，至1178年建至第四层中部高约29m时，因塔身明显倾斜，被迫停工。在斜塔施工中断94年后，于1272年复工，直至1278年完成第7层，塔高48m，又停工。经再次中断82年后，于1360年第二次复工，直至1370年竣工。观看该塔，可以发现斜塔第7、第8层之间有一个转折。

比萨斜塔呈圆柱形，塔身1~6层用优质大理石砌成，塔顶7~8层用砖和轻石料砌成。塔身内径为7.65m，砌体较厚：第1层为4.1m，第2~6层为2.6m。基础底面为圆环形，外径为19.35m，内径为4.51m。该塔每层设有圆柱和精美的花纹，整个斜塔是一座艺术精品。全塔总荷重为145MN，地基承受的接触压力高达500kPa。目前北侧沉降量约为900mm，南侧沉降量为2700mm。比萨斜塔向南倾斜，倾角约为5.5°，塔顶离开竖向中心线的水平距离已超过5m，其基础底面的倾斜值为0.093，是我国规范允许值的十多倍。由此可见，比萨斜塔严重倾斜已达到危险的边缘。

比萨斜塔地基土的分布情况：在1.60m厚的耕植土下面为5.4m厚的粉砂层（即斜塔的持力层），其下还有3m厚的粉土层和30m厚的黏土层，地下水埋深为1.8m，位于粉砂层的顶部。

2）事故原因分析

比萨斜塔倾斜的主要原因如下：

（1）斜塔基础底面位于第二层粉砂中，由于施工不慎，南侧粉砂局部外挤，造成偏心荷载，使斜塔南侧附加应力大于北侧，导致该塔向南倾斜。

（2）斜塔基底压力高达500kPa，超过地基持力层粉砂的承载力，地基产生塑性变形，使塔下沉。塔南侧接触压力大于北侧，南侧塑性变形必然大于北侧，使塔的倾斜加剧。

（3）斜塔地基中的黏土层厚达30m，位于地下水位以下，处于饱和状态。在斜塔的长期重荷作用下，土体发生蠕变，也使斜塔继续缓慢倾斜。

（4）有一时期在比萨平原深层抽水，地下水位下降，相当于大面积加载，这是斜塔倾斜的主要原因。在20世纪60年代后期70年代早期，观察地下水位下降，同时测得钟塔的倾斜率增加。为了斜塔的安全，将地下水位恢复至天然高程后，斜塔的倾斜率也回到常值。

3）事故处理方法

（1）卸荷处理。为了减轻钟塔地基荷重，1838~1839年，于钟塔周围开挖一个环形基坑。基坑量测宽度约3.5m，其深度塔北侧为0.90m，南侧为2.70m。基坑底部位于钟塔基础外伸的三个台阶以下，铺有不规则的块石。基坑外围用规整条石垂直向砌筑。

（2）防水与灌水泥浆。为防止雨水下渗，于1933~1935年对环形基坑做防水处理，同时对基础环用水泥灌浆加强。

由于比萨斜塔的加固处理难度大，既要保持钟塔的倾斜，又要不扰动地基避免危险，还要

加固地基,使斜塔安然无恙。所以,彻底的处理方案还一直在研究试验中。

三 基础事故处理方法及选择

(一)基础错位事故处理方法与选择

1. 吊移法

将错位基础与地基分离后,用起重设备将基础吊离原位。然后,一方面按照正确的基础位置处理好地基,另一方面清理基础底面。在这两项工作都完成后,再将基础吊装到正确位置上。为了确保基础与地基的接触紧密,可采用坐浆安装。必要时,还可进行压力灌浆。此法通常适用于上部结构尚未施工、现场还有所需起重设备、基础有足够的强度和抗裂性能的情况。

2. 顶推法

用千斤顶将错位基础推移到正确位置,然后在基底处做水泥压力灌浆,保证基础与地基之间接触紧密。此法适用于上部结构尚未施工、有适用的顶推设备、顶推后座力所需的支护设施较简单的情况。

3. 顶推牵拉法

当基础与上部结构同时产生错位时,常采用千斤顶将基础移到正确位置,同时,在上部结构适当位置设置钢丝绳,用花篮螺栓或手动葫芦进行牵拉,使上部结构与基础整体复位。

4. 扩大法

将错位基础局部拆除后,按正确位置扩大基础。此法适用于错位的基础不影响其他地下工程、基础允许留设施工缝的情况。

5. 托换法

当上部结构完成后,发现基础错位严重时,可用临时支撑体系支托上部结构,然后分离基础与柱的连接,纠正基础错位。最后,再将柱与处于正确位置的基础相连接。这类方法的施工周期较长,耗资较大,且影响正常生产。

6. 其他方法

(1)拆除重做。基础事故严重者只能拆除重做。

(2)结构验算。基础错位偏差既不影响结构安全和使用要求,又不妨碍施工的事故,通过结构验算,并经设计单位同意时,通过修改上部结构的设计来确保使用要求和结构安全。

(3)修改设计。基础错位后,通过修改上部结构的设计来确保使用要求和结构安全。

【例 3-13】 某市计量局测试中心楼的基础错位。

1)工程及事故概况

该测试中心楼第一单元为 5 层框架结构,有 12 个钢筋混凝土柱基础。混凝土基础上为简支基础梁,基础梁上砌筑框架房屋外墙,西侧走廊外墙为条形砂垫层砖基础。室内有一地下储粪坑,在安装两层框架梁、板的钢模时,发现建筑物轴线偏移。经复测,混凝土基础普遍错位,偏位最大值达 690mm,房屋轴线已成平行四边形。

基础及柱构造如图 3-17 所示(为表达方便,图旋转了 90°),地基为黏土,承载力$[R]=180$kPa。

2)原因分析

该事故纯属施工放线有误,不需加固地基,只需将偏位基础纠正过来即可。

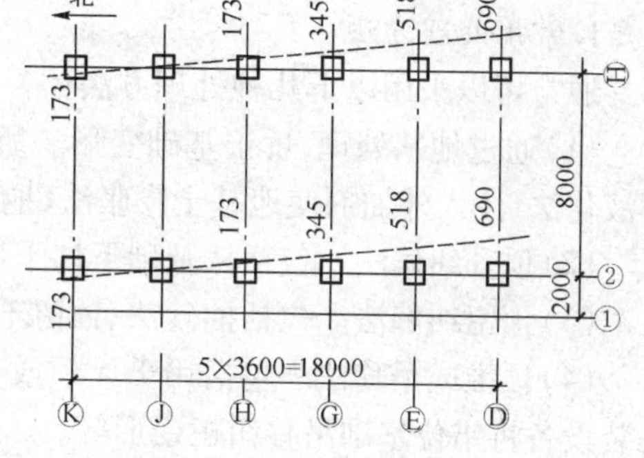

图 3-17　基础设计轴线及偏位情况(尺寸单位:mm)

3)事故处理方法

经过多种方案比较,选择用千斤顶平移办法纠偏。其要点如下:

(1)确定所需顶推力。由基础和柱的构造图可知,其重 39t,重心位于底面上 690mm 处的中心线上。

根据原设计图得知,该混凝土基础下有 10cm 左右的碎石垫层,因而取摩擦系数 $\mu=0.8$,即顶推力 $P=\mu G=324$kN。本工程用一台 200t 油压千斤顶,两台丝杆千斤顶,200t 千斤顶是顶推主机,回落行程用两台丝杆千斤顶,阻止基础反弹回来。

(2)顶推着力点和后背设计。顶推着力点位于基础重心以下,作用在底盘侧壁立面 1/2 高度处。

推力 P 取 324kN,顶推时的倾覆力矩为:

$$Ph_1=97.2\text{kN}\cdot\text{m}$$

自重力 $G=399$kN,顶推时的稳定力矩为:

$$Gh_2=877.8\text{kN}\cdot\text{m}$$

显然,稳定力矩远大于倾覆力矩,千斤顶顶推时基础只会平移向前。

后背着力面积 $P/[R]=1.8\text{m}^2$,而实际达 4.8m^2,后背土体没有发生破坏。千斤顶及顶铁必须置于水平木板上,如基础底盘侧壁无垂直面则必须加固。

(3)纠偏操作步骤:

①正确基础轴线的重新施测。为此需打控制桩,并在桩子相邻的两面上吊垂直线标出列、行线,检查柱子原有的垂直度。由于②轴与①轴的基础交点 J_2 与储粪池墙壁相距仅 9cm,不能架设千斤顶,征得设计同意,①轴的两个基础不能作顶推,只推其余 10 个。

②顶推顺序的确定。先顶推②轴线,后推③轴线。挖土、顶推纠偏均按此顺序,以保证都有坚固的后背土体。

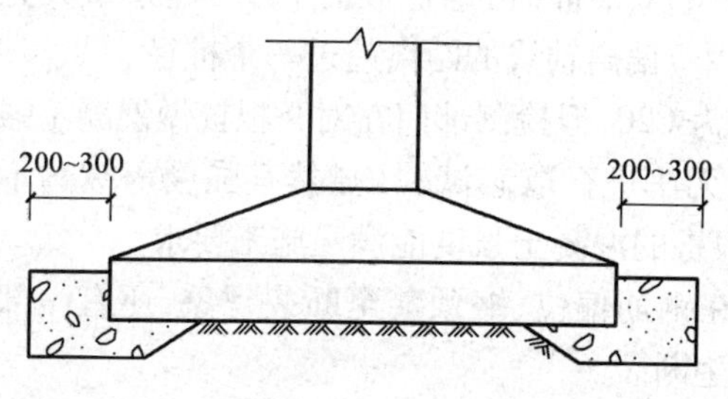

图 3-18　推后基底处理(尺寸单位:mm)

③纠偏控制。根据控制桩位拉出轴线,用它检查顶推情况,测量顶推后柱子是否已到达正确位置,并做出记录。②轴线的 5 个基础顶推到预定位置,统一检查验收后,即着手对基础下面的脱空部位进行处理。基础下被牵动的松土全部挖除,灌注坍落度为 8~10cm 的 C20 混凝土,并采用二次振捣法使其充满密实,如图 3-18所示。然后进行③轴线管 5 个基础的挖土、顶推及基础下灌注混凝土(见图 3-18)。

(二)基础变形事故处理方法及选择

1. 常用处理方法

通常可以采用以下几种处理方法:

(1)通过地基处理,矫正基础变形。所用方法有沉井法、浸水法、降水法、掏土法、振动局部液化法、注入外加剂使地基土膨胀法、地基应力解除法以及水平挤密桩法等。

(2)顶升纠偏法。包括从基础下加千斤顶顶升纠偏,地面上切断墙、柱进行顶升纠偏等。

(3)预留纠偏法。包括抽砂法、预留千斤顶顶升法等。

(4)顶推或吊移法。包括用千斤顶或其他机械设备将变形基础推移到正确位置,以及用吊装设备将错位基础吊移纠正变形等。

(5)卸荷法。通过局部卸荷调整地基不均匀下沉,达到矫正变形的目的。

(6)反压法。通过局部加荷调整地基不均匀沉降而实现纠偏。

(7)加固基础法。包括抬墙梁法,沉井、沉箱法,锚桩静压桩法以及压入桩法等。

2. 纠正基础变形方法选择的注意事项

选择纠正基础变形的方法时,应注意以下几点。

(1)准确查清基础变形原因。除要认真查阅原设计图纸、地质报告和施工记录等有关资料外,还应深入了解施工中的实际情况。必要时补做勘测,彻底查明地基土质及基础状况,找出基础变形的准确原因,为正确选择处理方案提供可靠的依据。

(2)优选处理方案。通过技术经济比较,选用合理、经济方案。

(3)认真做好矫正变形前的准备工作。在纠偏施工前,要根据方案做现场试验,用来验证所选用方案的可行性和确定施工参数。

【例 3-14】 一起桩基工程质量事故的处理方法。

浙江省东阳市花苑小区六号住宅楼工程为 5 层混合结构。地基勘察表明,在表面杂填土下有一层由亚黏土、黏土、淤泥质土组成的、厚度 10m 多的软弱黏土层,其塑性指数为 5.5,液性指数在 0.6 ~1.5 之间,呈可塑、软塑甚至流塑状态。考虑到地基土的性能较差,因此基础设计采用了单排 ϕ380mm 沉管灌注桩和宽 600mm 的承台梁。

1)事故的表现特征

施工至承台完工,桩基出现了严重的质量问题,导致工程停工。根据现场检测,其主要特征如下:

(1)桩基偏位。该工程由 158 根桩组成,其中 111 根桩(占总桩数的 70%)超过最大允许偏差值 7cm 而发生偏位,60 根桩(占总桩数的 38%)偏离轴线的距离超过一个桩径。

(2)混凝土强度不足。桩体混凝土设计强度为 C20,但检测部门在对 9 根桩做混凝土强度取芯试验时,其中 4 根桩因无法固定取芯仪器而无法进行取芯试验(显然其强度等级达不到设计要求),而其余 5 根桩的取芯试验也只有 2 根桩的混凝土强度能满足施工要求。

(3)桩身质量较差。据观察,大部分桩体存在钢筋偏位、缩颈甚至断裂现象,还有一部分桩的桩顶标高低于设计标高,致使个别桩桩身发生断裂。

2)事故的处理方法

(1)常规的处理方法。理论上要反映该桩基工程的质量全貌,并对桩基逐一进行静荷载试验，从前面的分析来看是没有必要的。对该工程桩基质量问题的处理，应以前述三个质量特征为立足点进行考虑。

①承台加宽、补桩及桩板合一：由于桩基偏位的数量过多、过大，且存在着比桩基偏位更严重的质量问题，若采用加大承台宽度，仍不能满足设计的要求；若采用补桩或重新打桩，这在技术上是可行的，但由于工期紧迫，且桩的位置难以确定，因此在实际工程施工中，这种方法是不合适的。

②将桩顶承台梁改为板式基础，让桩土共同作用，使桩与板作为一个整体来承担上部荷载，但这一方案还未被规范和认可。所以，为避免处理留有隐患，剔除了这一方法。

(2)板、桩分别作用的处理方法。取消承台梁而改做钢筋混凝土板基，但桩顶不深入基础板，桩、板相互保持独立，中间用塘渣回填。这种处理方案，其思路是利用基础板传递上部建筑荷载，工程桩调节并控制不均匀沉降。虽然该工程地基土的性能较差，但在浙江一带，采用这样的地基建造5层住宅是完全可以承载的。因此软土地基普遍采用桩基础。板、桩分别作用的处理方法，相对于桩板共同作用的处理方法有以下几方面的好处：

①板将荷载传给回填土，而桩不直接承受板的荷载，因此基础板在计算承载力时不必考虑桩的存在；

②桩在建筑物产生沉降时才受力，而由于存在50cm的回填土对基础板的作用，这个力已不是一个集中力，因此这样的桩偏位对基础板的影响也可以不计，同时桩承受的荷载比原设计的荷载大为减少，桩破坏的可能性也就不存在；

③桩的受力随着建筑沉降的增加而加大，反之，建筑物的沉降速度随着桩受力的增加而减少，也就是说桩不但能抵抗沉降，而且能调节不均匀沉降。

具体的施工方法：将桩顶的松散部分清除，且基础分层用塘渣回填，再用10~12t的压路机压实，然后浇筑垫层，进行钢筋混凝土基础板施工。

【例3-15】 用挖孔桩处理某车间基础不均匀下沉事故。

1)工程及事故概况

某厂硫胺车间建筑物由硫胺生产工段、成品库和饱和器场地三部分组成。硫胺生产工段为4层钢筋混凝土框架结构，地面至屋顶高度为18.5m，成品库为单层钢筋混凝土厂房，高9.65m，内设3t单梁式吊车一台，饱和器设置在露天场地上(见图3-19)。

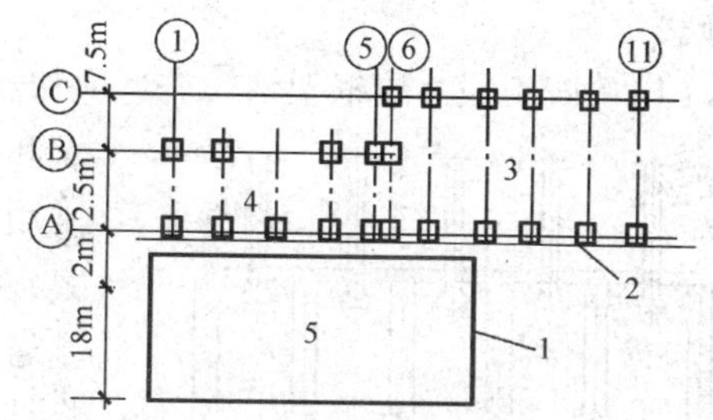

图3-19 硫胺车间平面布置

1-污水沟；2-排水沟；3-成品库；4-硫胺工段；5-饱和器场地

建成投产后，发现不均匀沉降，引起吊车轨道严重变形，吊车不能运行，底层的硫胺送风机发生倾斜，基础靠Ⓐ线柱一侧低10mm，硫胺工段4层框架建筑物发生向Ⓐ线柱(即饱和器方向)倾斜。各层楼面地坪水流方向原设计为由Ⓐ线流向Ⓑ线，但由于Ⓐ线沉降大、Ⓑ线沉降小，改变了楼面地表水流方向，变成了由Ⓑ线向Ⓐ线倒流，设备也有了不同程度的下沉。据观测，柱基的最大沉降量分别达151.8mm和98.8mm。由于地基不均匀沉降，引起硫胺4层框架纵横方向最大倾斜分别为140mm和217mm，差异沉降已超过允许值(见图3-20)。

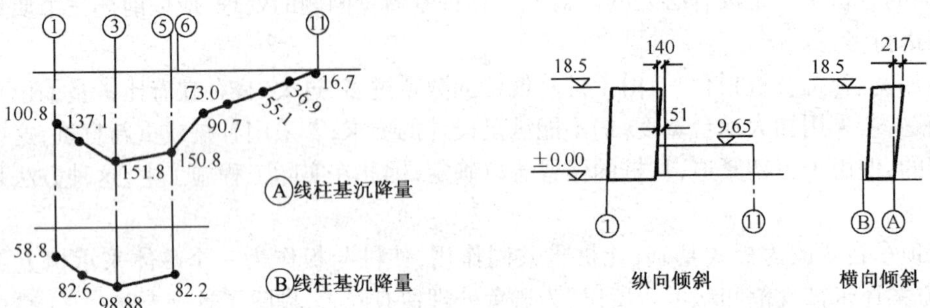

图 3-20　柱基沉降与框架示意(尺寸单位:mm)

2)事故原因分析

(1)Ⓐ线的室外防腐地坪和污水沟是敷设在柱基坑回填土上的。由于回填土质量差,在安装过程中又被 5t 汽车吊将沟壁和部分地坪压裂,事后没修复就投入生产。同时,排水沟被堵塞,形成积水沟,致使大量的生产废水和地表雨水渗入地下,并使裂缝不断扩大,渗漏也日渐加剧。

(2)由于生产污水等溢出沟外,流入未封闭的地面而渗入地基中。天长日久,地基土处于硫酸污水浸泡中,红黏土被软化和侵蚀,从而导致Ⓐ线柱基不断沉降。同时③～⑤线柱基靠近饱和器场地中部,渗入的硫酸污水最多,所以沉降量也最大。

(3)针对硫酸污水对地基土的影响所进行的地质勘察和室内分析研究表明,由于硫酸污水对红黏土的侵蚀作用,在无酸侵蚀地区,红黏土上部滞水的 pH 值为 6.8,接近中性。被硫酸污水浸入地区的酸根离子含量猛增,酸浸严重地区 pH 值骤减为 1.95。化验表明,无酸浸地区红黏土可溶盐含量仅有 0.013%,而酸浸地区为 0.81%,增加数十倍。酸液的化学侵蚀作用导致红黏土中游离氧化物溶解,红黏土的密度减小,孔隙比增大,氧化物的胶结作用降低。试验证明,水和酸溶液渗入量越大,时间越长,沉降幅度也越大。

3)事故处理措施

针对地面水和生产中的硫酸污水渗入地基中,使其被软化和侵蚀,承载力和压缩量大幅度下降,从而导致建筑物产生不均匀沉降,4 层框架梁柱出现裂缝,墙体开裂等后果,采取以下措施。

(1)硫胺工段 4 层框架结构靠近饱和器场地中部,土体被硫酸污水软化和侵蚀最严重,下沉和不均匀沉降也最大。因此,为制止厂房继续下沉,采用人工挖孔灌注桩和加托梁将原柱基托起的处理方案(见图 3-21)。人工挖孔灌注桩置于基岩上,并嵌入基岩 500mm 深。为确保梁与原柱和柱基础牢固结合,将结合面凿毛洗刷干净后,刷高强度等级的水泥砂浆。另外,在原柱基础中埋设锚固钢筋,增加与托梁的结合力。托梁和灌注桩采用耐酸混凝土,骨料为花岗岩,托梁表面和桩上端无护壁部分刷沥青防腐。

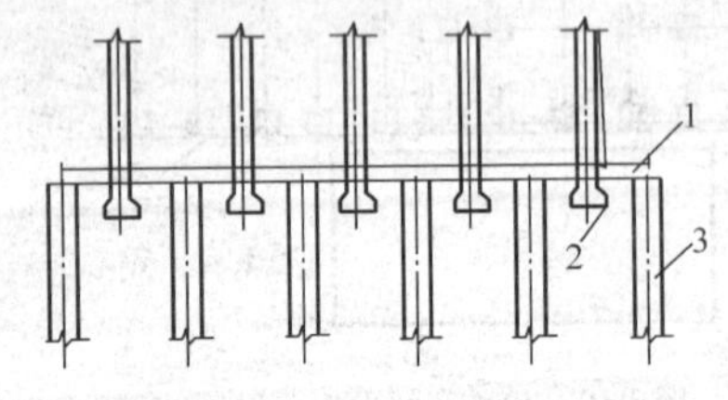

图 3-21　加固方案示意

1-托梁;2-原柱基;3-人工挖孔灌孔桩

(2)施工完灌注桩和托梁后,在其周围对回填土分层夯实至达到质量要求。然后施工室内地坪,并进行防腐处理。

（3）加强生产管理，控制硫酸跑冒滴漏和外溢，防止室外楼地面生产污水到处漫流，防止排水沟和污水沟堵塞，使其保持昼夜畅通。

本章小结

本章主要介绍了建筑工程地基基础质量事故的类型，如地基失稳事故、地基变形事故、基础错位事故、基础变形事故等，并对形成这些事故的原因进行简单分析，同时对不同类型事故的处理方法进行介绍。通过本章的学习，可以基本掌握地基基础事故的判断、事故原因分析和相应处理的办法。

小知识

常用的地基处理方法

常用的地基处理方法有换填垫层法、强夯法、砂石桩法、振冲法、水泥土搅拌法、高压喷射注浆法、预压法、夯实水泥土桩法、水泥粉煤灰碎石桩法、石灰桩法、灰土挤密桩法和土挤密桩法、柱锤冲扩桩法、单液硅化法、碱液法等。

1. 换填垫层法

适用于浅层软弱地基及不均匀地基的处理。其主要作用是提高地基承载力，减少沉降量，加速软弱土层的排水固结，防止冻胀和消除膨胀土的胀缩。

2. 强夯法

适用于处理碎石土、砂土、低饱和度的粉土与黏性土、湿陷性黄土、杂填土和素填土等地基。强夯置换法适用于高饱和度的粉土，软-流塑的黏性土等地基，对变形控制不严的工程，在设计前必须通过现场试验确定其适用性和处理效果。强夯法和强夯置换法主要用来提高土的强度，减少压缩性，改善土体抵抗振动液化的能力和消除土的湿陷性。对饱和黏性土宜结合堆载预压法和垂直排水法使用。

3. 砂石桩法

适用于挤密松散砂土、粉土、黏性土、素填土、杂填土等地基，可提高地基的承载力和降低压缩性，也可用于处理可液化地基。对饱和黏土地基上变形控制不严的工程，也可采用砂石桩置换处理，使砂石桩与软黏土构成复合地基，加速软土的排水固结，提高地基承载力。

4. 振冲法

分加填料和不加填料两种。加填料的通常称为振冲碎石桩法，它适用于处理砂土、粉土、粉质黏土、素填土和杂填土等地基。对于处理不排水抗剪强度不小于 20kPa 的黏性土和饱和黄土地基，应在施工前通过现场试验确定其适用性。不加填料振冲加密适用于处理黏粒含量不大于 10% 的中、粗砂地基。振冲碎石桩主要用来提高地基承载力，减少地基沉降量，还可用来提高土坡的抗滑稳定性或提高土体的抗剪强度。

5. 水泥土搅拌法

分为浆液深层搅拌法(简称湿法)和粉体喷搅法(简称干法)。水泥土搅拌法适用于处理正常固结的淤泥与淤泥质土、黏性土、粉土、饱和黄土、素填土以及无流动地下水的饱和松散砂土等地基,不宜用于处理泥炭土、塑性指数大于25的黏土、地下水具有腐蚀性以及有机质含量较高的地基。若需采用时,必须通过试验确定其适用性。当地基的天然含水率小于30%(黄土含水率小于25%)、大于70%或地下水的pH值小于4时,不宜采用干法。连续搭接的水泥搅拌桩可作为基坑的止水帷幕,受其搅拌能力的限制,该法在地基承载力大于140kPa的黏性土和粉土地基中的应用有一定难度。

6. 高压喷射注浆法

适用于处理淤泥、淤泥质土、黏性土、粉土、砂土、人工填土和碎石土地基。当地基中含有较多的大粒径块石、大量植物根茎或较高的有机质时,应根据现场试验结果确定其适用性。对地下水流速度过大、喷射浆液无法在注浆套管周围凝固等情况不宜采用。高压旋喷桩的处理深度较大,除地基加固外,也可作为深基坑或大坝的止水帷幕,目前最大处理深度已超过30m。

7. 预压法

适用于处理淤泥、淤泥质土、冲填土等饱和黏性土地基。按预压方法分为堆载预压法与真空预压法。堆载预压分塑料排水带或砂井地基堆载预压和天然地基堆载预压。当软土层厚度小于4m时,可采用天然地基堆载预压法处理,当软土层厚度超过4m时,应采用塑料排水带、砂井等竖向排水预压法处理。对真空预压工程,必须在地基内设置排水竖井。预压法主要用来解决地基的沉降及稳定问题。

8. 夯实水泥土桩法

适用于处理地下水位以上的粉土、素填土、杂填土、黏性土等地基。该法施工周期短、造价低、施工文明、造价容易控制,目前在北京、河北等地的旧城区危改小区工程中得到不少成功的应用。

9. 水泥粉煤灰碎石桩(CFG桩)法

适用于处理黏性土、粉土、砂土和已自重固结的素填土等地基。对淤泥质土应根据地区经验或现场试验确定其适用性。基础和桩顶之间需设置一定厚度的褥垫层,保证桩、土共同承担荷载形成复合地基。该法适用于条基、独立基础、箱基、筏基,可用来提高地基承载力和减少变形。对可液化地基,可采用碎石桩和水泥粉煤灰碎石桩处理,以达到消除地基土的液化和提高承载力的目的。

10. 石灰桩法

适用于处理饱和黏性土、淤泥、淤泥质土、杂填土和素填土等地基。用于地下水位以上的土层时,可采取减少生石灰用量和增加掺合料含水量的办法提高桩身强度。该法不适用于地下水下的砂类土。

11. 灰土挤密桩法和土挤密桩法

适用于处理地下水位以上的湿陷性黄土、素填土和杂填土等地基,可处理的深度为5~15m。当用来消除地基土的湿陷性时,宜采用土挤密桩法;当用来提高地基土的承载力或增强其水稳定性时,宜采用灰土挤密桩法;当地基土的含水率大于24%、饱和度大于65%时,不宜采用这种方法。灰土挤密桩法和土挤密桩法在消除土的湿陷性和减少渗透性方面效果基本相同,土挤密桩法地基的承载力和水稳定性不及灰土挤密桩法。

12. 柱锤冲扩桩法

适用于处理杂填土、粉土、黏性土、素填上和黄土等地基。对地下水位以下的饱和松软土层,应通过现场试验确定其适用性,地基处理深度不宜超过6m。

13. 单液硅化法和碱液法

适用于处理地下水位以上、渗透系数为0.1~2m/d的湿陷性黄土等地基。在自重湿陷性黄土场地,对Ⅱ级湿陷性地基,应通过试验确定碱液法的适用性。

14. 综合比较法

在确定地基处理方案时,宜选取不同的多种方法进行比选。对复合地基而言,方案选择是针对不同土性、设计要求的承载力提高幅质,选取适宜的成桩工艺和增强体材料。

15. 地基基础其他处理办法

地基基础其他处理办法还有砖砌连续墙基础法、混凝土连续墙基础法、单层或多层条石连续墙基础法、浆砌片石连续墙(挡墙)基础法等。

练习题

3-1 试举例说明什么是地基破坏事故,什么是基础破坏事故?

3-2 试从勘察设计和施工两方面简述发生地基基础质量事故的原因。

3-3 为什么工程建设必须进行地质勘探?

3-4 举例说明地基基础承载力事故与正常使用事故的区别。

3-5 试简述常用的处理地基基础事故的方法与使用范围。

本章实训课时:2课时。

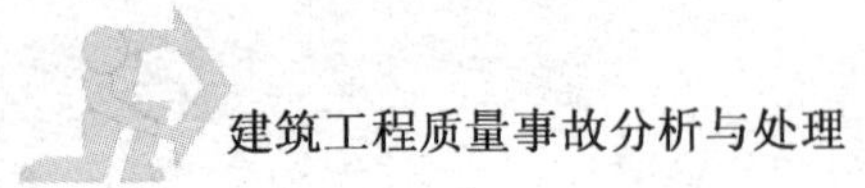

第四章 砌体结构工程质量事故与处理

【职业能力目标】

培养学生在施工员、质量员、安全员等岗位上对常见砌体工程质量事故进行分析与处理的能力，使其具有预防砌体工程质量事故发生的能力。

【学习要求】

(1)了解砌体裂缝产生的原因；

(2)熟悉刚度不足与稳定性不足事故的处理方法及选择；

(3)掌握砌体裂缝通病的性质鉴别方法、砌体裂缝的处理方法及强度不足事故的处理方法；

(4)了解常用砌体结构加固技术。

由砖、石或砌块组成，并用砂浆黏结而成的砌体，称为砌体结构。由于砌体结构材料来源广泛、施工可以不用大型机械，手工操作比例大，相对造价低廉，因而得到广泛应用。许多住宅、办公楼、学校、医院等单层或多层建筑大多采用砖、石或砌块墙体与钢筋混凝土楼盖组成的混合结构体系。虽然施工技术比较成熟，但质量事故仍屡见不鲜。砌体结构工程的质量事故，从现象上来看，主要有砌体开裂、砌体酥松脱皮、砌体倒塌等。引起事故的原因是多方面的，现综述如下。

一 设计方面主要原因

(1)设计马虎，不够细心。有许多是套用图纸、未经校核或参考了别的图纸，而未根据情况变化作计算；有的虽作计算，但少算或漏算荷载，使实际设计的砌体承载力不足，如再遇上施工质量不佳，常常引起房倒屋塌。

(2)整体方案欠佳，尤其是未注意空旷房屋承载力的降低因素。一些机关会议室、礼堂、食堂或农村企业车间，层高大，横墙少，大梁下局部压力很大，若采用砌体结构应慎重设计、精心施工，但由于未重视空旷房屋的严格要求，从而造成事故的案例也很多。

(3)有的设计人员注意了墙体总的承载力的计算，但忽视了墙体高厚比和局部承压的计算。高厚比不足容易引起失稳破坏，如支承大梁的墙体不设计梁垫或设置梁垫尺寸过小，则会引起局部砌体被压碎，进而造成整个墙体的倒塌。

(4)未注意构造要求。重计算、轻构造是没有经验的工程师的不良倾向。在构造措施中，圈梁的布置、构造柱的设置可提高砌体结构的整体安全性，在意外事故发生时可减轻人员伤亡及财产损失，千万要注意。

二 施工方面主要原因

(1)砌筑质量差。砌体结构为手工操作，其强度高低与砌筑质量有密切关系。施工管理不善、质量把关不严是造成砌体结构事故的重要原因。例如，砌体接槎不正确、砂浆不饱满、上下通缝过长以及砖柱采用包心砌法等引起的事故频率很高。

(2)在墙体上任意开洞，或脚手眼未及时填补或填补不实，过多地削弱了断面。

(3)有的墙体比较高，横墙间距又大，在其未封顶时，未形成整体结构，处于长悬臂状态。施工中如不注意临时支撑，若遇上大风等不利因素将造成失稳破坏。

(4)材料质量把关不严。对砖的强度未经严格检查，例如，砂浆配合比不准或含杂质过多，会造成砂浆强度不足，进而导致砌体承载力下降，严重的会引起倒塌。

第一节　砌体常见裂缝的分析与处理

砌体工程中最常见的事故是裂缝，它是非常普遍的质量事故之一。砌体轻微细小裂缝影响外观和使用功能，严重的裂缝影响砌体的承载力，甚至引起倒塌。在很多情况下裂缝的发生与发展往往是大事故的先兆，对此必须认真分析，妥善处理。砌体中发生裂缝的原因主要包括：地基不均匀沉降、地基不均匀冻胀、温度变化引起的伸缩、地震等灾害作用以及砌体本身承载力不足等 5 个方面。

砌体裂缝产生的原因分析

(一)地基不均匀沉降引起的裂缝

地基发生不均匀沉降后，沉降大的部分砌体与沉降小的部分砌体产生相对位移，从而使砌体中产生附加的拉力或剪力，当这种附加内力超过砌体的强度时，砌体中便产生裂缝。这种裂缝由沉降差可以判断出砌体中主拉应力的大致方向。裂缝大致与主拉应力方向相垂直，裂缝一般朝向凹陷处(沉陷大的部位)。图 4-1 中列举了一些常见的因地基不均匀沉降引起的裂缝。

预防地基不均匀沉降引起裂缝的主要措施：

(1)合理设置沉降缝。在房屋体型复杂，特别是高度相差较大或地基承载相差过大时，应设沉降缝，沉降缝应从基础开始分开，且有足够的宽度，施工中应保持缝内清洁，应防止碎砖、砂浆等杂物落入缝内。

(2)增强上部结构的刚度和整体性，提高墙体的抗剪能力。例如，可减少建筑物端部的门、窗洞口，增大端部洞口到墙端的墙体宽度，加强圈梁布置以增强结构的整体性。

(3)加强地基验槽工作，发现有不良地基应及时妥善处理，然后才可以进行基础施工。

(4)不宜将建筑物设置在不同刚度的地基上，如同一区段建筑，一部分用天然地基，一部

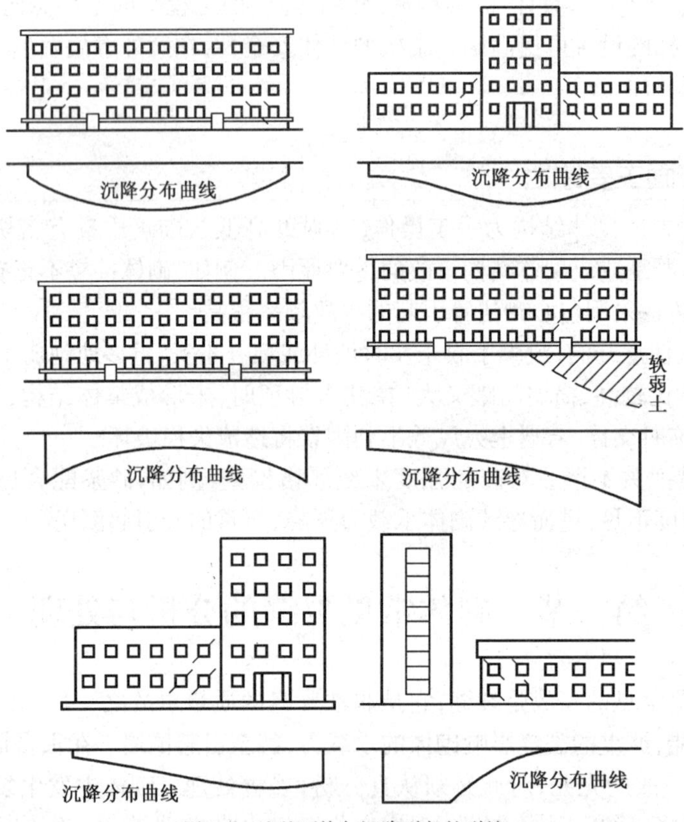

图4-1　地基不均匀沉降引起的裂缝

分用桩基等。必须采用不同地基时，要妥善处理，并进行必要的计算分析。

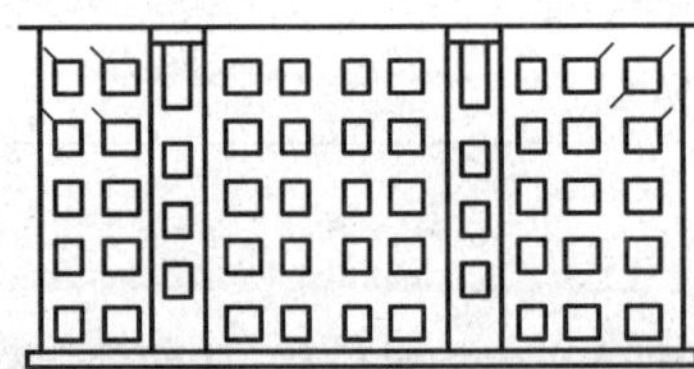
图4-2　某住宅立面裂缝

【例4-1】　地基不均匀沉降造成的裂缝。

地基不均匀沉降造成的斜裂缝（正八字形、倒八字形）最多见。下面介绍江苏省的某一工程实例。

某住宅工程为5层砖混结构，建筑面积为1153m^2，建筑长高比为2∶11，其北立面裂缝如图4-2所示，沉降观测点布置与沉降曲线见图4-3所示，相对沉降值见表4-1。

相对沉降值　　表4-1

测　点	1	2	3	4	5	6	7	8	9	10	11	12
相对沉降（mm）	0	37	44	71	73	84	68	73	75	40	33	15

该建筑物大部分坐落在水池上，施工时将池内淤泥全部挖除后，先填块石，再填15mm黏土及10mm石屑，然后浇筑100mm厚素混凝土垫层。

住宅粉刷完后，发现两端窗角有倒八字形裂缝，北立面的裂缝情况如图4-2所示。

从图上可以看出房屋中段的沉降变化比较剧烈，建筑物受剪较大，形成正八字形裂缝。

（二）地基冻胀引起的裂缝

地基土上层温度降到0℃以下时，冻胀性土中的上部水开始冻结，下部水由于毛细管作用

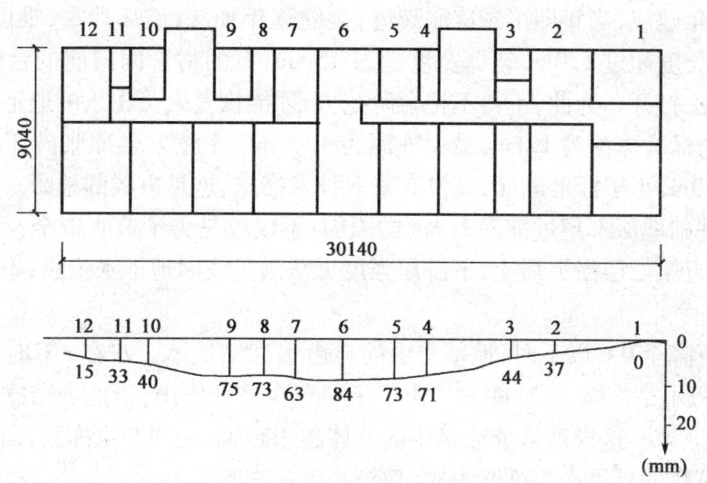

图 4-3 沉降观测点布置与沉降曲线

不断上升到冻结层中形成冰晶,体积膨胀并向上隆起。隆起的程度与冻结层厚度及地下水位高低有关,一般隆起可达几毫米至几十毫米,其折算冻胀力可达 2×10^6MPa,而且往往是不均匀的,建筑物的自重往往难以抗拒,因而建筑物的某一局部就被顶了起来,引起房屋开裂。

这类冻胀裂缝在寒冷地区的一、二层小型建筑物中很常见。若设计员对冻胀的危害性认识不足,认为小建筑基础埋浅一点就可以了,或者施工人员素质欠佳,遇到冻土很坚硬难以开挖时,若擅自抬高基础埋深,就会造成冻胀裂缝。此外,有些建筑物的附属结构,如门斗、台阶、花坛等往往因设计或施工不够精心或埋深不够而造成冻胀裂缝。一些冻胀引起的裂缝如图 4-4 所示。

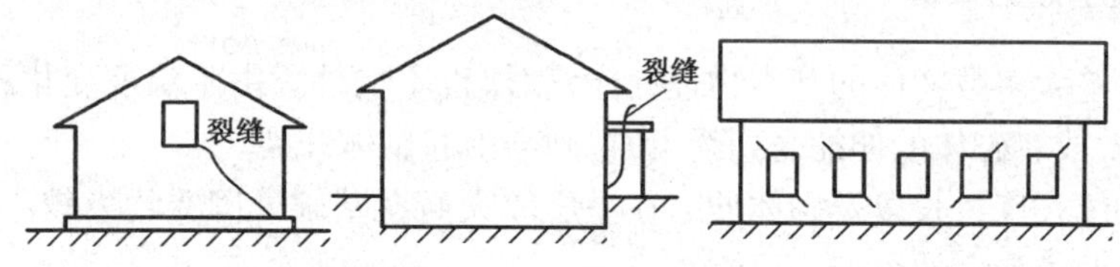

图 4-4 地基冻胀引起的裂缝

防止冻胀引起裂缝的主要措施:

(1)基础的埋置深度一定要置于冰冻线以下。不能因为是中小型建筑或附属结构就把基础置于冰冻线以上。有时,设计人因对室内隔墙基础有采暖装置而未把基础置于冰冻线以下,也会引起事故。应注意在施工时或交付使用前都有发生冻胀事故的可能,因此,必须采取适当的防冻措施。

(2)在某些情况下,当基础不能埋到冰冻线以下时,应采取换土(换成非冻胀土)等措施消除土的冻胀。

(3)用单独基础,采用基础梁承担墙体重量,其两端支承于单独基础上。基础梁下面应留有一定孔隙,防止土的冻胀顶裂基础和砖墙。

【例 4-2】 辽宁省盘锦市房屋冻胀案例。

盘山区铁东街建造的 13 栋家属宿舍与办公室,基础埋深为 0.7 ~0.9m,几乎全部遭受冻害,其中 5 栋家属宿舍严重破坏。又如辽河化肥厂招待所宿舍,为单层砖木混合结构,建筑面

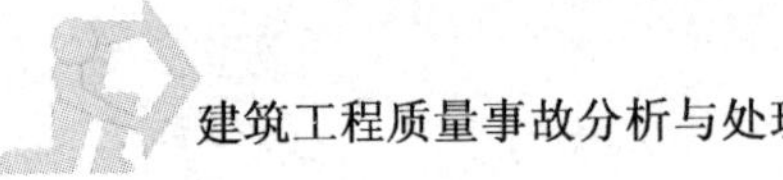

积为 $300m^2$,1959 年建成,当年即出现冻胀裂缝,裂缝逐年加深,破坏严重,难以使用。有的宿舍墙体开裂,裂缝长度超过 1.0m,裂缝宽度超过 15mm,有的宿舍因门前的台阶冻胀抬高,以致大门被卡住,无法打开。为此,不得不把台阶挖去,才能恢复人员出入的通道。

盘锦市冬季的标准冻深为 1.1m,最大冻深为 1.27m。上述发生冻胀破坏的房屋,基础埋深一般为 0.7 ~ 0.9m,小于标准冻深,又没有采取技术措施,这是事故的根源。

当地建筑物基础埋深不超过冻深 1.1m 的原因:不仅仅是为了节省资金,往往是因表层土不厚,基础底面靠近第二层淤泥质土,下卧层强度无法满足或因地下水位浅,不能在水下施工,这是不得已的。

在冬季气温下降至 0℃以下时,地基土中的自由水冻结成冰。水在 4℃时密度最大,当温度低于 4℃时,体积不是冷缩,反而膨胀。由于土中存在毛细作用,当地表结冰后,地下水源源不断地上升,又结成冰。这样就造成地基中的冰体越来越大,遂即产生冻胀,向上挤压,成为冻胀力。当上部建筑物的自重小于冻胀力时,建筑物就被拱起。

由于冻胀的不均匀性和建筑物各部位的自重与刚度不均匀等原因,建筑物将产生不均匀变形。当这种变形引起的应力超过建筑材料本身的强度时,就会发生冻胀破坏。通常在房屋门窗刚度削弱处,容易发生墙体开裂。

同理,地基中冻结的冰体融化又使土的含水量增加,土体呈流塑状态,压缩性增高,造成建筑物下沉。由于地基土质不均,含水量高低分布不一,融化速度不同,再加上建筑物各部位自重和刚度不均匀等原因,地基又将产生不均匀沉降。当这种不均匀沉降引起建筑物的应力超过建筑物本身的强度时,便发生建筑物的融陷破坏。

(三)温度差引起的裂缝

热胀冷缩是绝大多数物体的基本物理性能,砌体也不例外。由于温度变化不均匀使砌体产生不均匀收缩,或者砌体的伸缩受到约束时,则会引起砌体开裂。

常见的是砌体长度过长以及砌体伸缩在上层较大而在基础处因受约束较小,从而引起开裂。故应按规范要求设置伸缩缝。

此外,由于混凝土屋盖、混凝土圈梁与砌体的温度膨胀系数不同,在温度变化时会使墙体产生裂缝。

图 4-5 中列举了一些常见的因温度变化而引起的裂缝。

防止温度变化引起裂缝的主要措施:

(1)按照有关规定,根据建筑物的实际情况(如是否采暖,所处地点温度变化等)设置伸缩缝。

(2)在施工中要保证伸缩缝的合理做法,使之能起作用。

(3)屋面如为整浇混凝土,或虽为装配式屋面板,但其上有整浇混凝土面层,则要留好施工带,待一段时间再浇筑中间混凝土,这样可避免混凝土收缩及两种材料因温度线膨胀系数不同而引起的不协调变形,从而避免裂缝。

(4)在屋面保温层施工时,从屋面结构施工完到做完保温层之间有一段时间间隔,这期间如遇高温季节则易因温度变化急剧而致裂。故屋面施工最好避开高温季节。

(5)遇有较长的现浇屋面混凝土挑檐、圈梁时,可分段施工,预留伸缩缝,以避免混凝土伸缩对墙体的不良影响。

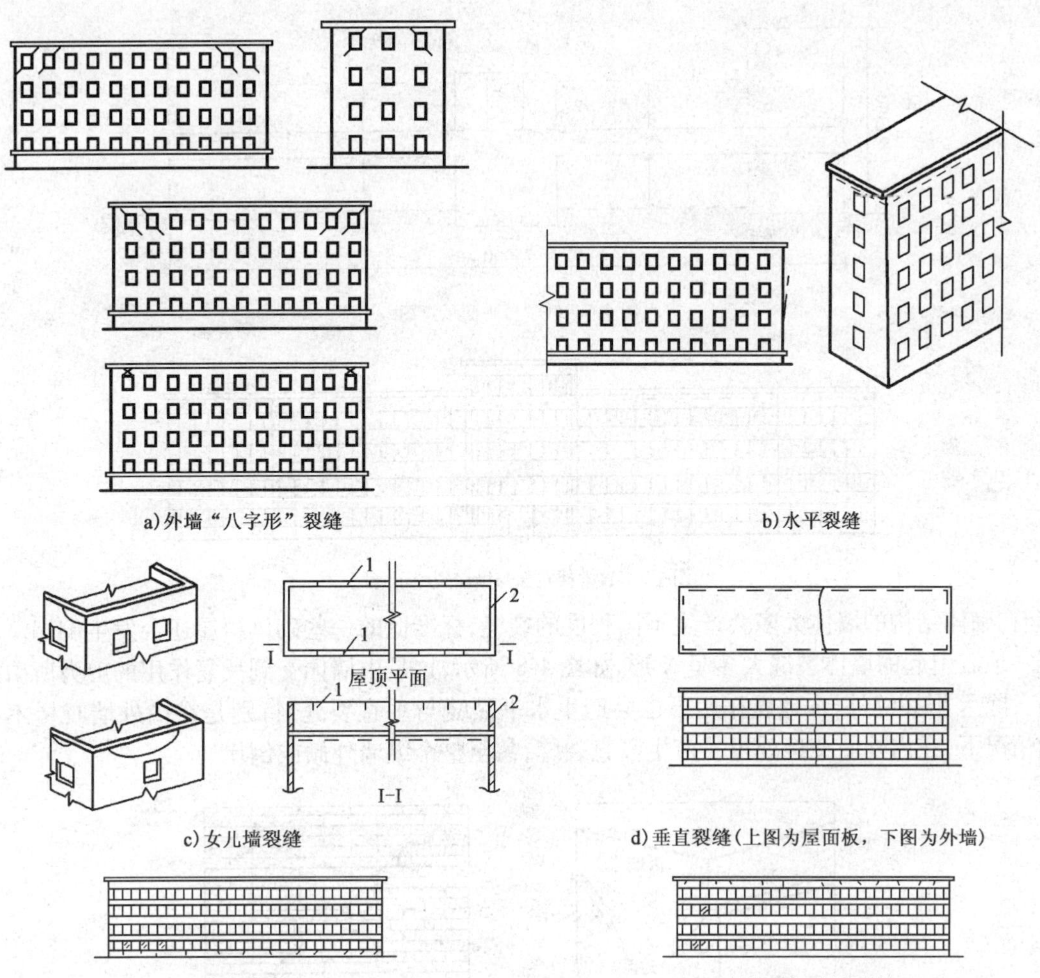

图 4-5　温差引起的裂缝

【例 4-3】　图 4-6 为江苏省某高校的一幢教学楼的平面示意图，该楼为砖墙承重，钢筋混凝土楼板、屋盖，平屋面，二毡三油防水。该建筑在顶层纵、横墙的两端出现了明显的八字裂缝与水平裂缝，女儿墙上也出现斜裂缝与水平缝，并在建筑物中部出现了垂直裂缝。教学楼立面与纵墙裂缝示意图如图 4-7 所示。

纵、横墙上出现八字缝的主要原因：一是屋面板与墙的温度不同，在阳光照射下，屋面板温度可达 60℃甚至更高，而相应的砖墙温度仅为 33 ~ 36℃，因此屋顶板受热膨胀变形比砖墙大；二是钢筋混凝土线膨胀系数比砖砌体近似大一倍，因此屋顶板的热膨胀变形较大。由于温度变形不一致，便在屋盖下的砖墙顶部产生了剪应力，使砖墙内承受主拉应力而破坏，形成八字裂缝。

（四）地震作用引起的裂缝

与钢结构和混凝土结构相比，砌体结构的抗震性是较差的。抗震设防烈度为 6 度时，地震对砌体结构就有破坏性，对设计不合理或施工质量差的房屋就会引起裂缝。当遇到 7 ~ 8 度地

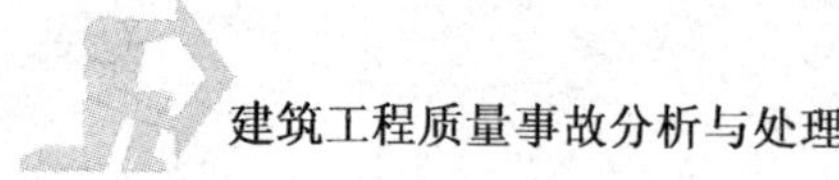

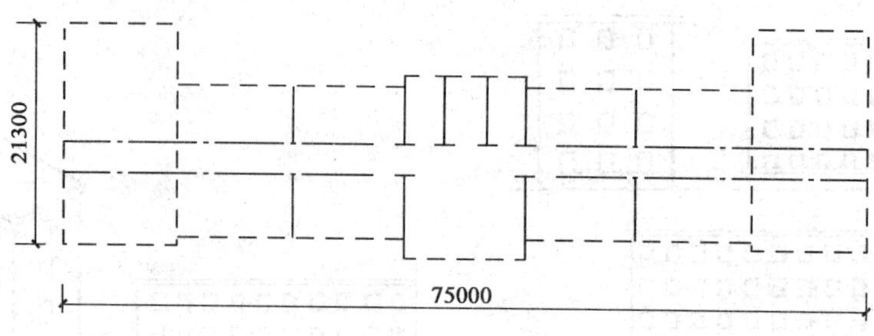

图 4-6　教学楼平面示意图

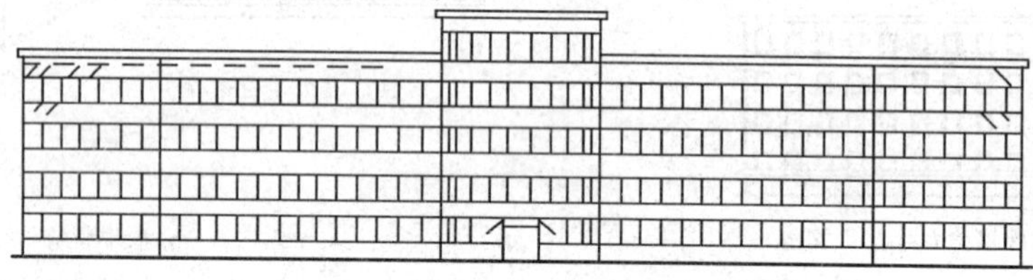

图 4-7　教学楼立面与纵墙裂缝示意图

震时，砌体结构的墙体大多会产生不同程度的裂缝，标准低的一些砌体房屋还会发生倒塌。

地震引起的墙体裂缝大多呈 X 形，如图 4-8 所示，这是由墙体受到反复作用的剪力所引起的。除 X 形裂缝外，在地震作用下也会产生水平裂缝与垂直裂缝，特别是在内外墙咬槎不好的情况下，在内外墙交接处很易产生竖直裂缝，甚至整个纵墙外倾或倒塌。

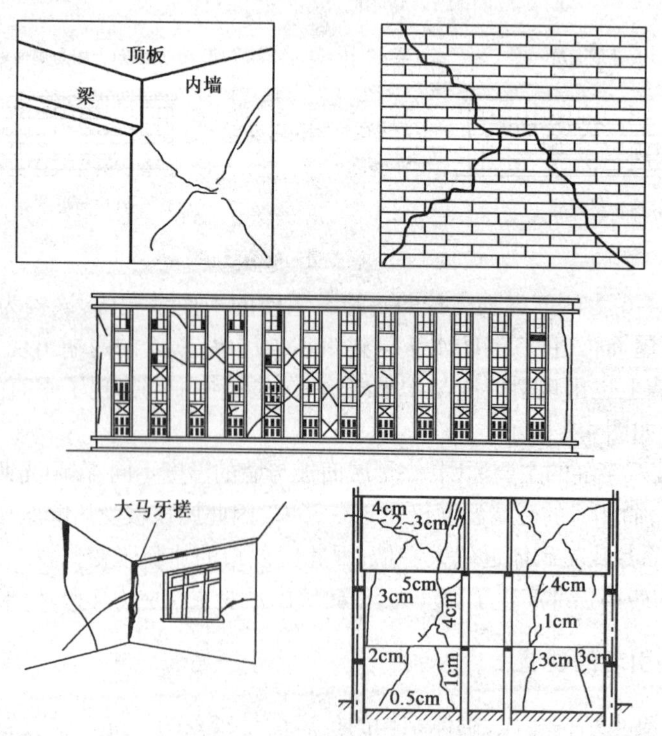

图 4-8　地震作用引起的裂缝

对砌体结构，要求在地震作用下不产生任何裂缝一般是做不到的，但在设计和施工中采取一定措施，尽量使结构在地震作用下少开裂或不大开裂，并做到"大震不倒"是可能的。常采取的措施主要有以下几种。

(1)应按《建筑抗震设计规范》(GB 50011—2010)的要求设置圈梁，注意圈梁应闭合，遇有洞口时要满足搭接要求。圈梁截面高度不应小于 120mm，圈梁纵筋配置：抗震设防烈度为6、7 度区至少为 4ϕ8，8 度区至少为 4ϕ10，9 度区为 4ϕ12。箍筋间距不宜过大，对抗震设防烈度为6、7 度，8 度和9 度的分别不宜大于 250mm、200mm 和 150mm。遇到地基不良或空旷房屋等还应适当加强。

(2)设置构造柱。其截面不应小于 240mm × 180mm，主筋一般为 4ϕ14(转角处可用 8ϕ10)，箍筋间距不宜大于 250mm，且柱上下端应加密。抗震设防烈度为7 度超过6 层，抗震设防烈度为8 度超过5 层及抗震设防烈度为9 度的，箍筋间距不应超过 200mm。构造柱应与圈梁连接，下边不设单独基础，但应伸入室外地面 500mm 或锚入地下。

构造柱往往与砌体组合在一起，这时应特别注意振捣密实、不留孔洞、竖筋位置正确，以保证与墙体拉结可靠。除此之外，构造桩应该有一面是外露的，以便拆模后检查。

(五)砌块房屋的裂缝

混凝土小型空心砌块是一种新型的建筑材料，它的出现给古老的砌体结构注入了新的生命力。由于它具有诸多优点，现已经成为替代传统黏土砖最有竞争力的墙体材料。长期以来，房屋建筑的墙体砌筑一直是沿袭使用普通烧结砖，既破坏了良田又耗用了大量的能源。发展混凝土空心砌块不仅是为取代普通烧结砖，更重要的是保护环境，节约资源、能源，满足建筑结构体系的发展(包括抗震及多功能的需要)。当前，新型墙体材料正朝着大型化、轻质化、节能化、利废化、复合化、装饰化以及集约化等方面发展。

砌块外形多为直角六面体，砌块系列中主规格的长度、宽度或高度有一项或一项以上分别大于 360mm、240mm 或 115mm。当系列中主规格的高度大于 115mm 而又小于 380mm 时，砌块简称为小型砌块；当系列中主规格的高度为 380 ~ 980mm 时，砌块称为中型砌块；当系列中主规格的高度大于 980mm 时，砌块称为大型砌块。目前，我国以中、小型砌块使用较多。

砌体按其空心率大小分为空心砌块和实心砌块两种。空心率小于 25% 或无孔洞的砌块称为实心砌块，空心率等于或大于 25% 的砌块为空心砌块。按制作用原材料，可分为混凝土砌块和粉煤灰砌块等；按用途，可分为外墙砌块和内墙砌块；按接受力情况，又可分为承重和非承重两大类。但是，根据调查发现，小型砌块房屋的裂缝比砖砌体房屋多而且更为普遍，这引起了工程界的重视。砌块房屋建成和使用之后，由于种种原因可能出现各种各样的墙体裂缝。从大的方面来说，墙体裂缝可分为受力裂缝与非受力裂缝两大类。在各种荷载直接作用下，墙体产生的相应形式的裂缝称为受力裂缝。而由于砌体收缩、温湿度变化、地基沉降不均匀等引起的裂缝则为非受力裂缝，又称变形裂缝。本节着重讨论变形裂缝的成因和表现形式。

1)小型砌块砌体的力学性能特点

小型砌块砌体与砖砌体相比，力学性能有着明显的差异。在相同的块体和砂浆强度等级下，小型砌块砌体的抗压强度比砖砌体高许多(见表 4-2)。这是因为砌块高度比砖高约 3 倍，不像砖砌体那样受到块材抗折指标的制约。

但是,相同砂浆强度等级下,小砌块砌体的抗拉、抗剪强度却比砖砌体小了很多,沿齿缝截面抗弯拉强度仅为砖砌体的30%,沿通缝抗弯拉强度仅为砖砌体的45%~50%,抗剪强度仅为砖砌体的50%~55%(见表4-3)。因此,在相同受力状态下,小型砌块砌体抵抗拉力和剪力的能力要比砖砌体小很多,所以更容易开裂。这个特点往往没有被人重视。

此外,小型砌块砌体的竖缝比砖砌体高3倍,加大了其薄弱环节,更容易产生应力集中。

砌体抗压强度设计值(单位:MPa) 表4-2

砌体种类	块体强度等级	砂浆强度等级			
		M10	M7.5	M5	M2.5
砖砌体	MU15	2.44	2.19	1.94	1.69
	MU10	1.99	1.79	1.58	1.38
	MU7.5	1.73	1.55	1.37	1.19
小型空心砌块砌体	MU15	4.29	3.85	3.41	2.97
	MU10	2.98	2.67	2.37	2.06
	MU7.5	—	1.43	1.27	1.10

砌体抗拉、抗剪强度设计值(单位:MPa) 表4-3

受力形式	砌体种类	砂浆强度等级			
		M10	M7.5	M5	M2.5
轴拉	砖砌体	0.20	0.17	0.14	0.10
	砌块砌体	0.10	0.08	0.07	0.05
齿缝弯拉	砖砌体	0.36	0.31	0.25	0.18
	砌块砌体	0.12	0.10	0.08	0.06
通缝弯拉	砖砌体	0.18	0.15	0.12	0.09
	砌块砌体	0.08	0.07	0.06	0.04
抗剪	砖砌体	0.18	0.15	0.12	0.09
	砌块砌体	0.10	0.08	0.07	0.05

2)砌块房屋裂缝的特点

黏土砖是烧结而成的,成品后干缩性极小,所以砖砌体房屋的收缩问题一般可不予考虑。小型空心砌块则是混凝土拌和料经浇筑、振捣、养护而成的。混凝土在硬化过程中逐渐失水而干缩,其干缩量因材料和成型质量而异,并随时间增长而逐渐减小。以普通混凝土砌块为例,在自然养护条件下,成型28d后,收缩趋于稳定,其干缩率为0.03%~0.035%,含水率为50%~60%。砌成砌体后,在正常使用条件,含水率继续下降,可达10%左右,其干缩率为0.018%~0.027%,干缩率的大小与砌块上墙时含水率有关,也与温度有关。

对于干缩已趋稳定的普通混凝土砌块,如再次被水浸湿后,会再次发生干缩,通常称为第二干缩。普通混凝土砌块在含水饱和后的第二干缩,其稳定时间比成型硬化过程的第一干缩时间要短,一般约为15d左右,第二干缩的收缩率约为第一干缩的80%左右。

砌块上墙后的干缩会引起砌体干缩,并在砌体内部产生一定的收缩应力,当砌体的抗拉、抗剪强度不足以抵抗收缩应力时,就会产生裂缝。

因砌块干缩而引起的墙体裂缝在小型砌块房屋中是比较普遍的,在内、外墙以及房屋各层均可能出现。干缩裂缝形态一般有两种,即在墙体中部出现的阶梯形裂缝和环块材周边灰缝的裂缝(见图4-9)。

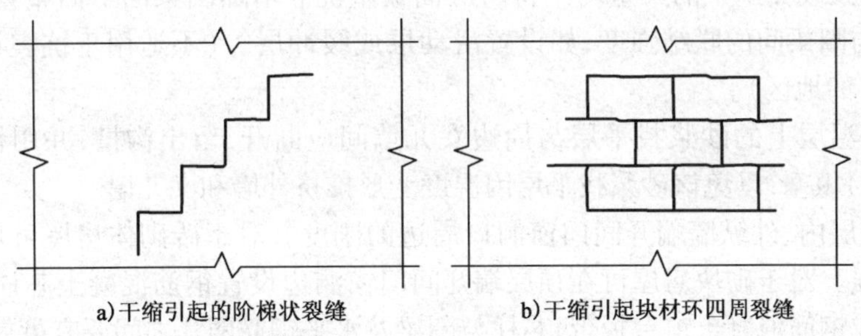

图4-9　砌块砌体的干缩裂缝

由于砌筑砂浆的强度等级不高,灰缝不饱满,干缩引起的裂缝往往呈发丝状而分散在灰缝隙中,清水墙时不易被发现,当有粉刷抹面时便显得比较明显。干缩引起的裂缝宽度不大,且裂缝宽度较均匀。

砌块上墙时如含水率较大,经过一段时间后,砌体含水率降低,便可能出现干缩裂缝。即使已砌筑完工的砌体无干缩裂缝,但当砌块因某种原因再次被水浸湿后,出现第二干缩,砌体仍可能产生干缩裂缝。

砌块的含湿量是影响干缩裂缝的主要因素,所以国外对砌块的含湿率(指与最大总吸水量的百分比)有较严格的规定。日本要求各种砌块的含水率均不超过40%,美国和加拿大等国,则根据使用砌块地区的湿度环境和砌块的线收缩系数等提出不同要求。例如美国规定混凝土砌块线收缩系数不大于0.03%时,对于高湿环境允许的砌块含水率为45%,中湿环境为40%,干燥环境时要求含水率不大于35%。所以,对于应用于建筑工程中砌筑用的砌块在上墙前必须保持干燥。

混凝土小型砌块的线胀系数为10×10^{-6},比黏土砖砌体大一倍,因此,小型块砌体对温度的敏感性比砖砌体高很多,从而更容易因温度变形而引起裂缝。

3)砌块房屋裂缝防治

(1)由于砌块及其砌体的温度变形和干缩变形均比较大,而抗拉、抗剪强度又比较低,所以伸缩缝间距限制理应比砖砌体严格,过去规范规定与砖砌体房屋取相同的限值显然是不恰当的,现在颁布的《砌体结构设计规范》(GB 50003)已对此作出修改。从国外来看,伸缩缝最大间距的控制是比较严的。美国规定当砌块墙体有水平筋时,间距为12~18m,当同时有水平及竖向筋时,最大限值为30m。俄罗斯规定,由于混凝土砌块的线胀系数为砖的2倍,故砌块房屋的伸缩缝间距只为砖石房屋的1/2。

(2)在砌块生产方面应加强质量控制。砌块成型后采用自然养护必须达到28d,采用蒸气养护达到规定强度后,必须停放14d后方可出厂。

(3)砌块房屋施工方面也要加强管理。砌块进入施工现场后,要分类分型号堆放,并要加遮盖,不被雨淋,不受水浸,如砌块受湿,应再增加15d的停放期,方可使用。顶层墙体砌筑与

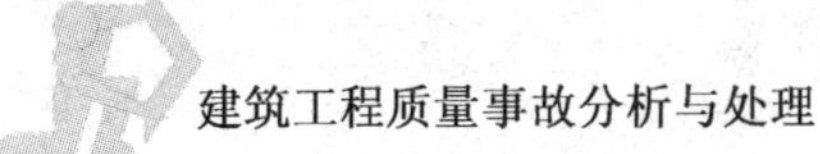

屋面板施工应尽量安排在天气条件大致相同的时间进行。

(4)增强基础圈梁刚度,适当增加平面上圈梁布置的密度。

(5)确保屋面保温层的隔热效果,防止屋面防水层失效、渗漏。

(6)在屋盖上设分格缝。分格缝位置纵向在房屋两端第一开间处,横向在屋脊分水线处。

(7)顶层圈梁或支承梁的梁垫均不得与层面板整浇。增加圈梁的平面布置密度,采取措施减弱屋面板与圈梁间的联结强度,如设置滑动层或缓冲层等(不适用于抗震设防地区和风大于0.7kN/m^2 的地区)。

(8)屋盖保温层上的砂浆找平层与周边女儿墙间应断开,留出沟槽,并用松软防水材料(如沥青麻刀等)填塞,以免该砂浆找平层因温度变形推挤外墙和女儿墙。

(9)加强顶层内、外纵墙端开间门窗洞口周边的刚度。对于砖砌体房屋可局部采取钢筋混凝土条带加强。对于砌块房屋可在顶层端开间门窗洞边设置钢筋混凝土芯柱,窗台下设置水平钢筋网片或钢筋混凝土窗台板带,芯柱与圈梁及水平钢筋网片之间要有可靠的构造联结。

由于我国现阶段大量使用的是混凝土小型空心砌块和加气混凝土砌块,因此有必要对这两种砌体工程中常见的质量缺陷和质量事故分别进行较详细的介绍。

1)混凝土小型空心砌块体工程

混凝土砌块是以水泥为胶结材料,以砂、石或炉渣、煤矸石为骨料,经加水搅拌、成型、养护而成的块体材料,通常为减轻自重,多制成空心小型砌块,最小壁肋厚度为30mm,主规格为390mm×190mm×190mm。

混凝土小型空心砌块砌筑的墙体,容易出现的质量缺陷是“热、裂、漏”。

(1)热的原因分析

①混凝土砌块保温、隔热性能差,这是因混凝土本身传热系数高所致。

②砌块使用了单排孔的规格品种,使起保温隔热作用的空气层厚130mm,没有充分发挥空气特别具有的保温隔热作用。

③单排孔通孔砌块墙体,上下砌块仅靠壁肋面黏结,上下通孔,产生空气对流,热辐射大。

④外墙内外侧没有采取保温隔热措施。

(2)裂的原因分析

混凝土小型砌块墙体,产生裂缝的部位及原因,如沉降裂缝、混养裂缝、收缩裂缝,与砖砌体结构大致相同。

现根据砌块本身的特性及其他方面作一些分析。

①砌块本身变形特征引起墙体裂缝:

a.混凝土小型砌块受温度、湿度变化影响比普通烧结砖大,存在着明显膨胀、干燥收缩的变形特征。如采用养护龄期不足28d的砌块砌筑墙体,由于砌块还没有完成自身的收缩变形,且自身制作产生的应力还没有消除,变形仍在继续,势必造成墙体开裂。

b.砌块墙体对温度特别敏感,线膨胀系数为1.0×10^{-5},是普通烧结砖的2倍;空心砌块壁薄,抗拉力较低,当胀缩拉应力大于砌体自身抗拉强度时,产生裂缝。

c.砌块干燥稳定期一般要一年,第一个月仅能完成其收缩率的30%~40%,砌块墙体与框架梁、柱连接处也会因收缩率不一致,从而产生裂缝。

②构造不合理造成墙体裂缝:

a. 砌块墙、柱高厚比、砌块墙体伸缩缝的间距等超过了空心砌块规范规定的限值。

b. 砌体与框架梁、柱连接缝处没有采取铺设钢筋网片等防裂技术措施。

c. 没有针对砌体抗剪、抗拉、抗弯的特性,采取措施以提高砂浆的黏结强度。

③施工质量的影响:

a. 使用了龄期不足、潮湿的砌块。

b. 砌块的搭接长度不够(小于 90mm)或通缝。

c. 砌块砂浆强度低,灰缝不饱满。

d. 预制门窗过梁直接安放在非承重砌块上,没设梁垫或钢筋混凝土构造柱,造成砌体局部受压,从而造成墙体裂缝。

e. 采用砌块和普通烧结砖混合砌筑。

(3)漏的原因分析

①砌块本身面积小,单排孔砌块的外壁为 30 ~ 35mm,上下砌切结合面约为 47%。

②水平灰缝不饱满,低于净面积 90%,留下渗漏通道。

③砌筑顶端竖缝铺灰方法不正确,先放砌块后灌浆,或竖缝灰浆不饱满,低于净面积 80%。

④外墙未做防水处理。

【例 4-4】 某写字楼工程,8 层,框架结构,建筑面积为 $4100m^2$。外墙围护全部采用混凝土空心小型砌块砌筑,交付使用后,出现“热、裂、漏”质量缺陷。

原因分析:

(1)外墙围护结构没有采用三排孔砌块,难以降低热辐射影响。

(2)使用了部分没有达到养护期的砌块,露天存放在施工现场,被雨淋。

(3)没有选用专用砂浆《混凝土小型空心砌块砌筑砂浆》(JC 860),砌筑砂浆低于砌块强度等级。

(4)没有采取反砌法,砌体砂浆硬化后,因墙面不平整,锤击或挠动砌块。

(5)有的部位漏设水平拉结筋,有的部位虽设置了拉结筋,墙体高 3.0m,仅设了一道拉结筋,达不到增强砌体抗拉强度的目的。

(6)外贴饰面砖打底灰没有采用防水砂浆。

2)加气混凝土砌块砌体工程

加气混凝土砌块是以钙质材料(水泥或石灰)、硅质材料(砂或粉煤灰)为基料,加入发气剂(铝粉)经搅拌、发气、成型、切割、蒸养等工艺制成的多孔(孔隙达70%~80%)轻质块体材料,为实心砌块。

常用规格:600mm × 240mm × 200mm。

加气混凝土砌块砌筑的墙体,容易出现的质量问题是墙身开裂和墙面抹灰层空裂。

造成蒸压加气混凝土砌块墙身开裂的因素大致可分为以下几个方面。

(1)材质方面

轻质砌块重度小,收缩率比普通烧结砖大,随着含水量的降低,材料会产生较大的干缩变形,容易引起不同程度的裂缝;砌块受潮后出现二次收缩,干缩后的材料受潮后会发生膨胀,脱水后会再发生干缩变形,引起墙体发生裂缝;砌块砖体的抗拉及抗剪切强度较差,只有普通烧

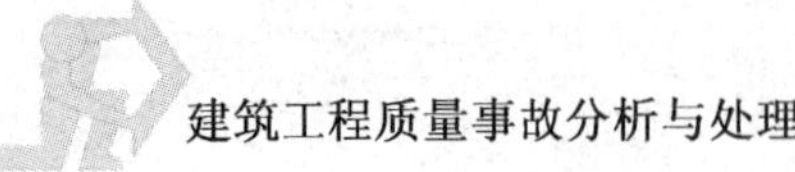

结砖的50%;砌块质量不稳定。由于砌块自身的缺陷,引起一些裂缝,如房屋内、外纵墙中间对称分布的倒八字形裂缝,建筑底部一至二层窗台边出现的斜裂缝或竖向裂缝,屋顶圈梁下出现水平包角裂缝,在大片墙面上出现的底部重、上部较轻的竖向裂缝等。

(2)设计方面

设计者重视强度设计而忽略抗裂构造措施。长期以来,人们对砌体结构的各种裂缝习以为常,设计者一般在强度方面作必要的计算后,针对构造措施,绝大部分引用国家标准或标准图集,很少单独提出有关防裂要求和措施,更没有对这些措施的可行性进行调查或总结。

设计者对新材料砌块应用不熟悉。设计单位对新材料砌块的性能和新标准的应用尚在认识探索之中,因此或多或少存在设计缺陷。主要包括:第一,非承重混凝土砌块墙是后砌填充围护结构,当墙体的尺寸与砌块规格不配时,难以用砌块完全填满,造成砌体与混凝土框架结构的梁、板、柱连接部位孔隙过大,容易开裂;第二,门窗洞及预留洞边等部位是应力集中区,未采取有效的拉结加强措施时,会由于撞击振动而开裂;第三,墙过厚或砌筑砂浆强度过低,使墙体刚度不足也容易开裂;第四,墙面开洞安装管线或吊挂重物均引起墙体变形开裂;第五,与水接触面未考虑防排水及泛水和滴水等构造措施,从而使墙体渗漏,致使砌块含水率过高,收缩变形引起墙体开裂。

(3)施工方面

施工单位缺少培训和实践,施工方法、工具、砂浆等都沿用了普通烧结砖的做法,对砌筑高度和温度控制缺乏经验,加上施工过程中水平灰缝、竖向灰缝不饱满,减弱了墙体抗剪的能力,以及工人砌筑水平的不稳定等因素,从而导致墙体出现裂缝。

抹灰砂浆保水性不能满足工艺要求,加之混凝土的吸水引起开裂,施工中,砂浆中产生析水和泌水,使砂浆与砌体基层之间黏结不牢,并且由于失水而影响砂浆正常凝结硬化,降低了砂浆强度。加气混凝土是高分散多孔结构,气孔大部分是"墨水瓶"结构,只有少部分是毛细孔,毛细管作用较差,吸水多,吸水导湿缓慢。

因此,当新抹灰砂浆上墙后,如果保水性不好,水分散失太快,造成砂浆强度不高、黏结力下降以及收缩太快,尤其是砂浆与加气混凝土黏结面,由于砂浆层与加气混凝土墙面的黏结力未达到足以抵抗由于收缩而造成的砂浆层在加气混凝土墙面上的滑动,因而全面发生空鼓。

(4)抹灰砂浆与加气混凝土墙面导热系数、线膨胀系数相差过大引起开裂

加气混凝土的导热系数为0.081~0.29W/(m·K),线膨胀系数为8×10^{-6}mm/(m·℃)。普通抹灰砂浆的导热系数为0.93W/(m·K),线膨胀系数为10^{-4}mm/(m·℃)。这种差异引起的温度应力会使加层混凝土墙面抹灰层在1~2年之后出现大面积开裂及脱落。

(5)抹灰砂浆与加气混凝土的线收缩相差过大引起开裂

加层混凝土的线收缩为0.8mm/m左右,普通抹灰砂浆的线收缩在0.03mm/m左右。当加气混凝土的收缩应力超过制品抗拉强度或砌体黏结强度时,砌块本身或墙体接缝处就会出现裂缝。同时,由于抹灰层和加气混凝土基层水分不能同步蒸发,使得抹灰层干燥收缩应力过大,从而使抹灰面层开裂和空鼓。

(6)抹灰砂浆和加气混凝土的强度相差较大引起开裂

加气混凝土的抗压强度一般在5MPa左右,抗折强度在0.5MPa左右,弹性模量在2.3×10^{3}MPa左右,是一种弹塑性材料,适应变形的能力较强,而普通抹灰砂浆的强度一般在几十兆

帕以上，弹性模量一般为 $2.3\times10^4\sim2.6\times10^4$MPa，其适应变形的能力较弱。所以当加气混凝土与普通抹灰砂浆受湿度、温度影响时会引起变形不协调，导致抹灰层空鼓、掉皮及开裂。同时，在相同荷载作用下，加气混凝土的变形量较大，而抹灰砂浆的变形量较小，也会在应力集中处产生空鼓及裂纹。

(7)形成空裂的其他原因

如砌筑砂浆不配套，加气混凝土砌块本身质量因素的影响，施工操作因素的影响，设计因素的影响。

【例4-5】 某教学楼工程，5层框架结构，内外填充墙均采用加气混凝土砌块砌筑，交付使用不到一个月，出现墙体开裂和墙面体灰层空裂现象。

原因分析：

(1)为赶施工进度，采用了部分未达到养护龄期的砌块，其收缩率较大。

(2)砌块运到工地现场后，未按规定堆放，淋雨后含水量增长。

(3)砌块与混凝土梁柱相接处未按规定设置钢丝网。

(4)墙体砌筑高度未按规定执行，一次性砌筑的墙体高度超过了规定要求，使得墙体自身压缩增大。

(5)墙体粉刷之前，未按要求对墙面进行处理，降低了砂浆与墙体的黏结力。

【例4-6】 旺海怡园商住楼位于深圳市南山区荔园西路，建筑面积为30929.30m^2，由地下1层，地上18层两栋框剪结构组成，其砌体工程均采用加气混凝土砌块，在施工过程中针对砌块的特点及其性能，采取上述防治措施进行过程控制，对施工各个环节制定详细的技术要求，消除了加气混凝土砌块上的常见质量通病，在交付业主使用一年多，经回访仔细观察检查，均未发现梁、柱节点间开裂和墙面空鼓开裂及霉变等现象，保证了功能的使用效果。特别是在抹灰工艺原理方面，根据施工单位积累的施工经验及结合砌体块材性能特点，采用了1∶1水泥砂浆拉毛，墙面淋水(用水将墙体淋湿后隔一定时间，冬季为8～10d，夏季为4～6d)后进行抹灰，砌体墙面渗水深度约为8～10mm，砌体的含水率可控制在10%～15%。加108胶胶质水泥浆打底，局部加挂网等工艺，可以加强基层和抹灰砂浆层的黏结力，克服由砌块与砂浆温度、干湿变形产生的内应力而引起的墙体抹灰裂缝，从而增强了装饰面层的防霉效果，保证了墙体抹灰层的防裂、防渗性能。

(六)因承载力不足产生的裂缝

如果砌体的承载力不足，在荷载作用下，将出现各种裂缝，以致出现压碎、断裂、崩塌等现象，使建筑物处于极不安全的状态。这类裂缝的出现，很可能导致结构失效，所以应注意观测，主要是观察裂缝宽度和长度随时间的发展情况，在观测的基础上认真分析原因，及时采取有效措施，以避免重大事故的发生。图4-10列出了一些典型的因承载力不足引起的裂缝。因承载力不足而产生的裂缝必须加固。

【例4-7】 因承载力不足引起的裂缝。

1)工程事故概况

某职工宿舍为三层砖混结构，纵墙承重。楼面为钢筋混凝土预制板，支承在现浇钢筋混凝土横梁上。承重墙厚为240mm，强度等级为M7.5。

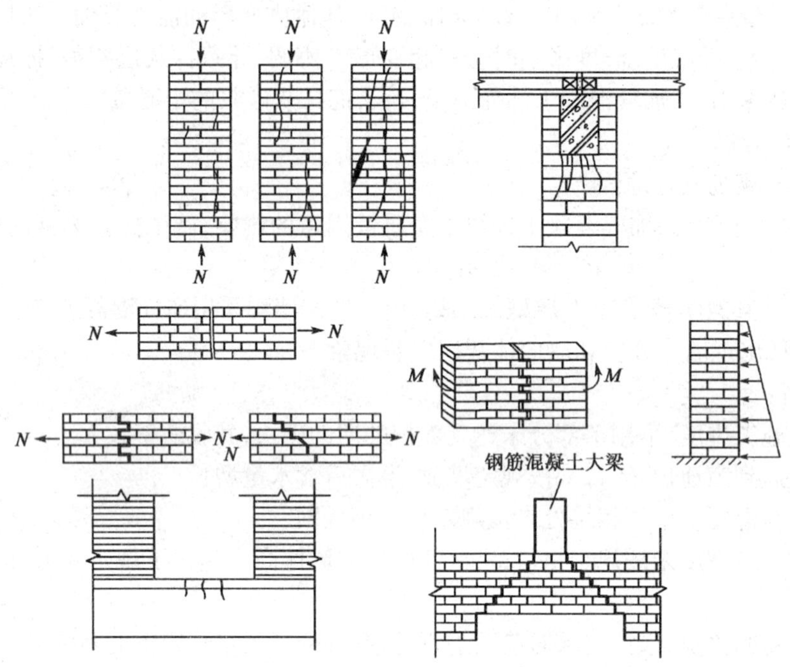

图 4-10　因承载力不足引起的裂缝

宿舍工程 6 月初开工,7 月中旬开始砌墙,9 月份第一层楼砖墙砌完,10 月份接着施工第二层,12 月份屋面施工完毕。当三楼砖墙未砌完,屋面尚未开始施工,横隔墙也未砌筑时,在底层内纵墙(走道墙)上发现裂缝若干条。裂缝的形式上大下小,始于横梁支座处,并略呈垂直状向下,一直延伸至离地坪面约 1m 处为止,长达 2m 多。裂缝宽度最大为 1 ~ 1.5mm。其中,有两处裂缝略呈八字形向下一直延伸。外纵墙的梁支座下面,同样亦发现一些形式相似的裂缝,但不甚明显,也没有内纵墙那样普遍和严重。

2)事故原因分析

本工程设计套用标准图,但是砌筑砂浆原设计为 M2.5 混合砂浆,实际使用的是石灰砂浆。按照当时的砖石结构设计规范进行验算,施工中砖砌体抗压强度仅达到原设计的 50% 左右。而且由于取消了原设计的梁垫,从而造成砌体局部承压能力下降了 60% 左右。此外,砌筑质量低劣,如灰缝过厚,且不均匀,灰浆不饱满,砌体组砌质量差,横平竖直不符合要求等。当砌体负荷后,灰缝产生过大的压缩变形,也促使墙面裂缝扩张。

3)事故处理方法

发现裂缝后,即暂缓施工上层的楼层及屋面。经观察与分析,裂缝不致造成建筑物倒塌,故未采用临时支撑等应急措施。但该裂缝的产生是由于承载能力不足,因此必须进行加固处理。处理方法是用混凝土扩大原基础,然后紧贴原砖墙增砌扶壁柱,并在柱上现浇混凝土梁垫。经处理后继续施工,房屋交工使用一年后再检查,未见新的裂缝和其他问题。

【例 4-8】　砖柱承载力不足引起的倒塌事故。

1)事故简况

某小学校的教学楼,二层砖混结构,工程已接近完工,正在进行室内抹灰粉刷,于 1987 年 5 月下旬突然发生倒塌,造成多人伤亡。

2）工程概况

该建筑的平面、立面、剖面及主要尺寸如图4-11所示。教学楼为二层砖混结构，建筑面积为294m²。基础为水泥砂浆砌筑的毛石基础，墙体厚为180mm。屋面为混凝土预制屋面板，上铺焦砟3%找坡，平均厚为100mm，水泥砂浆找平，二毡三油防水，上撒小豆石，楼面为预制空心板，水泥地面。顶头大教室中间进深梁为现浇钢筋混凝土梁，墙体外墙面用水刷石，内墙面为普通抹灰。工程于1987年初开工，三个月后主体结构完成，于5月10日拆除大梁底部支撑及模板，开始内部装修。第二天发现墙体有较大变形，工人用锤子将凸出墙体打了回去，继续施工（如此野蛮施工，怎能不发生事故）。第三天发现大教室的窗间墙在室内窗台下约100mm处有一条很宽的水平裂缝，宽度约20mm，有些工人感到不妙，大喊危险并向外逃跑。其余工人尚未反应过来，整个房屋就全部倒塌，两层楼板叠压在一起，未及时撤离的工人全部死亡。

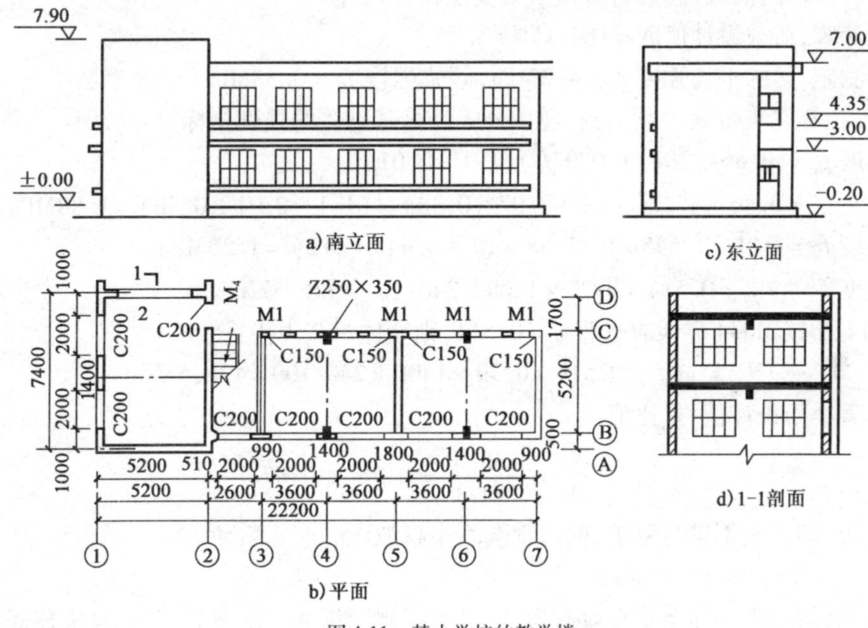

图4-11　某小学校的教学楼

3）事故分析

本工程并无正式设计图纸，只是由使用单位直接委托某施工单位建造。施工单位根据现场情况，参照一般砖混结构的布置，草草地画了几张平面、立面、剖面草图就进行施工。施工队伍由乡村瓦木匠组成，没有技术管理体制，由队长说了算。队长根本不懂砖及砂浆的强度等级，砖是由附近农村土窑生产的，砂浆则按农村盖房经验比例配制。事故发生后测定，砖的等级为MU0.5，砂浆强度只有M0.4。在拆模第二天发现险情后，还未采取应急措施，最终导致重大事故发生。

设计验算结果如下：取大教室大梁下的砖柱计算，这是整个结构的薄弱环节。

（1）首先验算高厚比

底层墙高 $H=3+0.5=3.5\text{m}$（基础顶面到地面为0.5m）

横墙间距 $S=7.4\text{m}<32\text{m}$（属刚性方案）

又因 $S=7.4\text{m}\geqslant 2H=7\text{m}$

计算高度取 $H_0 = H = 3.5\text{m}$

允许高厚比(M0.4) $[\beta] = 16$

承重墙 $\mu_1 = 1$

门窗洞口修正 $\mu_2 = 1 - 0.4\dfrac{b_s}{S} = 1 - 0.4 \times \dfrac{4}{7.4} = 0.78$

实际高厚比 $\dfrac{H_0}{d} = \dfrac{3.5}{0.24} = 14.6 > \mu_1\mu_2[\beta] = 1 \times 0.78 \times 16 = 12.84$

可见高厚比超过规范值,墙体极不稳定。

(2)其次验算窗间墙强度

查看平面、剖面图,结构最薄弱的部位在大教室的窗间墙处。取大梁下的窗间墙的窗口下边断面验算。对窗间墙底部截面,可按中心受压构件计算。

经荷载计算,荷载设计值 $N = 184.1\text{kN}$

经现场测定,砖的平均强度 $f_1 = 4.2\text{MPa}$,砂浆强度 $f_2 = 0.38\text{MPa}$(变异系数平均可取 $\delta = 0.2$),因强度指标在规范表中查不到,现按公式计算其砌体的强度指标。

平均强度 $f_m = 0.46 f_1^{0.9}(1 + 0.07f_2)(1.1 - 0.01f_2)$

$$= 0.46 \times 4.2^{0.9} \times (1 + 0.07 \times 0.38) \times (1.1 - 0.01 \times 0.38) = 1.88\text{MPa}$$

标准强度 $f_k = f_m(1 - 1.645\sigma) = 1.88 \times (1 - 0.645 \times 0.2) = 1.26\text{MPa}$

设计强度 $f = f_k/\gamma_f = 0.514 \times 0.79 \times 1400 \times 240/10^3 = 136.5\text{kN}$

由 $\beta = 14.6$ 按 M0.4 砂浆查表得 $\varphi = 0.514$,则墙体承载力为:

$$N_u = \varphi A f = 0.514 \times 0.79 \times 1400 \times 240/100 = 136.5\text{kN}$$

其值显著小于设计值,且比值

$$\gamma_0 = \frac{N_u}{N} = \frac{136.5}{184.1} = 0.74 < 0.87$$

属于 d 级,即严重不满足要求,随时都会发生事故。

4)结论

由上可见,教学楼实际上是在没有设计、没有正规图纸的情况下施工的,经复核,此结构安全度严重不足。加之施工质量很差,使用的材料既无合格证,现场也不做试验就采用。砂浆不留试块,凭经验任意配合,水泥用量过少,从倒塌的现场看,砂浆黏结力及强度均很差。施工中发现问题后不采取措施,用锤子将变形的墙体敲直,如此盲目蛮干,最终酿成大事故。

二 砌体裂缝的性质鉴别

砌体最常见的裂缝原因是温度变形和地基不均匀沉降,这两类裂缝统称为变形裂缝。荷载过大或截面过小导致裂缝虽然不多见,但其危害性往很严重。由于设计构造不当,材料或施工质量低劣造成的裂缝比较容易鉴别,但这种情况较少见。因此,本文重点阐述鉴别裂缝的方法和根据,下面主要以工程实践经验为基础,从裂缝位置、形态特征、开裂时间、发展变化、建筑特征、使用条件和建筑变形方面介绍三类裂缝的鉴别方法。

1. 温度变形

裂缝位置往往出现在房屋顶部附近,以两端为最常见。裂缝在纵墙和横墙上都可能出现,在寒冷地区越冬又未采暖的房屋有可能在下部出现冷缩裂缝。位于房屋长度中部附近的竖向裂缝也可能属于此类裂缝。裂缝形态最常见的是斜裂缝,形状有一端宽、另一端细和中间宽两端细两种;其次是水平裂缝,多数呈断续状,中间宽两端细;第三是竖向裂缝,多因纵向收缩产生,缝宽变化不大。裂缝出现的时间大多数在经过夏季或冬季后形成。裂缝的发展变化随气温或环境温度变化,在温度最高或最低时,裂缝宽度、长度最大,数量最多,但不会无限制地扩展恶化。出现此类裂缝的建筑物特征是屋盖的保温隔热差,屋盖对砌体的约束大;其次是当地温差大,建筑物过长,无变形缝。建筑物的变形往往与建筑物的横向变形有关,与建筑物的竖向变形无关。

2. 地基不均匀沉降

裂缝位置多数出现在房屋下部,少数可发展到 2 ~ 3 层。对等高的长条形房屋,裂缝大多出现在两端附近;其他形状的房屋,裂缝都在沉降变化剧烈处附近;一般都出现在纵墙上,横墙上较少见。当地基性质突变时,也可能在房屋顶部出现裂缝,并向下延伸,严重时可贯穿房屋全高。裂缝形态特征较常见的是斜裂缝,通过门窗口处裂缝较宽;其次是竖向裂缝,不论是房屋上部,或窗台下,或贯穿房屋全高的裂缝,其形状一般是上宽下细;水平裂缝较少见,有的出现在窗角,靠窗口一端裂缝较宽,有的水平裂缝是地基局部塌陷而造成的,缝宽往往较大。裂缝出现的时间大多数在房屋建成后不久,也有少数工程在施工期间明显开裂,严重的不能竣工。裂缝的发展变化随地基变形和时间增长加大加多。一般在地基变形稳定后裂缝不再变化,极个别的地基产生剪切破坏,裂缝发展导致建筑物倒塌。出现此类事故的建筑物特征往往是房屋长而不高,且地基变形量大;房屋刚度差;房屋高度或荷载差异大,又不设沉降缝;地基浸水或软土地基中地下水位降低;在房屋周围开挖土方或大量堆载;在已有建筑物附近新建高大建筑物。用精确的测量手段测出建筑物变形的沉降曲线,在该曲线曲率较大处出现的裂缝,可能是沉降裂缝。

3. 承载能力不足

裂缝位置多数出现在砌体应力较大部位,在多层建筑中,底层较多见,但其他各层也可能发生。轴心受压柱的裂缝往往在柱下部 1/3 高度附近,出现在柱上下端的较少。梁或梁垫下砌体裂缝大多数是局部承压强度不足而造成的。裂缝形态特征是受压构件裂缝方向与应力一致,裂缝中间宽两端细;受拉裂缝与应力垂直,较长见的是沿灰缝开裂;受弯裂缝在构件的受拉区外边缘较宽,受压区不明显,多数沿灰缝开展,砖砌平拱在弯矩和剪力共同作用下可能产生斜裂缝;受剪裂缝与剪力方向一致。裂缝出现的时间大多数发生在荷载突然增加时,例如大梁拆除支撑,水池、筒仓启用等。此类裂缝的发展变化是受压构件开始出现断续的细裂缝,并随荷载或作用时间的增加,裂缝贯通,宽度加大,进而导致破坏。其他荷载裂缝可随荷载增减而变化。此类裂缝往往出现在结构构件受力较大或截面严重削弱的部位以及超载或产生附加内力的部位,如受压构件中产生附加弯矩处等。建筑物的变形往往与横向或竖向变形无明显关系。

综上所述,砌体结构裂缝的鉴别直接关系到砌体砌筑质量的鉴别,从工程的角度来说意义重大,故应针对不同的建筑形式和裂缝的特征判断裂缝的种类,之后采取不同的措施进行加固。

三 砌体裂缝的处理方法及选择

常见的温度裂缝、沉降裂缝和荷载裂缝等，可按下列原则进行处理。

1. 温度裂缝

一般不影响结构安全，经过一段时间观测，找到裂缝最宽的时间后，通常采用封闭保护或局部修复方法处理，有的还需要改变建筑热工构造。

2. 沉降裂缝

绝大多数裂缝不会严重恶化而危急结构安全，通过沉降观测和观察裂缝变化状态，对那些沉降逐步减小的裂缝，待地基基本稳定后，作逐步修复或封闭堵塞处理。地基变形长期不稳定，可能影响建筑物正常使用时，应先加固地基，再处理裂缝。

3. 荷载裂缝

因承载能力或稳定性不足或危及结构物安全的裂缝，应及时采取卸荷或加固补强等方法处理，并应立即采取应急防护措施。

一旦砌体出现了裂缝，首先要分析裂缝的原因，并观察其发展状态。这可以从构件受力的特点，建筑物所处的环境条件，以及裂缝所处的位置、出现的时间及形态综合加以判断。在裂缝原因已经查清的基础上，采取有效措施补强。对于不致危及安全的裂缝可用灌缝、封闭的办法进行处理；而对于危及安全的裂缝，则应进行加固处理。对不危及安全的裂缝最常用的是灌浆法处理。

当裂缝较细，裂缝数量较多，发展已基本稳定时可用压力灌浆法补强。这种方法是用灰浆泵将含有胶合材料的水泥砂浆或化学砂浆灌入裂缝内使之黏成整体，砂浆的配合比可参考表4-4。表中稀浆用于0.3～1mm的裂缝，稠浆用于1～5mm的裂缝，砂浆则用于宽度大于5mm的裂缝。

灌浆浆液配合比　　表4-4

胶结料	灰浆种类	水泥	水	砂	107 胶	二元乳液	水玻璃	聚醋酸乙烯
107 胶	稀浆	1	0.9		0.2			
	稠浆	1	0.6	1	0.2			
	砂浆	1	0.6		0.2			
二元乳胶	稀浆	1	0.9			0.2		
	稠浆	1	0.6	1		0.15		
	砂浆	1	0.6～0.7			0.15		
水玻璃	稀浆	1	0.9				0.01～0.02	
	稠浆	1	0.7	1			0.01～0.0.2	
	砂浆	1	0.6				0.01	
聚醋酸乙烯	稀浆	1	1.2					0.06
	稠浆	1	0.74	1				0.055
	砂浆	1	0.4～0.7					0.06

此外,也有的仅用纯水泥浆,或掺有矿渣料和氟硅酸钠的水玻璃浆体,而有的用环氧树脂灌浆材料,可视具体工程的实际情况而选用。

当裂缝较宽时,还可在灰缝内嵌上钢筋,然后再用砂浆填缝,具体做法如图 4-12 所示。

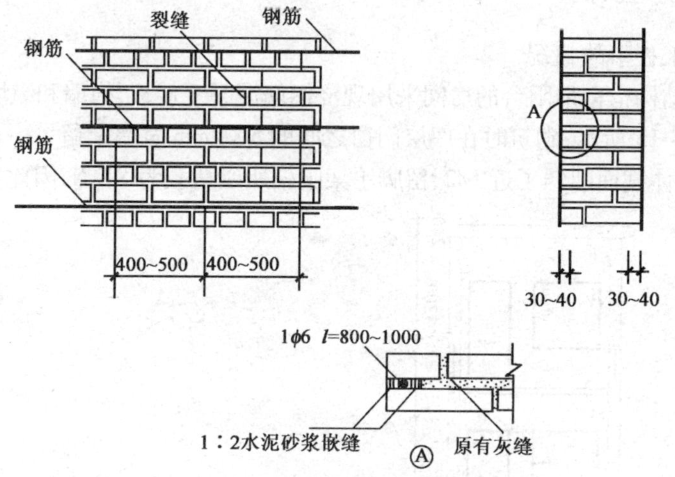

图 4-12 加筋填缝修补法(尺寸单位:mm)

当裂缝很宽,发展不稳定并危及安全时,则必须进行强度加固,详见第三节介绍。

第二节 砌体结构工程质量事故原因分析

一 事故原因与分类

1. 砌体裂缝

墙体开裂是砌体结构的常见问题,一般有沉降裂缝、温度裂缝、超载裂缝等形式。

2. 强度不足事故

砌体强度不足,有的变形,有的开裂,严重的甚至倒塌。有关倒塌事故的处理将在下面阐述。对待强度不足事故,尤其需要特别重视没有明显外部缺陷的隐患性事故。

造成砌体强度不足的主要原因有设计截面太小;水、电、暖、卫和设备留洞留槽削弱断面过多;材料质量不合格;施工质量差,如砌筑砂浆强度低,砂浆饱满度严重不足等。

3. 刚度不足与稳定性不足事故

房屋整体刚度不足事故是指由于设计构造不良或选用的计算方案欠妥,或门窗洞口对墙面削弱过大等原因,而造成房屋使用中刚度不足,出现颤动,影响正常使用。

砌体稳定性不足事故是指墙或柱的高厚比过大或施工原因,导致结构在施工阶段或使用阶段失稳变形。因稳定性不足而造成的倒塌事故也较多,造成砌体稳定性不足的主要原因有设计时不验算高厚比,违反了砌体设计规范有关限值的规定;砌筑砂浆实际强度达不到设计要求;施工顺序不当,如纵横墙不同时砌筑导致新砌纵墙失稳;施工工艺不当,如灰砂砖砌筑时,浇水导致砌筑中失稳;挡土墙抗倾覆、抗滑移稳定性不足等。

4. 局部倒塌事故

局部倒塌事故详见本章第三节。

二 强度不足事故的处理方法及选择

(一)堵塞孔洞处理实例

【例 4-9】 1)工程事故概况

某幢三层混合结构宿舍带阳台的房间采用现浇钢筋混凝土楼板,横墙和纵墙都是承重墙,局部平面与立面如图 4-13 所示,砌筑时在底层门窗之间的 5000mm 宽墙上留了一个宽为 240mm 的脚手架眼,使该墙砌体截面削弱了近 1/2,留脚手架眼处所受荷载为 81kN,因此安全度严重不足。

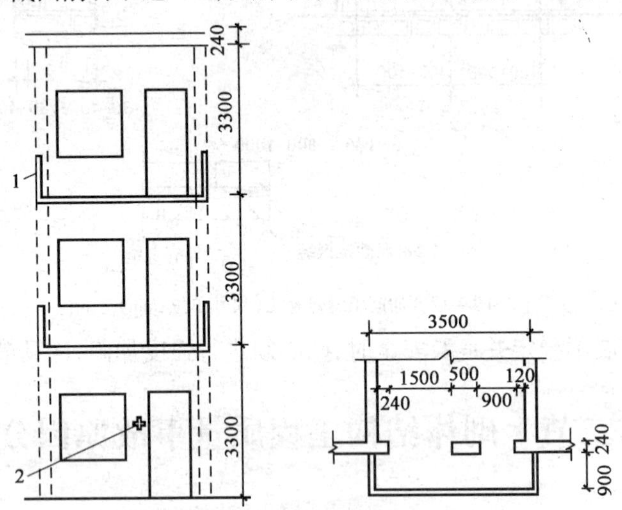

图 4-13 局部平面与立面示意图(尺寸单位:mm)

1-阳台;2-脚手架眼 180mm×246mm

2)事故处理

发现问题后,立即在底层门窗过梁下加设支撑以对留脚手架眼的墙卸荷,然后用 MU10 砖和 M10 砂浆严密堵塞脚手眼。

(二)增设壁柱处理实例

【例 4-10】 1)工程事故概况

某地一幢三层混合结构办公楼,砖墙承重,砖 MU7.5,混合砂浆 M2.5。一、二层为小间(带横墙),顶层为大厅。竣工使用后,发现三层外墙向外弯曲(见图 4-14)。

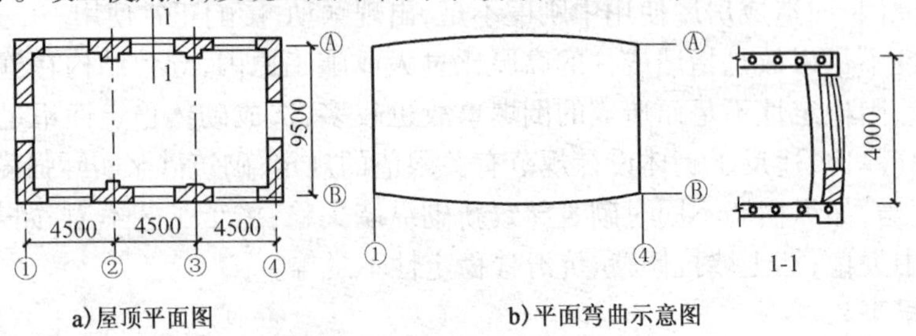

图 4-14 顶层平面与外墙弯曲示意图(尺寸单位:mm)

根据验算结果,Ⓐ、Ⓑ轴线墙的高厚比符合当时规范规定,但是窗间墙承载能力不足(差6%左右)。

2)事故处理

先用如图 4-15 所示的方法,通过收紧花篮螺丝校正墙面,然后按图 4-16 增设壁柱补强。

3)处理注意事项

(1)校正木方应用两块,并分设在补强壁柱的两侧;

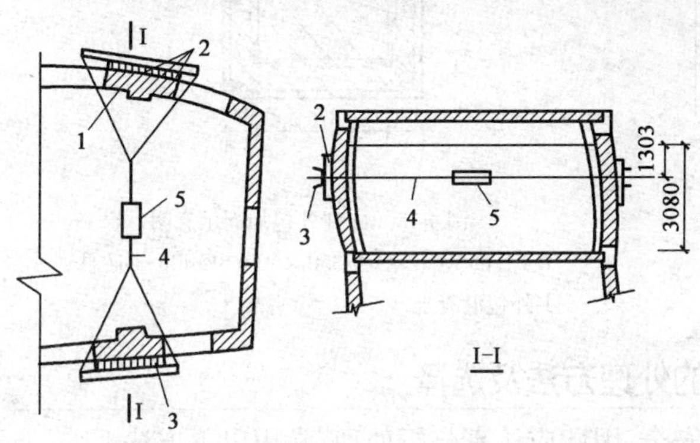

图 4-15 墙身校正示意图(尺寸单位:mm)

1-补强壁柱;2-木方 150×150×1000;3-槽钢[16a;4-钢丝绳;5-花篮螺丝

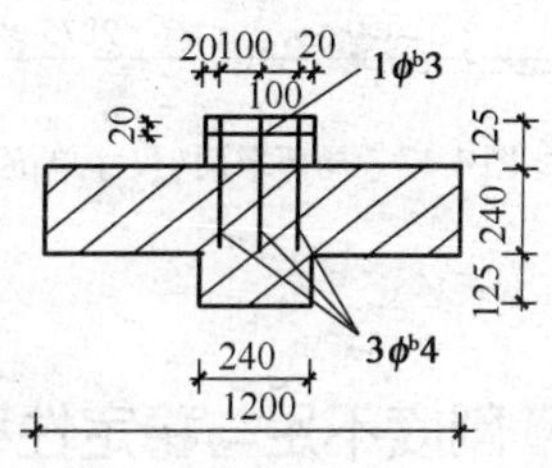

图 4-16 补强壁柱平面示意图(尺寸单位:mm)

(2)墙身校正应缓慢进行,注意观察变形和裂缝,防止意外事故;

(3)墙身校正后,先施工补强壁柱,后拆校正用工具和材料;

(4)补强壁栓所加 ϕ^b4 应用电钻在墙上钻孔,孔位应在灰缝处,钢丝网间距约为 24cm,砖 MU7.5,混合砂浆 M5。

(三)柱外包加固实例

【例 4-11】 1)工程事故概况

山西省某招待所原设计为 4 层混合结构,后在施工中改为 5 层,局部平面如图 4-17 所示。竣工使用后,发现一层门厅砖柱 Z1、Z2、Z3、Z4 多处被压碎酥裂,并伴有柱体变形倾斜。经分析,原因如下:

(1)原设计门厅砖柱截面为 370mm×370mm,承载能力已不足,改为 5 层后,使原设计存在的问题更加严重。

(2)使用后在距房屋 2m 处修建城市下水道工程,因采用人工降低地下水位法施工,水位下降 6m 左右,造成地基产生较大不均匀沉降。

2)事故处理

(1)用铸铁管作临时支撑,卸除砖柱部分荷载;

(2)砖柱四角外包角钢 4∟65×5,并用缀板连接角钢,从混凝土基础加到基础梁;

(3)外包钢后,再外包钢筋混凝土,如图 4-18 所示;

(4)外包加固部分与原有结构之间用钢楔垫实。

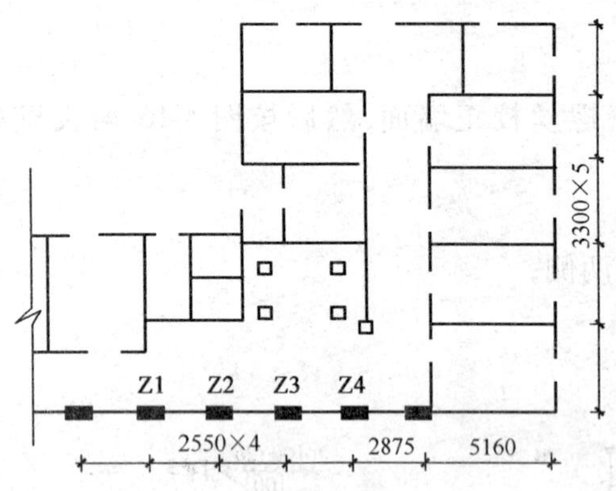

图 4-17 局部平面(尺寸单位:mm)

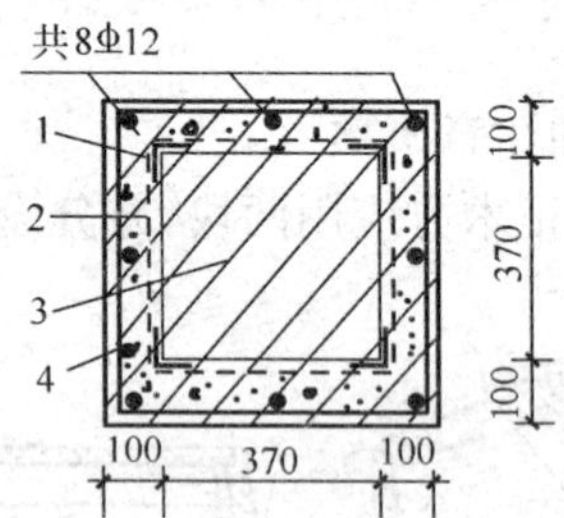

图 4-18 砖柱外包加固示意图

1-4 ∟65×6;2-缀板 350×50×6@400;3-砖柱;4-外包混凝土

三 刚度不足与稳定性不足事故的处理方法及选择

这类事故可能危及施工或使用阶段的安全,因此应认真分析处理,常用以下方法:

(1)应急措施与临时加固:对那些强度或稳定性不足可能导致倒塌的建筑物,应及时支撑防止事故恶化,如临时加固有危险则不要冒险作业,应划出安全线严禁无关人员进入,防止不必要的伤亡。

(2)校正砌体变形:可采用支撑顶压,或用钢丝或钢筋校正砌体变形后再作加固等方式处理。

(3)封堵孔洞:由墙身留洞过大造成的事故可采用仔细封堵孔洞,恢复墙整体性的处理措施,也可在孔洞处增作钢筋混凝土边框加强。

(4)增设壁柱:有明设和暗设两类,壁柱材料可用同类砌体,或用钢筋混凝土或钢结构(见图 4-19)。

a)钢筋混凝土暗柱加固

b)钢暗柱加固并用圆钢插入砖缝加强

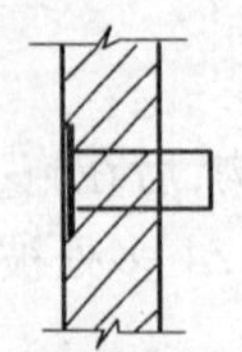
c)明设空心方钢柱加固并用扁钢锚固在砖墙中

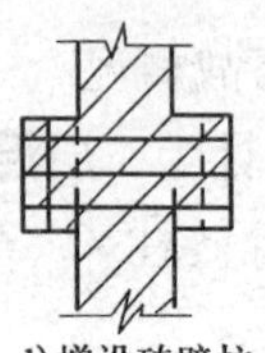
d)增设砖壁柱,内配钢丝网

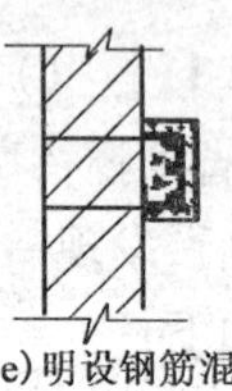
e)明设钢筋混凝土柱加固

图 4-19 增设壁柱构造示意图

(5)加大砌体截面:用同材料加大砖柱截面,有时也加配钢筋(见图 4-20)。

(6)外包钢筋混凝土或钢:常用于柱子加固。

(7)改变结构方案:如增加横墙,变弹性方案为刚性方案;柱承重改为墙承重;山墙增设抗风圈梁(墙长较小时)等。

(8)增设卸荷结构:如墙柱增设预应力补强撑杆。

(9)预应力锚杆加固:如重力式挡土墙用预应力锚杆加固后提高抗倾覆、抗滑移能力(见图4-21)。

(10)局部拆除重做:用于柱子强度、刚度严重不足时。

各种处理方法选择参见表4-5。

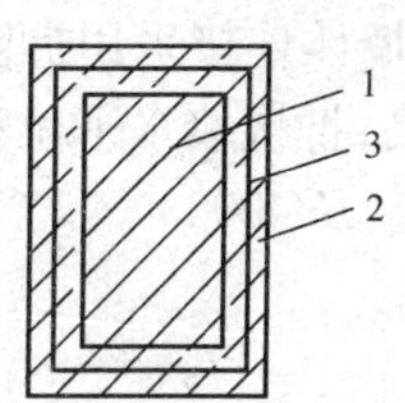

图4-20 加大砖柱截面

1-原有砖柱;2-加砌围套;3-加设钢筋网

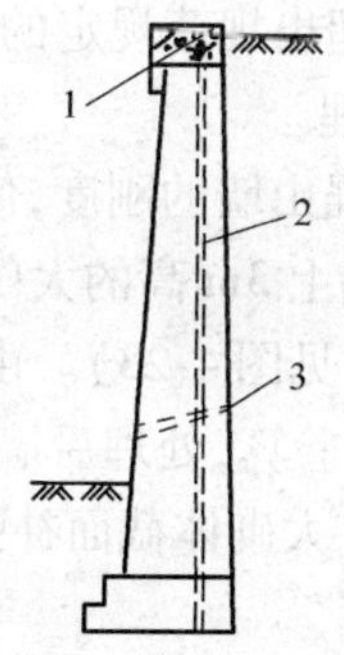

图4-21 预应力锚杆加固挡土墙

1-钢筋混凝土梁;2-钻孔 $\phi 74@1m$;3-泄水孔

砌体强度、刚度、稳定性不足处理方法选择 表4-5

事故性质与特性		处理方法								
		校正变形	封堵孔洞	增设壁柱	加大截面	外包加固	改变结构方案	加设卸荷结构	加设预应力锚杆	局部拆换
强度不足	墙		※	※		✓		※	△	
	柱				※	✓	※	※		※
变形	墙	✓		✓		※			△	※
	柱				※	※	✓			✓
刚度或稳定性不足房屋颤动			✓	✓			✓		△	

注:✓-首选;※-次选;△-适用于挡土墙等。

【例4-12】 房屋使用中颤动事故。

1)工程事故概况

上海市某单层仓库,长30m,砖墙柱承重,装配式整体楼面,局部平面如图4-22所示,内设3t桥式吊车轨,顶标高4m,屋架下弦标高5.5m,墙顶标高6.5m。该工程按刚性方案设计,竣工使用后,吊车开动引起房屋发生颤动。

2)原因分析

该工程按刚性方案设计,首先应复查是否全部符合规范的有关要求。《砌体结构设计规范》或《砖石结构设计规范》关于房屋静力计算方案选择的规定和墙的要求是一致的。该工程长30m,两端为240mm厚砖墙,按规范规定可按刚性方案进行计算,但是,对于刚性方案的横墙,规范规定应符合下列要求:

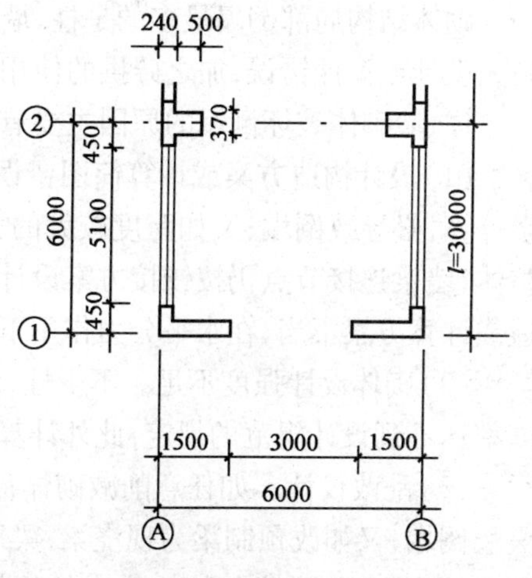

图4-22 局部平面示意图(尺寸单位:mm)

(1)横墙中开有洞口时,洞口的水平截面面积不应超过横墙截面面积的 50%(该工程已达到或超过 50%);

(2)单层房屋横墙长度不宜小于其高度(该工程已不符合此规定)。

因为横墙不能同时符合上述要求,规范规定应对该墙刚度进行验算。该横墙的最大水平位移值已严重超出规范规定的 $H/4000$(H 为墙高),因此不能作为刚性方案的横墙。

3)事故处理

主要是加强山墙的刚度,使其满足上述全部要求,采取的措施有两条。

(1)将山墙上 3m 高的大门洞用 240mm 厚砖墙封堵,新旧墙体连接采用拆除部分原墙砖或加设钢筋法(见图 4-23)。由于墙洞封堵后,山墙的刚度提高,抵抗墙水平位移的截面惯性矩提高很多,经验算,处理后墙水平位移已小于规范规定的限值($H/4000$)。

(2)山墙扩大砌体截面补强(见图 4-24)。

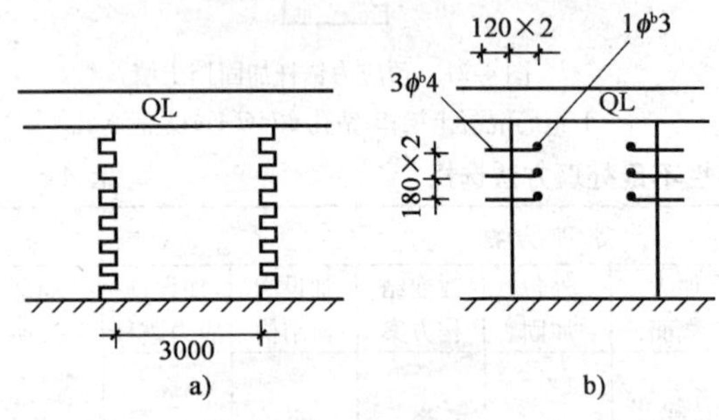

图 4-23 封堵门洞构造示意图(尺寸单位:mm)

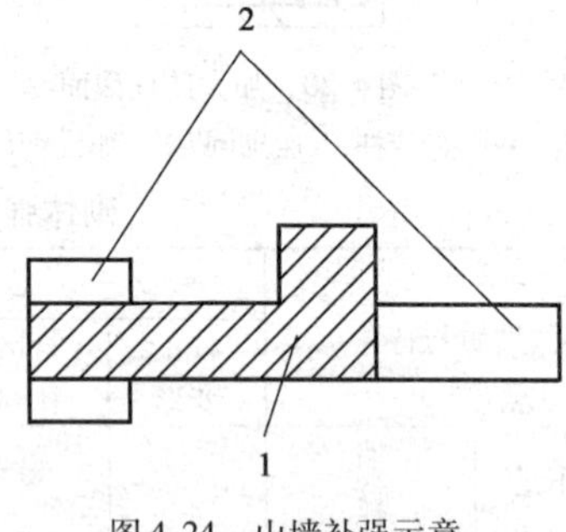

图 4-24 山墙补强示意
1-原山墙;2-补强砌体

第三节 局部倒塌事故

一 局部倒塌事故类型与原因

砌体结构局部倒塌最多的是柱、墙工程。砖拱倒塌虽然时有发生,但原因很简单,几乎全是无设计或设计错误,加之砖拱的使用日益减少,本文仅阐述柱、墙破坏引起的局部倒塌。

柱、墙砌体破坏倒塌的原因主要有以下几种:

(1)设计构造方案或计算简图错误。如单层房屋长度虽不大,但一端无横墙,仍按刚性方案计算,必导致倒塌;又如跨度较大的大梁(如大于 14m)搁置在窗间墙上,大梁和梁垫现浇成整体,墙梁连接节点仍按铰接方案设计计算,也可导致倒塌;再如单坡梁支承在砖墙或柱上,构造或计算方案不当,在水平分力作用下倒塌等。

(2)砌体设计强度不足。不少柱、墙倒塌是由于未设计计算而造成,事后验算,其安全强度都达不到设计规范的规定,此外计算错误也时有发生。

(3)乱改设计。如任意削减砌体截面尺寸,导致承载能力不足或高厚比超过规范规定而失稳倒塌;又如改预制梁为现浇梁,梁下的墙由原来的非承重墙变为承重墙而倒塌。

(4)施工期失稳。如灰砂砖含水率过高,砂浆太稀,砌筑中失稳垮塌;又如毛石墙砌筑工艺不当,又无足够的拉结力,砌筑中也易垮塌;一些较高墙的墙顶没有安装构件,形成一端自由,易在大风等水平荷载作用下倒塌。

(5)材料质量差。强度不足或用断砖砌筑以及砂浆实际强度低等原因均可能引起倒塌。

(6)施工工艺错误或施工质量低劣。如现浇梁板拆模过早,荷载传递至砌筑不久的砌体上,因砌体强度不足而倒塌;墙轴线错位后处理不当、砌体变形后用撬棍校直、配筋砌体中漏放钢筋以及冬季采用冻结法施工,解冻期无适当措施等原因,均可导致砌体倒塌。

(7)旧房加层。不经论证就在原有建筑上加层,导致墙柱破坏而倒塌。

二 局部倒塌事故的处理方法与选择

仅因施工错误而造成的局部倒塌事故,一般采用按原设计重建方法处理。但是多数倒塌事故均与设计及施工两方面的原因有关,这类事故均需重新设计并严格按照施工规范的要求重建。

处理局部倒塌事故中应注意以下事况:

(1)排险拆除工作。局部倒塌事故发生后,对那些虽未倒塌但可能坠落垮塌的结构、构件,必须按下述要求进行排险拆除。

①拆除工作必须自上而下进行;

②确定适当的拆除部分并应保证未拆部分结构的安全以及修复部分与原有建筑的连接构造要求;

③拆除承重的墙柱前,必须作结构验算,确保拆除过程中的安全,必要时应设可靠的支撑。

(2)鉴定未倒塌部分。对未倒塌部分必须从设计到施工进行全面检查,必要时还应作检测鉴定,以确定其可否利用,怎样利用,是否需要补强加固等。

(3)确定倒塌原因。重建或修复工程,应在原因明确并采取针对性措施后方可进行,避免处理不彻底,甚至引起意外事故。

(4)选择补强措施。原有建筑部分需要补强,必须从地基基础开始进行验算,防止出现薄弱截面或节点。补强方法要切实可行,并抓紧实施,以免延误处理时机。

(一)拆除重建实例

【例4-13】 乱改设计和施工工艺不当造成倒塌处理实例。

黑龙江省某多层混合结构宿舍用火墙取暖。原设计火墙长为1.75m和2.32m两种。墙顶预制钢筋混凝土过梁,梁两端支承在内纵墙上,搁置长度为240mm。由于施工时普遍将火墙长度加长300mm,导致梁搁置长度减小为90mm左右,同时又将火墙上的预制梁改为现浇,致使原设计的非承重火墙变为承重火墙。此外,工程为冬季施工,却未按施工规范的要求砌筑砂浆,边砌筑边冻结,最终导致解冻时砌体失稳而倒塌。该工程在全部清理事故现场后,重新复建交付使用。

(二)改变方案重建实例

【例4-14】 1)工程事故概况

北京市某教学楼为砖墙承重的5~6层混合结构,钢筋混凝土楼盖和屋盖,其平面布置如图4-25所示。整个建筑在平面上分为7段,图中所示的乙、丁段相同,地面以上为5层,局部有地下室,乙段的平面如图 4-26 所示。

该工程在施工装修阶段时,乙段除楼梯间等 4 小间外突然全部倒塌,与乙段结构完全相同的丁段没有倒塌。

2)倒塌原因

局部倒塌的原因很复杂,住房和城乡建设部邀请专家进行调查分析,但意见有分歧。主要有以下几方面:

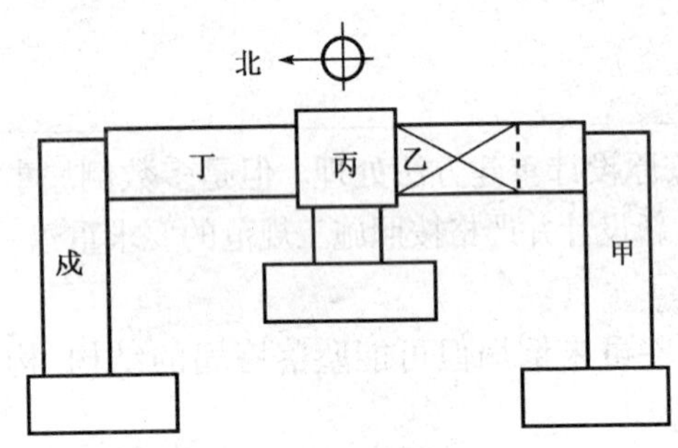

图 4-25 教学楼平面布置

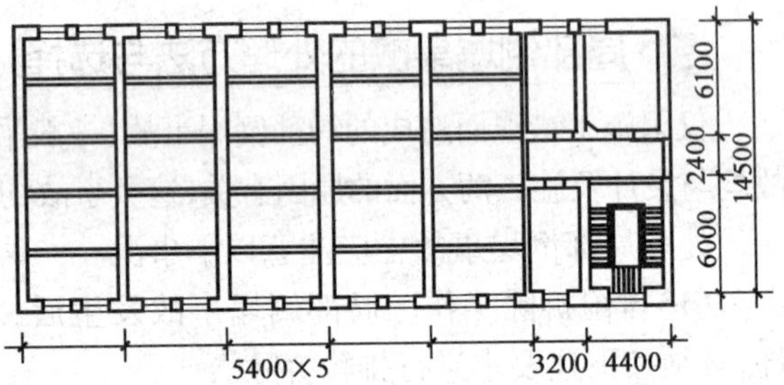

图 4-26 乙段平面图(尺寸单位:mm)

(1)地基不均匀沉陷产生较大的附加应力。倒塌部分是一个跨度较大、27m 长的空旷房屋,在地下局部布置了平面不规整的地下室(见图 4-27)。在有和无地下室的基础交接处沉降差大,导致窗间墙上出现较早且集中的贯通裂缝(见图 4-28),由此导致房屋倒塌。

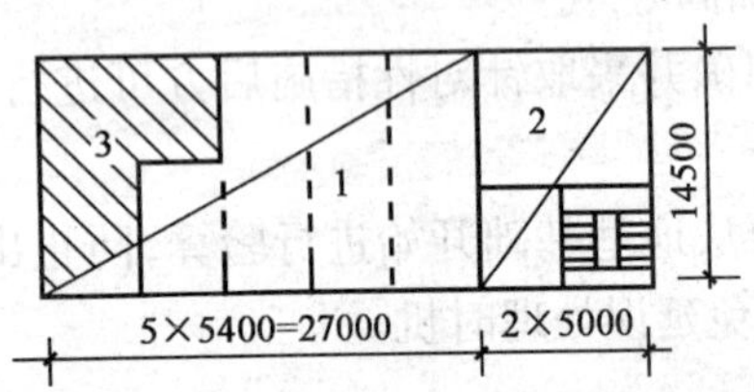

图 4-27 乙段底层以下平面图(尺寸单位:mm)

1-倒塌部分;2-未倒塌部分;3-无地下室部分

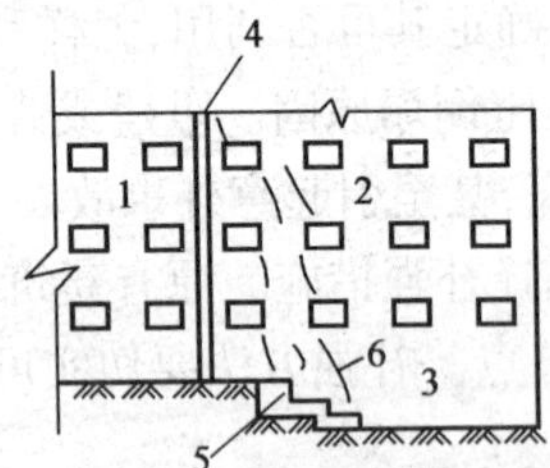

图 4-28 局部东立面图

1-丙段;2-乙段;3-地下室墙;4-沉降缝;5-灰土台阶,6-墙面裂缝

(2)选择结构计算简图不当。原设计大梁与墙连接节点应按铰接考虑,但由于 1200mm × 300mm 的现浇大梁支承在砖墙的全部厚度上,梁垫长为窗间墙宽即 2m,与梁一起现浇,即梁垫高 1.2m,这种连接节点已接近刚接。清华大学曾做试验,测得在这种构造条件下窗间墙上端截面的弯矩,比铰接计算所得的弯矩大 8 倍。用实际产生的弯矩和轴向力验算窗间墙,其承载能力严重不足,这是倒塌的主要原因。

(3)结构材料使用不当。原设计要求底层和二层的砖强度等级为 MU10,因现场砖强度达不到要求,而将乙和丁段梁下窗间墙全改为加钢筋混凝土芯的组合柱,其截面如图 4-29 所示。这种构造方法使较高强度的钢筋混凝土在偏心受压的窗间墙中不能充分发挥作用,而且二层的混凝土芯外砖厚仅为 120mm,混凝土振捣成型时砌体容易变形,必然不能充分捣实,从而造成混凝土质量很差。

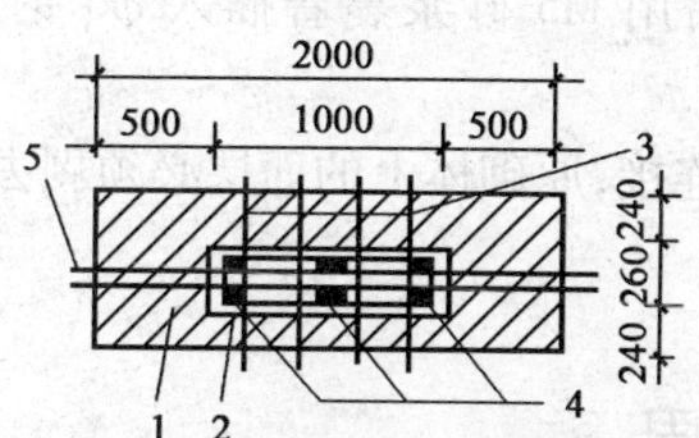

图 4-29　钢筋混凝土芯组合柱示意图(尺寸单位:mm)

1-窗间墙;2-混凝土芯;3-ϕ4 拉筋每 10 皮砖一层;4-6ϕ10;5-ϕ6@300

(4)施工质量差。如窗间墙组砌质量差,脚手架眼堵塞不严,混凝土芯有蜂窝,暖气管道孔洞削弱墙断面面积过多等。

3)事故处理方法

(1)局部倒塌的乙段改变结构方案:用两跨钢筋混凝土框架替代已倒塌部分的砖混结构重新建造。

(2)对存在隐患的丁段进行加固处理:贴着窗间墙增设钢筋混凝土柱,并在每根大梁跨中增设一根钢筋混凝土柱,以减小窗间墙的荷载。

该工程处理后已使用 20 多年无明显异常。

第四节　常用砌体结构加固技术简介

当裂缝是因强度不足而引起的,或已有倒塌先兆时,必须采取加固措施。常用的加固方法有以下几种。

一 扩大砌体截面加固

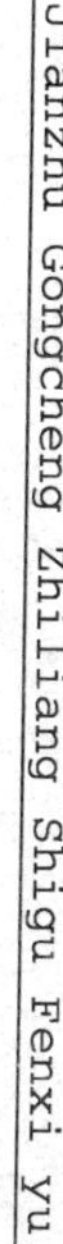

这种方法适用于砌体承载力不足但裂缝尚属轻微、要求扩大面积不是很大的情况,一般的墙体、砖柱均可采用此法。加大截面的砖砌体中砖的强度等级常与原砌体相同,而砂浆应比原砌体中的砂浆等级提高一级,且最低不低于 M2.5。

加固后通常可考虑新旧砌体共同工作,这就要求新旧砌体有良好的结合。为了达到共同工作的目的,常采用以下两种方法:

(1)新旧砌体咬槎结合。如图 4-30a)所示,在旧砌体上每隔 4 ~ 5 皮砖,剔去旧砖成 120mm 深的槽,砌筑扩大砌体时应将新砌体与之仔细连接,新旧砌体成锯齿形咬槎,可保共同工作。

(2)钢筋连接。如图 4-30b)所示,在原有砌体上每隔 5 ~ 6 皮砖在灰缝内打入 ϕ6 钢筋,当然

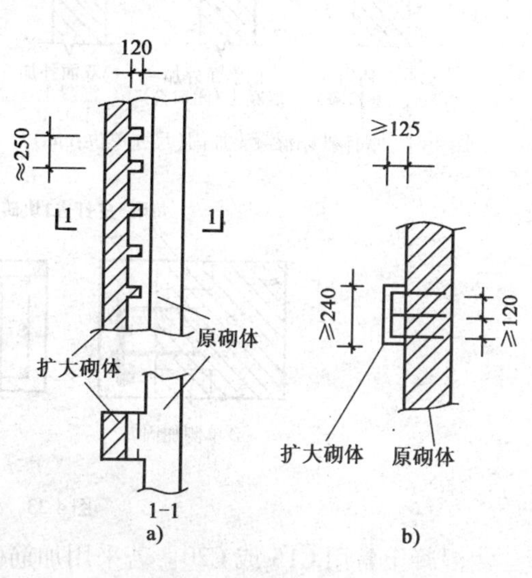

图 4-30　扩大砌体加固(尺寸单位:mm)

也有用冲击钻在砖上打洞,然后用M5砂浆裹着插入$\phi6$钢筋,砌新砌体时,钢筋嵌于灰缝之中。

无论是咬槎连接还是插筋连接,原砌体上的面层必须剥去,凿口后的粉尘必须冲洗干净并湿润后再砌扩大砌体。

 外加钢筋混凝土加固

当砖柱承载力不足时,常可用外加钢筋混凝土加固。

(一)外加钢筋混凝土的形式

外加钢筋混凝土可以是单芯的、双面的和四面包围的。外加钢筋混凝土的竖向受压钢筋可用$\phi8$~$\phi12$,横向钢箍可用$\phi4$~$\phi6$,应有一定数量的闭口钢箍,一般间距300mm左右设一闭合箍筋。如闭合箍筋之间可用开口或闭口箍筋与原砌体连接,则可凿去一块顺砖,使闭口箍通过,然后用细石混凝土填实。具体做法如图4-31~图4-33所示。

图4-31为平直墙体外贴钢筋混凝土加固,图4-31a)、b)均为单面外加混凝土,图4-31c)为每隔5皮砖左右凿掉一块顺砖,使钢筋可封闭。图4-32为壁柱外加贴钢筋混凝土加固,图4-33为钢筋混凝土加固砖柱。

为了使混凝土与砖柱更好地结合,每隔300mm(约5皮砖)打去一块砖,使后浇混凝土嵌入砖砌体内。外包层较薄时也可用砂浆。四面外包层内应设置$\phi4$~$\phi6$的封闭箍筋,间距不宜超过150mm。

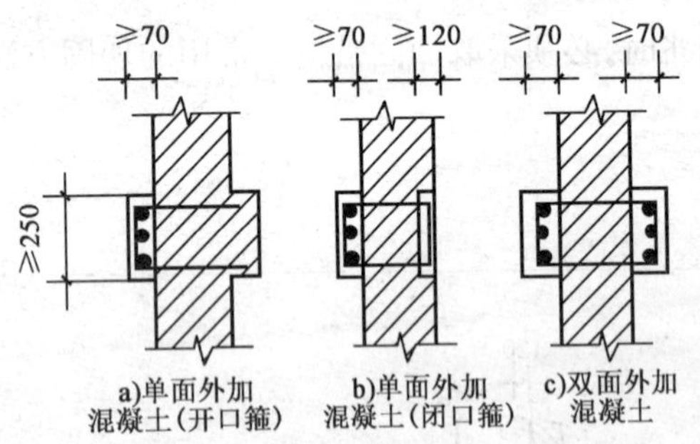

图4-31 墙体外贴混凝土加固(尺寸单位:mm)

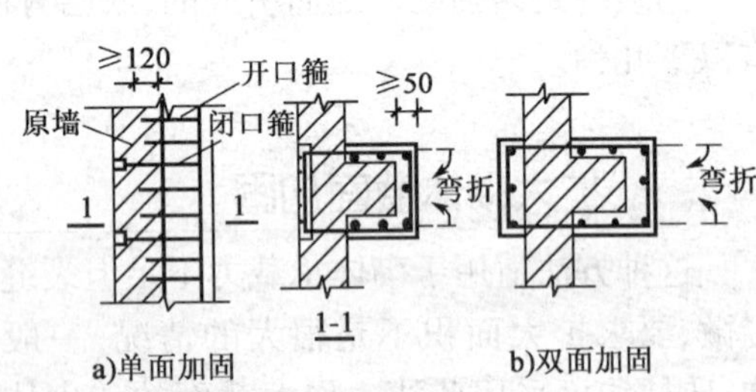

图4-32 用钢筋混凝土加固砖壁柱(尺寸单位:mm)

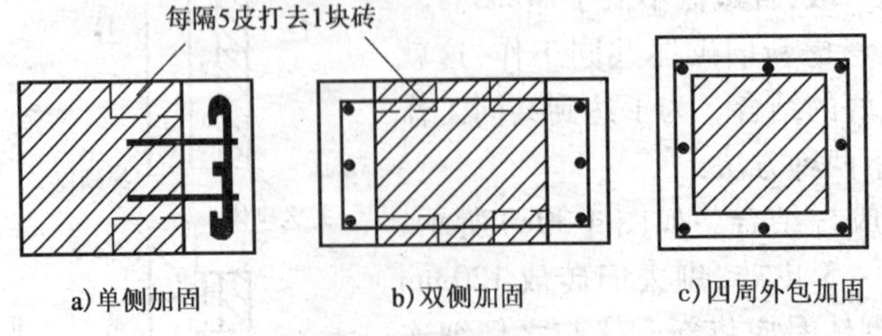

图4-33 外包混凝土加固砖柱

混凝土常用C15或C20。若采用加筋砂浆层,则砂浆的强度等级不宜低于M7.5;若砌体为单向偏心受压构件时,可仅在受拉一侧加上钢筋混凝土。当砌体受力接近中心受压或双向

均可能偏心受压时,可在两面或四面贴上钢筋混凝土。

(二)加固墙体的承载力计算

经混凝土加固后的砌体已成为组合砌体,可按砌体结构设计规范中的组合砌体计算。但应考虑新浇混凝土与原砌体所受应力起点不同,即混凝土存在着应力滞后,因此在计算加固后组合砌体的承载力时,应考虑混凝土部分的强度折减。另外,对于原砌体结构,一般可不折减,但若已经出现破损,其承载力会有所下降,也可视破损程度不同而乘一个 0.7 ~ 0.9 的降低系数。

三 外包钢加固

外包钢加固具有快捷、高强的优点。用外包钢加固施工方便,且不要养护期,可立即发挥作用。外包钢加固可在基本上不增大砌体尺寸的条件下,较多地提高结构的承载力。用外包钢加固砌体,还可大幅度地提高其延性,在本质上改变砌体结构脆性破坏的特性。

外包钢常用来加固砖柱和窗间墙。具体做法是首先用水泥砂浆把角钢粘贴于被加固砌体的四角,并用卡具临时夹紧固定,然后焊上缀板而形成整体。随后去掉卡具,外面粉刷水泥砂浆,既可平整表面,又可防止角钢生锈,如图 4-34a)所示。对于宽度较大的窗间墙,如墙的高宽比大于 2.5 时,宜在中间增加一缀板,并用穿墙螺栓拉结,如图 4-34b)所示。外包角钢不宜小于∟50×5,缀板可用 35mm×5mm 或 60mm×12mm 的钢板。注意,加固角钢下端应可靠地锚入基础,上端应有良好的锚固措施,以保证角钢有效地发挥作用。

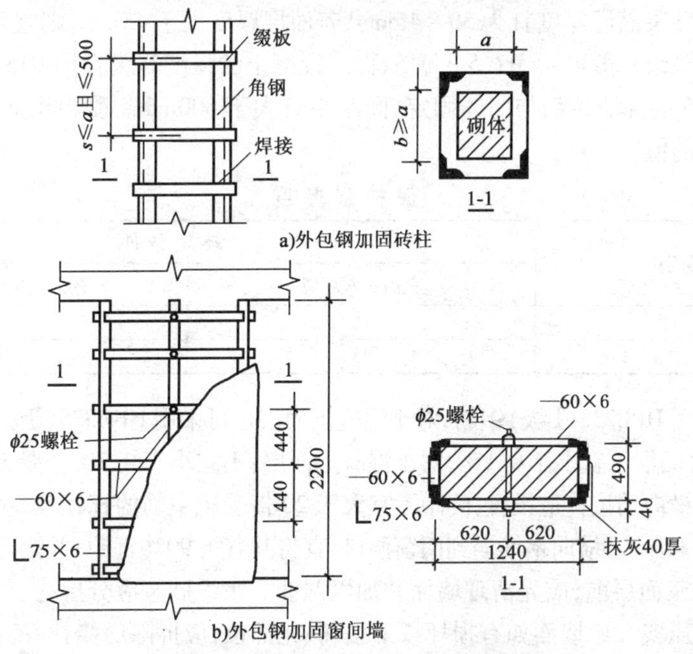

图 4-34 外包钢加固砌体结构(尺寸单位:mm)

经外包钢加固后,砌体变为组合砖砌体,由于缀板和角钢对砖柱的横向变形起到了一定的约束作用,使砖柱的抗压强度有所提高。

四 钢筋网水泥砂浆层加固

钢筋水泥砂浆加固是在墙体表面去掉粉刷层后，附设由 $\phi4 \sim \phi8$ 组成的钢筋网片，然后喷射砂浆（或细石混凝土）或分层抹上密缀的砂浆层。用这种方法使墙体形成组合墙体，俗称夹板墙。夹板墙可大大提高砌体的承载力及延性。

钢筋网水泥砂浆加固的具体做法如图 4-35 所示。

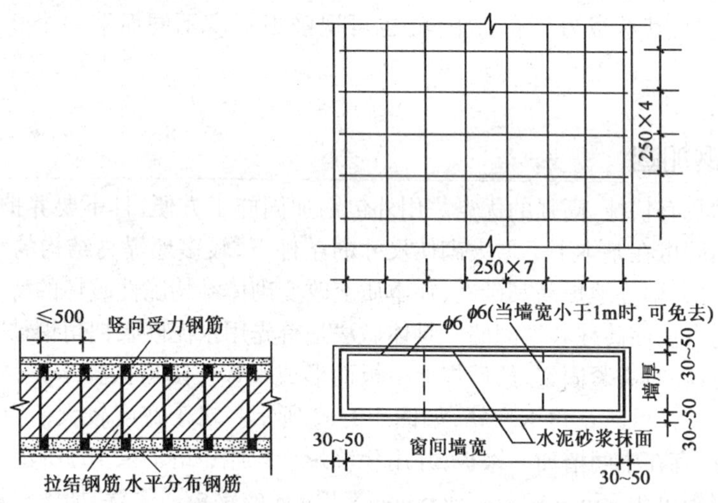

图 4-35 钢筋网砂浆加固砌体（尺寸单位：mm）

钢筋网水泥砂浆面层厚度宜为 30 ~ 45mm，若面层厚度大于 45mm，则宜采用细石混凝土。面层砂浆的强度等级一般可用 M7.5 ~ M15，面层混凝土的强度等级宜用 C15 或 C20。面层钢筋网需用 $\phi4 \sim \phi6$ 的穿墙拉筋与墙体固定，间距不宜大于 500mm。受力钢筋的保护层厚度不宜小于表 4-6 中的值。

保护层厚度　　表 4-6

构件类别	环境条件	
	室内正常环境	露天或室内潮湿环境
墙	15	25
柱	25	35

受力钢筋宜用 HPB235（Ⅰ级）钢筋，对于混凝土面层也可采用 HRB335（Ⅱ级）钢筋。受压钢筋的配筋率，对砂浆面层不宜小于 0.1%；对于混凝土面层，不宜小于 0.2%。受力钢筋直径可用不小于 $\phi8$ 的钢筋，横向筋按构造设置，间距不宜大于 20 倍受压主筋的直径及 500mm，但也不宜过密，应大于等于 120mm。横向钢筋遇到门窗洞口，宜将其弯折 90°（直钩）并锚入墙体内。

喷抹水泥砂浆面层前，应先清理墙面并加以湿润。水泥砂浆应分层抹，每层厚度不宜大于 15mm，以便压密压实。原墙面如有损坏或酥松、碱化部位，应拆除后修补好。

钢筋网砂浆面层适宜于加固大面积墙面。但不宜用于下列情况：

（1）孔径大于 15mm 的空心砖墙及 240mm 厚的空斗砖墙；

（2）砌筑砂浆强度等级小于 M0.4 的墙体；

(3)墙体严重酥松或油污、碱化层不易清除,难以保证面层的黏结质量。

钢筋网面层加固后的砌体也是组合砌体。

五 增加圈梁、拉杆

(一)增设圈梁

若墙体开裂比较严重,为了增加房屋的整体刚性,可以在房屋墙体一侧或两侧增设钢筋混凝土圈梁,也可采用型钢圈梁。钢筋混凝土圈梁的混凝土强度等级一般为 C15 ~ C20,截面尺寸至少为 120mm × 180mm。圈梁配筋可采用 4ϕ10 ~ 4ϕ14,箍筋可用 ϕ5 ~ ϕ6@ 200 ~ 250mm。为了使圈梁与墙体很好结合,可用螺栓、插筋锚入墙体,每隔 1.5 ~ 2.5m 可在墙体凿通一洞口(宽 120mm),在浇注圈梁时同时填入混凝土使圈梁咬合于墙体上。具体做法如图 4-36 所示。

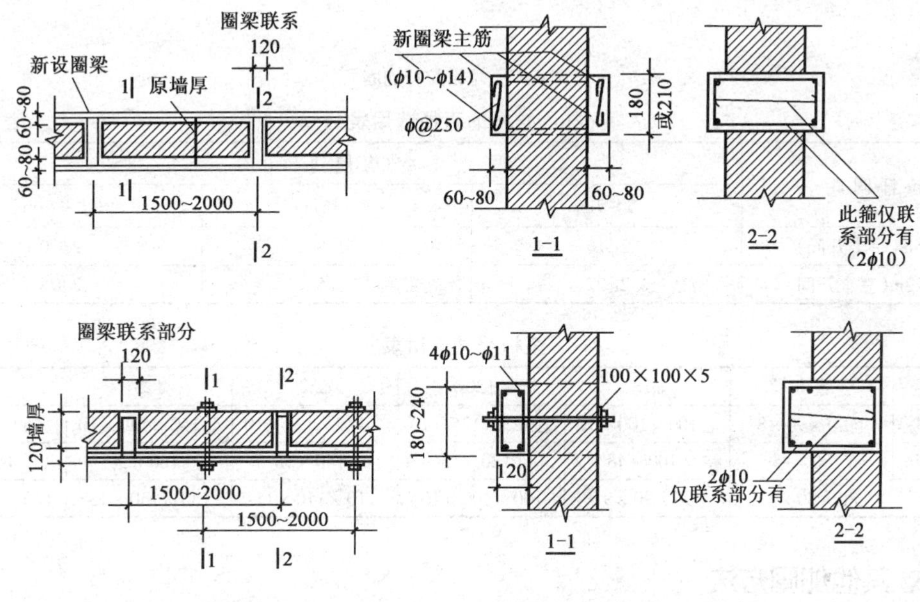

图 4-36 加固砌体的圈梁(尺寸单位:mm)

(二)增设拉杆

墙体因受水平推力、基础不均匀沉降或温度变化引起的伸缩等原因而产生外鼓,或者因内外墙咬槎不良而裂开,可以增设拉杆,如图 4-37 所示。拉杆可采用圆钢或型钢。

如采用钢筋拉杆,宜通长拉结,并可沿墙的两边设置。对较长的拉杆,中间应设花篮螺丝,以便拧紧拉杆。拉杆接长时可用焊接。露在墙外的拉杆或垫板螺母,应作防锈处理,为了美观,也可适当作相应建筑处理。

增设拉杆的同时也可同时增设圈梁,以增强加固效果,并且可将拉杆的外部锚头埋入圈梁中。

加固砖墙的拉杆直径可按表 4-7 选用。选定了拉杆直径,可按表 4-8 选用垫板尺寸。

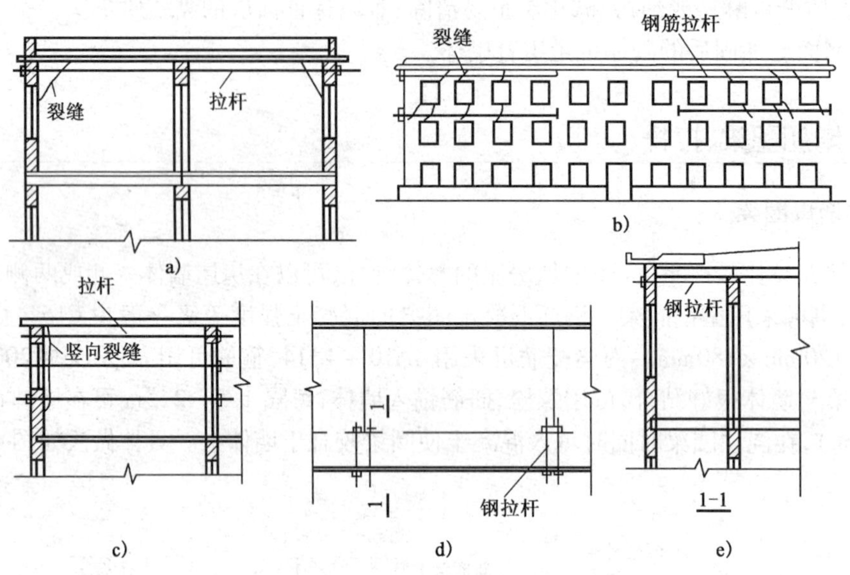

图 4-37　增设拉杆加固

加固拉杆的直径选用表　　表 4-7

拉 杆 间 距	房屋进深		
	5 ~ 7m	8 ~ 10m	11 ~ 14m
4 ~ 5m(一个开间)	2ϕ16	2ϕ18	2ϕ20
10 ~ 12m(三个开间)	2ϕ22	2ϕ25	2ϕ28

垫板尺寸选用表　　表 4-8

直　径	ϕ16	ϕ18	ϕ20	ϕ22	ϕ25	ϕ28
角钢垫板	∟90 × 90 × 8	∟100 × 100 × 10	∟125 × 125 × 10	∟125 × 125 × 10	∟140 × 140 × 10	∟160 × 160 × 14
槽钢垫板	[100 × 48	[100 × 48	[120 × 53	[140 × 58	[160 × 58	[160 × 58
方形垫板	80 × 80 × 8	90 × 90 × 9	100 × 100 × 10	110 × 110 × 11	130 × 130 × 13	140 × 140 × 14

六　其他加固方法

因砌体破损的情况千差万别，加固砌体也应视具体情况不同而采用不同的方法。除了上述几种主要的加固方法以外，还有不少其他方法。

如门窗上的过梁若为砌体过梁，因某种原因产生了裂缝，这时可改为加筋砌体过梁或增设钢筋混凝土过梁，如图 4-38 所示。

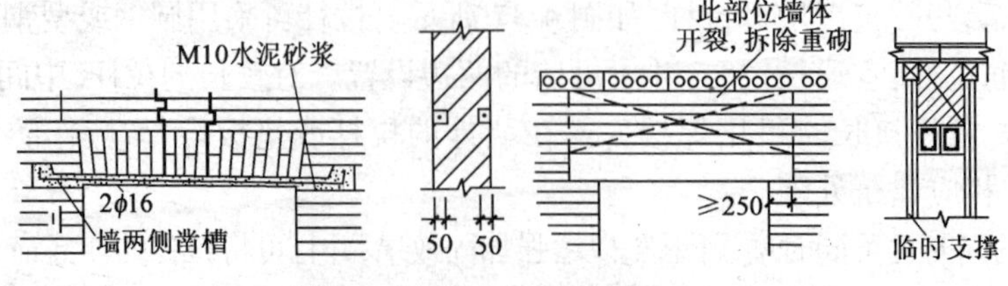

图 4-38　过梁加固(尺寸单位:mm)

又如,若大梁下的砌体产生裂缝是由于局部承压不足引起的,则可托梁加垫,如图 4-39 所示。

当某墙体局部破损严重,难以加固时,可拆除部分墙体,改用混凝土柱,如图 4-40 所示。

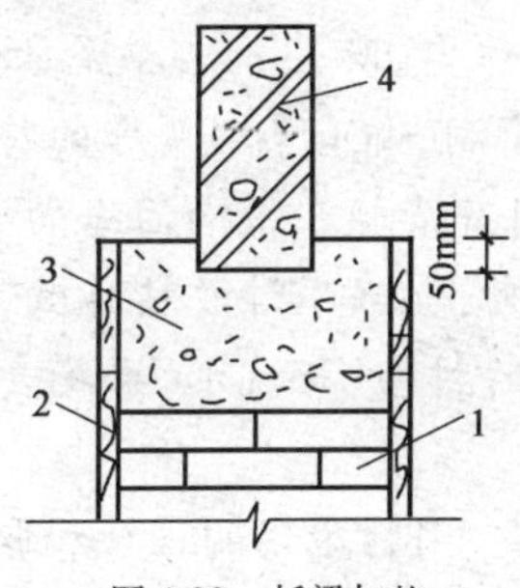

图 4-39 托梁加垫

1-砖柱;2-模板;3-现浇梁垫;4-钢筋混凝土梁

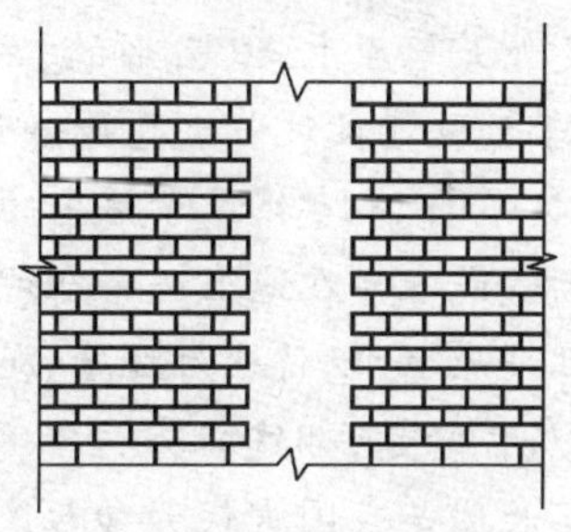

图 4-40 拆墙加柱加固

不论采用何种加固方法,当拆除某部分墙体(包括开洞口)时,应采取临时加固措施,以避免在加固过程中产生破坏。

本章小结

砌体结构造价低廉,应用广泛,特别是许多住宅、办公楼、学校、医院等民用建筑大多采用砖、石或砌块墙体和钢筋混凝土楼盖组成的混合结构体系。近年来发生砌体结构的事故比重较大,必须引起我们足够的重视。本章主要介绍了砌体裂缝的性质鉴别、分析与处理,特别介绍了应用越来越广的混凝土小型空心砌块和加气混凝土砌块质量事故的分析与处理,还介绍了砌体结构其他工程质量事故原因分析和常用砌体结构加固技术的选择与使用等基本知识。

小知识

万里长城与低造价建筑物

始建于秦代(公元前 221 ~ 公元前 206 年)的万里长城,东从山海关起,西到嘉峪关止,以其磅礴的气势飞越崇山峻岭,是人类有史以来建造的最宏伟的建筑物之一。"不到长城非好汉",两千多年后的今天,万里长城仍为世人所敬仰,以其雄姿吸引着中外游客。

万里长城,是我国古代劳动人民的杰作,也是建筑史上的一块丰碑。为了抵御外来侵略,万里长城的建造耗费了大量的人力和物力。但从当时的生产和技术发展水平而言,其结构设计合理,施工方法简捷,材料选择因地制宜,堪称建筑学上的典范。

居庸关、八达岭一段长城,采用砖石结构。墙身用条石砌成,中间填碎石黄土,顶部用二四层砖铺砌,砖缝以石灰胶凝。平原黄土地区,因缺乏石料,采用泥土夯筑长城,施工时将泥土夯打结实,并以锥刺土检查是否合格。在西北玉门关一带,既无石料又无黄土,就采用当地所产的芦苇或柳条与沙石间隔铺筑,共铺上 20 层。三段不同结构、不同施工、不同材质的长城,共同担当起大型防御工事的重担,在当时的条件下所发挥的作用是等效的。

然而，无论何时，设计简单、施工方便、就地取材的“低造价建筑物”总是受欢迎的，甚至对富有的国家也是必不可少的。我国幅员辽阔、人口众多，解决居住问题的方式也有很多特色。内蒙古大草原上，以圆形的、毛毡制作的“蒙古包”为住宅，既能抵御草原上的风暴雨雪，又便于放牧迁徙。黄土高原一带沿山直接开挖修建的窑洞，却有冬暖夏凉的特色。云南一带，湿热多雨，架空搭建于林中的竹楼，既通风干燥，又别有情趣。东南沿海的小岛上，以大条石砌筑成一半在地上一半在地下的居室，即使台风袭来，也只不过吱吱作响，而并不动摇。成都平原上，以竹林为院墙、泥土糊墙壁、麦秆为屋顶的村舍，与流水、菜花麦浪相映生辉，而且居住舒适，翻建容易。

万里长城是我国古代劳动人民智慧的结晶，它因地制宜、因材施用的设计和取材在建筑学上的价值也是永恒的。目前，国内外都有专门研究“低造价建筑物”的组织，而且经常举行国际性的交流。虽然人类对高档、豪华、多功能、多风格的建筑物的追求是永无止境的，但无论何时何地，对于贫困者、战后难民、灾民而言，却总是渴求建筑业能迅速提供大量结构简单、施工方便、材料易得的建筑物。因而造价低廉的建筑物，对前者是锦上添花，对后者则是雪中送炭。

练　习　题

4-1　试述不均匀沉降的特点，并用图示之。

4-2　某办公楼，原设计为 4 层，后因需要增加了两层。增层投入应用后，底层内横墙发现多条贯穿 4 皮砖的竖向裂缝，试鉴定原墙承载力，并进行加固。

设计资料：原墙厚 240nm，间距 4m，房间进深 6m，层高 3m，楼板为 120mm 厚，现浇钢筋混凝土板。经计算内横墙墙体所受的压力为 258kN/m^2，墙体采用 MU7.5 砖和 M0.4 石灰砂浆砌筑。

4-3　试对上题采用钢筋网水泥砂浆面层加固。

4-4　当采用外包混凝土加固砖柱时，如何保证混凝土有效地参与工作？

4-5　试分析筒箍加固砌体受压构件的加固机理。

本章实训课时：4 课时。

第五章 钢筋混凝土结构工程质量事故与处理

【职业能力目标】

培养学生掌握分析、预防、处理钢筋混凝土工程质量事故的知识，初步具备按国家现有政策法规，处理简单的钢筋混凝土工程质量事故的能力。

【学习要求】

(1)掌握混凝土工程、钢筋工程、模板工程、装配工程、局部倒塌事故的一般规律和常见的处理方法；

(2)清楚钢筋混凝土事故引发的巨大损失和严重后果；

(3)了解常用的钢筋混凝土结构的加固方法。

第一节 概 述

在我国发生的建筑工程的质量事故中，钢筋混凝土结构占了主要部分。据有关资料显示，1958 ~ 1987 年间发生过的建筑工程倒塌事故中，钢筋混凝土结构发生倒塌事故的比例为 35.7%。近年来，钢筋混凝土结构倒塌事事故已不多见，但根据对住房和城乡建设部通报的从 2003 ~ 2006 年上半年中发生的三级以上事故的不完全统计，钢筋混凝土事故约占 40%，这一比例仍是惊人的。

钢筋混凝土工程质量事故可以分为混凝土工程质量事故、钢筋工程质量事故、模板工程质量事故、装配工程质量事故、局部倒塌质量事故等。

本章按事故种类分别编写处理方法的选择及实例。由于多种事故都可能采用补强加固方法处理，为节省篇幅，有关补强加固技术在各类事故处理中不具体阐述，全部集中在最后一节详述。

第二节 混凝土工程质量事故

常见的混凝土工程质量事故有混凝土裂缝，混凝土强度不足，混凝土缺陷，构件错位、变形等几类。

一 混凝土事故的原因分析

造成混凝土工程质量事故的原因有原材料问题、混凝土配合比问题、施工工艺问题、施工管理问题、使用不当等。

【例5-1】 某高层住宅楼于1998年10月15日开工建设,地下室框架柱、剪力墙的混凝土设计强度为C40,浇筑后发现地下室框架柱、剪力墙留置的7组试件中有5组仅达到设计强度的71%~82%,混凝土评定为不合格,对地下室结构随机抽取了53个构件进行检测,发现混凝土构件强度平均为32.69MPa,最小仅为8MPa。经认真分析调查,认为可能出于如下原因:

(1)混凝土生产用水泥质量不合格;

(2)误用了低强度混凝土;

(3)混凝土配合比不严格;

(4)外加剂使用不当;

(5)计量不准确。

二 混凝土裂缝产生的原因、性质鉴别及处理方法

混凝土裂缝是一个很普遍的现象,研究结果与大量工程实践都说明混凝土结构的裂缝是不可避免的,对于普通钢筋混凝土受弯构件,在荷载达到30%~40%的设计荷载时,就可能开裂。因此,在钢筋混凝土设计计算理论中,除对裂缝有严格要求的构件外,一般构件,如受弯构件,是允许带裂缝工作的。事实上常见的一些裂缝,如温度收缩裂缝、混凝土受拉区宽度不大的裂缝等,一般都不危及建筑结构安全。因此,混凝土裂缝并非都是事故,也并非均需处理。但过宽的裂缝对结构有较大危害,所以,过宽的裂缝要进行处理。

对于裂缝事故处理必须从形成裂缝的原因、性质、危害的分析与鉴别着手。分清裂缝是否需要处理的界限,正确掌握处理原则,合理选择处理的方法和时间,这些都是处理混凝土裂缝事故的关键。

(一)裂缝原因

引起裂缝(见图5-1)的原因很多,可归结成两大类。

第一类,由外荷载引起的裂缝,也称为结构性裂缝或受力裂缝,其裂缝与荷载相应,预示结构承载力可能不足或存在严重问题。

第二类,由变形引起的裂缝,也称非结构性裂缝,如温度变化、混凝土收缩、地基不均匀沉降等因素引起的裂缝。

两类裂缝有明显的区别,危害效果也不相同,有时两类裂缝融在一起。根据调查资料,两类裂缝中,变形引起的或以变形为主引起的裂缝占主导,约占结构物总裂缝的80%,属于荷载引起的或以荷载为主引起的裂缝约占20%。

1.非结构裂缝产生的原因

1)塑性裂缝

混凝土浇筑好后开始逐渐凝聚,由流体逐渐变为塑态,然后硬化变为固态。在塑态阶段产

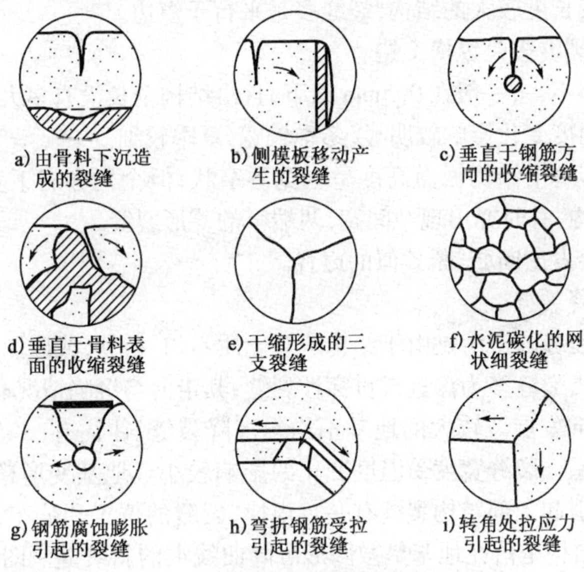

图 5-1　部分混凝土裂缝

生的裂缝通称为塑性裂缝，它是各类现浇钢筋混凝土结构中经常发现的一种早期裂缝。其产生主要有以下两种原因：

(1)混凝土骨料沉落裂缝。混凝土浇筑时，在振动器和重力作用下，水泥浆上升，骨料开始下沉，骨料沉落过程因受钢筋、预埋件及模板表面的阻力，或两部件沉落不同而产生的一种裂缝。这种裂缝大多出现在混凝土浇筑后 0.5 ~ 3h 之内，并沿着梁上面或楼板上面钢筋位置出现，裂缝深度通常达到钢筋表面，或在侧模板移动上表面，或在结构的变截面处、梁板交接处、梁柱交接处及板肋交接处的表面，深度一般不超过 20 ~ 25mm。

(2)塑性收缩裂缝。混凝土仍处于塑性状态时，由于混凝土表面水分蒸发过快而产生的裂缝。这类裂缝均在表面出现，形状不规则，多在横向，长短不一，约在 50 ~ 750mm 之间，间距约在 50 ~ 90mm 之间，又称为龟裂，类似干燥的泥浆面裂缝。

2)收缩裂缝

混凝土凝固过程中，多余水分蒸发，体积缩小，称为干缩。同时，水泥和水起水化作用逐渐硬化，形成的水泥骨料不断紧密而使混凝土体积缩小，称为凝缩(也称自收缩)。干缩和凝缩总称为收缩，并以干缩为主。收缩裂缝发生在混凝土面层上，裂缝浅而细，宽度多在 0.05 ~ 0.2mm之间。对于梁、板类构件，多沿短方向，均匀分布于相邻的两根钢筋之间并与钢筋平行。大体积混凝土在平面部位较为多见，侧面也常出现，预制构件多发生在箍筋位置上。对于高度较大的钢筋混凝土梁，由于腰筋放得过稀，在腰部产生竖向裂缝，且多集中在构件中部，中间宽两头细，至梁的上缘及下缘附近逐渐消失，梁底一般没有裂缝。

3)温度裂缝

钢筋混凝土结构随温度变化产生的变形在受到约束时，会在混凝土内部产生应力，当应力超过混凝土的抗拉强度，混凝土即会出现裂缝，此裂缝称为温度裂缝。混凝土温度裂缝有以下特点：

(1)裂缝发生在板上时，多为贯穿裂缝；发生在梁上时，多为表面裂缝。

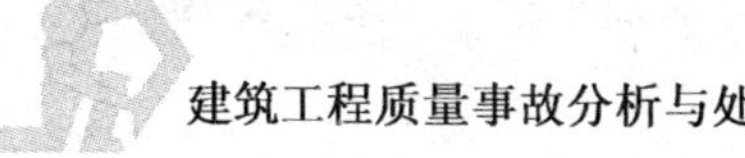

(2)梁板式结构或长度较大的结构,裂缝多是平行于短边。

(3)大面积结构,裂缝多是纵横交错。

(4)裂缝宽度大小不一,一般在0.5mm以下,且沿结构全长没有多大变化。

(5)裂缝宽度受温度变化影响较明显,冬季较宽,夏季较细。

(6)大多数温度裂缝沿结构截面高度呈上宽下窄状,但个别亦有下宽上窄情况。遇上下边缘区配筋较多的结构,有时亦出现中间宽、两端窄的菱形裂缝。

(7)裂缝发生前会发出断弦、断索似的声音。

4)地基不均匀沉降裂缝

地基不均匀沉降裂缝的产生是由于结构地基土质不匀、松软,或回填土不实或浸水而造成不均匀沉降所致。此类裂缝多为深进或贯穿性裂缝,其走向与沉陷情况有关,一般沿与地面垂直或呈30°~45°角方向发展。较大的地基不均匀沉降裂缝,往往有一定的错位,裂缝宽度往往与沉降量成正比关系。裂缝宽度受温度变化的影响较小。地基变形稳定之后,裂缝也基本趋于稳定。地基沉降引起上部结构裂缝有一定规律,裂缝的位置和分布情况与沉降曲线密切相关。图5-2为混合结构坐落在地基呈微凹形沉降曲线上的斜裂缝。图5-3为某框架结构边柱坐落在局部坏土上,引起各柱沉降差而出现的框架梁柱裂缝。

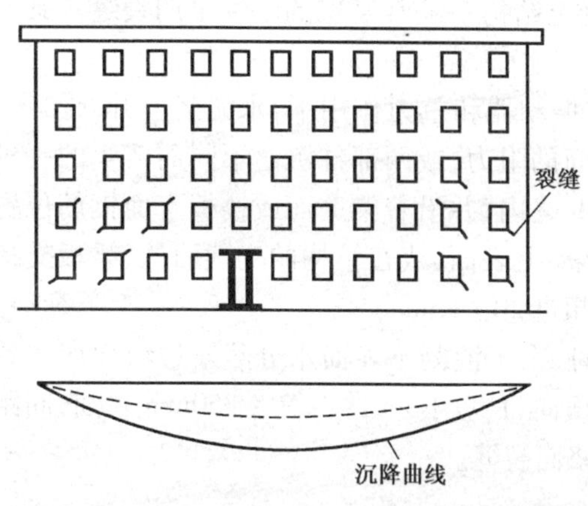

图5-2 某混合结构沉降裂缝

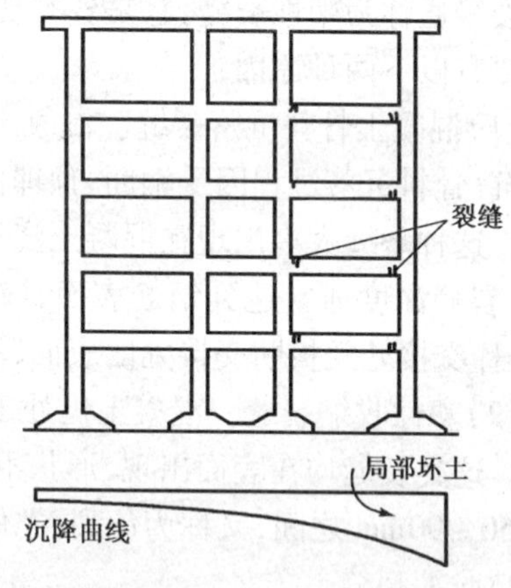

图5-3 某框架结构沉降裂缝

5)施工缝处理不当引起的裂缝

浇筑钢筋混凝土结构时,由于条件限制,不能连续浇筑,在新旧混凝土间形成一条接缝,称为施工缝。施工缝位置不当或对施工缝的处理不当,往往在收缩或受力变形后呈现裂缝,如图5-4所示。

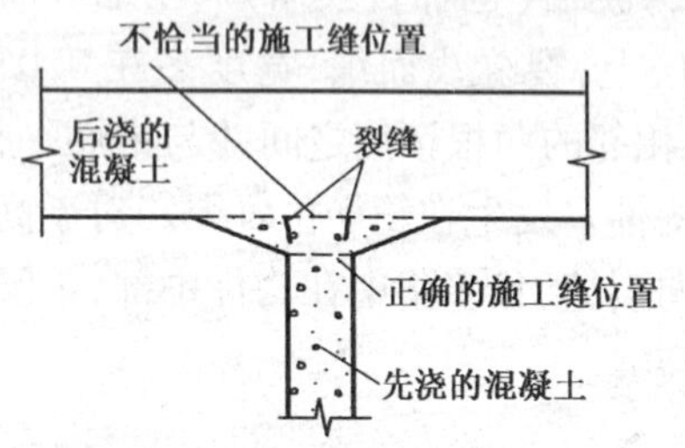

图5-4 施工缝位置不恰当引起的裂缝

2. 结构性裂缝产生的原因

结构性裂缝是由荷载引起的,其裂缝与荷载相对应,是承载力不足的结果,其裂缝形式有多种多样,主要原因如下:

1)设计原因为主的裂缝

(1)钢筋锚固长度不够产生的裂缝。受拉钢筋必须有足够的锚固长度,否则会产生钢筋滑移裂缝，钢筋得不到充分利用。

(2)计算简图与实际受力不符引起的开裂。要进行房屋结构设计，首先要根据结构的实际受力状态进行抽象和简化，得出计算简图，然后才能进行计算。选定结构和计算简图时，一方面要反映结构的工作情况，从实际出发，分清主次，得出合理的计算简图。另一方面，在选定计算简图后，还应采取适当的构造措施，使所设计的结构体现出计算简图的要求。若计算简图选取不当，就会引起结构事故。

(3)计算错误、构造不当引起的变形开裂。随意简化计算，造成误差太大；或由于粗心大意漏算荷载；或由于新型材料、新型结构没有现成计算方法而套用其他差别很大的计算方法；或遇振动、稳定等问题，力学分析过于复杂，又没有实验数据而进行设计等酿成工程质量事故。

在钢筋混凝土构件配筋计算中，有许多细节问题不是通过计算确定，而是在构造要求中来体现。但是，由于一些人员对构造要求不熟悉或不重视，因而引起质量事故和裂缝。

(4)构件刚度不足引起开裂。钢筋混凝土构件的变形与裂缝有着一定关系，过大的结构变形，可产生过大的裂缝，过大的裂缝又可扩大结构的变形。设计时应满足构件的刚度要求。

(5)结构次应力引起的裂缝。进行建筑结构设计时，房屋的实际工作状态与计算模型有一定的出入，在设计时没有进一步考虑其影响，即只考虑结构的主要应力而不计算次要应力，因而导致结构产生裂缝。

(6)设计未考虑施工方法引起开裂。设计计算时应考虑施工时结构的受力情况，否则施工过程中结构可能产生损坏。

【例 5-2】 某住宅采用现浇钢筋混凝土剪力墙结构，工程主体 26 层和地下室 2 层，总建筑面积为 36500m^2，平面尺寸为 15600mm × 59400mm，为一类建筑工程。主体结构验收时发现现浇楼板多处有贯通裂缝；楼层四角 45°角斜向裂缝，裂缝上大下小；板跨中、支座处沿楼板纵横裂缝。经统计发现裂缝楼板有 129 块，贯通裂缝有 80 条，裂缝长度为 50 ~ 160cm，裂缝宽度为 0.18 ~ 0.41mm。其中宽度为 0.18 ~ 0.30mm 的裂缝有 68 条，大于 0.3mm 的裂缝有 12 条。经验算，产生裂缝的原因是由于在设计时忽略模板支架拆除时楼板承载力的验算，楼板承载力不足以承担上层楼板通过模板支撑传递下来的荷载，从而产生裂缝。

(7)预制构件连接开裂。预制构件的裂缝多出现在构件连接处，主要是由于切口、托座的配筋构造不当，构件间支承不当以及温度收缩开裂等。

(8)后张法张拉预应力开裂。后张预应力结构是在混凝土浇筑养护后再张拉预应力筋，此时结构应能承受张拉预应力所产生的力。如果不进行仔细的考虑和验算，可能会发生事故。

2)施工原因为主的裂缝

(1)钢筋配置位置不当引起的裂缝。在钢筋混凝土结构中，钢筋配置位置是否正确，直接关系到结构的强度、刚度和裂缝的宽度。钢筋位置不正确时，不但使构件的承载能力降低，变形增加，而且会大大增加裂缝的宽度，严重的还会使梁、板有折断的危险。

(2)模板不善引起的裂缝。如模板过干、混凝土初凝受振、模板标高调整引起的裂缝，模板下陷引起的裂缝，支模方法不对引起的裂缝以及模板尺寸错误、支模不牢、模板歪斜、滑模工艺不当引起的裂缝等。

(3)原材料问题引起的裂缝。如水泥安定性不合格、水泥养护不当、砂石级配太差、砂石含泥量大、使用了反应性骨料、不适当地掺入了氯盐等，都可能引起结构裂缝。

(4)施工超载引起的裂缝。施工期间在楼层上堆放材料、机具等,有时超过设计允许范围,尤其施工尚未完毕,混凝土强度偏低,各构件间连接尚未完全形成,一旦超载,轻者使建好的构件出现裂缝,重者可能倒塌。

(5)施工质量粗糙低劣引起的裂缝。如混凝土配合比不良、浇筑顺序不当、浇筑方法不当、浇筑速度过快、保护层太厚或太薄、早期受冻、早期受振、过早加载、养护差、构件吊装工艺不当等,都会引起结构的裂缝甚至造成建筑的倒塌事故。

(6)预应力构件的裂缝。主要有肋刚度差引起的裂缝、蒸养时产生的裂缝、先张法放张钢筋时产生的裂缝、运输时措施不当引起的裂缝、堆垛不当引起的裂缝、预应力锚具不合格引起的裂缝、施加预应力过早引起的裂缝等。

(7)施工顺序不当引起的裂缝。施工单位往往根据设计图纸只考虑施工方便而确定施工顺序,理解不透设计意图,施工过程改变原结构受力,引起结构裂缝。

3.使用原因为主的裂缝

主要由改变使用条件引起,如将原设计不上人的屋面改作跳舞场;将住宅悬挑阳台改作密置大型盆花的花房,或改为厨房;将居室改作会客厅;将承重砖墙拆除,原圈梁变为承重梁等;在建筑结构上任意开洞、凿孔,任意加层;安装了原设计未考虑的额外设备,用动力荷载较大的设备代替原设计的设备;对粉尘较大的车间,使用中未及时清扫屋面积灰,而使结构构件出现裂缝和过大变形;年久失修等。

4.其他原因引起的裂缝

如高温、火灾事故、钢筋腐蚀、地震作用引起的裂缝等。

需要注意的是,上述原因可以相互叠加。如设计荷载、温度差、混凝土收缩、地基不均匀沉降、施工质量遗留的隐患等原因都可能叠加,由此形成的裂缝往往较严重。

(二)裂缝鉴别

裂缝鉴别主要从以下几方面入手。

1.查明裂缝的基本情况与特征

主要查明以下几个方面的内容:

1)裂缝现状调查

包括调查开裂的部位、走向、裂缝方向与形状、宽度、长度、深度,是否贯通,裂缝中有无渗水、析盐、污垢以及钢筋是否锈蚀等情况。其中,开裂部位及裂缝的走向是分析开裂原因的重要依据,裂缝的宽度及宽度的变化情况是判断裂缝对混凝土结构物影响程度、确定是否需要补强加固的重要参数。

2)裂缝发展情况调查

包括开裂时间的调查和裂缝发展变化的情况调查。开裂时间是判断开裂原因的重要依据,因此要准确查清楚。应注意发现裂缝的时间不一定就是开裂时间。裂缝发展变化是指裂缝长度、宽度、深度和数量等方面的变化,并注意这些变化与温度、湿度的关系。

3)裂缝所处环境调查

要调查裂缝附近混凝土表面的干湿状态、污垢、剥离、剥落情况。混凝土表面的干湿状态不仅与干缩或反应性骨料等产生的裂缝有关,与选择修补或加固方法也有一定关系。

4)是否影响使用的调查

5)设计资料的调查

核查计算方法、计算简图、荷载计算、计算结果是否正确,对于所用的建筑材料及特殊事项也应注意。

6)施工情况调查

由于在混凝土的开裂原因中,大部分与材料及施工因素有关,因此,这项调查必须认真、全面、仔细。

7)建筑物的使用及环境状态调查

主要调查建筑物在投入使用后是否超载使用,工作环境的温度和湿度情况是否与设计条件相吻合。此外,对于投入使用后是否有外部氯化物浸透的情况也应进行调查。

2. 常见裂缝的鉴别要点

混凝土开裂原因很多,在工程实践中最常见的几种裂缝是温度、收缩等裂缝。而且,由于结构受力、温度收缩和地基变形所引起的裂缝危害及处理方法差异甚大,所以,下面重点阐述这几类裂缝的鉴别要点。

1)裂缝位置与分布特征

(1)温度裂缝。平屋顶建筑由于日照温差引起混凝土墙的裂缝,一般发生在屋盖下及其附近位置,而长条形建筑两端较严重;由于日照温差造成的梁、板裂缝,主要出现在屋盖结构中;由使用中高温影响而产生的裂缝,往往在离热源近的表面较严重。

(2)收缩裂缝。混凝土早期收缩裂缝主要出现在裸露表面;混凝土硬化以后的收缩裂缝在建筑结构中部附近较多,两端较少见。

(3)荷载裂缝。都出现在应力最大位置附近,如梁跨中下部或连续梁支座附近上部的竖向裂缝,很可能是弯曲受拉造成的。又如支座附近或集中荷载作用点附近的斜裂缝,多数可能是剪力和弯矩共同作用而造成。出现在梁弯矩最大处附近受压区的裂缝,很可能是混凝土截面太小,配筋率太高而造成。

(4)地基变形裂缝。一般在建筑物下部出现较多,裂缝位置都在沉降曲线曲率较大处。单层厂房因地面荷载过大,地基发生不均匀沉降,可导致柱下部和上柱根部附近开裂;相邻柱出现较大沉降时,也可能把屋盖构件拉裂。

2)裂缝方向与形状

(1)温度裂缝。梁板或长度较大的结构,温度裂缝方向一般平行于短边,裂缝形状一般是一端宽一端窄,有的缝宽变化不大。平屋盖温度变形导致的墙体裂缝,多数是斜裂缝,一般上宽下窄,或靠窗口处较宽,其他部位逐渐减小。

(2)收缩裂缝。早期收缩裂缝呈不规则状;混凝土硬化后的裂缝方向往往与结构或构件轴线垂直,其形状多数是两端细中间宽,在平板类构件中有的缝宽度变化不大。

(3)荷载裂缝。受拉裂缝与主应力垂直,如梁弯曲受拉裂缝方向与梁轴线垂直,其一端宽,另一端细;又如拉杆中裂缝与构件轴线垂直,同一条裂缝宽度变化不大。支座附近的剪切裂缝,一般沿45°方向向跨中上方伸展。受压而产生的裂缝方向一般与压力方向平行,裂缝形状多数为两端细中间宽。扭曲裂缝呈斜向螺旋状,缝宽度变化一般不大。冲切裂缝常与冲切力成45°左右斜向开展。

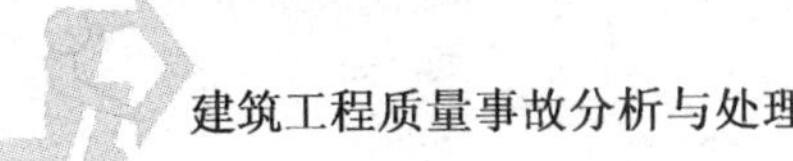

(4)地基变形裂缝。其方向与地基变形所产生的主应力方向垂直,在墙上多数是斜裂缝,竖向及水平裂缝很少见;在梁或板上多数出现垂直裂缝,也有少数的斜裂缝;在柱上常见的是水平裂缝,这些裂缝的形状一般都是一端宽,另一端细。

3)裂缝尺寸(宽度、深度、长度)及数量

(1)温度裂缝。其宽度无定值,从发丝裂缝到毫米宽都有,但多数宽度不大,数量较多;裂缝深度变化较大,有表面的、深层的和贯穿的几种。决定深度的因素是温差的性质与大小。裂缝长随温差与结构特征而变化。

(2)收缩裂缝。早期的收缩裂缝尺寸都不大,硬化后的收缩裂缝一般数量多,宽度不大,深度一般不深,但在板类构件常见贯穿板厚的收缩裂缝,裂缝长度大小不等,多数长度不大。

(3)荷载裂缝。普通钢筋混凝土在正常使用阶段出现的裂缝尺寸一般都不大,缝宽从表面向内部逐渐缩小。在结构严重超载或达到临界状态时,裂缝宽度一般较大。但轴心受压构件产生的裂缝即使不大,也可能是接近临界状态的征兆,必须高度重视。

(4)地基变形裂缝。尺寸大小变化较多,在地基接近剪切破坏或出现较大沉降差时,裂缝尺寸可能较大。

4)裂缝出现时间

(1)温度裂缝。气候变化导致的裂缝,往往在经过夏天或冬天后出现或加大。在使用环境高温影响下,热源温度高,即使作用时间不长也可能引起开裂,热源温度不太高,在长期烘烤下也可能开裂。

(2)收缩裂缝。早期的收缩裂缝都出现在混凝土终凝前,硬化后的混凝土收缩裂缝产生时间与构件尺寸、构造、约束、环境等因素有关,有的几天后就产生,有的十几天甚至数月后才出现。

(3)荷载裂缝。一般在荷载突然增加时出现,如结构拆模、安装设备、结构超载等。

(4)地基变形裂缝。大多数出现在房屋建成后不久,也有少数工程在施工中明显开裂,严重的甚至无法继续施工。

5)裂缝发展变化

(1)温度裂缝。因气温变化而产生的温度裂缝,一般随气温的升高或降低而变化。在温度最高(或最低)时,裂缝宽和长度最大、数量最多,但这种裂缝不会无限制扩展恶化。

(2)收缩裂缝。由于混凝土干缩与收缩是逐步形成的,因此收缩裂缝是随时间而发展的。但当混凝土浸水或受潮后,体积会产生膨胀,因此收缩裂缝随着环境湿度而变化。

(3)荷载裂缝。随着荷载加大和作用时间延长而扩展。

(4)地基变形裂缝。随着时间及地基变形的发展而变化,裂缝尺寸加大,数量增多,地基稳定后,裂缝不再扩展。

需要指出的是,上述鉴别要点,仅就一般情况而言,在应用时还应注意将上述因素结合建筑结构特征、环境及使用条件等综合分析后,才能做出准确的鉴别。

(三)危害严重的裂缝及其特征

可能引起柱、梁、板、框架等构件断裂或倒塌的危害严重的裂缝主要有以下几类。

1. 柱

(1)出现裂缝、保护层部分剥落、主筋外露。

(2)一侧产生明显的水平裂缝,另一侧混凝土被压碎,主筋外露。

(3)出现明显的交叉裂缝。

2. 墙

墙中间部位产生明显的交叉裂缝,或伴有保护层脱落。

3. 梁

(1)简支梁、连续梁跨中附近的底面出现横断裂缝,其一侧向上延伸达1/2梁高以上,或其上面出现多条明显的水平裂缝,保护层脱落,下面伴有竖向裂缝。

(2)梁支撑部位附近出现明显的斜裂缝,这是一种危险裂缝。当裂缝扩展延伸达1/3梁高以上时,或出现斜裂缝的同时,受压区还出现水平裂缝,则可能导致梁断裂而破坏。

尤其应该注意,当箍筋过少,且剪跨比(集中荷载至支座距离与梁有效高度之比)大于3时,一旦出现斜裂缝,箍筋应力很快达到屈服强度,斜裂缝迅速发展使梁裂为两部分而破坏。

(3)连续梁支撑部位附近上面出现明显的横断裂缝,其一侧向下延伸达1/3梁高以上,或上面出现竖向裂缝,同时下面出现水平裂缝。

(4)悬臂梁固定端附近出现明显的竖向裂缝或斜裂缝。

4. 框架

(1)框架柱与框架梁上出现与前述柱及梁的危险裂缝相同的裂缝。

(2)框架转角附近出现竖裂缝、斜裂缝或交叉裂缝。

5. 板

(1)出现与受拉主筋方向垂直的横断裂缝,并向受压区方向延伸。

(2)悬臂板固定端附近上面出现明显的裂缝,其方向与受拉主筋垂直。

(3)现浇板上面周边产生明显裂缝,或下面产生交叉裂缝。

除上述这些危害严重的裂缝外,凡裂缝宽度超过设计规范的允许值,都应认真分析,并适当处理。

(四)裂缝处理原则

裂缝处理应遵循下述原则:

(1)查清建筑结构的实际状况、裂缝现状和发展变化情况,全面认真地分析裂缝产生的原因以及裂缝的性质,正确区别受力和变形两类不同性质的裂缝。对原因与性质一时不清的裂缝,只要结构不会恶化,可以进一步观测或试验,待性质明确后再适当处理。

(2)仔细观察裂缝的变化,寻找裂缝变化规律,以此作为选择处理方法的依据。

(3)明确处理目的,满足使用要求。针对不同的裂缝选择合理的处理方法,既要严格遵循设计和施工规范的有关规定,又要经济合理,切实可行。除了结构安全外,还应注意结构构件的刚度、尺寸、空间等方面的使用要求,以及气密性、防渗漏、洁净度和美观方面的要求等。

(4)选择恰当的时间处理裂缝。若是受力裂缝,则应及时进行处理;若是地基变形引起的裂缝,则最好待裂缝稳定后再进行处理;温度变形裂缝宜在裂缝最宽时处理;对危及结构安全的裂缝,应尽早处理。

(5)裂缝处理后应保证结构原有的承载能力、整体性以及防水抗渗性能。处理时要考虑温度、收缩应力较长时间的影响,以免处理后再出现新的裂缝,防止产生结构破坏倒塌的恶性

事故，并采取必要的应急防护措施，以防事故恶化。

(6)保证一定的耐久性。除考虑裂缝宽度、环境条件对钢筋锈蚀的影响外，还应注意修补的措施和材料的耐久性能问题。

(7)防止不必要的损伤。例如，对既不危及安全又不影响耐久性的裂缝，避免人为地扩大后再修补，造成一条缝变成两条的后果。

(8)满足设计要求，遵守标准规范的有关规定。

(五)裂缝处理方法与实例

裂缝处理方法有以下几种：表面修法、局部修复法、灌浆法、减小结构内力法、结构补强法、改变结构方案法、电化学防护法、混凝土裂缝自修复法、仿生自愈合法等。

1.表面修补法

该方法适用于对结构的强度影响不大，但会使钢筋锈蚀且有损美观的表面及深进微细裂缝的治理。这种方法施工简单，但是涂料无法深入到裂缝内部。通常的处理方法有压实抹平，涂抹环氧胶黏剂，喷涂水泥砂浆或细石混凝土，压抹环氧胶泥，环氧树脂粘贴玻璃丝布，增加整体面层，钢锚栓缝合等。

1)压实抹平

混凝土硬化前出现的早期收缩裂缝、沉缩裂缝，可用铁铲或铁抹子拍实压平，消除这类裂缝。

2)涂刷环氧浆液

混凝土硬化后，表面出现宽度小于0.3mm、深度不大、条数较多的裂缝，可用此法进行表面处理。其处理要点为：先清洁需处理的表面，去除油渍污垢，然后用丙酮或二甲苯或酒精擦洗，待干燥后用毛刷(排笔或油画笔)反复涂刷环氧浆液，每隔3～5min涂一次，涂层厚度达1mm左右为止。

3)增加整体面层

混凝土表面裂缝数量较多、分布面较广时，常采用增加一层水泥砂浆或细石混凝土整体面层的方法处理。多数情况下，整体面层内应配置双向钢丝网。施工工艺如下：混凝土表面凿毛，清洗湿润→2mm厚纯水泥灰浆一道，压抹3～4遍→纯水泥灰浆初凝时，10mm厚1:1～1:2水泥砂浆层一道→在水泥砂浆初凝前后，将表面扫成粗糙面→砂浆层凝固并具有一定强度后，适当浇水湿润，再抹第二层水泥砂浆，其配合比和做法同前→表面压实抹光。

4)压抹环氧胶泥

对于数量不多、又不集中、缝宽大于0.1mm的裂缝，可采用此法处理，其要点如下：清洁干燥待修补裂缝的50～100mm宽范围内的混凝土表面→涂刷一层环氧浆液→压抹环氧胶泥层(沿裂缝压抹，宽20～40mm，厚1～2mm左右)。如基层不易干燥时，改用压抹环氧焦油胶泥。

5)环氧浆液粘贴玻璃丝布

一般采用环氧树脂胶料或环氧焦油胶料，粘贴1～2层玻璃丝布。其施工要点如下：表面处理(清洁、干燥、坚实)→玻璃丝布脱蜡处理(方法有三种：①在碱水中煮沸30～60min后，用清水漂净晾干；②在肥皂水中煮沸2～4h，然后用清水漂净晾干；③在温度不超过300℃的条件下烘烤脱脂，至布面稍发黄为宜)→配制胶料→在基层表面均匀涂刷环氧打底料→自然固化

12h 后,对基层凹陷不平处用腻子料修补填平→涂刷第二遍打底料→涂刷衬布料及粘贴玻璃丝布→在其上再均匀涂刷一层衬布料(玻璃丝布应浸透)。如需粘贴两层玻璃丝布,则可紧接着铺衬一层布压实,其上再均匀涂刷一层衬布料。第二层布的周边应比第一层宽 10 ~ 12mm,以便压边。

6)表面缝合

在裂缝两边钻孔或凿槽,将 U 形钢筋或金属板放入孔或槽中,用环氧树脂砂浆等无收缩型砂浆灌入孔或槽中锚固,以达到缝合裂缝的目的。

2. 局部修复法

该方法适用于补救数量少的宽大裂缝(>0.5mm)和钢筋锈蚀所产生的裂缝,以达到封闭裂缝、恢复防水性和耐久性以及部分恢复结构整体性的目的。常用的方法有充填法、预应力法、部分凿除重新浇筑混凝土等。常用的塑性材料有环氧树脂、聚氯乙烯胶泥、沥青油膏等。常用的刚性止水材料为聚合物水泥砂浆。

1)充填法

先将裂缝扩大并凿成 V 形或梯形槽(见图 5-5),再压抹充填材料封闭裂缝。其中 V 形槽适用于一般裂缝修补,梯形槽用于渗水裂缝修补。

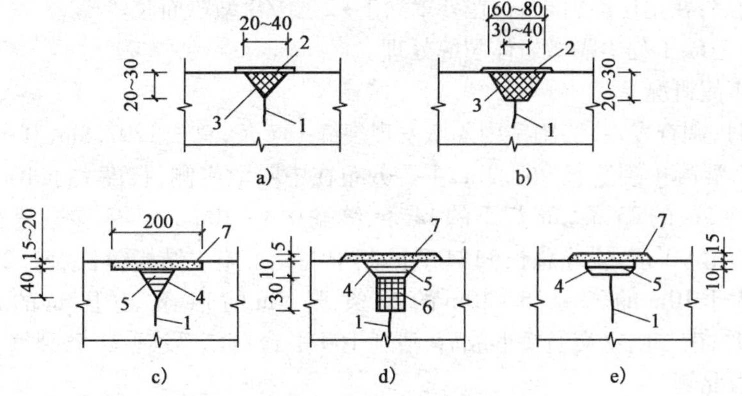

图 5-5　充填法修补裂缝及构造

1-裂缝;2-环氧浆液;3-环氧砂浆;4-水泥净浆(厚 2mm);5-1∶2 水泥砂浆;6-聚氯乙烯胶泥或沥青油膏;7-1∶2.5 水泥砂浆或刚性防水层做法

2)预应力法

避开钢筋在构件上钻孔,然后穿入螺栓(预应力筋),施加预应力后,拧紧螺帽,使裂缝减小或闭合。成孔的方向最好与裂缝方向垂直。

3)部分凿除重新浇筑混凝土

凿除裂缝附近的混凝土,清洗、充分湿润后,浇筑强度高一等级的混凝土,养护到规定强度。用这种方法修补已断裂的构件应特别慎重,修补前应检查钢筋的实际应力和变形状况。修补混凝土宜用微膨胀型,并要防止新老混凝土结合不良。

4)局部增加钢筋后再浇混凝土

有的预制构件因施工不慎导致产生较宽的裂缝,构件的受力钢筋应力有可能超过屈服强度时,需要凿开裂缝附近混凝土,增加钢筋后再重浇混凝土。

5)局部加固法

在混凝土裂缝位置,通过外包型钢、外加钢板或外粘环氧玻璃钢等方法进行局部加固处理。

6)涂膜封闭法

在混凝土表面涂刷防水涂膜以封闭微细裂缝的修补方法称涂膜封闭法,该法适用于宽度小于0.2mm的微细裂缝的修补,也可用于混凝土外表面的装饰和防水处理,以及防止混凝土保护层的碳化和有害离子对混凝土的腐蚀。施工工艺如下:

(1)清扫:混凝土表层的浮浆和起砂层要用砂轮打磨机磨去,并清扫或冲洗干净。

(2)刮腻子:混凝土表面裂缝、气孔和缺陷应用腻子填充补平,待干后用砂布磨平。腻子配方如下:混凝土修补胶∶粉料=1∶(1.8~2.0)。

(3)涂刷底层涂料:配方如下:混凝土修补胶∶粉料=1∶(0.7~0.8)。可用羊毛辊子辊涂,也可用刷涂,或者边辊边刷,涂刷1遍。涂料在使用前要通过铁窗纱过滤,除去杂质和团块。

(4)涂刷主层涂料:主层涂料配方如下:混凝土修补胶∶粉料=1∶(0.8~1)。采用刷涂和辊涂方法涂刷3遍,每遍涂刷都要等上遍涂料干后再涂,另外,两次涂刷方向最好是互相垂直。

(5)涂罩面层:在主层涂料干后,在外罩涂1~2层ZB型罩面胶。

【例5-3】 三峡工程中隔墩岩体裂缝处理。

1)工程及事故概况

1999年4月,调查发现,二闸室中隔墩发现裂缝137条,总长1297.8m,其中混凝土施工结构缝长330.6m,混凝土裂缝长967.2m,主要分布在中隔墩南侧,长度大于10m的34条、5~10m的64条、3~5m的25条、3m以下的14条,缝宽0.4~10mm不等,少数缝宽20mm。三闸室中隔墩发现裂缝90条,裂缝总长1184.2m,其中混凝土施工结构缝长651.2m,混凝土裂缝长533m,长度大于10m的37条、5~10m的26条、3~5m的14条、小于3m的16条。

1999年9月,南二闸室交通桥形成后,清理160平台石碴,发现21条裂缝,总长153.5m,主要分布在中墩北侧。

2000年3月,再次对二、三闸室中墩混凝土裂缝进行调查,二闸室中墩发现裂缝78条,总长403.8m,其中原混凝土裂缝处理后又裂开的70条,新增裂缝8条。三闸室中墩发现裂缝14条,裂缝宽度为0.4~1.5mm。

2)事故处理方法

(1)采用对穿锚索将不稳定块体加以锚固,限制岩体裂隙进一步扩展,对穿预应力锚索使岩体处于受压状态,岩体裂隙趋向闭合。

(2)混凝土裂缝延伸较短且少的区域也即小型不稳定块体所在区,采用端头锚索或随机锚杆将不稳定块体加以锚固。端头锚索内锚段穿过裂隙面并处于整体结构岩体内即可达到锚固要求,锚杆同样也要穿过结构面一定深度才能发挥作用。

(3)为防止地表水沿混凝土裂缝渗入岩体裂隙内,阻止地下水压力对岩体结构面劈裂拉伸作用,对裂缝全部进行人工凿8~10cm宽、5~8cm深的梯形槽,用高压风将槽内混凝土渣吹净,再用湿棉纱擦净槽内粉尘,槽底缝内嵌沥青麻丝,槽内浇灌沥青玛蹄脂厚3~5cm,上部再用预缩水泥砂浆封闭梯形槽,有效地防止了地表水渗入基岩裂隙。

【例 5-4】 江苏省淮海农场有 5 座公路桥建于 1958 年 10 月，为简支钢筋混凝土 T 梁结构，中跨 5m，边跨 4.5m。因施工时混凝土中掺入了一些粉煤灰，使工作质量先天不足，加之车辆的过往超过设计标准以及混凝土老化等原因，投入运行后公路桥大梁多处出现裂缝宽度超过允许值(0.2mm)，最宽处已达 0.48mm，给安全运行带来严重威胁。1996 年底开始对公路桥大梁上大于 0.3mm 的裂缝采用粘贴环氧玻璃钢的技术加固。

1)施工工艺

(1)混凝土表面处理。环氧玻璃钢粘贴前，人工用刮铲将混凝土表面的污渍铲除，再将裂缝处松散砂浆清除，然后用粗砂纸打磨一遍以除油污、锈斑，再用钢丝刷将混凝土表面刷糙，最后用丙酮或汽油等溶剂洗刷被粘贴面两遍，将浮灰、油脂彻底洗去。

(2)粘贴环氧玻璃钢。粘贴用人工手糊，主要采用分层间断法，少部分孔采用多层连续法。

①分层间断法。施工工序：涂刷打底料→刮环氧腻子→间断刷贴已裁剪好宽 200mm 的环氧玻璃钢→涂刷面层料。施工质量要求：a. 底料涂刷于混凝土表面上要薄而匀，避免漏涂、流挂，自然固化时间不小于 6h。b. 混凝土表面凹凸不平处，要用腻子嵌压填平，自然固化时间一般为 12h。c. 刷一道环氧胶黏剂，贴一层环氧玻璃钢，边贴边用漆刷，由中间向两边轻轻刮压平整，赶走气泡，不起皱纹，不留空腹点，要求环氧玻璃钢全部浸透，一般固化时间为 12h，固化后对毛刺、凸边、气孔进行整修。检查合格后，再按上述程序粘贴第二层环氧玻璃钢，自然固化 12h 后，再最后涂刷面层环氧胶黏剂一遍。

②多层连续法。多层连续法施工中，涂刷打底料和刮环氧腻子与分层间断法相同。不同的是，在第一层环氧玻璃钢粘贴完毕，检查合格后，不等固化即在同部位按同样的方法连续粘贴第二层环氧玻璃钢。多层连续法施工能缩短时间，但质量不易掌握，所以操作要特别谨慎，小心轻刮，不要将前一层的环氧玻璃钢弄出凸边，搭接处要仔细压紧。同样，面层胶黏剂要使环氧玻璃钢全面浸透。

2)施工要点

(1)粘宽 200mm 的环氧玻璃钢要以裂缝为中心线对称贴，即在裂缝的两侧尽量做到均为 100mm。

(2)环氧玻璃钢的上下搭接缝要错开，搭接不小于 50mm，搭接口向下，圆角处要把环氧玻璃钢剪开。

(3)施工后的环氧玻璃钢外观质量要求达到平整、贴实、无毛刺、无气泡、无漏胶、不突边、无皱纹、不脱胶。

(4)在施工现场做“8”字模砂浆试件和 ϕ40mm 圆钢模试件，进行环氧胶黏剂的黏结抗拉试验，并要求“8”字模砂试件的 28d 龄期平均黏结抗拉强度不低于 3MPa 和满足试件破坏情况下不在黏结面被拉坏的指标。

3)施工注意事项

(1)粘贴环氧玻璃钢宜在气温 20°C 左右、湿度不大于 80% 的条件下施工，雨天不宜施工，晴天施工要防止灰尘及阳光直射。

(2)环氧胶黏剂要随配随用，少配勤用。

5 座公路桥大梁裂缝处理以来，工程运行良好。检查表明，环氧玻璃钢粘贴完好，接头紧

密,没有鼓泡脱落现象,显示了环氧玻璃钢处理裂缝不仅黏结强度高,而且能有效地封闭裂缝,保证结构的整体性。

3. 灌浆法

该法主要适用于对结构整体性有影响或有防渗要求的混凝土裂缝的修补,它是利用压力设备将胶结材料压入混凝土的裂缝中,胶结材料硬化后与混凝土形成一个整体,从而起到封堵加固的目的。常用的胶结材料有水泥浆、环氧树脂、甲基丙烯酸酯、聚氨酯等化学材料。灌浆法按灌浆材料可以分为水泥灌浆法和化学灌浆法。水泥压力灌浆法适用于缝宽不小于0.5mm的稳定裂缝,化学灌浆可灌入缝宽不小于0.05mm的裂缝。灌浆法不损伤原有结构,修补后防水性和耐久性可靠,修补质量良好。

【例5-5】 1998年1月中旬,某抽水蓄能电站2号尾水洞停水检修,通过检查发现,洞体混凝土出现多处漏水裂缝,当月对其中裂缝较宽、漏水较大的6处混凝土纵缝采用化学灌浆方法进行了补强、防渗处理。

1)灌浆处理施工工艺

(1)布设灌浆孔:原则为凡渗漏严重处布设一个灌浆孔,孔距根据裂缝贯通情况决定,有水流流出的裂缝,孔距为50~100cm,只有细微渗流的裂缝,孔距为20~50cm。

(2)凿缝:沿裂缝凿V形槽,以便增加嵌缝效果,为减少对原有混凝土的破坏,凿缝宽度一般在2cm以内,深度为10~15mm。

(3)钻孔:钻孔采用骑缝孔,钻孔直径为43.5mm,钻孔深度为5~15cm。

(4)嵌缝、埋灌浆嘴:采用无机防水堵漏材料嵌缝。灌浆嘴采用8mm铝管,嵌缝、埋设灌浆嘴前进行吹孔、吹缝、洗孔、洗缝等工序。

(5)试气:为检查封缝效果和选择灌浆材料配比,对灌浆孔进行一定压力的压气检查。

(6)灌浆:本工程灌浆采用灌入性较好的环氧树脂型灌浆材料浆液,灌浆压力为0.05~0.5MPa。

2)灌浆成果

本次施工共处理裂缝45m,灌入浆材79L。灌浆处理后的裂缝均不再有渗漏水发生,达到了预期效果。

【例5-6】 2002年,一栋位于某火车站附近的8层混凝土框架结构办公大楼的三、四层混凝土楼板出现大面积裂缝,呈不规则形状,长达2000多米,裂缝宽0.1~0.2mm,经研究,采用化学灌浆。

1)原材料及配比(见表5-1)

原材料及配比 表5-1

原料	环氧树脂	增韧机剂	活性稀释剂	偶联剂	固化剂	促进剂
质量比	100	15	60	3	30	1.5

2)施工工艺流程

裂缝清理→埋设灌浆嘴→裂缝封闭→密封检查→配制灌缝胶→灌胶→封口→检查。

3)施工方法

(1)用电动钢丝圈将裂缝及其两侧30mm处清理一遍,并保持干净。

(2)沿裂缝方向每间距 8 ~ 15cm 埋放一个铁制灌浆嘴,在裂缝交叉处,端部前设置灌浆嘴。

(3)将大修修补胶涂抹于灌浆嘴底盘的四周,厚度为 3 ~ 5mm,然后缝中轻压在混凝土裂缝上。

(4)用速凝耐压胶将裂缝封闭,使裂缝成为一个封闭式空腔,露出灌浆嘴(注:固化后,检查有漏封闭处,要及时予以修补)。

(5)配胶、灌胶。选用压力为 0.2 ~ 0.4MPa 的压胶罐,按比例配制好灌缝胶,低压慢速压胶,当压力表读数为最大值时,需保持压力稳定,直至下一个灌胶嘴有胶逸出,切不要骤然加压,在吸浆率不大于 0.1L/min 时,继续压注几分钟即可停止灌浆,灌浆结束后,应立即拆除管道,清洗干净。

(6)封口、检查。待裂缝内浆液压达到初凝不外流时,拆下灌胶嘴,再用修补胶将灌胶嘴处抹平封口,最后通过压缩空气对灌浆质量进行检查,没有渗漏。

4)处理效果

灌缝工程造价 8 万元(注:拆除重新浇捣混凝土造价为 40 万元),工期仅 20 天(注:拆除重新浇捣混凝土需 3 个月),使用多年,未发现裂缝发展,使用正常。

4. 减小结构内力法

当裂缝影响到混凝土结构的安全和性能时,可采用通过减少结构上的荷载或通过改变结构受力方案而减少结构内力的方法进行处理。常用的方法有卸荷或控制荷载,设置卸荷结构,增设支点或支撑,改简支梁为连续梁等。

1)减小结构荷载

(1)减轻结构自重。如改砖墙为轻质墙,改钢筋混凝土平屋顶为轻钢屋盖石棉瓦,改保温隔热层为高效轻质材料等。

(2)改善建筑物使用条件,减小结构荷载。如防止积水,经常清扫厂房屋面积灰等。

(3)改变建筑用途,对有缺陷的个别房间改变其使用性质,以减小使用荷载。如资料档案室改为办公室,藏书库改为阅览室等。

2)合理使用有缺陷的构件

施工中发现部分构件有缺陷,可采用下述方法之一调整。

(1)将有缺陷但尚可使用的构件降低等级,使用在荷载较小的建筑中。

(2)将有缺陷但尚可用的构件设置在荷载较小的部位。

3)增设支点,减小结构内力

在梁、板等受弯构件中,增设新的支柱(支座)后,缩减计算跨度,从而使结构内力明显减小,裂缝减轻。采用这种方法处理钢筋混凝土结构时,应注意实际配筋情况能否适应弯矩变化后的要求。

4)增设卸荷结构

梁板常用型钢作卸荷结构,梁跨度较大时,也可用框架作卸荷结构等。

【例 5-7】 某厂房大型屋面板,因混凝土质量差、屋面积灰较多等原因,造成主肋严重裂缝。该工程采用在大型屋面板主肋两内侧各设一根槽钢,两根槽钢之间用三根小槽钢作顶撑的方法处理,用这种型钢体系作卸荷结构(见图 5-6),改善了结构现状。

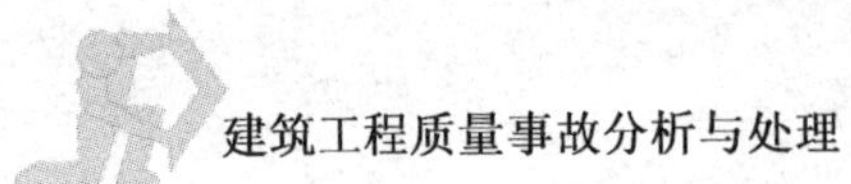

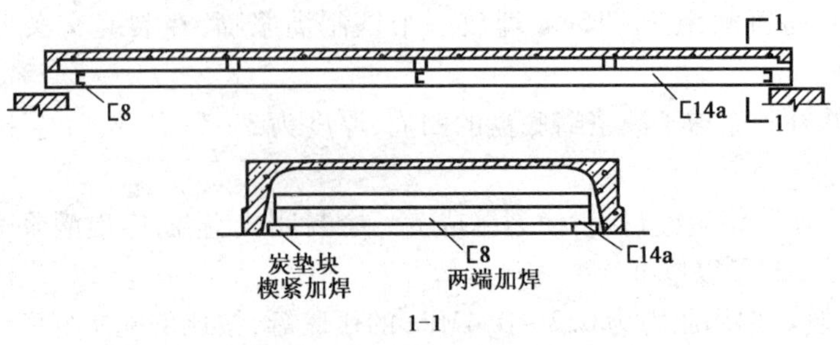

图 5-6　屋面板加固方案

【例 5-8】　某百货商场 10m 跨度的钢筋混凝土大梁,因设计错误,加上施工质量低劣,导致严重开裂,其中一根梁的裂缝在立面上的分布如图 5-7 所示。

考虑到梁承载能力严重不足,除了产生较宽的严重裂缝外,还可见受压区混凝土局部压碎,有的部位钢筋外露。该工程采用增设卸荷框架的加固方式(见图 5-8)。

为使增设的框架与原大梁连成整体,共同工作,加固时将原梁下部的保护层凿去,使全部主筋外露,新加框架梁的箍筋与梁的箍筋焊接。为保证新增梁与原梁共同工作,施工时还采取了把原梁略顶起,用膨胀水泥灌缝的措施。

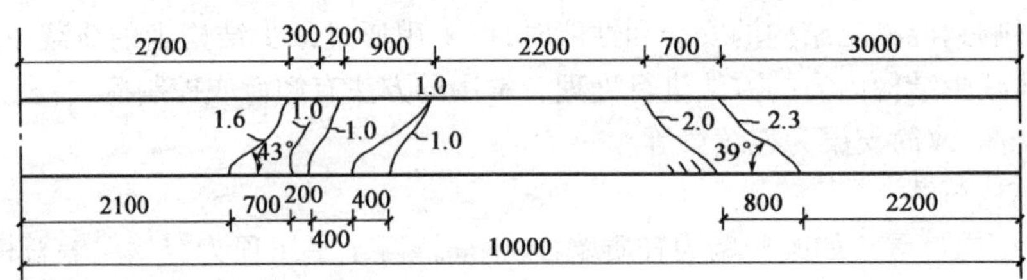

图 5-7　梁裂缝分布情况(尺寸单位:mm)

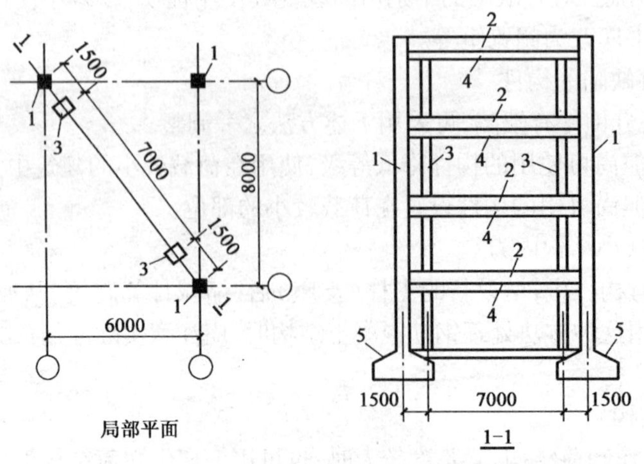

图 5-8　增设卸荷结构示意图(尺寸单位:mm)

1-原有柱;2-10m 大梁;3-卸荷框架柱;4-卸荷框架梁;5-原柱基础

5. 结构补强法

当裂缝影响到混凝土结构的安全和性能时，可考虑采用加强结构的承载能力的方法。常用的方法有增加钢筋、加厚板、外包钢筋混凝土、外包钢、粘贴钢板、预应力补强体系等。

由于各种钢筋混凝土质量事故处理时，经常需要结构补强，因此将补强技术统一在本章第七节阐述。本节仅介绍几种常用结构构件混凝土裂缝的补强方法与工程实例。

【例 5-9】 粘贴碳纤维加固。

广州市某立交旁某高层住宅小区已建成并使用多年，但 2005 年发现其负一层地下室内有一条主梁，梁底沿梁宽度方向出现通长裂缝并延伸至梁高 30mm 处，并有继续扩大的迹象。通过调查分析，发现该小区管理处将首层铺位出租给他人做钢材生意，承租方在首层堆放了大量的钢材。显然，造成该梁出现开裂的主要原因是施加在该梁上面的实际荷载大大超出了其设计荷载，从而导致出现由于承载力不足造成的结构性裂缝。

由于该裂缝是由于结构承载力不足而造成的，必须采取加固补强措施。但由于该地下室作为小区的停车场，对净高要求严格，要求加固补强措施不能明显降低楼层净高，经多方分析比较，最终决定采用碳纤维加固补强技术。

工艺流程为：卸荷→基底处理→涂底胶→找平→粘贴→保护。该结构加固补强工程完工以后，在正常使用状态下，经连续三个月的变形观测，未发现有超出规范要求的变形，也未发现有新的裂缝出现，达到了很好的效果。

【例 5-10】 型钢加固。

番禺大岗剧院原有 20m 跨预制屋架底弦，竣工验收时发现有多处竖向裂缝。同时，由于过去在施工浇筑混凝土时使用了过多的速凝剂，导致混凝土柱身多处出现裂缝。处理时，采用型钢加固。屋架加固时，将型钢在下弦底部一端焊接固定，另一端采用套筒螺栓（方牙）拧紧，如图 5-9 所示。柱加固时，在柱角包角钢，水平缀条与角钢用螺栓夹具夹紧后焊接，如图 5-10 所示。经鉴定后，符合安全要求，此项加固工程已使用多年，至今效果良好。

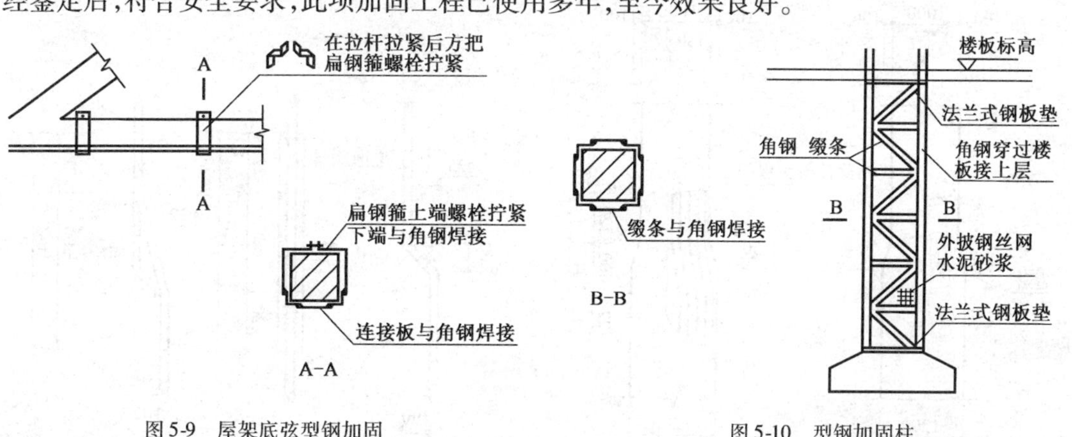

图 5-9 屋架底弦型钢加固

图 5-10 型钢加固柱

【例 5-11】 补焊钢箍补强。

深圳市某厂房框架梁拆模后发现严重裂缝，最大缝宽达 1mm（见图 5-11）。

1）裂缝原因

该工程用 32.5 级矿渣水泥配制 C25 混凝土，混凝土浇完后第 11 天就被拆模，而且上面已作

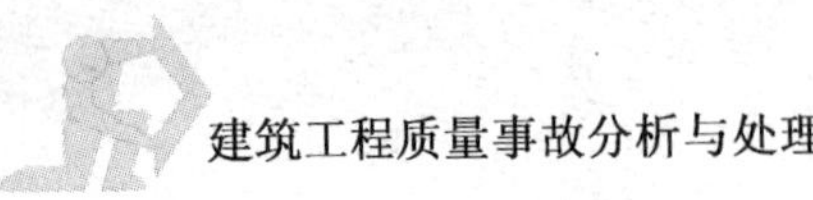

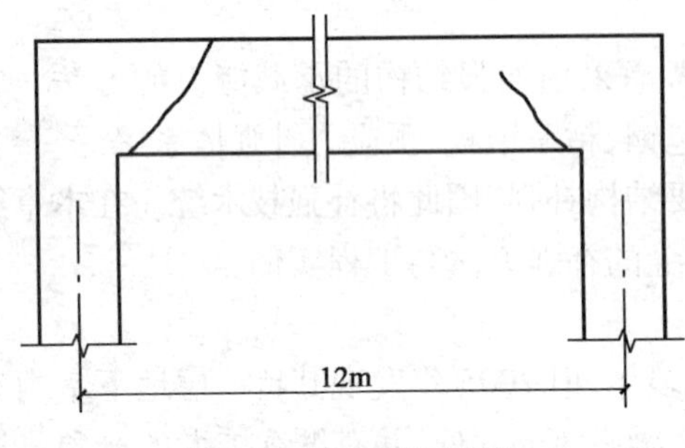

图 5-11　框架裂缝示意图

用施工荷载，这违反了施工及验收规范的有关规定。规范规定梁跨度大于 8m 时，承重模板拆模的混凝土所需强度应达到设计值的 100%。该工程用矿渣水泥配制混凝土，常温下达到设计强度一般需要 25d 以上，因此拆模太早是裂缝的主要原因；其次规范规定混凝土达到设计值后方可承受全部计算荷载，当施工荷载大于计算荷载时，必须经过核算，加设临时支撑，施工中没有遵循这些规定。

2）裂缝处理

立即卸除施工荷载，继续加强混凝土养护至 28d，用灌浆法修补裂缝，再在梁的两端 1.5m 区段补设 ϕ12@100 钢箍，并与主筋焊接牢固后，再浇筑混凝土。

采用此法补强后，该工程投产使用后未见异常。

【例 5-12】　补做钢筋补强。

顺德市银涌河交通桥是通往银桂花园开发区的主要道路，桥面宽 18m，由 12 根圆柱支承引桥和主桥，引桥跨度为 9m，主桥跨度为 20m，桥墩柱全部由孔径为 1.2m 的单根钻孔混凝土灌注桩支承，桥墩柱的混凝土设计强度等级为 C25。还没有通车使用时，发现北边引桥墩柱 Z1 底部有 9 条竖向裂缝，每条裂缝长度、宽度大致相等，约 8cm 长，缝宽 0.5mm，超出规范允许 0.3mm宽度的要求，出现裂缝的范围是在 1/4 圆的圆周长范围内，局部竖向裂缝。经分析和采用"剥离法"进行检查，出现的 9 条竖向裂缝为应力裂缝，必须作结构补强处理。

在 Z1 柱承荷范围内，全部用顶架支撑桥面梁板，把该柱出现裂缝的 1/4 圆柱面的混凝土保护层全部凿除，直至露出该部分柱纵向受力钢筋截面积一半以上为止，如图 5-12 所示。用清水冲刷干净，依图 5-12a）安装有错误的 5 ф25 柱筋，每根ф25 钢筋依图 5-12b）尺寸单面电

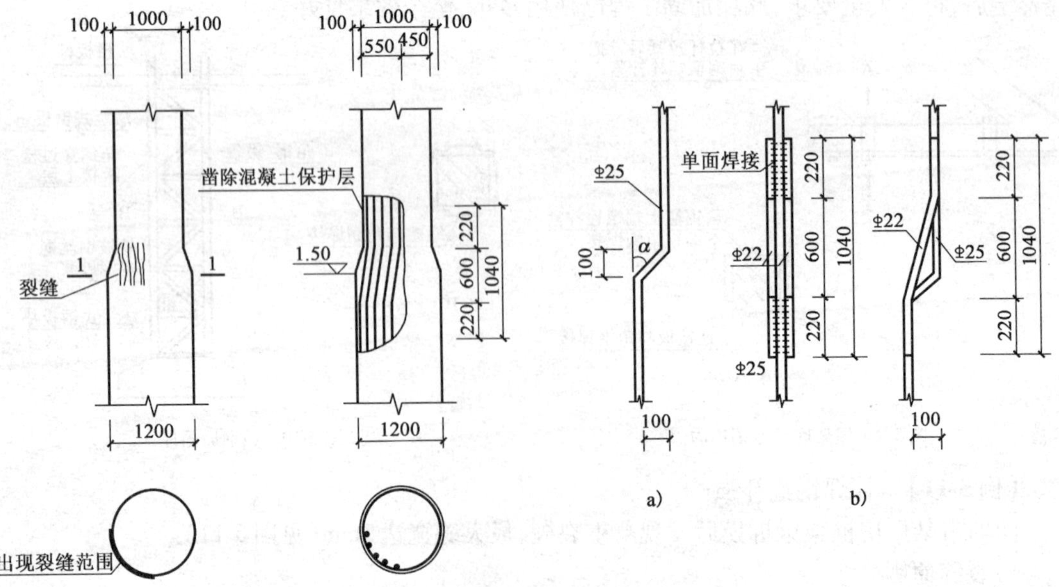

图 5-12　Z1 柱补强示意图（尺寸单位：mm）

焊接驳处理，并加焊 $\phi10$ 柱环向筋与原柱箍电焊接驳长 $10d$，再用清水湿刷一次补强面，并扫一层水泥浆，按高一级（采用 C30 混凝土）细石混凝土批补，并做好淋水遮盖养护，14d 后用1:2 水泥砂浆批柱面。对另一根 Z1 柱，也用清水洗刷剥离面，用高一级（采用 30 混凝土）细石混凝土批补，并做好淋水遮盖养护，14d 后同样用 1:2 水泥砂浆批柱面。

经补强处理后，一年后现场复查，未见有裂缝出现，补强合理，外观混凝土质量良好，符合要求。

【例 5-13】 外包钢筋混凝土加固。

某教学楼肋形楼盖因施工质量问题造成板面裂缝。增加面层处理后，又造成梁承载能力不足，产生许多裂缝。两端裂缝较宽，约 0.5～1.2mm，跨中缝宽 0.1～0.5mm，有的裂缝贯通梁全高（见图 5-13）。采用外包钢筋混凝土 U 形梁补强，补强按 U 形梁承担全部荷载设计，梁补强截面如图 5-14 所示。U 形梁应伸入墙内传递楼盖荷载，或采用增加附墙钢筋混凝土壁柱作 U 形梁支座，扩大应由验算决定。柱下基础是否需要扩大应由验算决定。

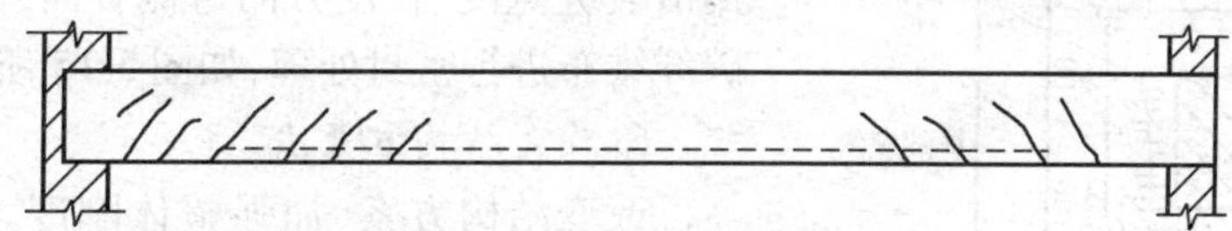

图 5-13 梁裂缝位置示意图

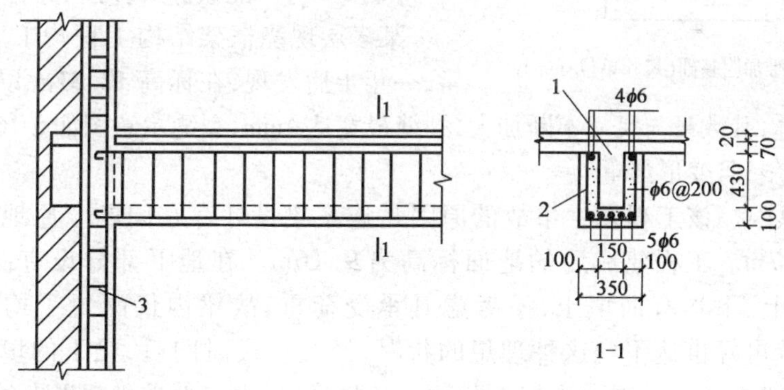

图 5-14 U 形梁补强（尺寸单位：mm）

1-原梁；2-补强用 U 形梁；3-增加钢筋混凝土附墙柱 350mm × 200mm

【例 5-14】 碳纤维布加固基础。

某生产车间为二层框架结构，基础采用柱下台阶式混凝土独立基础，基础形式为三台阶式正方形，基础混凝土设计强度等级为 C30。该工程的基础混凝土于 2003 年 10 月下旬浇筑施工，在浇筑完成 10 余天后发现部分基础台阶表面及侧面有裂缝。当时该工程的部分框架柱已浇筑混凝土，在发现混凝土裂缝后工程立即停工。

经现场检查，发现部分柱下独立基础的台阶表面及侧面的混凝土存在不同程度的裂缝，大部分裂缝形式基本相同，主要分布在顶部及中部台阶。现场对裂缝情况较为严重的 30 个柱下独立基础进行了检查，各个基础的裂缝数量不等，多的达 12 条之多，裂缝位置多在在基础台阶转角，主要分布在顶部及中部台阶处；基础表面的混凝土水平裂缝不规则，有的呈斜向，有的基础台阶侧面裂缝与顶面裂缝贯通,部分侧裂缝处有渗水痕迹且有返碱现象。裂缝形式基本为中间宽、向两端延伸逐渐变窄,裂缝宽度大部分在 0.2 ~ 0.65mm 之间,最大裂缝宽度为 11.4mm,最大长度为 1.6m。经用取芯法检测,大部分芯样裂缝的内部宽度大于表面宽度,部分裂缝在深度方向呈斜向,最大裂缝深度大于 200mm,平均深度为 101mm,裂缝内部最大宽度为 1.0mm。

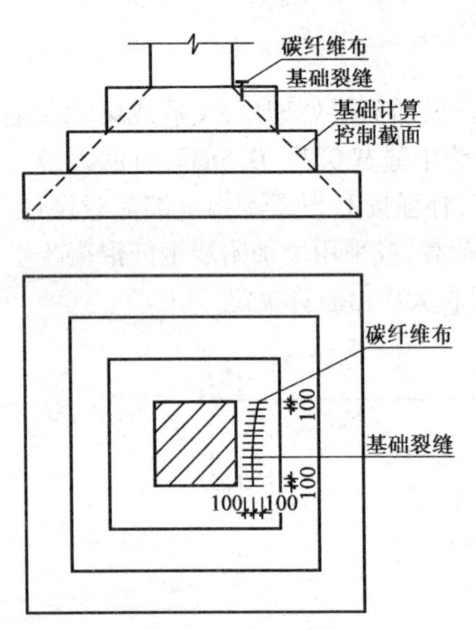

图 5-15 碳纤维加固基础(尺寸单位:mm)

对裂缝深度在基础计算控制截面以下、属于严重缺陷且裂缝宽度不小于 0.2mm 的裂缝,采用灌缝胶先进行灌缝处理,再采用沿裂缝宽度、长度方向每侧各向外延伸 100mm 的碳纤维布进行密封、加固处理,碳纤维布的主纤维方向与裂缝长度方向垂直。对深度在基础计算控制截面以上、属于一般缺陷的裂缝,或虽属严重缺陷但宽度小于 0.2mm 的裂缝,采用沿裂缝宽度、长度方向每侧各向外延伸 100mm 的碳纤维布进行密封处理,如图 5-15 所示。

6. 改变结构方案法

改变结构方案,加强整体刚度。例如框架裂缝采用增设隔板深梁法处理。

【例 5-15】 隔板深梁补强实例。

某多层现浇框架结构工程竣工后,开始使用正常,一年半后发现,在标高 12.31m 以下的柱与框架转角处产生裂缝,其数量与尺寸不断加大,裂缝最宽达 4mm,裂缝示意图如 5-16 所示。除裂缝外,柱子发生倾斜,且变形严重。

(1)事故原因。该工程发生事故的原因是连系梁设计存在问题。原地面标高为 3m,基底标高为 5.7m。工程建成后的地面标高为 9.16m。在地下部分设有两道连系梁,原设计考虑该梁上、下均有回填土,不考虑其承受荷重,故梁内仅配置了构造钢筋。实际上,回填土质量再好也达不到这种理想的状况,经过一段时间后,梁下的填土逐渐固结下沉,使梁悬空,梁上填土使梁承受较大荷载。经验算,当梁只承受梁宽以上的矩形土体重量时,尚不致造成梁的严重破坏。在土的内摩擦角等因素的影响下,实际上连系梁所受的荷载是一个倒梯形填土重量,因而导致连系梁破坏,并对柱产生了很大的水平方向拉力,造成柱开裂与倾斜。

(2)处理方案及施工要点。由于裂缝严重,柱变形较大,必须加固补强。该工程采用了在各框架柱之间增加隔板深梁的处理方案(见图 5-16)。补强施工要点为:将柱保护层凿去,露出四周主筋,并加焊 1ϕ25 纵筋,扎上钢箍后,浇筑混凝土。在各框架柱间增设隔板深梁,厚 200mm,高 3460mm,梁底标高为 5.7m。

7. 电化学防护法

电化学防腐是利用施加电场在介质中的电化学作用,改变混凝土或钢筋混凝土所处的环境状态,钝化钢筋,以达到防腐的目的。阴极防护法、氯盐提取法、碱性复原法是化学防护法中常用而有效的三种方法。

8. 混凝土裂缝自修复法

混凝土裂缝自修复法是国外近些年提出的混凝土裂缝修补方法，指混凝土在外部或内部条件作用下，释放或生成新的物质自行愈合其裂缝。这些自修复法包括结晶沉淀法、渗透结晶法、聚合物固化法等。

9. 仿生自愈合法

仿生自愈合法是一种新的裂缝处理方法，它模仿生物组织对受创伤部位自动分泌某种物质而使创伤部位得到愈合的机能，在混凝土的传统组分中加入某些特殊组分，如含黏结剂的液芯纤维或胶囊，这些组分在混凝土内部形成智能型仿生自愈合神经网络系统，当混凝土出现裂缝时分泌出部分液芯纤维可使裂缝重新愈合。

10. 其他方法

常用方法有拆除重做，改善结构使用条件，通过试验或分析论证不处理等。

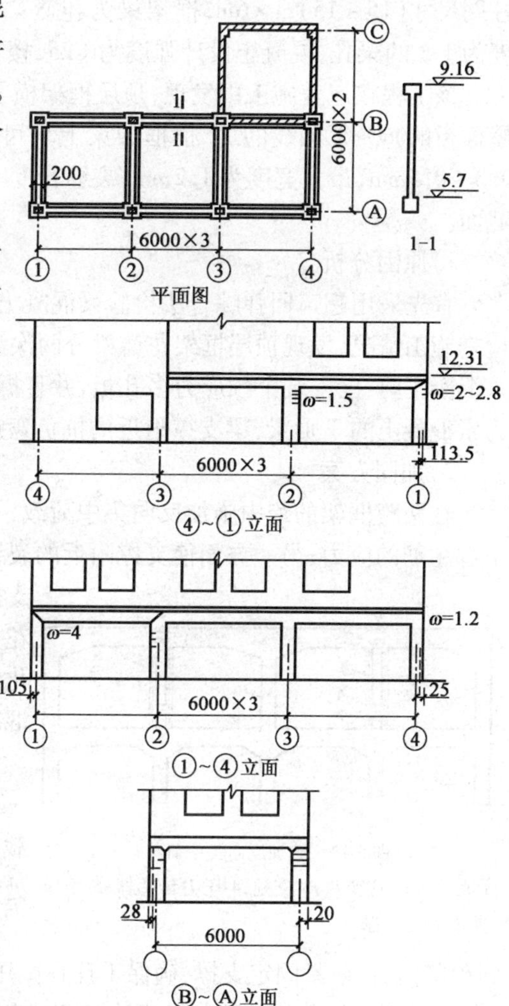

图 5-16 隔板深梁法加固(尺寸单位:mm)

【例 5-16】 某抽水站从投入使用至 2003 年已有 25 年使用期，该站于 2003 年实施除险增容改造工程，工程内容之一是进行抽水站水工建筑物混凝土结构的裂缝、碳化处理及翻新。检测单位对抽水站水工建筑物泵站底板、进水流道层、水泵层、出水流道层、中间层和电机层混凝土结构进行了检测，经检测发现站身结构有 62 条裂缝，同时混凝土存在严重碳化现象，必须进行混凝土的修补和结构的加固处理，以满足现行规范要求，保证建筑物的安全运行。区别不同情况，采用表面修补法、壁可注入法、结构补强法等处理方案。

(1)对碳化深度平均值小于 10mm 的不作处理；

(2)大于 10mm，且小于 25mm 的用表面修补法；

(3)大于 25mm 的用外挂钢筋网补强法；

(4)对裂缝宽度小于 0.15mm 的不作处理；

(5)对于浅表层裂缝，可结合碳化层一并处理；

(6)对裂缝宽度大于 0.15mm 的用壁可注入法；

(7)对承载力不足引起的裂缝，用增加钢筋法或粘贴钢板法。

加固施工完成的工程量：砂浆修补碳化层 $50m^2$；外挂钢筋网补强 $555m^2$；粘贴钢板处理裂缝 $5m^2$；壁可注入法修补裂缝 62 条，水泵层、中间层翻新 $4500m^2$。

该方案通过严格施工工艺程序和操作工艺技术，保证了加固的质量和效果。

【例5-17】 上海市某厂房为两层多跨现浇钢筋混凝土框架，厂房总宽30m，长144m，底层柱网尺寸(15＋15)m×6m，框架梁为花篮梁，截面尺寸为300mm×1300mm，梁支座处均设坡度为1∶3的梁托，混凝土设计强度为C25，楼、屋盖采用预应力多孔板。

该工程在屋盖施工中发现，顶层框架横梁离中柱与支座1.5m区段处产生裂缝，在已铺设屋面板的⑯～㉗轴线的12根框架梁上均可见，裂缝方向均垂直于梁轴线，裂缝宽度一般为0.3～0.5mm，最大宽度为1.2mm，裂缝长度一般为0.6m，最长约1m，有的裂缝已贯穿梁前后截面。

1)原因分析

首先采用超声回弹综合法检验梁混凝土的实际强度，结果表明均已达到设计要求。然后检查施工情况，发现顶层框架花篮梁分两次浇筑，在15m跨框架梁上部钢筋(10ϕ25)还没有浇入混凝土前，已安装了预应力多孔板，并且拆除了梁下支撑，此时的框架花篮梁实际上是上部为素混凝土的T形梁，梁支撑附近的抗负弯矩能力严重不足是裂缝产生的根本原因。

2)加固方案

在两跨框架的跨中施加反向集中荷载，一方面减小跨中弯矩和挠度，并大幅度释放梁跨中下部主筋的应力；另一方面使支撑附近的裂缝减小或闭合。在保持反向集中荷载的条件下，在支座上部两侧增设抗剪钢板和受力钢筋，然后浇筑花篮梁上半部分的混凝土。此外，对已有的裂缝用化学灌浆法进行封闭处理，防止钢筋锈蚀。在后浇混凝土强度达到设计值后，再拆除反向支撑。

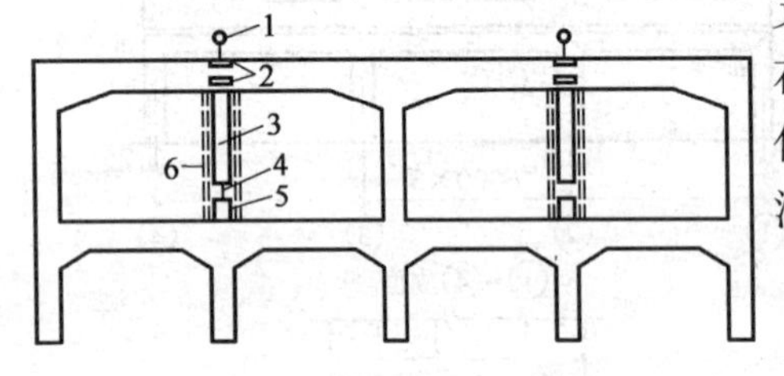

图5-17 施加反向集中荷载

1-百分表；2-应变片；3-支柱；4-压力传感器；5-千斤顶；6-固定支撑

3)加固施工

(1)反向集中荷载施加方法，如图5-17所示。加载点取屋顶大梁跨中，千斤顶放在底层柱顶面形心处，两跨同步加载。

(2)在加载装置两侧设固定支撑，千斤顶加载达到预定值后，顶紧固定支撑，确保千斤顶减压后梁顶下挠不超过2mm。

(3)反向加载值的控制。当达到下述条件之一时即终止加载。

①反力不大于265kN(一般为207kN)；

②梁向上位移不大于9.2mm(一般大于7.9mm)；

③梁的上、下应变不大于方案设计值；

④支座附近梁上部裂缝完全闭合。

(4)裂缝修补固定支撑设置完成后，即可进行裂缝修补及灌浆，灌浆由下向上地进行。化学灌浆补缝的抗拉强度应大于1.3N/mm^2，现场用断裂试件作黏结强度检验。

(5)梁上部混凝土浇筑。

①浇混凝土前在裂缝处加放6ϕ8钢筋，其长度为裂缝一侧外伸350mm。

②后浇花篮梁上半部前两侧加焊180mm高、6mm厚的钢板，其长度应超出最外处的裂缝500mm，如图5-18所示。外包钢板与主筋焊接为间隔焊，钢板并与箍筋焊牢。通过对比检测表明，加固梁的刚度与一次浇捣梁的刚度相似，证明加固方案与措施是合理的和有效的，经综合计算分析与评估，加固后梁能基本达到原设计要求，可以正常使用。

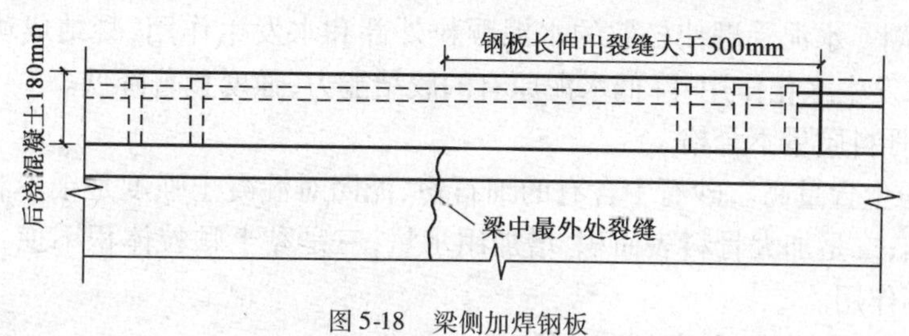

图 5-18　梁侧加焊钢板

三 混凝土强度不足事故的处理

(一)造成混凝土强度不足的原因

1. 没有严格的配合比设计

混凝土配合比设计应按现行国家标准执行,以保证混凝土工程的质量。但是在实际施工中,有的没有配合比设计,有的随意套用混凝土配合比,有的参考过去其他地区的配合比进行施工,造成强度过高或强度达不到设计要求,或有严格的配合比设计,却没有严格执行,或者因现场原材料改变没有重新设计和调整,达不到配合比设计的要求。

2. 没有严格控制水灰比

当用同一种水泥(品种及强度相同)时,混凝土强度等级主要取决于水灰比。混凝土中水灰比愈大,强度就愈低。但施工中为了施工容易,随意加水,有的施工配合比没有扣除骨料的水分,造成混凝土强度严重不足。

3. 和易性欠佳

混凝土中水灰比小固然从理论上讲可获得较高混凝土强度,但水灰比太小,势必影响混凝土的和易性,使混凝土不易拌和,运输时分层离析,浇筑时不易捣实,成型后难于修整抹平,且硬化后不均匀密实,也会反过来影响混凝土的强度。浇筑时不要任意加大坍落度,有的工地不根据具体情况,片面强调操作方便,任意加大坍落度,使混凝土出现泌水和离析现象,降低了混凝土强度。

4. 混凝土原材料的影响

1)水泥

(1)水泥品种选择错误。水泥的品种不同,其性能有较大的差别。

(2)水泥强度不足。造成水泥强度不足的原因主要有两个方面的原因:一是水泥出厂时质量差;二是水泥保管条件差,或储存时间过长,造成水泥结块、活性降低而影响强度。

(3)安定性不合格。水泥安定性不合格会在长时间内使混凝土体积膨胀,破坏水泥结构,大多数导致混凝土开裂,同时也降低了混凝土强度。尤其需要注意的是,有些安定性不合格的水泥所配制的混凝土,表面虽无明显裂缝,但强度极度低下。

(4)水泥储存期过长。水泥储存期不能过长,因为水泥在存放时接触空气,会吸收水分而产生轻微的水化作用,生成氢氧化钙 $Ca(OH)_2$,然后又再吸收 CO_2 而生成碳酸钙 $CaCO_3$,从而降低水泥颗粒的胶结能力,延迟凝结时间,强度下降。因此,水泥存放期应控制在3个月以内,做到先到水泥先用,周密计划,不要积压。

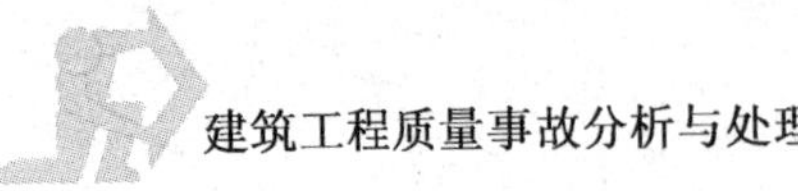

(5)水泥受潮。水泥受潮使松散的水泥颗粒外部和水发生作用,凝结成块,再使用时,就不能很好地和水发生水化作用,降低水泥原有的胶结能力,强度显著降低。

2)砂、石等骨料质量不合格

(1)黏土、粉尘含量高。砂石中含有的细石粉、泥团对混凝土强度是很不利的。一是影响骨料与水泥黏结;二是加大骨料表面积,增加用水量;三是黏土颗粒体积不稳,干缩湿胀,对混凝土有一定破坏作用。

(2)骨料(尤其是砂)中有机杂质含量高。

(3)石子强度低。一般来说,对于C30以上的混凝土,石子的5cm×5cm×5cm的立方体抗压强度与混凝土强度的比值不得低于200%,一般混凝土,不得低于150%。

(4)石子体积稳定性差。有些由多孔的燧石、页岩、带有膨胀黏土的石灰岩等制成的碎石,在干湿交替或冻融循环作用下,常表现出体积稳定性差而导致混凝土强度下降。如变质粗玄岩,在干湿交替作用下,体积变形可达600×10^{-6},以这种石子配制的混凝土,在干湿交替的条件和冻融循环作用下,可能会发生混凝土强度下降,严重的甚至会破坏。

(5)石子针片状含量过大。当混凝土强度等级小于C30时,其含量不大于25%;混凝土强度等级不小于C30时,含量不大于15%。

(6)砂、石种类选择不适当。按砂产源不同,分为河砂、江砂、海砂及山砂四种。河砂、江砂,海砂因生成过程中受水的冲刷,颗粒形状较圆滑,质地坚实。但海砂内常夹有疏松的石灰质贝壳碎屑,而且含有盐分,会影响混凝土强度,锈蚀钢筋。山砂是由岩石风化后在原地沉积而成,颗粒多带棱角,表面粗糙,与水泥浆胶结力强,但含泥量和含有机杂质较多。因此这四种砂中,河砂和江砂质量为好。普通混凝土宜选用粗砂、中砂,高强度混凝土宜用碎石拌制,一般工程采用中粒石子。

(7)骨料的级配不当。骨料级配应按规范要求使用,如果砂子自然级配不合适,可用人工级配的方法来改善,即将粗、细砂按一定比例掺合使用。石子级配好坏对节约水泥,保证混凝土具有良好的和易性和密实性均有很大关系,特别是拌制高强度混凝土,更为重要。

(8)硫化物和硫酸盐含量高。骨料中含有硫铁矿(FeS_2)或生石膏($CaSO_4 \cdot 2H_2O$)等硫化物或硫酸盐,当其含量以二氧化硫量计较高时(如大于1%),有可能与水泥的水化物作用,生成硫铝酸钙,发生体积膨胀,导致硬化的混凝土裂缝和强度下降。

(9)砂中云母含量过高。由于云母表面光滑,与水泥的黏结性差,且易沿节理裂开,它对混凝土的物理力学性能(包括强度)均有不良影响。

3)拌和用水质量不合格

一般用能饮用的水及洁净的天然水。海水含有硫酸盐,会与水泥中的水化产物水化铝酸钙作用,使后期强度有所降低。海水中还含有氯离子,对水泥、钢筋均有侵蚀,所以一般不得使用海水。若用有机杂质含量较高的沼泽水,含有腐殖酸或其他酸、盐特别是硫酸盐的污水和工业废水,则可能降低混凝土物理力学性能。

4)外加剂质量不合格、使用不当

目前生产的外加剂不下百余种,不同的外加剂有不同的特性。同种外加剂,不同厂家生产,也有很大差异。如使用不当,会出现混凝土浇筑后,局部或大部分在长期内不凝结硬化,或已浇筑完的混凝土结构表面鼓包开花等现象。

5. 混凝土施工工艺存在的问题

混凝土施工过程包括混凝土制备、运输、浇筑捣实和养护，各个施工过程相互联系和影响，任一施工过程处理不当，都会影响混凝土工程的最终质量。

1）混凝土搅拌不合理

（1）投料顺序颠倒；

（2）搅拌时间过短，造成拌和不均匀，影响混凝土强度。

2）运输条件差

在运输过程中发现混凝土离析，但没有采取有效措施，或运输工具漏浆等，均影响混凝土强度。

3）浇筑时间不当

如浇筑时混凝土已初凝或混凝土浇筑前已经离析，均可造成混凝土强度不足。

4）模板严重漏浆

在施工中由于模板严重变形或尺寸不够，形成较大的板缝，在混凝土浇筑时，漏浆严重造成混凝土强度不足。

5）成型振捣不密实

混凝土入模后孔隙率高达10%~20%，在施工中由于漏振或振捣时间太短，使混凝土振捣不实，必然影响其强度。

6）养护制度不良

一般来说在平均气温高于5℃的条件下，于一定的时间内混凝土应保持湿润状态。混凝土浇筑后，如气候炎热，空气干燥，不及时进行养护，混凝土中水分会蒸发过快，出现脱水现象，使已成为凝胶的水泥颗粒，不能充分水化，不能转化为稳定结晶，缺乏足够的黏结力，从而在混凝土表面出现片状或粉状剥落影响其强度。另外，在冬季施工，没有及时采取保温措施，在混凝土内部产生冰晶应力，使强度很低的水泥石结构内部产生裂纹，减弱了水泥和砂、石之间的黏结，从而使混凝土强度降低。

7）外加剂使用不当

主要有两种：一是品种用错，在未搞清外加剂属早强、缓凝、减水等性能前，盲目乱掺外加剂，导致混凝土达不到预期的强度；二是掺量不准。

6. 混凝土缺陷的影响

钢筋混凝土构件拆摸后，表面经常显露出各种不同程度的缺陷，如麻面、蜂窝、露筋、空洞、掉角等，这些缺陷的存在表明混凝土不密实、强度低，构件截面削弱，结构构件的承载能力低。

7. 碱骨料反应

碱骨料反应主要是由于水泥中碱含量较高，而同时骨料中又含有活性 SiO_2 时，碱就会与骨料中的活性 SiO_2 反应，形成碱性硅酸盐凝胶。碱性硅酸盐凝胶具有较强的吸水能力，在积聚水分的过程中，产生膨胀而将硬化浆体结构胀裂破坏。除此之外，水泥中碱还与白云质石灰石产生反应（脱白云石反应），该反应使白云石中黏土矿物暴露并吸水膨胀而造成破坏。由于水泥浆体结构中有较多 $Ca(OH)_2$ 存在，还会使脱白云石反应继续进行，不断循环，造成更严重的破坏。因此，当水泥中含碱较高，又使用含有白云质碳酸盐和活性二氧化硅的粗骨料，如蛋

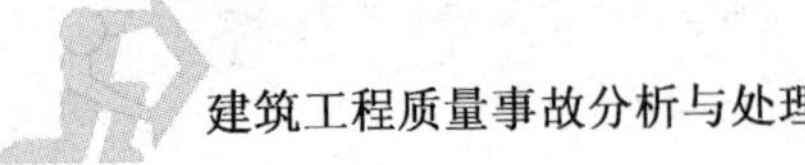

白石、玉髓、黑耀石、沸石、多孔燧石、流纹岩、安山岩、凝灰岩等，就可能发生碱—集料反应，造成混凝土强度下降和开裂。日本有资料介绍，在其他条件相同的情况下，碱骨料反应之后混凝土强度仅为正常值的60%。

8. 试块管理不善

(1)试块未经标准养护。

(2)试模管理差，试模变形，不及时修理或更换。

(3)不按规定制作试块。

9. 其他原因

如混凝土被腐蚀，工业厂房中经常受到高温、湿热气体的侵害，雨水、烟尘、化学介质等交替作用，初凝混凝土受振，遭受地震、火灾等灾害等均会降低混凝土的强度。

(二)混凝土强度不足对不同结构的影响

混凝土强度不足除了影响结构承载能力，还伴随着抗渗、耐久性的降低，处理这类事故的前提是必须明确处理的主要目的。如为提高承载能力，可采用一般加固补强方法处理；如果因为混凝土密实性差等内在原因，造成抗渗、抗冻、耐久性差，则主要应从提高混凝土密实度或增加强度、抗渗、耐久性能等方面着手进行处理。

混凝土强度不足所导致的结构承载能力降低主要表现在以下三方面：一是降低结构强度；二是抗裂性能差，主要表现为过早地产生过宽、数量过多的裂缝；三是构件刚度下降，如变形过大影响正常使用等。

根据钢筋混凝土结构设计原理分析，混凝土强度不足对不同结构强度的影响程度差别较大，一般规律如下。

1. 轴心受拉构件

由于混凝土抗拉强度很低，开裂时极限拉应变很小，所以当构件承受的拉力不大时，混凝土就要开裂，而这时钢筋中的应力还很小，因此，轴心受拉构件按正截面承载力计算时，不考虑混凝土参加工作，拉力全部由纵向钢筋承担。所以混凝土强度偏低无影响，也无需加固，仅从耐久性出发，对表面修补即可。

2. 轴心受压构件

根据钢筋混凝土轴心受压构件截面承载力计算理论，混凝土和钢筋应力值分别达到混凝土轴心抗压强度设计值和纵向钢筋抗压强度设计值，共同承担轴向荷载设计值，并考虑纵向弯曲对构件截面承载力降低的影响。由于一般轴心受压构件配筋率都较小($\leqslant 1\%$)，可见受压构件承受的荷载大部分由混凝土来承担，若此构件混凝土强度偏低，对构件承载力的降低几乎成正比。

3. 受弯构件正截面承载力

根据单筋受弯构件正截面承载力计算的基本理论，受弯构件受拉区混凝土不参加工作，拉力全部由钢筋承担，受弯构件的受压区全部由混凝土承担，共同组成承担外荷载产生的外力矩。由于受弯构件正截面承载力由混凝土和钢筋分别承担压力和拉力组成，可见若混凝土强度偏低，对其影响介于受拉构件和受压构件之间。但受弯构件配筋率较小，一般在0.2% ~ 1.0%之间，混凝土受压区也较小，所以，混凝土强度偏低对受弯构件正截面承载力影响幅度不大。

4. 受弯构件斜截面承载力

一般情况下，受弯构件截面除作用有弯矩外，还作用有剪力。根据钢筋混凝土设计理论，受弯构件斜截面受剪承载力由斜截面剪压区的混凝土受剪承载力和与斜截面相交的箍筋的受剪承载力以及弯起钢筋受剪承载力组成。若混凝土强度偏低，对其影响介于受拉和受压构件承载力之间，且因剪压破坏时，斜截面受压区变小，混凝土受剪承载力比例还较大，所以混凝土强度偏低，对受弯构件斜截面受剪承载力降低是明显的。

5. 偏心受压构件

对小偏心受压或受拉钢筋配置较多的构件，混凝土截面全部或大部受压，可能发生混凝土受压破坏，因此混凝土强度不足对构件强度影响明显。对大偏心受压且受拉钢筋配置不多的构件，混凝土强度不足对构件正截面强度的影响与受弯构件相似。

6. 冲切面

钢筋混凝土无梁楼盖、柱基础、桩承台等构件在集中荷载作用下，均有冲切面承载力验算问题，钢筋混凝土冲切面承载能力几乎全部由混凝土承担。若混凝土强度偏低，对其影响最甚，基本成正比降低。

（三）混凝土强度不足事故的处理方法

1. 检测、鉴定实际强度

当试块试压结果不合格，估计结构中的混凝土实际强度可能达不到设计要求时，可用非破损检验方法或钻孔取样等方法测定混凝土实际强度，作为事故处理的依据。

2. 分析验算

当混凝土实际强度与设计要求相差不多时，一般通过分析验算，挖掘设计潜力，多数可不作专门加固处理。必要时在验算的基础上，做载荷试验，进一步证实结构安全可靠。装配式框架梁柱节点核心区混凝土强度不足，可能导致抗震安全度不足，只要根据抗震规范验算后，强度满足要求，结构裂缝和变形不经修理或经一般修理仍可继续使用，则不必采用专门措施处理。需要指出，分析验算后得出不处理的结论，必须经设计签证同意方有效，同时还应强调指出，这种处理方法实际上是挖设计潜力，一般不应提倡。

3. 利用混凝土后期强度

混凝土强度随龄期增加而提高，在干燥环境下 3 个月的强度可达 28d 强度的 1.2 倍左右，一年可达 1.35 ~ 1.75 倍。如果混凝土实际强度比设计要求低得不多，结构加荷时间又比较晚，可以采用加强养护办法，利用混凝土后期强度的原则，处理强度不足事故。

4. 减少结构荷载

由于混凝土强度不足造成结构承载能力明显下降，又不便采用加固补强方法处理时，通常采用减少结构荷载的方法处理。例如，采用高效轻质的保温材料代替白灰炉渣或水泥炉渣等措施，减轻建筑物自重，又如降低建筑物的总高度等。

5. 结构加固

柱混凝土强度不足时，可采用外包钢筋混凝土或外包钢加固，也可采用螺旋筋约束柱法加固。梁混凝土强度低导致抗剪能力不足时，可采用外包钢筋混凝土及粘贴钢板方法加固。当梁混凝土强度严重不足，导致正截面强度达不到规范要求时，可采用钢筋混凝土加高梁，也可采用预应力拉杆补强体系加固等。

6. 拆除重建

由于原材料质量问题严重和混凝土配合比错误，造成混凝土不凝结或强度低下时，通常都采用拆除重建。中心受压或小偏心受压柱混凝土强度不足时，对承载力影响较大，如不宜用加固方法处理时，也多用此法处理。

混凝土强度不足处理方法选择见表5-2。

混凝土强度不足处理方法选择参考表 表5-2

原因或影响程度			处理方法					
			测定实际强度	利用后期强度	减小结构荷载	结构加固	分析验算	拆除重建
强度不足差值	大				△	✓		△
	小		△	✓		△	✓	
构件受力特征	轴心或小偏心受压		△		△	✓		
	冲切受弯（正截面）				△	△	✓	
	抗剪				△	✓		
强度不足原因	原材料质量差	严重	△			✓		✓
		一般					△	✓
	配合比不当		△		△	✓	✓	
	施工工艺不当		△	△	△	✓	✓	
	试块代表性差		✓			△	△	

注：✓-常用，△-也可选用。

（四）混凝土强度不足事故处理实例

【例5-18】 某大学信息教学楼（以下简称信息楼）为一栋6层钢筋混凝土框架剪力墙结构，建筑面积约15000m^2。在施工过程中，主体结构1~3层部分框架梁、柱的混凝土浇筑比同期养护试块的28d强度偏低，不能满足建筑结构承载力和抗震设计要求。经采用取芯法和回弹法进行综合评定，信息楼主体结构1~3层不能满足强度要求，需要实施加固补强的框架梁共计63根，框架柱共计68根。其中，1层框架柱18根，框架梁7根；2层框架柱7根，框架梁12根；3层框架柱43根，框架梁44根。经计算分析，由于1层个别框架柱混凝土强度过低，使与其顶端相交的框架梁的承载力受到较大影响，因此，需要在加固这些框架柱的同时，加固与其柱顶相交的框架梁。

根据信息楼的具体工程情况、实施的可操作性、加固效果的可靠性及耐久性，框架梁、柱加固补强设计方案综合采用加大截面、外包钢和粘贴碳纤维的方法，并尽可能采用机械连接和焊接的施工工艺。

（1）对一般强度偏低的混凝土框架柱，采用外包钢的方法进行加固处理。外包钢加固法的主要材料为竖向∟63×63×5角钢、横向—40×4和—150×10扁钢。其中，—40×4扁钢分布围焊于角钢外侧，形成分布封闭钢箍；—150×10扁钢围焊于柱根和柱顶处的角钢外侧，形成加强封闭钢箍。各钢件均采用焊接连接。当柱顶为正交梁时，角钢通过柱顶节点及穿过楼板，用—150 × 10 扁钢形成的封闭钢箍锚固于上层柱根，通过节点区的角钢由穿透各梁的封闭钢箍围焊于节点区，如图 5-19 所示。加固后的框架柱能够满足原设计强度要求。

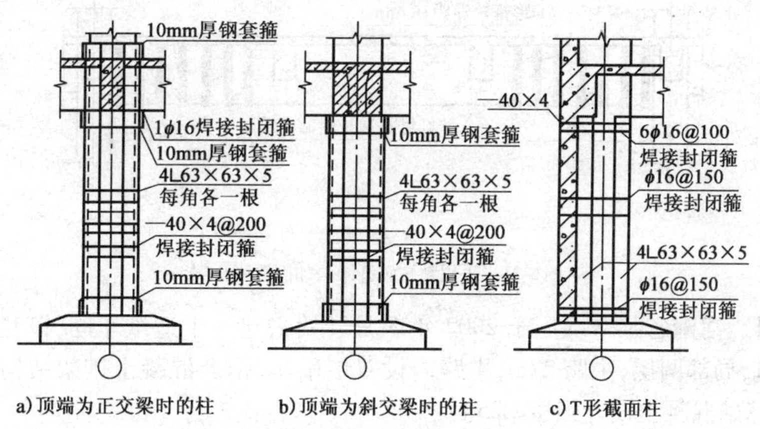

a)顶端为正交梁时的柱　b)顶端为斜交梁时的柱　c)T形截面柱

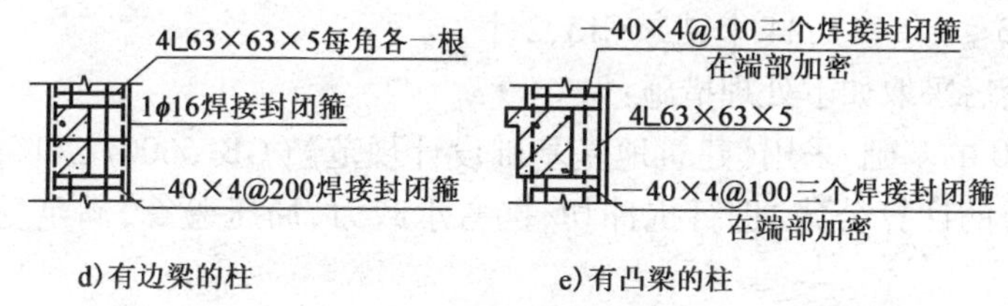

d)有边梁的柱　e)有凸梁的柱

图 5-19　采用外包钢法加固混凝土柱

(2)对两根强度较低的混凝土框架中柱，采用加大截面的方法进行加固处理。加大截面加固法的主要材料为竖向 20ϕ32 主筋和横向 ϕ12 箍筋。主筋在柱根处锚栽于基础，顶端通过柱顶节点及穿过楼板用—150 × 10 扁钢形成的封闭钢箍，锚固于上层柱根；箍筋围焊于主筋外侧；主筋通过柱顶节点处用穿透各梁的 ϕ16 封闭钢箍围焊于节点区。为使新旧混凝土有效配合共同工作，将柱身原外表面凿毛并设置膨胀螺栓（抗剪销栓），其 C50 级混凝土可用流动性强的高于该强度的修补灌浆料替代浇筑。在采用加大截面的方法加固混凝土框架中柱的同时，尚对与其顶端相交的大跨度框架梁支座负弯矩区，采用—550 × 10 扁钢及 ϕ16 U 形钢箍和∟63 × 63 × 5 角钢进行加固，如图 5-20 所示。加固后的框架柱能够满足原设计强度要求。

贴角焊
12φ16膨胀螺栓
10mm厚钢套箍
10mm厚钢板与套箍坡口焊
φ16@150U形箍
150
150
贴角焊
1φ16焊接封闭箍
10mm厚钢套箍
12φ16膨胀螺栓
2L60×6
与套箍焊接
1600 100
20φ32
Φ12@100焊接封闭箍
6Φ12@50焊接封闭箍
锚固深度350mm

图 5-20　采用加大截面法加固混凝土柱

(3)对各层强度偏低的混凝土框架梁，采用粘贴碳纤维的方法进行加固处理。粘贴碳纤维加

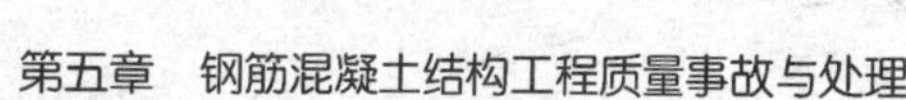

固法的主要材料为300g/m² 型碳纤维布和两组分环氧基树脂修补和黏结胶。碳纤维布沿梁底通长粘贴两层,其延至梁的两端处,各用7个100mm宽的U形碳纤维箍作附加锚固,如图5-21所示。加固后的框架梁能够满足原设计强度要求。

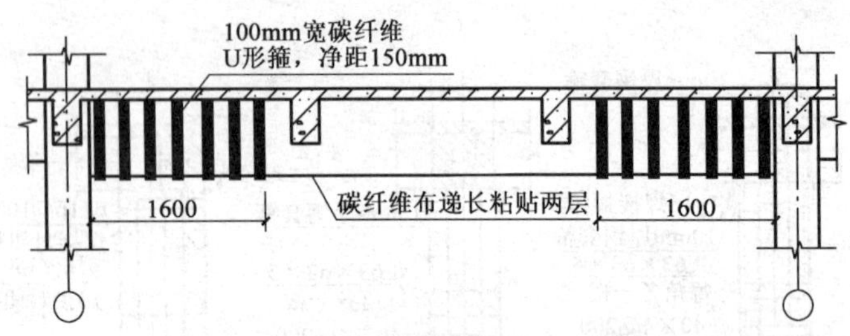

图 5-21 采用粘贴碳纤维法加固混凝土梁

【例5-19】 河南省某造纸厂于2002年5月开始兴建一个造纸车间,该建筑长192m,宽36m,单层建筑,局部两层,主跨27m,主跨内设双层吊车,钢筋混凝土排架结构,轻钢屋盖,柱下独立基础,基础混凝土设计强度C25。

基础共118个,经回弹检测,依检测结果基础混凝土强度f_c分布如下:f_c≥C20,17个;C17≤f_c<C20,65个;C13≤f_c<C17,34个;f_c<C13,2个。

故经各方讨论后采取如下处理措施:

(1)对f_c≥C20的基础,采用《建筑地基基础设计规范》(GB 50007)和《混凝土结构设计规范》(GB 50010)的计算公式,进行抗冲切、抗弯承载力、局压验算,满足受力要求,故不做处理。

(2)对C17≤f_c<C20的基础,按C17混凝土进行抗冲切、抗弯承载力、局压验算时,基本满足受力要求,主要针对柱根进行加固,加固措施如图5-22所示。

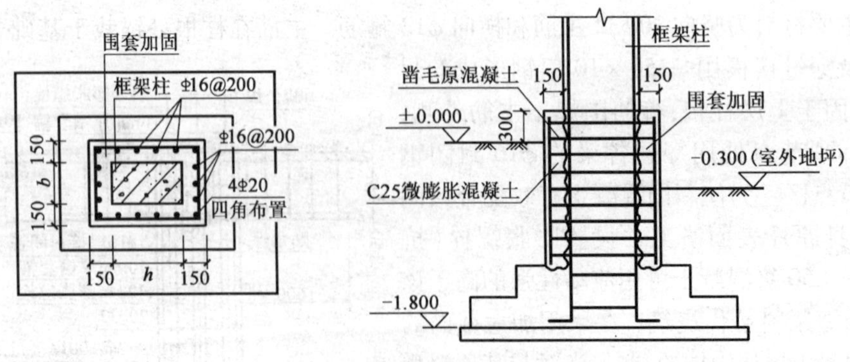

图 5-22 柱基加固措施1(尺寸单位:mm)

(3)对C13≤f_c<C17的基础,已不能满足承载力要求,必须加固基础,加固措施如图5-23所示。

(4)对f_c<C13的基础,混凝土和钢筋的共同协作性很差,实际计算的裂缝宽度较大,即使后期强度有所增长,也很难在加固后满足承载力及耐久性要求,所以将该类基础全部挖除后重新施工。

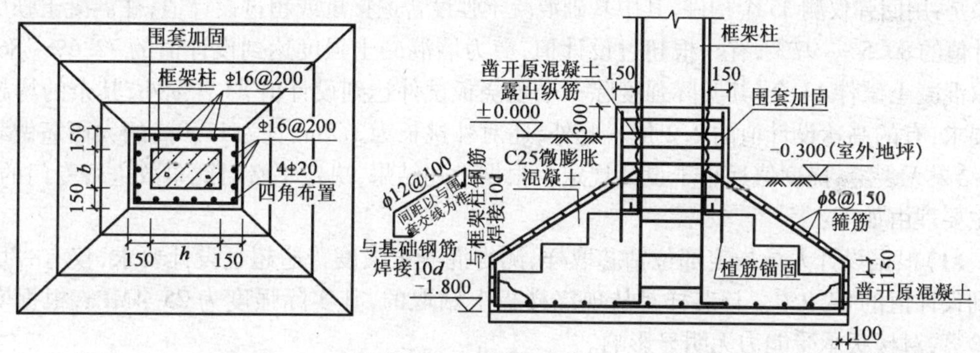

图 5-23 柱基加固措施 2(尺寸单位:mm)

【例 5-20】 粘贴钢箍板加固。

辽宁省某地一幢 4 层办公楼,使用一年多后,发现顶层主梁与次梁普遍出现斜裂缝,多数裂缝宽大于 0.3mm,最宽处达 1.5mm,裂缝位置绝大部分位于靠支座处和集中荷载作用点附近。据查这批梁是在冬季施工的,混凝土配料与搅拌质量较差,成型后又受冻害。原设计强度等级为 C20,两年半后测定实际强度接近 15MPa。可见梁产生严重裂缝的主要原因是混凝土强度低,梁的抗剪能力不足。

由于这批梁的结构安全度严重偏低,必须进行加固处理。经研究决定采用结构胶粘贴钢箍板来提高梁抗剪承载力的加固方法。

(1)次梁加固。次梁加固断面如图 5-24 所示,加固钢箍板厚为 1.3mm,宽为 100mm,加固板中间距为 250mm。箍板的上下端弯折后,分别黏结在梁的上、下表面上,以增加其锚固力。梁上表面需除去部分预制空心板下的砂浆层,方可将黏结钢板插入。经过加固处理后,梁斜截面配筋率较原设计提高了 4.6 倍。

(2)主梁加固。主梁加固断面如图 5-25 所示,主梁加固与次梁基本相同,其不同点是箍板的上端不能穿过楼板弯折到梁上表面,故改用在梁的上部混凝土中钻孔,埋设锚固螺栓,箍板用螺帽、垫圈等与锚栓连接固定,以增加锚板上端的锚固力。

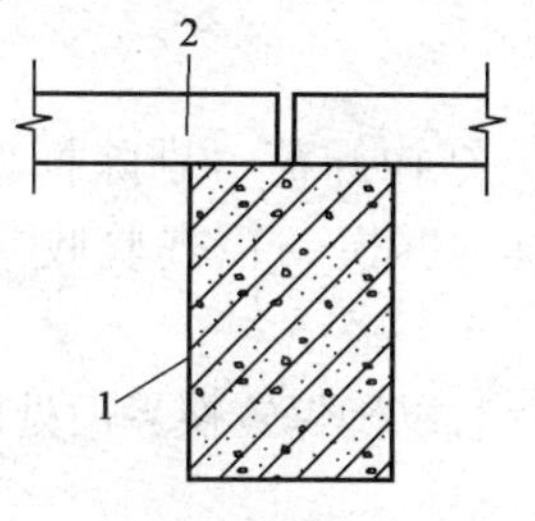

图 5-24 次梁加固示意图

1-钢箍板;2-楼板

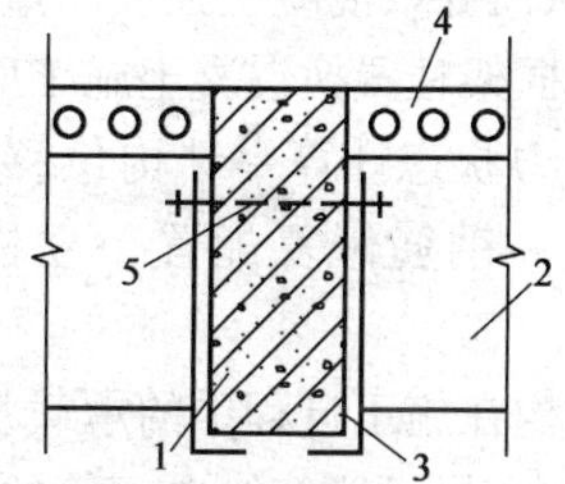

图 5-25 主梁加固示意图

1-主梁;2-次梁;3-补强钢板;4-楼板;5-螺栓

【例 5-21】 现浇框架混凝土试块达不到设计强度事故。

江苏省某教学楼为 10 层现浇框剪结构,主体结构施工中发现,从预制桩基础到柱、剪力墙、现浇板、大雨篷等结构构件中,共有 13 组试块强度达不到要求,最低的仅达到设计值的 56.5%。为确定事故性质及处理方法,对这些不合格试块涉及的构件混凝土强度进行实测,其

结果是:用回弹仪测35个构件,其中基础混凝土强度普遍接近或超过设计值;柱混凝土强度达到设计值的80.5%~97%,有一根超过设计值;剪力墙混凝土强度达到设计值的72.6%~86.2%。钻取混凝土试件13个,其实际强度除一个现浇板试件达到设计值84.7%外,其余的均超过设计要求,有的高达设计值的2.2倍。此外,还对外挑长为3.5m、宽为15.0m的大雨篷做载荷试验,结果无裂缝,挠度值远小于设计规定。根据上述结果,决定不必对此事故进行专门的处理,其主要理由如下:

(1)根据设计人员指定部位钻芯取样,测得混凝土强度普遍超过设计要求,仅有一块强度达到设计值的84.7%。该芯样是从现浇楼板上钻取的,其实际强度为25.4MPa,根据实际强度验算,对楼板承受能力无明显影响。

(2)大量的回弹仪测试结果表明,混凝土实际强度普遍超过试块强度,74%以上的实测强度大于90%设计强度,最低一组为剪力墙,实际强度达到设计值的72.6%(21.8MPa)。

(3)结构载荷试验证明雨篷性能良好。

(4)预制桩混凝土试块强度虽未达到设计值,但打桩过程中无异常情况,桩入土后,混凝土试块强度个别虽仅为173MPa,但也不致降低单桩承载能力。

(5)经检查混凝土施工各项原始资料齐全,原材料质量全部合格,混凝土配合比由公司试验室专门试配后确定,工地执行配合比较认真,混凝土工艺和施工组织比较合理。现场对混凝土试块成型、养护、保管较差,因此使试块不能反映混凝土的实际强度。

【例5-22】 置换混凝土。

常州市某房地产开发有限公司开发的住宅楼工程位于常州市内,该工程为带底层车库的6层框架结构,商品混凝土设计强度等级为C30。当施工至六层框架结构梁板时,发现二层柱的柱顶部有开裂现象,呈典型的柱受压破坏裂缝。经回弹检测,发现共有21根柱混凝土强度等级在C20以下,其中大部分柱混凝土强度等级低于C10。经设计计算复核,该工程的框架柱承载能力严重不足,结构随时都有倒塌的可能,情况十分危险。根据加固方案比较,最终确定对此21根框架柱进行混凝土置换。经对商品混凝土质量进行调查、分析、检验,发现该21根柱均为同一车商品混凝土,共8.5m^3,由于是在深夜施工,水泥用量没有按规定的配合比要求进行配置,从而导致混凝土强度严重不足。

本工程框架柱置换混凝土施工应按下列工序进行:

结构受力状态计算→结构位移控制的仪器仪表设置→结构卸荷→剔除框架柱混凝土→界面处理→钢筋修复配置→立模→浇筑混凝土→养护→拆模→检查验收→拆除卸荷结构。

对原结构在施工过程中的承载状态进行验算、观察和控制,以确保置换界面处的混凝土不会出现拉应力,尽可能使纵向钢筋的应力为零。

置换混凝土采用加固型高强无收缩C35混凝土。

结构拆模后经设计单位、监理单位、建设单位、施工单位对外观质量进行检查,并对加固型混凝土强度及时进行检测,其3d混凝土抗压强度为35.0MPa,完全满足加固设计要求,结构加固工程质量优良。

【例5-23】 预应力外包钢加固。

广东省某商住楼,主体结构完工后,发现五、六层柱出现裂缝。经当地质监站检测,混凝土实际强度仅达到13MPa,达不到原设计C20的要求。用混凝土实际强度进行结构验算,柱承载力不足,必须进行加固处理。

该工程采用预应力外包钢的方法进行加固,如图5-26所示。其主要优点是能可靠地将结构内力传递至加固结构上。加固要点是:安装扁钢箍前用焊枪进行预热,并迅速将扁钢箍焊接在角钢上,加热温度控制在120℃以上。扁钢冷却至常温时,会产生预应力,使后加荷载转移至角钢和扁钢上。

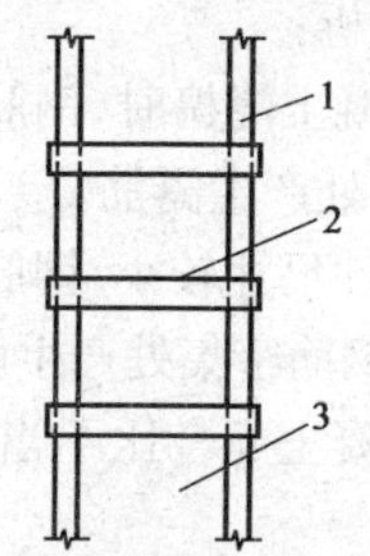

图5-26　预应力外包钢加固

1-角钢;2-扁钢箍(施加预应力);3-高强度钢丝网水泥砂浆,厚3cm

四 混凝土孔洞、露筋等事故的原因及处理

(一)孔洞、露筋、缝隙夹层事故原因

1. 孔洞

孔洞是指混凝土表面有超过保护层厚度,但不超过截面尺寸1/3的缺陷,结构内存在着空隙,局部或部分没有混凝土,或可以望穿结构的空洞。

原因分析:

(1)在钢筋密集处或预留孔洞和埋件处,混凝土浇筑不畅通,不能充满模板而形成孔洞,或内外模距离狭窄,振捣困难。骨料粒径过大,腹板钢筋过密,造成混凝土下料中被钢筋和抽拔管卡住,下部形成孔洞。

(2)未按顺序振捣混凝土,产生漏振;或没有分层浇筑;或分层过厚,使下部混凝土振捣作用半径达不到,形成松散状态。

(3)混凝土流动性差,混凝土离析,砂浆分离,石子成堆,或严重跑浆,形成特大蜂窝,或错用外加剂,如夏季浇筑混凝土中掺加早强剂,造成成型振实困难。

(4)混凝土工程的施工组织不好,未按施工顺序和施工工艺认真操作而造成孔洞。

(5)混凝土中有泥块和杂物掺入,或将木块等大件料具打入混凝土中。

(6)不按规定下料,吊斗直接将混凝土卸入模板内,一次下料过多,以致出现特大蜂窝和孔洞。

2. 缝隙夹层

施工缝处混凝土结合不好,有缝隙或夹有杂物,造成结构整体性不良。

原因分析:

(1)在浇筑混凝土前没有认真处理施工缝表面;浇筑时,捣实不够。

(2)浇筑大面积钢筋混凝土结构时,往往分层分段施工。在施工停歇期间常有木块、锯末等杂物(在冬季还有积雪、冰块)积存在混凝土表面,未曾认真检查清理,再次浇筑混凝土时混入混凝土内,在施工缝处造成杂物夹层。

3. 露筋

构件中的主筋、副筋或箍筋等部分或局部未被混凝土包裹而外露。

原因分析：

(1)混凝土浇捣时,钢筋保护层垫块移位或垫块间距过大甚至漏垫,钢筋紧贴模板,拆模后钢筋密集处产生露筋。

(2)构件尺寸较小,钢筋过密,如遇到个别骨料粒径过大,水泥浆无法包裹钢筋和充满模板,拆模后钢筋密集处产生露筋。

(3)混凝土配合比不当,浇筑方法不正确,使混凝土产生离析,部分浇筑部位缺浆,造成露筋。

(4)模板拼缝不严,缝隙过大,混凝土漏浆严重,尤其是角边,拆模时又带掉边角出现露筋。

(5)振捣不足或振捣不当,振钢筋或碰击钢筋,造成钢筋移位或振捣不密实,有钢筋处混凝土被挡住包不了钢筋。

(6)钢筋绑扎不牢,保护层厚度不够,脱位突出。

(二)事故处理方法

1.一般处理

1)孔洞事故处理

(1)通常要经有关单位共同研究,制定补强方案,经批准后方可处理。

(2)现浇混凝土梁、柱的孔洞处理,应根据批准的补强方案,首先采取安全措施,在梁底用支撑支牢,然后将孔洞处不密实的混凝土和凸出的石子颗粒剔凿掉,要凿成斜形,避免有死角(见图5-27),以便浇筑混凝土。

(3)为使新旧混凝土结合良好,应将剔凿好的孔洞用清水冲洗,或用钢丝刷仔细清刷,并充分湿润,浇筑比原混凝土强度等级高一级的细石混凝土。采用小振捣棒分层仔细捣实,认真做好养护。

(4)有的孔洞在浇筑混凝土前要支牢模板,再浇筑混凝土,如图5-28所示。伸出结构面的混凝土影响装修时,可将伸出部分剔掉。

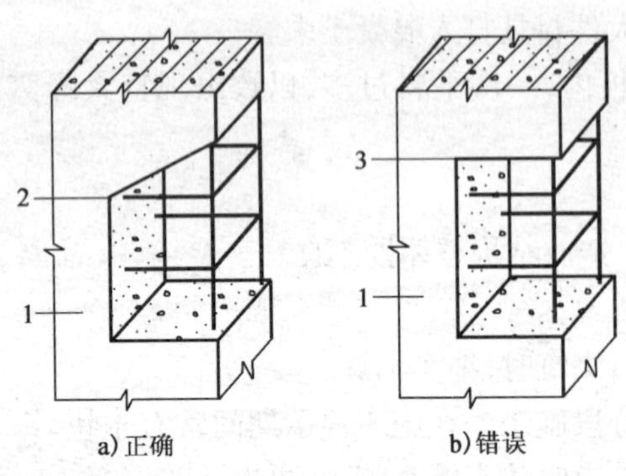

图5-27　混凝土孔洞凿洞

1-构件;2-孔洞处凿成斜形;3-死角

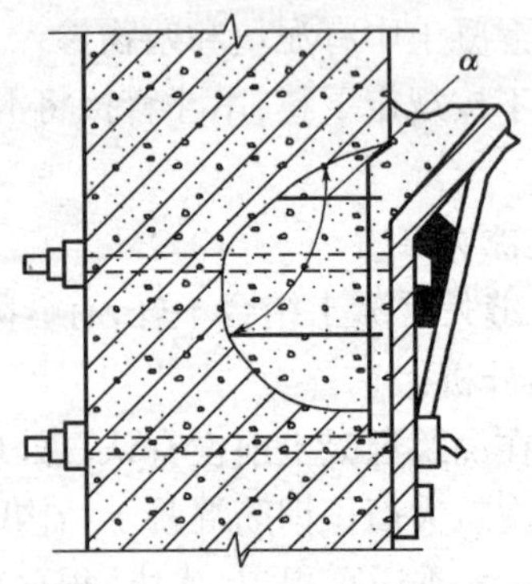

图5-28　混凝土孔洞处理时的支模

2)缝隙夹层的处理

(1)当表面缝隙较细时,可用清水将裂缝冲洗干净,充分湿润后抹水泥浆。

(2)对夹层的处理应慎重。梁、柱等在补强前,首先应搭临时支撑加固后,方可进行剔凿。将夹层中的杂物和松软混凝土清除,用清水冲洗干净,充分湿润,再浇筑、捻塞比原来高一级的细石混凝土或混凝土减石子砂浆,捣实并认真养护。

3)露筋的处理办法

(1)表面漏筋,先将混凝土残渣及铁锈刷洗干净后,在表面抹1:2或1:2.5水泥砂浆,使其充满漏筋部位,然后抹平。

(2)漏筋较深的,凿去薄弱混凝土和凸出颗粒,洗刷干净后,用比原来高一级的细石混凝土填塞压实,认真养护。

2. 其他处理方法

1)捻浆

对剔凿后混凝土缺陷高度小于100mm者,可采用干硬性混凝土捻浆法处理。

2)灌浆

有两种常用灌浆方法:一是在表面封闭后直接用压力灌入水泥浆;二是混凝土局部修复后,再灌浆,以提高其密实度。

3)喷射混凝土

对混凝土露筋和深度不大的孔洞,在剔凿、清洗和充分湿润后,可用喷射细石混凝土修复。

4)环氧树脂混凝土补强

孔洞剔凿后,用钢丝刷清理并用丙酮擦拭,再涂刷一遍环氧树脂胶结料,最后分层浇筑环氧树脂混凝土,并捣实。施工及养护期应防水防雨。

5)拆除重建

对孔洞、露筋严重的构件,修复工作量大,且不易保证质量时,宜拆除重建。

(三)事故处理实例

【例5-24】 2003年8月,广西某综合楼工地发生了一起混凝土浇筑3d后局部未初凝的质量事故。该工程为15层商业综合楼,建筑面积为14530m^2,框剪结构,发生质量事故的是第八层有一剪力墙及与其连接的柱,采用C45泵送商品混凝土浇筑。调查分析得到的信息,判断这属于质量事故。

当时上部的梁板混凝土已达到设计强度的50%以上,上一层楼面的柱墙钢筋绑扎已完成并开始了柱墙梁楼板模板的支撑搭设,若将未凝固混凝土及其上部的暗梁墙板的合格混凝土打掉,按常规重新浇筑混凝土的做法难度很大。故决定立即将未凝固的混凝土挖除干净,用压力将高一等级的补偿收缩膨胀混凝土浇筑并充实空腔,进行局部结构加固。具体做法如下:

(1)将未凝固的混凝土全部挖除,并冲洗干净和校正钢筋。在此工作进行前,先在其上部合格的混凝土的底部支设临时顶撑,防止上部混凝土下坠。

(2)安装模板用18mm厚的漆面硬木胶合板,加劲肋用100mm×50mm松方@300mm,并每隔300mm加设一根$\phi 48 \times 3.5$钢管,由底部直通顶部。对拉螺栓为$\phi 12$@400mm×400mm

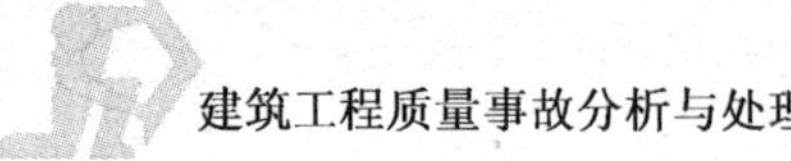

(每端两个螺母),模板与硬混凝土接触部分不能用穿螺栓拉紧,则用顶撑压牢;墙板空腔的最低处留设混凝土贯入孔,最高处留设出气(浆)孔。出气(浆)孔的外模上翻,高出空腔顶100~150mm,呈漏斗状。

(3)压注混凝土的配制。混凝土的强度比原设计混凝土提高一个等级(即C50级),并掺UEA膨胀剂以补偿混凝土的硬化收缩。其每立方米混凝土材料用量配合比为:水泥(52.5R):中粗河砂:卵石(粒径0.5~31mm):膨胀剂UEA型:水:泵送剂(SP406型)=525:630:990:50:220:10。坍落度设计为(160±30)mm。

(4)混凝土的浇筑。混凝土由混凝土公司制备后,用6m^{3}混凝土运输车送到工地,连接HBT60A型混凝土输送泵,通过ϕ125mm压力钢管直接输送到装好的模板内。混凝土由下往上压至顶点后,出气(浆)孔涌出气和浮浆液,压力表指针指到30MPa时,模板开始发生变形并发出响声,即停止输送混凝土。

(5)养护和拆模。采用封模养护法,模板表面及时浇水保护湿润14d。拆模按一般的操作工艺进行。

结构加固效果:

(1)观感效果很好。

(2)回弹强度满足要求。

(3)试块强度标准养护的抽样试块28d的强度满足设计要求。

(5)结构加固强度超过原设计要求强度23.8%,偏于安全。

【例5-25】 某楼建筑面积5700m^2,5层框架结构,地下室层高4m,面积逾800m^2。该工程采用商品混凝土浇筑,地下室墙板设计强度C30,抗渗等级P6。地下室墙体模板拆除后,发现该墙体存在多处麻面、蜂窝、露筋,靠近下部止水带施工缝处内外两侧存在多处孔深为60mm、40mm的孔洞。经现场详细检测,该墙板混凝土质量缺陷可分为三类:

(1)轻微缺陷:地下室窗下多处露筋,内墙局部蜂窝、麻面;

(2)一般缺陷:外墙内侧、孔洞、露筋;

(3)严重缺陷:外墙施工缝多处水平状露筋、孔洞。

经现场检测,查阅相关资料,询问相关人员,该地下室质量问题产生的主要原因为暗梁钢筋较多,地下室高度达4m左右,不方便振捣;下料与振捣配合不好;工人未按规范振捣;施工单位也未采取开口、溜槽、串筒等有效措施来保证混凝土的下落高度,下料不当,造成石子集中、混凝土离析。间接原因为施工单位项目管理混乱,质量保证体系不健全,质量责任制、质量检验制度、质量技术交底制度落实不好,对一线操作人员教育培训不够,工人责任心差;监理公司把关不严,监理人员责任心差,旁站方案得不到落实;建设单位盲目赶工期等。

处理方案如下:

(1)地下室窗下露筋的处理措施:将已浇筑的混凝土表面凿去浮浆,用清水冲洗干净,两侧同时支模,再用比原强度等级(C30)高一级(C35)的细石混凝土(掺膨胀剂)浇平并振捣密实(浇筑前先铺与混凝土强度等级相同的水泥砂浆结合层),模板拆除后用麻袋覆盖浇水养护不少于14d。

(2)对地下室内墙局部蜂窝、麻面的处理措施:将蜂窝、麻面凿净,新旧混凝土结合面凿毛,清除浮浆,用压力水冲洗干净,采用高强度水泥砂浆分层抹压至墙面平齐,砂浆初凝后养护不少于 14d。

(3)对地下室外墙内侧露筋、孔洞的处理措施:将混凝土表面凿毛,个别有锈点的钢筋用钢丝刷除锈干净,用压力水冲洗干净,支护模板,浇筑 BY-40 型自流混凝土。该自流混凝土渗透性能好,能充分渗入到混凝土孔隙中与旧混凝土紧密结合,无收缩,起到良好的防渗效果,且该混凝土强度高,能够起到较好的结构补强作用。

(4)对外墙施工缝处水平条状露筋、孔洞的处理措施(见图 5-29):

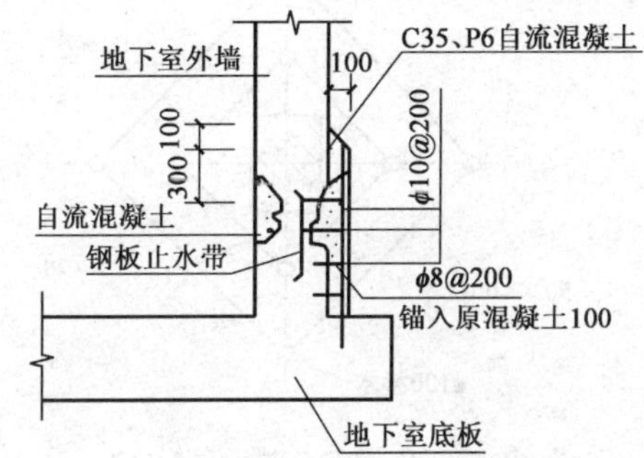

图 5-29　条状露筋、孔洞的处理措施(尺寸单位:mm)

①将外墙混凝土疏松部分凿除,并将新旧混凝土结合面凿毛,用压力水冲洗干净;

②在墙面植筋,植入深度不少于 100mm,在底板面,植入深度不少于 100mm,强度达到要求后,随机抽取 3 根,现场做拉拔试验,均符合要求;

③钢筋隐蔽验收合格后,在新旧混凝土结合面刷素水泥浆一道后浇筑抗渗等级 P6、强度为 C35 的自流混凝土(施工方法同上);

④新增钢筋混凝土墙厚 100mm,覆盖外墙孔洞边,每边不少于 300mm。

处理后,经两家检测机构检测结果表明,该地下室混凝土强度、密实度均符合要求。

【例 5-26】　福建省某市两幢框架结构的 8 层住宅楼,建筑总面积为 5560m^2,主体施工进度至三层楼面时,发现部分框架节点及柱身(梁底下 0.5m 范围内)的混凝土呈疏松状。为了解已施工部分混凝土实际质量情况,在现场用超声回弹综合法检测,结果表明,凡外观质量好的混凝土均达到设计强度。因此,事故范围仅局限于外观有缺陷的区域。

考虑到混凝土缺陷仅在框架节点周围附近,采用外包钢或混凝土的方案不经济。因而采用凿除缺陷部分混凝土重浇,并在柱的一侧局部加大补强的方案处理。先加固处理节点区域,然后再处理有缺陷的梁板。

事故处理要点:

(1)支撑。梁柱节点附近混凝土凿除前先按图 5-30 要求安装支撑体系,施工时,应使一、二层的 ϕ100 杉木支撑中心在同一垂直线上。

(2)凿除混凝土。支撑体系完成后,凿除缺陷区混凝土,同时将拟加大截面的一侧混凝土表面凿毛。凿除过程中应严密监视原梁板是否有向下位移,如发现异常,应及时处理。

(3)浇混凝土前准备。凿除工作完成后,清理和刷洗被凿面,再进行钢筋和模板的安装。

(4)浇混凝土。柱一侧加大部分采用分段支模,即由下到上支设一块高 30cm 的模板,然后浇混凝土,逐渐往上移。柱节点处支下料斜槽,浇混凝土应高出加固区 20cm,以确保节点处混凝土结合面密实,混凝土有一定强度后,凿除多余部分混凝土。加固施工示意如图 5-31 所示。

(5)养护。浇混凝土后 12h,挂草袋洒水养护 5d。

加固施工完成后检查,所有梁均未下挠,也无裂缝,新旧混凝土结合良好。这种处理办法不仅费用较低,而且也不影响上部结构连续施工。

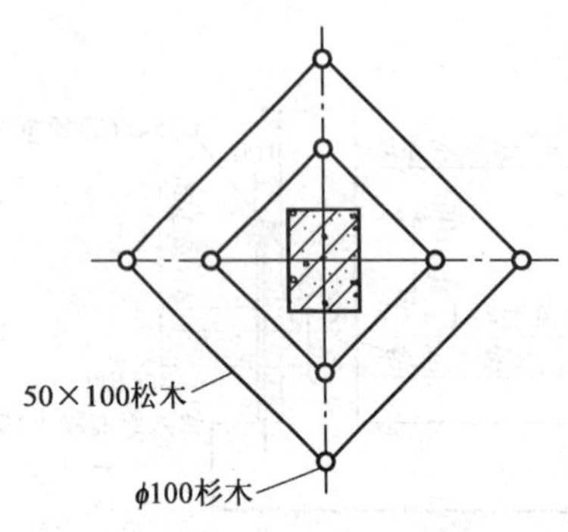

图 5-30　临时支撑示意图

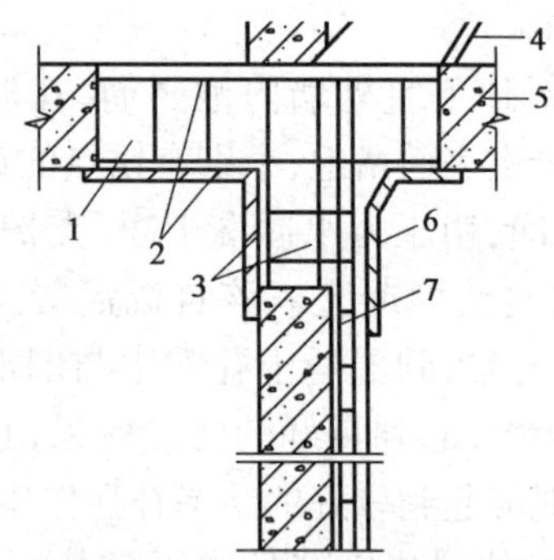

图 5-31　框架节点加固示意图

1-加固区；2-原梁钢筋；3-原柱钢筋；4-下料槽；5-无缺陷混凝土；6-分段装模板；7-新增柱钢筋

【例 5-27】　环氧树脂混凝土补强大面积的混凝土孔洞事故。

安徽省某工程拆模后发现混凝土有大面积孔洞，随即采用环氧树脂混凝土补强。

环氧树脂胶结料配合比见表 5-3，环氧树脂混凝土配合比见表 5-4。

（1）胶结料配制方法在容器中按比例用丙酮稀释环氧树脂，然后加入邻苯二甲酸二丁酯和乙二胺，充分搅拌均匀，即为环氧树脂胶结料。

（2）环氧树脂混凝土配制先将水泥和粗细骨料干拌均匀，随后倒入环氧树脂胶结料拌匀，时间约 3min，配制工作应在施工地点附近进行。

该工程修补混凝土的抗压强度与黏结强度均超过原有混凝土。老化问题主要取决于环氧树脂，据有关资料介绍，12 年老化试验强度约降低 7%。该工程表面有抹灰层，老化影响将明显减小。

环氧树脂胶结料配合比　　表 5-3

材料名称	作　用	规　格	质量比	备　注
环氧树脂	主剂	6101	100	
邻苯二甲酸二丁酯	增塑剂	工业	2	
丙酮	稀释剂	工业	20	
乙二胺	固化剂	试制	0.5～3	用量随施工温度而定

环氧树脂混凝土配合比　　表 5-4

材料名称	规　格	质量比	备　注
环氧树脂胶结料		1	按表 5-3 配制的溶液
水泥	42.5	1	也可用 32.5
砂	中砂	2 洗净烘干	
石子	5～20mm	3.5	洗净烘干

【例 5-28】　天津某商住楼工程首层为框剪结构，二层及以上为砖混结构。首层框剪结构的混凝土强度为 C30，混凝土施工时间为 2001 年 1 月份，墙、柱均为一次支模、浇筑成形。2001 年 3 月开始拆模，拆模后发现墙和柱有严重蜂窝、孔洞近百处，且有局部钢筋裸露等质量

问题。

1)产生质量问题的主要原因

(1)施工管理不到位,浇筑混凝土前未进行技术交底;施工人员素质低、技术差;混凝土浇筑过程中没有进行有效的监督控制。

(2)墙、柱的混凝土浇筑高度达4m,但在混凝十浇筑时却没有使用导管,而是用吊斗直接将混凝土卸入模板内,一次浇筑高度过高,这样就出现了两种情况:一是一次卸料过多,在模板内搁浅,形成空穴;二是一次浇筑厚度过大,振捣器插入不到位,发生漏振,出现了蜂窝贯穿全截面的断柱、穿墙洞等严重质量问题。

(3)未按顺序逐层振捣,而发生漏振。

(4)振捣工具配置少,混凝土浇筑速度快,造成漏振。

检测结果表明:①混凝土密实,内部无缺陷,检测后拆除了一根断柱,拆除过程中发现混凝土的质量与检测结果相符;②混凝土强度达到了38MPa,满足设计要求。根据鉴定结论,可以只对构件有问题的部位进行加固处理。

2)采用水泥基灌浆料加固

水泥基灌浆料是以高强度材料作为骨料,以水泥作为结合剂,辅以高流态、微膨胀、防离析等物质配制而成。因此,水泥基灌浆料具有高强无收缩、流动性好、免振捣等优点,能充满各种形状的孔洞和缝隙,可渗入到混凝土中的细微裂缝中,从而保证与旧混凝土高强度黏结。

3)加固施工流程

基面处理→支设模板→配制灌浆料→灌注施工→拆模→养护。

4)检测结果

加固施工完毕,采用钻芯法和超声波法对加固部位进行了检测,检测结果表明新旧混凝土黏结密实,黏结强度高,灌浆料28d强度满足设计要求。加固施工未影响上部结构的正常施工,施工工期短,费用低,达到了很好的加固效果。

该商住楼已使用两年,加固处理后的墙、柱未发生任何质量问题。

五 错位变形事故处理

(一)错位变形事故类别与原因

1. 错位变形事故类别

(1)构件平面位置偏差太大。

(2)构件竖向位置偏差太大。

(3)柱或屋架等构件倾斜过量。

(4)构件变形太大。

(5)建筑物整体错位或方向错误。

(6)建筑物整体变形。

2. 错位变形常见原因

产生错位变形的原因有以下几种:

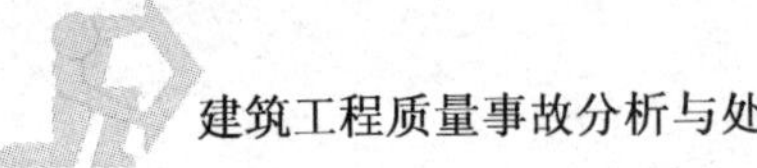

(1)看错图。常见的有把柱、墙中心线与轴线位置混淆;不注意设计图纸说明的特殊方向,如一般平面图上方为北,但有的施工图纸因特殊原因,上方为南。

(2)测量标志错位。如控制桩设置不牢固,施工中被碰撞、碾压而错位。

(3)测量错误。常见的是读错尺或计算错误。

(4)施工顺序错误。如单层厂房中吊装柱后,先砌墙,再吊装屋盖,造成柱墙倾斜等。

(5)施工工艺不当。如柱或吊车梁安装中,未经校正即最后固定等。

(6)施工质量差。如构件尺寸、形状误差大,预埋件错位、变形严重,预制构件吊装就位偏差大,模板支撑刚度不足等。

(7)地基不均匀沉降。如地基沉降差引起柱、墙倾斜,吊车轨顶标高不平等。

(8)其他原因。如大型施工机械碰撞等。

(二)错位变形事故处理方法

由地基基础造成的错位变形事故的处理详见本书的第三章。上部结构错位变形常用处理方法有以下几种:

(1)纠偏复位。如用千斤顶对倾斜的构件进行纠偏。

(2)改变建筑构造。如大型屋面板在屋架上支撑长度不足,可增加钢牛腿或铁件;又如空心楼板安装中,因构件尺寸误差大,而无法使用标准型号板时,可浇筑一块等高的现浇板等。

(3)后续工程中逐渐纠偏或局部调整。如多层现浇框架中,柱轴线出现不大的偏位时,可在上层柱施工时逐渐纠正到设计位置;又如单层厂房中,预制柱的弯曲变形,可在结构安装中局部调整,以满足各构件的连接要求。需要注意的是,采用这种处理方法前应考虑偏差产生的附加应力对结构的影响。

(4)增设支撑。如屋架安装固定后垂直度偏差超过规定值,可增设上弦或下弦平面支撑,有时还可增设垂直支撑和纵向系杆。

(5)补做预埋件或补留洞。结构或构件中应预埋的铁件遗漏或错位严重时,可局部凿除混凝土(有的需钻孔)后补做预埋件,也可用角钢、螺栓等固定在构件上代替预埋件。预留洞遗漏时可补做。

(6)加固补强。错位、倾斜、变形过大时,可能产生较大的附加应力,需要加固补强。常用的加固补强的方法有增大截面加固法、外包钢加固法(分为干式外包钢和湿式外包钢两种形式)、外部黏钢加固法、预应力加固法、增加支点法、托梁拔柱法、化学灌浆法等。

(7)局部拆除重做。根据具体事故情况酌情处理。

(三)错位变形事故处理注意事项

在错位变形事故处理中应注意以下几点:

(1)对结构安全影响的评估是选择处理方法的前提。错位、偏差或变形较大时,必须对结构承载能力及稳定性等做必要的验算,根据验算结果选择处理方法。

(2)要针对错位变形的原因,选择适当的方法。如地基不均匀沉降造成的事故,需要根据地基变形发展趋势,选定处理方法;因施工顺序错误、施工质量低劣或意外的荷载作用等造成错位变形，则应针对其直接原因采用不同的处理措施，方可取得满意的效果。

(3)必须满足使用要求。如吊车梁调平、柱变形的消除等均应满足吊车行驶的坡度、净空尺寸等要求，并根据生产流水线对建筑的要求，确定结构或构件错位的处理方法。

(4)注意纠偏复位中的附加应力。如用千斤顶校正柱、墙倾斜，必须验算构件的弯曲和抗剪强度等。

(5)确保施工安全。错位变形事故处理过程中，可能造成强度或稳定性不足，应有相应的措施；局部拆除重做时，注意拆除工作的安全作业，并考虑拆除断面以上结构的稳定；梁板等水平结构处理时，应设置必要的安全支架等。

【例5-29】 湖北省某车间预制柱，因场地地基不均匀下沉和柱模板质量问题(柱模刚度不足与尺寸误差)等原因，造成9根柱局部严重弯曲，弯曲出现在矩形截面的短边方向，弯曲矢高为30~40mm，最大达80mm。

事故处理：首先考虑柱弯曲变形后对结构安装的影响，尤其应注意屋盖系统安装的困难程度。经研究，初步确定了构件安装线的调整方案。其次根据上述安装线，计算构件的实际偏差值，然后用原设计内力与偏差引起的附加内力组合，并考虑柱实际截面小于设计值，进行结构验算。验算结果证明，结构安全无问题，因此决定不必加固补强，即可进行吊装。为了尽量减小偏差对结构的不利影响，采取了以下四项措施：

(1)偏差在20mm以内的，柱安装中心线为柱底中心与大牛腿中心的连线。安装柱时将此线对准杯口的中心线。安装屋架时，将屋架轴线对准柱顶截面中心线(见图5-32a)。

(2)偏差在20~40mm范围内时，柱的安装中心线同上，而屋架安装中心线用下述方法确定：先将安装中心线延长至柱顶面，并在柱顶画出此安装线，然后画出柱顶截面中心线，用上述两线的中点线作为屋架安装的中心线(见图5-32b)。

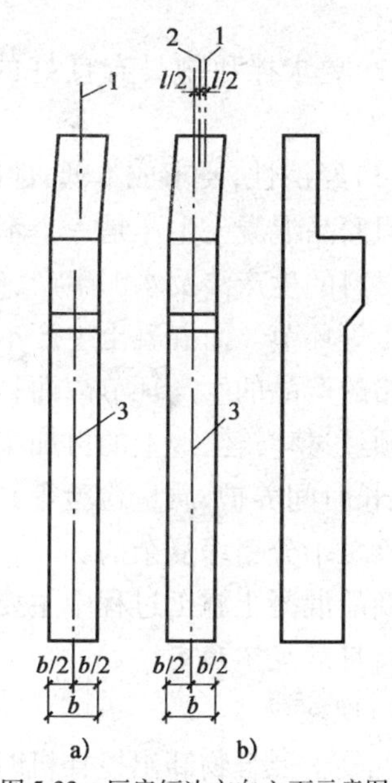

图5-32 厂房短边方向立面示意图
1-柱顶面中心线；2-屋架安装中心线；3-柱安装中心线

(3)安装时尽可能保持下柱位置与其垂直角度准确。

(4)若相邻柱顶均存在偏差，安装时需要注意使其偏差移位方向一致。

采用上述方法处理后，工程竣工使用多年，未见异常情况。

【例5-30】 陕西省某化工车间为多层现浇框架，施工时未按总平面图位置进行放线，只是按照车间平面图和凭经验上北下南而把车间方位放颠倒了。发现错误时，一层柱已完成，工作量已完成10万元以上。由于事故造成工艺流程颠倒而无法使用，因此生产单位要求拆除重建。考虑到拆除工程费时、费事，重做损失太大，该工地施工人员先按照车间的正确方位验算每根钢筋混凝土柱的截面与配筋，结果有一半柱不符合原设计要求。最后决定仅将这些柱拆除重建，基础作适当加固，其余一半柱不作加固处理。这种方法仅造成1万元左右的损失，处理时间也明显缩短。

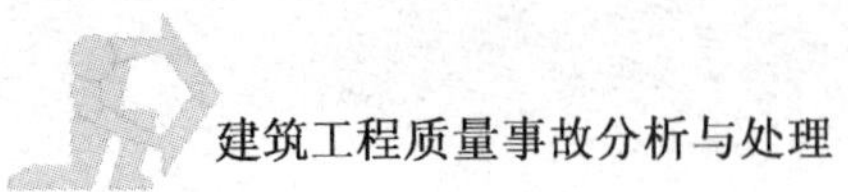

六 商品混凝土质量事故

商品混凝土就是指在工厂中生产,并作为商品出售的混凝土。与现场搅拌混凝土相比,商品混凝土是由专业的生产企业生产,这些企业大多配有先进的生产设备,计量精确,搅拌均匀,有完善的质检系统,保证质量。施工企业购买商品混凝土可以减少现场建筑材料的堆放,有利于保护环境和文明施工。商品混凝土是现代混凝土与现代化施工工艺的结合,它的普及程度能代表一个国家或地区的混凝土施工水平和现代化程度,近三四年来,搅拌站在中小城市犹如雨后春笋般发展起来。

商品混凝土的特点:

(1)由于是集中搅拌,因此能严格在线控制原材料质量和配合比,能保证混凝土的质量要求;

(2)要求拌和物具有良好的工作性,即高流动性、坍落度损失小,不泌水不离析、可泵性好;

(3)经济性,要求成本低,性能价格比高。

但商品混凝土生产是一个牵涉行业众多、战线长、生产环节和影响因素复杂的过程。混凝土原材料的生产涉及水泥生产,砂、石采挖加工,外加剂的化工合成及加工,矿物掺和料的生产及加工等环节。而混凝土生产本身只是一个利用上述各行业的产品进行加工从而获得某些性能合格的产品的生产环节。而且它并未获得最终合格的混凝土产品,它加工好的混凝土拌和物必须经过建筑工地上的再加工技术操作程序(包括输送、浇灌、振捣、成型、表面加工、保温保湿、长时间养护、质量检验等),才能成为最终的结构产品。因此,影响混凝土工程材料质量的因素是十分错综复杂的。

商品混凝土施工过程中主要的质量问题有以下几个方面。

1. 坍落度不稳定

1)现象

混凝土混合物卸出搅拌机时,坍落度变化起伏大,超过允许偏差范围。

2)原因分析

(1)混凝土搅拌称量系统计量误差大,不稳定。

(2)细骨料含水率变化。

(3)水泥混合存放,混合使用。

3)预防措施

(1)计量设备的精度应满足有关规定,并具有法定计量部门签发的有效合格证,加强自检,确保计量准确。

(2)加强骨料含水率的检测,变化时,及时调整配合比。

(3)进库水泥应按生产厂家、品种和强度等级分别储存、使用。

2. 混凝土混合物离析

1)现象

混凝土混合物经搅拌运输车送至施工现场后,由于搅拌车问题,卸料时初始粗骨料上浮,继而稠度变稀。

2)原因分析

(1)部分型号的搅拌运输车搅拌性能不良,经一定路程的运送,初始出料时混凝土混合物发生明显的粗骨料上浮现象。

(2)混凝土搅拌运输车拌筒内留有积水,装料前未排净或在运送过程中,任意往拌筒内加水。

3)预防措施

(1)混凝土搅拌运输车在卸料前,应中、高速旋转拌筒,使混凝土混合物均匀后卸料。

(2)加强管理,对清洗后的拌筒,须排尽积水后方可装料。装料后,严禁随意往拌筒内加水。

3. 坍落度经时损失过大

1)现象

混凝土混合物出拌和机时的坍落度,经0.5h或1h搁置,坍落度值损失过大(见表5-5),不能满足施工和易性要求。

混凝土经时坍落度损失值和气温的关系 表5-5

气温(℃)	10~20	20~30	30~35
掺粉煤灰和木钙,经时1h,损失值(mm)	5~25	25~35	35~50

2)原因分析

(1)水泥品质

①水泥粉磨时温度过高,石膏脱水。

②水泥中C_3S(硅酸三钙)含量过高。

③水泥生产后,放置时间太短或直接发往用户,使用热水泥。

(2)使用的外加剂与水泥不匹配。

(3)混凝土混合物温度过高,尤其夏天,气温高,水化反应快,坍落度损失大。

3)预防措施

(1)选用品质优良水泥,不应使用C_3S含量超标的水泥。

(2)选用合适的外加剂,经检验合格后方可使用。

(3)可在混凝土中掺用矿渣粉或粉煤灰。

(4)炎热夏季,采取措施降低混凝土混合物的温度。

4. 泵送性差

1)现象

混凝土混合物离析、粗骨料粒径过大或异常杂物混入而引起堵泵。

2)原因分析

(1)配合比选择不符合泵送工艺对混凝土和易性的要求。

(2)水泥用量偏低。

(3)砂、石级配不合理,空隙率大。

(4)配合比中砂率过小,坍落度过大,混凝土易离析。

3)预防措施

(1)泵送混凝土的配合比应根据原材料、混凝土运输距离、混凝土泵的型号种类、输送管径、泵送距离、气候条件等具体施工条件确定。

(2)碎石最大粒径与输送管内径之比:泵送高度在50m以下时,对碎石不宜大于1:3,对卵石不宜大于1:2.5;泵送高度在50~100m时,宜在1:4~1:5;泵送高度在100m以上时,宜在1:4~1:5。

(3)骨料品质应符合国家现行标准。粗骨料应采用连续级配,针片状颗粒含量不宜大于10%。细骨料宜采用中砂,通过0.315mm筛孔的砂,不应少于15%;砂率宜控制在38%~45%。

(4)泵送混凝土的水灰比为0.4~0.6,最少水泥用量为300kg/m^3,泵送混凝土的坍落度宜为100~180mm。

(5)泵送混凝土应选用合格品种的外加剂及合适的掺量。

5.施工现场混凝土试块强度不合格

1)现象

出厂检验混凝土强度合格,施工现场交货检验强度不合格,经回弹法或取芯样复检,强度合格。

2)原因分析

(1)计量设备故障,坍落度失控,混凝土强度离散性大。

(2)施工现场取样、试块制作不规范。

(3)试块养护不良,炎热夏季试块脱水,冬季养护温度过低。

3)预防措施

(1)加强计量设备的保养,确保投料准确,控制出机混凝土混合物坍落度。

(2)施工现场取样应在搅拌运输车卸料过程中的1/4~3/4之间抽取,数量应满足混凝土质量检验项目所需用量的1.5倍,且不得少于0.02m^3;人工插捣成型试块,应分两层装入试模,每层装料厚度大致相等,每层插捣次数应根据试件的截面而定,一般每100cm^{2}截面积不少于12次。

(3)加强试块养护,标养试件成型后覆盖表面,以防水分蒸发、脱水,隔天拆模后,应放入温度为(20±3)℃、湿度为90%以上的标准养护室中养护。当无标养室时,混凝土试件可在温度为(20±3)℃的不流动水中养护,水的pH值不应小于7。

此外,商品混凝土在施工过程中还可能出现混凝土速凝、假凝等质量问题。

商品混凝土出现上述施工过程中的质量问题后,所浇筑的构件易出现裂缝、强度不足等质量事故。商品混凝土与现场搅拌混凝土相比较,特别容易出现裂缝。对于已经浇筑成型的结构和构件来说,商品混凝土的裂缝和强度不足事故的处理方法与现场搅拌混凝土基本一致,加固方案亦基本一样。

【例5-31】 某工程为高层住宅楼,地下一层,地上22层,面积3.2万m^2,其中裙楼三层,上部为4个单元住宅,均为每单元2户,标准层层高2.9m,工程采用剪力墙全现浇结构,房屋总长85m,商品混凝土浇筑。

1)工程及事故概况

该工程±0.00以上主体结构施工期为2002年9月25日至2003年6月28日,共276d;楼地面 C20 细石混凝土(厚 30mm),面层施工期为 2003 年 8 月至 11 月初。工程于 2003 年 12 月 26 日通过了竣工验收,工程质量受到好评,拟申报市级优质工程。在主体施工时检查发现,楼板结构施工后约 2 个月出现 0.1 ~ 0.2mm 的裂缝,经建设、监理、施工方综合分析后,认为楼板的裂缝为非结构裂缝,对结构安全不会造成影响,按各方认同的方案修补施工:在楼面面层施工前凿 V 形槽,用环氧树脂修补裂缝,并做养水试验,保证了裂缝被全部封闭。楼面面层施工后 4 个月,市级优质工程验收前的几次例行检查发现少量原裂缝的重新出现,至 2004 年 5 月份,楼板的裂缝数量激增并趋于稳定,经逐户统计,总数达 287 条,缝宽多在 0.1 ~ 0.2mm,0.2 ~ 0.3mm 宽裂缝共 57 条,大部分裂缝出现在楼面,约 35% 的裂缝上下贯穿,68.3% 裂缝为原有裂缝处重新出现。裂缝多垂直于房屋长边呈直线形状,沿预埋管线表面发生;个别裂缝出现在外墙转角处,呈 45°分布。板面积越大,裂缝出现几率越大;南面房间楼面裂缝比北面房间楼面裂缝多;9 层以上裂缝较 7 层以下多。在住宅的客厅和餐厅出现裂缝的部位几乎相同(板长边中部的管线表面)。

本例工程楼板沿预埋管线表面出现的裂缝只是表象,混凝土的干缩、温度收缩、收缩是要因,而由于施工管线预埋欠合理、楼板刚度不足、材料等多重原因综合,使本工程楼板沿预埋管线处出现大量裂缝。

2)裂缝处理方案及效果

(1)沿裂缝走向割除楼面面层,槽宽 150 ~ 200mm。

(2)若楼板结构有裂缝,沿裂缝凿成 15mm × 15mm 的 V 形槽,冲洗干净并使其干燥。

(3)用云石胶注满 V 形槽,其上加注 30mm × 3mm 云石胶封闭。

(4)在槽中蓄水检查楼板有无渗漏。

(5)板面湿润阴干至混凝土面刚开始发白用 801 胶加水泥套浆,用 C25 半干硬性细石混凝土分两次修补(面层中部钉同宽的钢丝网),并良好养护 2 周。

本工程的楼板裂缝经上述方案处理后,效果较好,相关各方较为满意,事后 1 年内多次检查,原有裂缝未重复出现。

【例 5-32】 长春某项工程应用商品混凝土浇筑地下室底板,2007 年 5 月 22 日中午浇筑地下室底板混凝土 C45、P8 发现,坍落度特别大,混凝土出现离析泌水现象,到晚上 7 点多钟,混凝土表面出现硬壳,下部混凝土未凝结,用脚踩似橡皮泥,混凝土表面出现裂纹,随经抹压也未愈合,到第三天即 5 月 24 日晚上混凝土全部凝结,硬化长达 50 余小时。

该项工程原来采用高效泵送剂,掺量为 2%,满足泵送施工要求,凝结时间正常,后来由于某种原因高效泵送剂断档,又是夜间也找不到人,在这种情况下为了解决应急,决定用普通泵送剂代替高效泵送剂,掺量由 2% 提高到 2.8%。结果出现上述混凝土 3d 未凝结现象,后经及时采取补救措施,经检验达到设计要求。

1)原因分析

(1)商品混凝土公司管理方面不得力,外加剂用量估计不足出现高效泵送剂断档现象。

(2)商品混凝土公司对高效泵送剂和普通泵送剂的性能了解不够,应用上出现了差错。

高效泵送剂与普通泵送剂配方不同,当用普通泵送剂掺量 2.8% 代替高效泵送剂掺量 2% 时,缓凝(保塑)组分增大近一倍,这就是这次混凝土 3d 未凝结硬化的根本原因。

(3)搅拌站微机失灵计量不准确,出现失误。施工现场混凝土出现长时间不凝结事故后

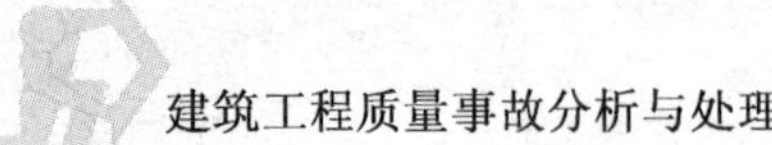

经查找原因,发现微机失灵,外加剂多加,加水量也不准确,直接影响到混凝土的凝结时间。该项工程混凝土出现长时间不凝结现象,与此同时施工的其他三项工程也出现不同程度的离析泌水和凝结时间较长现象。

(4)自然环境的影响。长春地处北方地区,时间在5月份正是春季,风大、昼夜温差较大,湿度很小,所以尽管白天风力不大、温度适宜,但由于没有湿度,新浇混凝土表面失水仍然很快。混凝土表面较内部先硬化,导致上下硬化速度及化学收缩不一致产生裂纹。

(5)施工部门没有及时养护。混凝土出现长时间不凝结现象后,经过现场了解得知,施工部门没有及时进行有效地养护,出现微小裂纹也没有在第一时间内抹压,促成失水过多,微小裂纹发展,混凝土上部失水干缩,受下部混凝土约束,表面产生不规则的塑性裂缝。

2)处理办法

(1)立即停止在混凝土表面上所做的一切工作,覆盖草袋后浇水养护(不得少于14d),并派专人负责此项工作。

(2)如已出现微小裂纹的部分,应立即浇水养护,裂纹会自行愈合。较大裂缝可用水泥净浆内掺膨胀剂(9:1)封闭,于终凝前搓抹裂缝处,并用湿草袋覆盖养护。

(3)做好记录并观察裂缝是否有发展趋势。

(4)该裂缝属非结构性裂纹,对混凝土强度无影响。

经查找原因并及时采取补救措施,使混凝土正常硬化,经一年多时间跟踪观察未发现异常现象。

第三节 钢筋工程事故

钢筋是钢筋混凝土结构工程中不可缺少的重要材料,其具有较高的拉伸性能、良好的冷弯性能和优异的焊接性能,在钢筋混凝土中起着特殊的作用。但是,如果设计不当或施工不良,钢筋在混凝土中起不到应有的作用,反而会影响钢筋混凝土结构的使用。因此,对钢筋的加工和安装应引起高度重视。

一 钢筋工程事故的分类与产生原因分析

钢筋是钢筋混凝土结构中主要受力材料,一定要注意施工质量。常见的钢筋方面的问题有:①钢筋锈蚀;②钢材质量材质达不到材料标准或设计要求;③钢筋错位偏差;④漏筋或少筋;⑤接头不牢;⑥预埋件放置不当等。

(一)钢筋锈蚀

钢筋表面产生锈蚀是最常见的一种质量问题,产生的主要原因有:保管不良,受到雨、雪或其他物质的侵蚀;或者存放期过长,经过长期在空气中产生氧化;或者仓库环境潮湿,通风不良。

(二)钢材质量材质达不到材料标准或设计要求

常见的有钢筋屈服点和极限强度低、钢筋裂缝、钢筋脆断、焊接不良等。产生的主要原因有：钢筋来源混乱，多次转手或钢筋进场后管理混乱，不同品种、不同厂家、不同性能的钢筋混杂或使用前未按施工规范进行验收与抽样等。

（三）钢筋错位偏差

1. 钢筋保护层偏差

钢筋的混凝土保护层偏小，而使钢筋有锈蚀的机会或钢筋的混凝土保护层偏大，使钢筋混凝土构件的有效高度减小，从而减弱构件的承载力而产生裂缝和断裂。

2. 钢筋骨架产生歪斜

绑扎不牢固或绑扣形式选择不当；梁中的纵向钢筋或拉筋数量不足；柱中纵向构造钢筋偏少，未按规范规定设置复合箍筋；堆放钢筋骨架的地面不平整；钢筋骨架上部受压或受到意外力碰撞等都有可能使钢筋骨架产生歪斜。

3. 钢筋网上、下钢筋混淆

产生的主要原因是：在钢筋施工图中未注明或施工人员未能读懂图纸，导致钢筋网上、下钢筋产生混淆。

4. 箍筋间距不一致

产生的主要原因是：钢筋图上所标注的箍筋间距不准确，必然会出现间距或根数有出入；在进行绑扎箍筋时，未进行认真核算和准确画线分配。

5. 四肢箍筋宽度不准确

产生的主要原因是：钢筋图纸标注的尺寸不准确，在钢筋下料前又未进行复核；在钢筋骨架绑扎前，未按应有的规定将箍筋总宽度进行定位，或者定位不准确；在箍筋弯制的过程中，操作不认真、弯心直径不适宜、画线不准确等；已考虑到将箍筋总宽度进行定位，但操作时不注意。

（四）漏筋、少筋

出现钢筋发生遗漏的主要原因是：施工管理不当，没有进行钢筋绑扎技术交底工作，或没有深入熟悉图纸内容和研究各种钢筋的安装顺序。

（五）接头不牢

1. 钢筋闪光对焊接头质量问题

主要表现在未焊透、有裂缝或有脆性断裂等。产生的原因如下：

（1）操作人员没有经过技术培训就上岗操作，对闪光对焊接头各项技术参数掌握不够熟练，对焊接头的质量达不到施工规范的要求。

（2）施工过程中没有按闪光对焊的工艺管理，没有及时纠正不标准的工艺。

（3）对闪光对焊接头成品的检查、测试不够，使不合格的产品出厂。

2. 电弧焊接钢筋接头的缺陷

电弧焊接钢筋接头如果焊接不牢，轻者产生裂缝，重者发生断裂，其质量直接影响构件的安全度。其主要原因是操作不当、管理不严、质量检查不认真等。

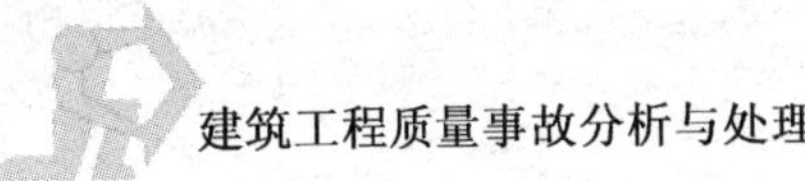

3. 坡口焊接钢筋接头的缺陷

坡口焊接是电弧焊接中的四种焊接形式之一，它比其他三种（搭接焊、绑条焊、熔槽焊）的焊接质量要求高，常出现有咬边及边缘不齐、焊缝宽度和高度不定、表面存有凹陷、钢筋产生错位等质量缺陷。出现以上质量缺陷的主要原因是电焊工对坡口焊接操作工艺不熟练，或者对坡口焊质量标准和焊接技巧掌握不够，或者对钢筋焊接不重视、不认真。

4. 锥螺纹连接接头的缺陷

一般常见的质量缺陷有：

(1)丝扣被损坏或有的完整丝扣不满足要求。

(2)在锥螺纹接头拧紧后，外露丝扣超过一个完整扣。

产生缺陷的主要原因是：

(1)钢筋加工质量不符合要求，钢筋端头有翘曲，钢筋的轴线不垂直。

(2)加工好的钢筋丝扣没有很好保管，造成局部损坏。

(3)对加工的钢筋丝扣没有认真检查，使不合格的产品流入施工现场。

(4)接头的拧紧力矩值没有达到标准值，接头的拧紧程度不够或漏拧，或钢筋的连接方法不对。

5. 钢筋冷挤压套筒连接接头的缺陷

钢筋冷挤压套筒连接是一种新的连接方式，具有很多的优点，但在施工的过程中也易出现以下质量问题：

(1)钢筋冷挤压后，套筒发现有可见的裂缝。

(2)钢筋冷挤压后的套筒长度超过控制数据。

(3)压痕处套筒的外径波动范围小于或等于原套筒外径的80%~90%。

(4)钢筋伸入套筒的长度不足。

产生缺陷的原因是：

(1)施工、技术、质检、操作等方面的人员对钢筋冷挤压套筒连接技术不熟悉，检查不细致，不能发现存在的质量缺陷。

(2)套筒的质量比较差。

(3)套筒、钢筋和压模不能配套便用，或者挤压操作的方法不当。

6. 电渣压力焊钢筋接头的缺陷

1)质量问题

采用电渣压力焊时，钢筋接头易出现下列质量问题（见图5-33）：偏心值大于1/10的钢筋直径或大于2mm；接头处弯折大于4°；咬边大于1/20的钢筋直径；钢筋上下接合处没有熔合；焊包不均匀，大的一面熔化金属多，而小的一面其高度不足2mm；气孔在焊包的外部和内部均有发现；钢筋表面有烧伤斑点或小弧坑；焊缝中有非金属夹渣物；焊包上翻；焊包下淌。

2)原因分析

(1)电焊工操作水平较差，或工作不认真、不细心，又没有按照规定先试焊3个接头，经检测合格后，方可选用焊接参数进行施焊。

(2)质检人员没有及时跟踪检查，发现质量缺陷没有及时纠正；或有时对焊接接头检查不仔细，未能发现质量缺陷。

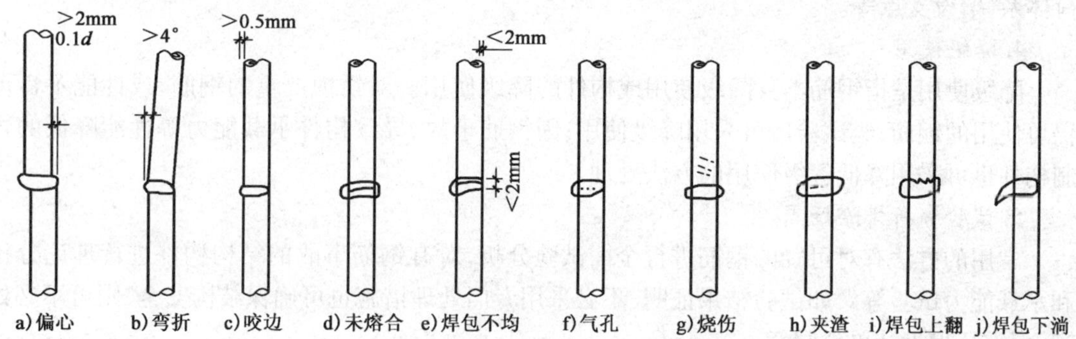

图 5-33　电渣压力焊接接头的缺陷

7. 钢筋绑扎接头的缺陷

常见问题有:钢筋绑扎搭接接头长度不足,I 级钢筋绑扎接头的末端没有做弯钩,受力钢筋绑扎接头的位置没有错开。产生的原因是:

(1)操作工不熟悉操作规程,施工管理人员不熟悉现行《混凝土结构工程施工质量验收规范》(GB 50204)中的有关钢筋搭接长度的规定。

(2)质量检查不认真,放任不规范的接头浇入混凝土中。

(六)弯起钢筋方向错误

主要原因是:

(1)在钢筋骨架绑扎安装前,技术人员未向操作人员进行技术交底,不明白此类结构或构件弯起钢筋的作用,将弯起钢筋绑扎在错误位置上。

(2)操作人员在钢筋绑扎中不认真对待,在安装时使钢筋骨架入模产生方向错误。

(3)在绑扎安装完毕后,未能对钢筋骨架按图纸进行核对,在浇筑混凝土时才发现弯起钢筋方向错误。

二　钢筋工程事故的处理方法及选择

常见的钢筋工程事故处理方法有以下几种。

1. 补加钢筋

例如预埋钢筋遗漏或错位严重,可在混凝土中钻孔补埋规定的钢筋;又如对于漏筋或少筋时,可凿除混凝土保护层后,补加所需的钢筋再用喷射混凝土等方法修复保护层。

2. 增密箍筋

例如纵向钢筋弯折严重时,可在钢筋弯折处及附近用间距较小的(如 30mm 左右)箍筋加固。试验表明,这种密箍处理方法对混凝土有一定的约束作用,能提高混凝土的极限强度,推迟混凝土中裂缝的出现时间,并保证弯折受压钢筋强度得以充分发挥。

3. 结构或构件补强加固

对于由于钢筋质量事故造成结构或构件受力性能降低的情况,可以采用补强加固的措施进行处理。常用的处理方法有外包钢筋混凝土、外包钢、粘贴钢板,碳纤维加固、增设预应力卸

荷体系、增设支点等。

4. 降级使用

降级使用是指钢筋本身降级使用或构件的降级使用。对锈蚀严重的钢筋,或性能不良但仍可使用的钢筋,经试验后可采用降级使用;因钢筋事故,导致构件承载能力等性能降低的预制构件也可采用降低等级使用的方法处理。

5. 试验分析排除疑点

常用的方法有对可疑的钢筋进行全面试验分析,对有钢筋事故的结构构件进行理论分析和承载能力试验等。如试验结果证明,不必采用专门处理措施也可确保结构安全,则可不必处理,但需征得设计单位同意。

6. 焊接热处理

例如电弧点焊能造成脆断,可用高温或中温回火或正火处理方法,改善焊点及附近区域的钢材性能等。

7. 更换钢筋

在混凝土浇筑前,发现钢筋材质有问题,通常采用此法。

三 处理方法选择及注意事项

1. 处理方法选择(见表5-6)。

钢筋工程事故处理方法选择　　表5-6

事故类别	处理方法						
	补筋	设密箍	加固	降级	试验分析	热处理	调换
钢材质量	△		△	△	✓		✓
漏筋、少筋	✓		✓	△	✓		
钢筋错位、弯折	△	△	△		✓		
钢筋脆断			△		✓	△	✓
钢筋锈蚀	△		✓	✓	△		

注:✓-较常用;△-也可采用。

2. 注意事项

除了遵守其他事故处理办法选择时的一般要求外,还应注意以下事项:

(1)确认事故钢筋的性质与作用。即区分出事故部分的钢筋属受力筋还是构造钢筋,或仅是施工阶段所需的钢筋。实践证明,并非所有的钢筋工程事故都只能选择加固补强的方法处理。

(2)注意区分同类性质事故的不同原因。例如钢筋脆断并非都是材质问题,不一定都需要调换钢筋。

(3)以试验分析结果为前提。钢筋工程事故处理前,往往需要对钢材做必要的试验,有的还要做载荷试验。只有根据试验结果的分析才能正确选择处理方法,对于加密箍筋、热处理等方法还要以相应的试验结果为依据。

【例5-33】 某工程框架柱基础配筋搞错方向事故。

某工程框架柱，断面 300mm × 500mm，弯矩作用主要沿长边方向，在短边两侧各配筋 5ϕ25，如图 5-34a）所示。在基础施工时，钢筋工误认为长边应多放钢筋，将两排 5ϕ25 的钢筋放置在长边，而两短边只有 3ϕ25，不满足受力需要，如图 5-34b）所示。基础浇筑完毕，混凝土达到一定强度后绑扎柱子钢筋，这时发现基础钢筋与柱子钢筋对不上，这时才发现搞错了。必须采取补救措施，经研究，处理方法如下：

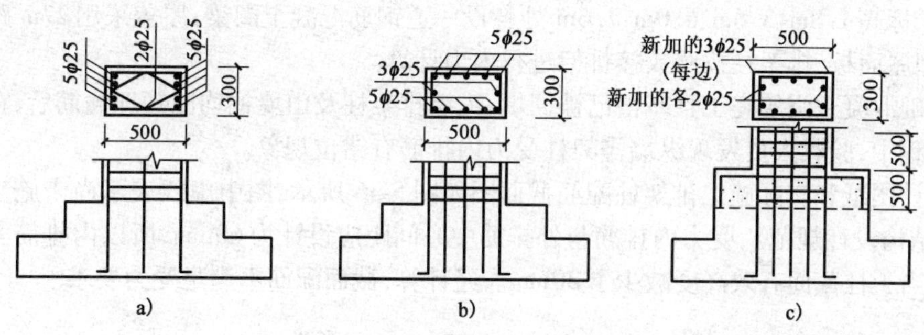

图 5-34　框架柱基础（尺寸单位：mm）

（1）在柱子的短边各补上 2 根插铁，为保证插铁的锚固，在两短边各加 3ϕ25 横向钢筋，将插铁与原 3ϕ25 钢筋焊成一整体。

（2）将台阶加高 500mm，采用高一强度等级的混凝土浇筑。在浇筑新混凝土时，将原基础面凿毛，清洗干净，用水润湿，并在新台阶的面层加铺 ϕ6@200 钢筋网一层。

（3）原设计柱底钢箍加密区为 300mm，现增加至 500mm。

【例 5-34】　因锚固长度不足而引起大梁折断。

某锻工车间屋面梁为 12m 跨度的 T 形薄腹梁，在车间建成后使用不久，梁端头突然断裂，造成厂房局部倒榻，倒塌构件包括屋面大梁及大型面板。

事故发生后到现场进行调查分析，混凝土强度能满足设计要求。从梁端断裂处看，问题出在端部钢筋深入支座的锚固长度不足。设计要求锚固长度至少 150mm，实际上不足 50mm。设计图上注明，钢筋端部至梁端外边缘的距离为 400mm，实际上却只有 140 ~ 150mm，如图 5-35 所示。因此，梁端支承于柱顶上的部分接近于素混凝土梁，这是非常不可靠的。加之本车间为锻工车间，投产后锻锤的动力作用对厂房振动力的影响大，这在一定程度上增加了大梁的负荷。在这种情况下，最终引起了大梁的断裂。

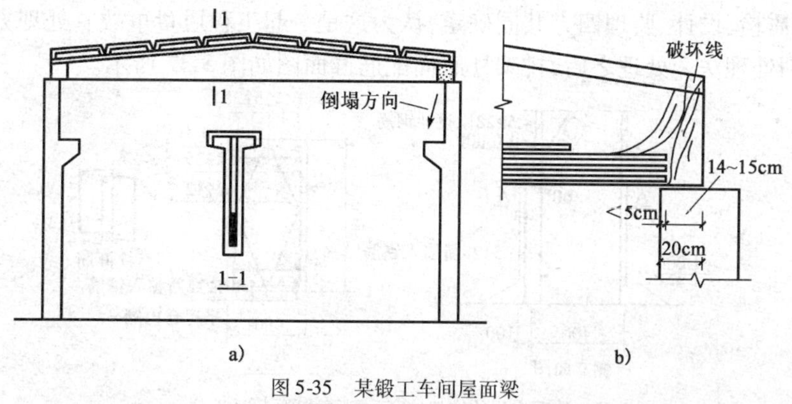

图 5-35　某锻工车间屋面梁

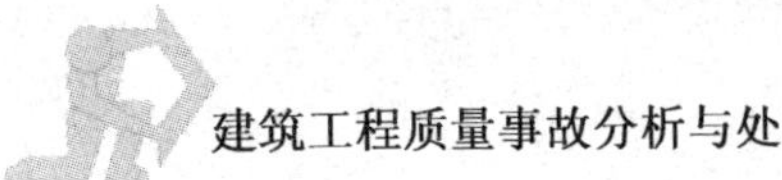

由本事故可见，钢筋除按计算要求配足数量以外，还应按构造要求满足锚固长度等要求。

【例 5-35】 钢筋位置摆放错位的事故处理。

某粮食储备库散装小麦平房仓的设计指标如下：小麦平堆高度为 6m，纵墙檐高为 7.6m；跨度为 27m，山墙柱距为 5.4m；仓房总长度为 90m，纵墙柱距为 6m，中间设一道伸缩缝；采用钢筋混凝土柱下条形基础；墙体 3.6m 以下采用 490mm 实心墙，3.6m 以上采用 490mm 空心墙；墙身于标高 1.8m、3.6m、6.0m、7.6m 处各设一道钢筋混凝土圈梁；屋盖采用 27m 跨折线形屋架、大型屋面板；排架柱按照铰接排架进行内力计算。

当基础混凝土浇筑完工且基槽已被回填，纵墙排架柱及山墙柱均已预埋插筋后，在现场基础验收过程中，验收人员发现纵墙排架柱受力内排筋有错位现象。

原设计图纸和实际施工排架柱配筋截面图如图 5-36 所示，图中虚线表示尚未施工。按照《混凝土结构设计规范》，受力内排筋与外排筋中心间距应设计为 60mm，所以内排筋实际偏移 90mm，相当于柱截面有效高度减少了 30mm。经计算，截面配筋不满足受力要求。

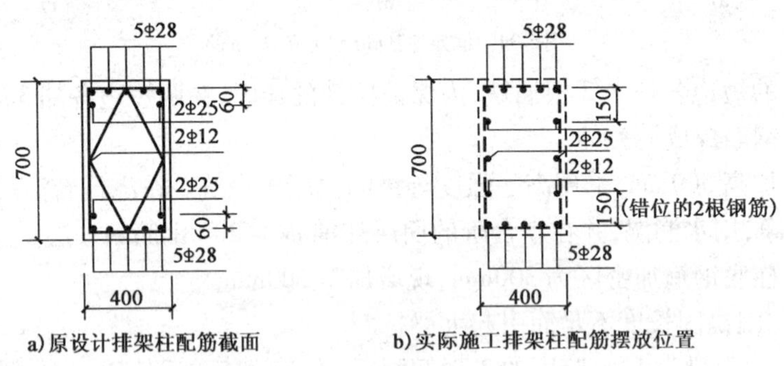

图 5-36 设计与施工排架柱配筋截面图（尺寸单位：mm）

经分析，事故原因如下：

(1) 操作人员不懂一般结构知识。经现场询问施工操作人员得知，操作人员将柱纵向受力筋误认作腰筋，而将其摆放在距柱截面高度约 1/4 处。

(2) 施工单位管理水平偏低，钢筋安装后没有及时对其核对位置，对隐蔽工程验收不重视。

(3) 缺乏相关的质量监督及检验制度。

经业主、质检、设计、监理四方共同确定，认为这是一起工程质量事故。处理方案经研究后采用植筋锚固处理法。处理之后，排架柱底面配筋截面图如图 5-37 所示。

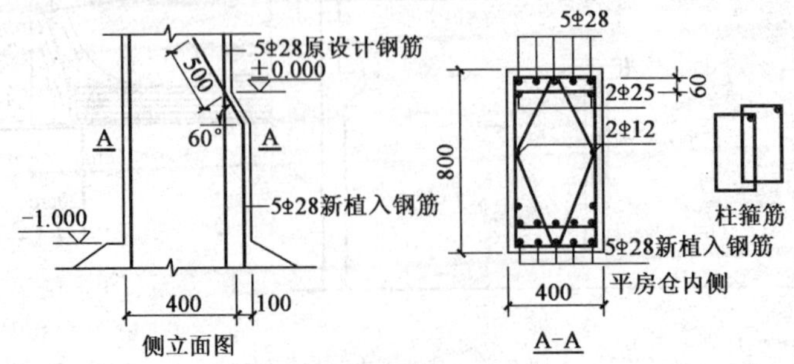

图 5-37 处理之后的排架柱底面配筋截面（尺寸单位：mm）

经计算得知,处理后的截面配筋满足受力要求。

【例 5-36】 钢筋笼长度不足造成断桩事故的处理。

昆山市某仓库为 3 层框架结构,基础桩采用 594 根 ϕ450 沉管夯扩灌注桩,桩长 13.6m,设计桩身混凝土强度等级为 C30,主筋为 6 根 ϕ16,钢筋笼长度为 4.5m,设计一单桩极限承载力标准值 1500kN,基础承台平面尺寸为 4600mm × 4600mm,承台间距为 7500mm,每个承台 9 根桩,较为密集。

土方开挖并灌注桩结束后,由建设单位随机抽 20% 工程桩进行小应变动测,结果不合格桩(C 类桩)达 50% 以上。于是进行全数动测,594 根桩动测结果显示,不合格桩达 66%,构成严重质量事故。

经开挖检查,桩缺陷多在桩顶以下 2m 左右,缺陷性质为裂缝。因断裂部位不太深,有条件挖至该深处对桩身进行观察,为此选择 3 个承台开挖,挖至桩顶下 2m 以下断裂处,共挖出 27 根桩,发现有些桩已摇摇欲坠,少数桩上段与下段出现明显的错位。推倒后观察得知,断裂部位位于钢筋笼的底部,与设计要求相比,钢筋笼底标高上抬 1800mm 左右。断裂处混凝土质量与其上、下部相比无明显差别。

(1)据地质报告,该桩的桩型及持力层设计合理,但钢筋笼的设计长度偏短(4500mm)。按规范要求,钢筋笼合理的长度应为 7500mm,故有部分钢筋笼根本未穿过淤泥质粉质黏土层。

(2)桩基施工时,未测定自然地面标高,对钢筋笼的标高未加控制,结果使钢筋笼上抬约 1800mm,从而在钢筋笼极其勉强地穿过淤泥土情况下,全部悬于淤泥土中间。由于淤泥土的流动性较大,在打桩过程中挤土作用使土沿水平方向流动并隆起,而没有钢筋笼的素混凝土又难以抵挡这种作用力,从而在钢筋笼底部产生裂缝及错位现象

另外,根据取芯结果得知,桩身混凝土部分强度不足,局部出现离析或空洞,浅部桩身观察可见明显的缩颈现象,这也是造成不合格桩多的原因。综合考虑多种因素,决定每个承台增加 4 根树根桩,其分布位置如图 5-38 所示,树根桩的规格为 ϕ300,桩长 8m,钢筋笼通长到底。

目前该工程结构已封顶,目测结构正常,沉降观测结果中也未发现沉降过大或沉降不均匀现象。

【例 5-37】 现浇梁少配钢筋事故处理。

1)工程事故概况与原因

某两层混合结构办公楼,砖墙承重,现浇梁板,板厚 8cm。二层和三层四角共有八个大间(见图 5-39),每个大间中间设置一根肋形梁,尺寸为 22cm × 40cm。工程交工使用数月后,发现梁配筋比设计少配了 2/3。

造成这一故的原因纯属设计错误,按规定计算,梁主筋截面应为 7.09cm^2,但施工图中钢筋截墙面积仅为 2.26cm^2。

2)事故分析

(1)由于梁实际配筋量少于按设计规范计算的需要量,必须分析由此造成的影响和危害。

(2)工程使用情况调查表明,工程交工后使用数月中,大房间中曾集中五六十人开会(相当于活荷载约 1kN/m^2)。发现问题后,对梁进行了检查,在二楼只发现梁跨中有两条裂缝,宽 0.1mm,裂缝伸展到梁高的 2/3;在三楼只发现梁的跨中有一条约 0.2mm 的裂缝,裂缝伸展至板的下边缘。因此对此梁能否安全使用必须作进一步分析。

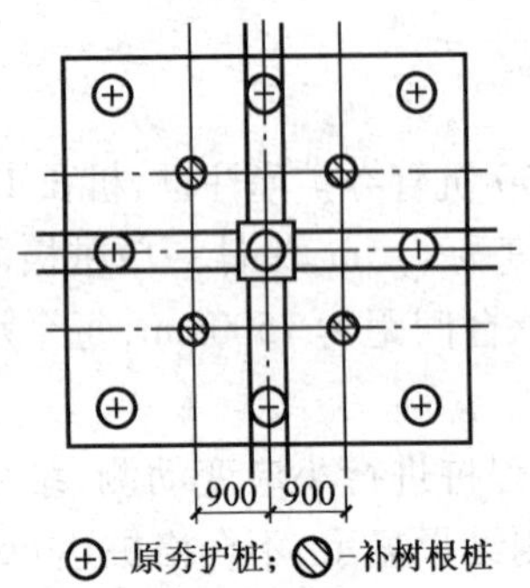

图 5-38　补桩分布位置图(尺寸单位:mm)

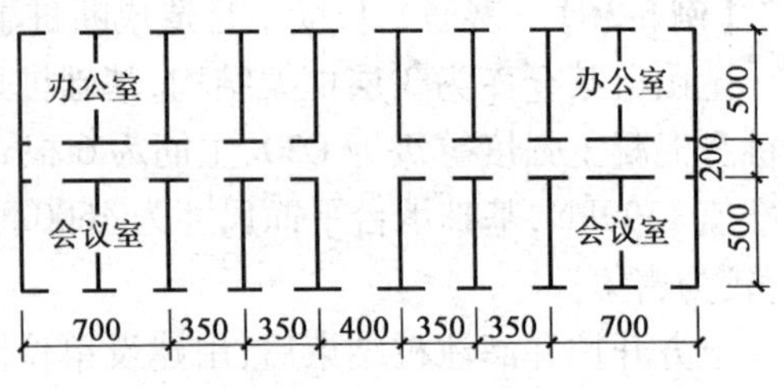

图 5-39　二、三层平面图(尺寸单位:mm)

(3)按照使用荷载的要求,分四级加荷进行结构载荷试验,并测量跨中挠度、支座转角和钢筋应变。结果表明,它们均与荷载基本呈线性关系,这说明构件处于正常使用状态。在设计值载 $2kN/m^2$ 作用下,二楼和三楼梁跨中的最大挠度分别为 5.08mm 和 5.3mm,挠跨比为 1/984和 1/983,均小于规范规定值 1/200,可见在使用荷载作用下的结构变形,满足使用要求。在 $2kN/m^2$ 荷载作用下,裂缝宽度与长度均正在变化,都在规范允许范围以内。在 $2kN/m^2$ 活荷载作用下,钢筋应力约为 $110N/mm^2$,加上自重产生的应力,也不可能达到屈服强度。以上试验数据说明,结构在使用荷载作用下处于正常工作状态。

(4)梁内少配 2/3 钢筋后,仍能正常工作的原因分析。在计算钢筋混凝土肋形楼盖使用阶段的内力时,采用了下述两条基本假定:一是不考虑混凝土材料的弹塑性变形和裂缝对刚度的影响,按弹性理论计算;二是周边按简支条件考虑。结构的实际工作情况与上述假定有较大的差别,现仅就梁支座约束和梁板共同工作问题作如下简要分析。

关于梁支座的约束问题。通常称支座平均弯矩与跨中弯矩之比为支座约束度,根据该工程载荷试验所测得的支座角位移和跨中挠度可以换算求得支座约束度。该工程二楼梁的平均支座约束度为 75.87%,二楼为 54.03%。由于支座约束度的影响,梁跨中弯矩明显减少。

关于梁板共同工作问题。肋形楼盖设计时,通常将作用在楼盖上的荷载分成两部分计算,一部分为直接作用在梁上的荷载,另一部分为作用在板上的荷载。实际上,由于梁板的共同作用影响,梁上的荷载并非全部由梁承担,板也承担一部分。通过理论分析,并与载荷试验结果对比证明,考虑梁板共同工作,按弹性理论分析是比较符合构件实际工作状况的。这种计算分析的方法使跨中弯矩进一步减小。

3. 事故处理

载荷试验与理论分析证明,结构在使用荷载下工作正常,梁中虽然少配了 2/3 钢筋,但由于支座约束和梁板共同工作等有利因素的影响,实际所配钢筋仍能满足使用要求,因此不用作结构加固处理。经过多年使用观察检查,结构一直处于正常工作状态。

但需强调指出,这种分析处理方法必须十分慎重地应用,切勿盲目套用。

【例 5-38】　框架柱下节点纵筋弯折事故处理实例。

1)工程事故概况

浙江省某地一幢钢筋混凝土框架建筑,在施工中由于支模不牢,浇筑混凝土时,柱模产生偏斜,造成柱纵向钢筋错位并露筋。为保证梁上柱的钢筋保护层厚度,施工人员将纵向钢筋在梁表面做成折线形,最大水平距离偏差 5cm,平均距离与垂直距离之比为 1:3。由于柱纵筋在梁上表面处明显弯折，又未采取相应的加固处理措施，因此势必降低结构的安全度。

根据浙江省建筑科学研究所的试验结果，钢筋弯折后，柱下端较早出现斜裂缝及形成塑性铰，导致结构内力重分布，梁跨中内力明显加大，产生不利影响，对结构强度及使用性能产生严重危害。

2）事故处理

发现上述问题及认识到其严重性时，框架上体结构已完成。考虑到返工重做损失太大，因而采用上述研究所的科研成果——矩形密箍加固法。其要点为：在钢筋弯折处及附近区域（柱下端）300mm 高范围内，用 8ϕ8 箍筋将柱箍紧后，再用高强度水泥砂浆抹实压平，厚 30mm。

根据模拟试件的检验证明，这种矩形密箍对柱内混凝土有一定的约束作用，主要是约束混凝土的水平变形，推迟斜裂缝出现，极限强度也有提高。矩形密箍对受压弯折钢筋的约束作用很明显，直至柱身横截面达到极限强度，受压钢筋达到屈服强度时，在弯折处也未出现纵向裂缝，而斜裂缝在柱截面达到极限强度的同时出现。这些试验结果说明这种加固处理方法是可靠、有效的。

第四节　模板工程事故

模板工程是钢筋混凝土工程的重要组成部分。模板制作和安装的质量如何，对于钢筋混凝土结构工程的质量有直接关系和影响。它对于保证混凝土和钢筋混凝土结构与构件的外观平整和几何尺寸的准确，以及结构的强度和刚度等都起着重要的作用。

近年来，我国的建筑模板与脚手架技术伴随着我国建筑业的突飞猛进而发展较快、进步较大，但是安全事故时有发生，造成了人员伤亡、经济损失和不良影响。模板工程造成的死伤事故一直是建筑工程质量事故中的最主要的因素之一。2000 年 10 月 25 日南京电视台演播中心大楼在演播厅施工浇筑混凝土过程中，因脚手架失稳，导致演播厅屋盖模板倒塌，造成 5 人死亡、35 人受伤的重大事故。脚手架与模板倒塌重大事故在我国建筑工程安全事故中占很大比例。1992 年全国建筑施工中发生一次死亡 3 人以上的重大死亡事故共 31 起，死亡 156 人、重伤 34 人，其中由于模板倒塌造成死亡的达 59 人、重伤 20 人，分别占 38% 和 59%。1998 年 4 月 7 日，云南永善一座跨度 35m 的单孔石拱桥，在施工中因拱模支撑失稳而发生垮塌，造成 10 人死亡、22 人重伤、14 人轻伤。2003 年 2 月 18 日，某研发生产中心工程，由于施工单位未按施工组织设计的要求编制模板支架设计及施工方案，未经验收合格即组织混凝土浇筑，导致模板支架坍塌，造成 13 人死亡、16 人受伤的重大事故。2003 年 10 月 7 日，广东某广场工地在浇筑中庭顶盖混凝土过程中突然坍塌，造成 16 人死亡，5 人受伤。2004 年 5 月 12 日，河南省安阳市安彩工业园一在建烟囱上料架垮塌，造成 21 死亡，9 人受伤的重大事故。2006 年 5 月 19 日，辽宁省大连市开发区金石滩沈阳音乐学院大连校区 12 号工程，大连玉达建设有限公司施工人员在浇筑屋面混凝土时发生坍塌事故，造成 6 人死亡，3 人重伤，15 人轻伤。因此，对脚手架与模板倒塌事故进行认真分析，寻找对策，提出预防措施，是十分必要的。

一 模板事故原因分析

造成模板事故的主要原因有：

(1)没有对模板进行设计或设计不合理，设计计算简图与实际情况相差很大。

(2)审查图纸、照图施工不认真或技术交底不清；施工操作人员没有经过培训，不熟悉支架的结构、材料性能和施工方法。

(3)竖向承重支撑在地基土上未夯实，或支撑下未垫平板，或无排水措施，造成支承部分地基下沉。

(4)对模板设计图翻样不认真或有误，在模板制作中不仔细，质量不合格，制作模板的材料选用不当。

(5)在测量放线时不认真，轴线测放出现较大误差。

(6)模板的安装固定预先没有很好的计划，造成模板支设未校直撑牢，支撑系统整体稳定性不足，在施工荷载作用下发生变形。

(7)施工荷载过大或混凝土的浇筑速度过快或振捣过度，造成模板变形太大。

(8)梁、柱交接部位，接头尺寸不准、错位。

(9)模板间支撑的方法不当。

(10)模板支撑系统未被足够重视，未采取相应的技术措施，造成模板的支撑系统强度、刚度或稳定性不足；无限位措施或限位措施不当。

(11)未按规范要求进行施工，或施工措施不到位。

(12)脱模剂使用不当，拆模太早或拆模时技术要求、安全措施不到位。

二 模板事故实例

【例 5-39】 因支模的大头柱强度不足引起倒塌。

广东省某农机加油站的一个油亭，于 1986 年 1 月在浇筑屋面混凝土时突然塌落，造成 5 人死亡，1 人重伤，3 人轻伤的重大事故。

该工程为单层钢筋混凝土结构，由 4 根钢筋混凝土柱支承一反井字梁屋盖，共有 10 根交叉大梁。平面尺寸为 14m × 14m，面积为 $196m^2$，支撑屋盖的柱子高为 6.8m，柱间距双向均为 9m，如图 5-40a）所示。

该工程结构不复杂。浇筑屋盖时采用满堂架支模板，梁底部采用的大头撑立柱，间距 0.5m。平板部分采用 1m × 1m 间距的支撑。因板距地面 6.8m，支撑采用杂圆木，均不够长，于是采用双层支模，在 4.1m 处设一层铺板，再在其上支第一层支撑，直至梁板底部，如图 5-40b）所示。

原因分析：原支撑未经计算，事故后复核计算，发现模板的支撑强度不够，模板整体也不稳定，从而造成塌倒。杂圆木直径较细，最小直径仅为 35mm，平均只有 57mm，而且不直，多有弯曲，最大的弯曲可达 300mm，最小的弯曲值也达 20mm，平均为 96mm。施工操作时，上、下层支撑只有一个钉子联结，对立柱不够高的下边用红砖垫起，一般为 3 ~ 5 皮砖，最多达 7 皮砖。支撑下面的土基也未认真夯实，受压后有下沉现象。这样的支撑很难保证均匀受力。立柱之间用 20mm 粗的篙竹牵拉，绑扎又不够牢固，根本起不到支撑稳定的作用。

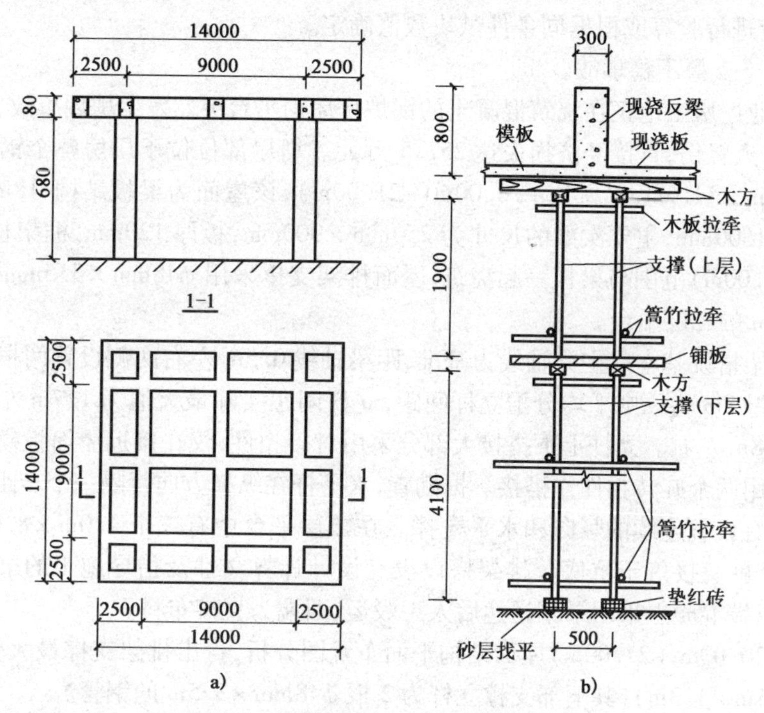

图5-40　柱支承反井字梁屋盖(尺寸单位:mm)

经计算,支撑计算高度为4.1m,采用平均直径57mm计,其长细比:

$$\lambda = \frac{l_0}{r} = \frac{4100}{57/4} = 287$$

大大超过支撑受压木柱要求 $\lambda = 150 \sim 200$ 的要求。

又从强度计算,由新浇混凝土、木模自重,施工机械重量及施工荷载总计对每一个立柱的压力产生的应力约为20N/mm^2,而杂木的设计强度约为11~13N/mm^2,不足以承载施工时产生的应力,再考虑到各柱受力不均匀,个别柱的应力还会更高一些,由此可见发生事故是必然的。

由本例事故可见,在施工中要进行模板设计,以保证有足够的强度。支撑立柱要选择平直木料,支撑间应为有效的支承,长细比不能超过规定,以保证施工的安全进行。

【例5-40】 拆模过早引起倒塌。

某轻工厂为两层现浇框架结构,预制钢筋混凝土楼板。施工单位在浇筑完首层钢筋混凝土框架及吊装完一层楼板后,继续施工第二层。在开始吊装第二层预制板时,为加快施工进度,将第一层的大梁下的立柱及模板拆除,以便在底层同时进行内装修,结果在吊装二层预制板将近完成时,发生倒塌,当场压死多人,造成重大事故。

事故发生后,经调查分析,倒塌的主要原因是底层大梁立柱及模板拆除过早。在吊装二层预制板时,梁的养护只有3d,强度还很低,不能形成整体框架传力,因而二层框架及预制板的重量和施工荷载由二层大梁的立柱直接传给首层大梁,而这时首层大梁的强度尚未完全达到设计的强度C20,经测定只有C12。首层大梁因承受不了二层结构自重和施工荷载而倒塌。

从这例事故可以看出,拆除模板的时间应按施工规程要求进行,必要时(尤其是要求提前

拆除模板时)应进行验算或根据同条件试块数值确定。

【例5-41】 支撑不稳事故。

上海某工业厂房工地正在浇筑混凝土的锅炉房屋面平台突然发生坍塌事故,造成11人死亡、2人重伤、1人轻伤,直接经济损失达257.5万元。坍塌部位位于厂房整个锅炉房北侧,平面尺寸约为18m×34.6m,标高为+20.00m(+21.00m),该屋面为梁板结构,18m跨度主梁尺寸为400mm×1500mm,主要次梁的尺寸为250mm×900mm,板厚120mm,框架柱+16.50m~+20.00m(+21.00m)范围与梁板一起浇筑,屋面排架支撑采用ϕ48mm×3.5mm的钢管搭设,传力至+4.50m的二层平台。

该工程排架搭设基本以主梁轴线为基准,距梁轴线0.5m左右两侧设置两根立杆,其余部分以间距不超过8m为原则平均分配立杆间距,立杆间距实际最大值为1.7m左右,水平杆的竖向间距为1.8m左右。立杆上下搭接大部分采用对接扣件,仅在接近屋面板模板部位,为了调整高度而采用两个旋转扣件作搭接。据勘查,水平杆在纵横方向每隔一个步距均缺设一根,排架支撑中没有设置连续的竖向和水平支撑。在二层平台中有三个4.0m×8.6m×1.5m集料坑区域,立杆就直接落于坑底。排架搭设没有设计计算文件及指导施工的书面技术文件。施工时,平台东端混凝土采用泵车送达后人工驳运,西端为直接布料。

从标高+20.00m(+21.00m)屋面结构平面布置图分析,得出排架支撑最大受载区域大体为3.25m^2(2.5m×1.3m),其下部支撑立杆为2根ϕ48mm×3.5m的钢管。

下面按《建筑施工扣件式钢管脚手架安全技术规范》(JGJ 130—2001)对架体进行力学分析。

1)荷载分析

(1)结构静荷载:

①主梁:$0.4\times1.5\times1.3=0.78\text{m}^3$

②次梁:$0.25\times0.9\times2.5=0.563\text{m}^3$

③楼板:$1\times2.5\times1.3-0.4\times1.3-2.1\times0.25\times0.12=0.27\text{m}^3$

$(0.78+0.563+0.27)\times25000=40325\text{N}$

(2)木模板荷载:$3.25\times300=975\text{N}$

(3)施工活荷载:$3.25\times1000=3250\text{N}$

$1.2\times(40325+975)+1.4\times3250=54110\text{N}$

传递至单根立杆的荷载为27055N。

2)受力分析和计算

用钢管、扣件作排架的支撑设计必须进行详细的受力分析和计算,这是施工安全管理中的强制性要求,这对于本案例支撑高度大于4.5m的高支撑架尤为重要。本案例支撑水平杆步距虽要求为1800mm,但实际水平杆“在纵横方向每隔一个步距均缺设一根”,因此按2步高作为“良好的铰接状态”进行验算,则$\lambda=3600/15.78=228$,此时的$\varphi=0.1460$。

稳定验算:$\sigma=N/(\varphi A)=378.8\text{MPa}$

通过以上分析,不难看出事故的技术原因主要是:

(1)本案例屋面设计标高较高,离地面达21m,与二层平台(标高+4.50m)间距达16.5m。因此,支撑竖向高度较大,采用ϕ48mm×3.5mm钢管作竖向立杆,水平间距1.0~1.7m,明显过大过稀，水平杆上下间距1.8m，没有设置连续的竖向和水平剪刀撑，导致支撑系统整体性极差，即没有形成可靠的空间受力结构。

(2)在未计入施工中泵送混凝土直接对模板支撑的冲击力时，支撑立杆受力已达27kN以上。假设钢管立杆的计算长度为3600mm，则钢管稳定验算中的计算应力已达378.8MPa，此值大大超过Q235钢的设计强度值205MPa和屈服强度值235MPa，因此支撑立杆已不稳定，发生坍塌事故已是必然。

【例5-42】 混凝土柱偏移事故。

某住宅楼工程为8层现浇钢筋混凝土框架、异形柱结构，抗震设防烈度为7度，现浇框架抗震等级为三级，梁、板混凝土强度等级均为C25，四层以下柱混凝土强度等级为C30，以上为C25，标准层阳台局部结构平面如图5-41所示。由于建筑立面的客观要求，阳台挑梁顶面比所在结构层的楼面标高高出230mm，在主体二层柱拆模后，发现阳台挑梁所连混凝土柱的底部短柱和上部柱身结合面处均出现平面错位，如图5-42所示。经实测发现上部柱身轴线位置及截面尺寸均符合设计要求，底部短柱轴线位置符合设计要求，但截面尺寸偏差超出规范要求，经统计偏差值有三种情况：20～30mm，31～40mm，41～60mm。

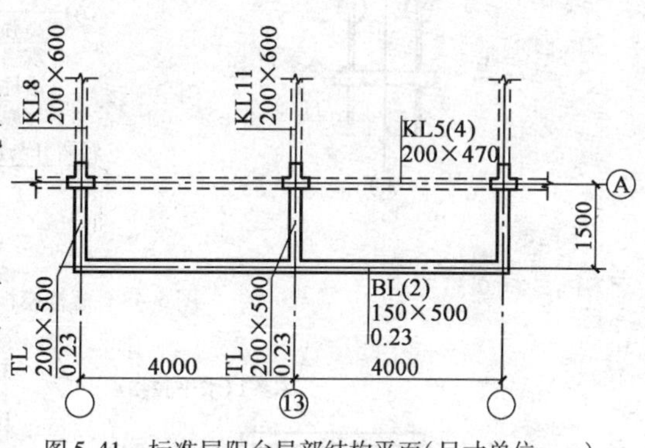

图5-41 标准层阳台局部结构平面(尺寸单位:mm)

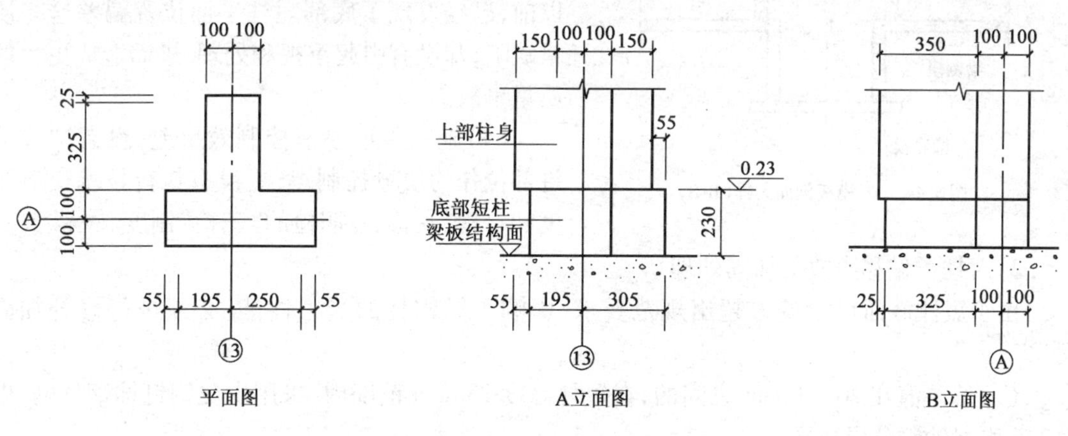

图5-42 柱平面及立面图(尺寸单位:mm)

1)事故原因分析

(1)230mm高的底部短柱和阳台反梁一同浇筑，底部短柱及阳台反梁外侧模板为悬空吊板，如图5-43所示，吊模竖向支撑为木条2，木条2的宽度为80mm，厚度为20mm，高度为板厚+50mm，吊模和板底模通过木条2连接，固定大样如图5-44所示。木条2的位置：短柱吊模在转角处，如图5-44所示，反梁吊模木条2间距800～1200mm(亦可根据现场情况定)。由于木条2连接的强度、稳定性较差，因混凝土的浇筑和振捣的影响造成短柱吊模跑模、移位。

(2)在结构板、梁、短柱混凝土全部浇完及振捣密实后，混凝土初凝前拆除木条2，然后用

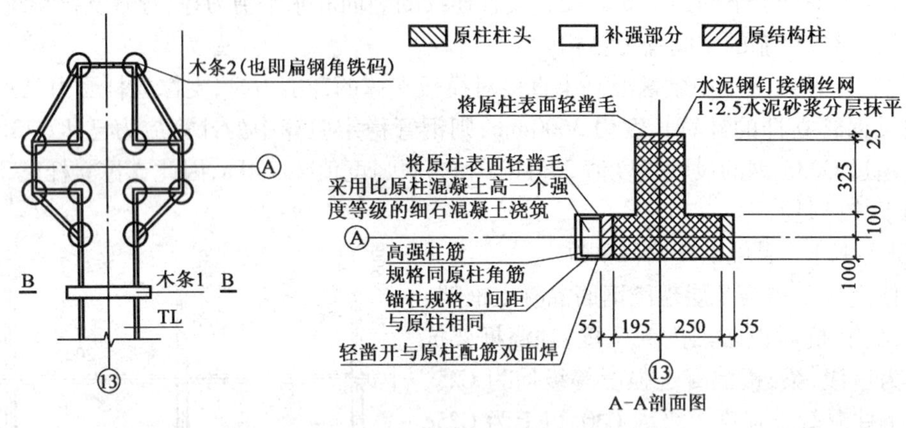

图 5-43　短柱模板平面(尺寸单位:mm)

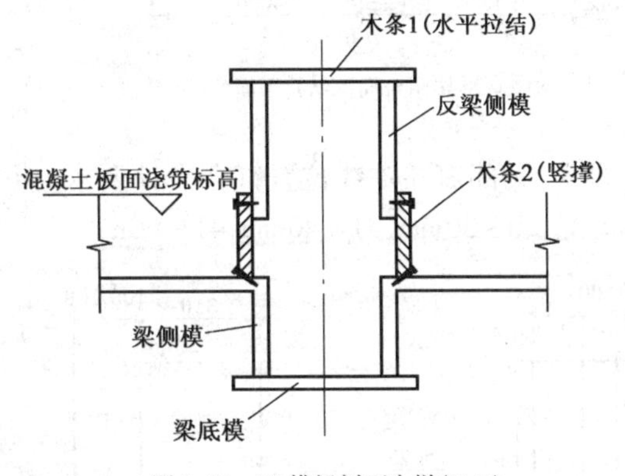

图 5-44　TL 模板剖面大样(B-B)

和混凝土同比的砂浆抹实因拆除木条 2 引起的底板凹槽。在拆除木条 2 的过程中,因混凝土尚无强度,造成对结构板、反梁、短柱混凝土的扰动,影响了构件的质量。

(3)在二层结构施工完毕后,支撑二层柱模以前,已经发现了底部短柱平面位置偏差这一质量缺陷,却没有引起重视和处理,进而造成更大的质量事故。

(4)施工单位事前控制效果差,没有把该关键部位作为质量控制点,更没有执行技术交底制度和自检、互检、专职检的“三检”制度。

2)对柱子偏移事故的加固处理

由于短柱截面尺寸偏差超出规范要求,影响了结构柱的受力性能,必须进行修补加固处理。

(1)偏差值在 20~30mm 之间的,在短柱高度 230mm 范围内,采用水泥钢钉挂钢丝网,以 1:2.5 水泥砂浆分层抹平。

(2)偏差值在 31~40mm 之间的,在短柱高度 230mm 范围内,采取 $\phi6$ 膨胀螺栓挂 $\phi3$~$\phi4$ 冷拔钢丝@80×80,通过支模浇筑比原柱高一个强度等级的细石混凝土,用钢筋插实,拆模后定时养护。

(3)偏差值在 41~60mm 之间的,作为重点加固处理,在柱子混凝土达到设计强度以后,采取高强植筋,将柱截面加大 100mm;在原框架顶、底梁上植入 $2\phi25$ 竖向主筋,植孔为 $\phi32$,植入深度为 384mm,锚固剂采用进口慧鱼树脂胶,箍筋规格、间距与原柱相同;新加箍筋与原柱箍筋双面焊 $5d$,如图 5-45 所示,通过支模浇筑比原柱高一个强度等级的细石混凝土,振捣密实,拆模后定时养护。

(4)三层柱待拆柱模、对柱子外观质量和尺寸偏差进行检查统计后作相应处理。

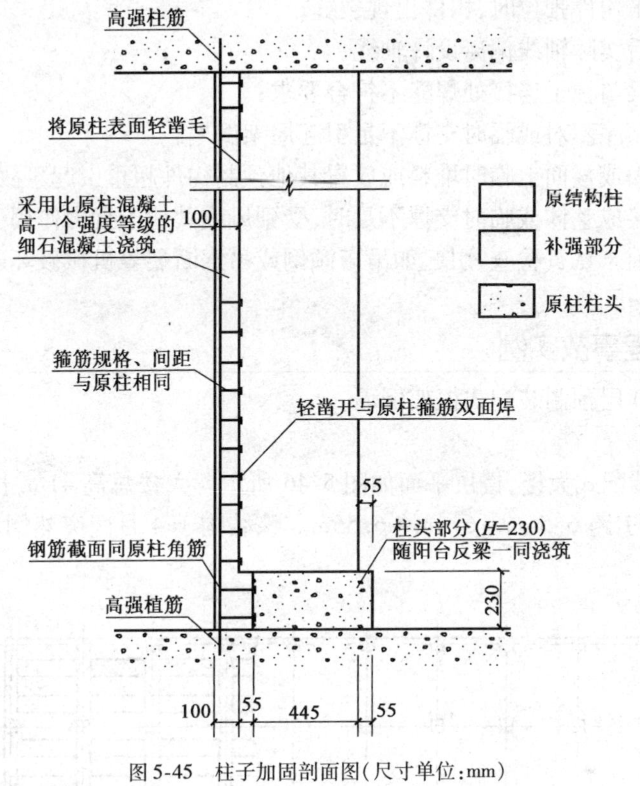

图 5-45 柱子加固剖面图(尺寸单位:mm)

第五节 装配工程事故

装配式混凝土结构的事故与现浇结构大致相似,也有倒塌、开裂、强度不足、错位变形等类型的事故。造成事故的原因,除了已介绍的内容外,还有预制构件质量差、结构安装工艺不当等内容。结构安装过程是指将预制构件在建筑现场安装就位,形成完整的结构体系。装配式厂房、多层预制框架等结构常在预制构件厂将构件预制好或者在工地现场就地预制,然后吊装、就位并联结成结构。结构安装工程常要使用各种机械,构件安装又常有高空作业。构件重量大,体积也不小,工作面一般较窄,工序又较多,任何一环节有疏忽都易发生事故。另外,构件在运输起吊工程中,因吊点或支点不妥,或临时加固措施不力,或发生意外碰撞等也会形成质量事故。又因构件就位后到未连接成整体结构前,体系常常不够稳定,如技术措施跟不上,也易发生事故。根据调查统计,装配式结构工程事故中有不少是由施工荷载太大而造成,尤其应该引起足够的重视。

 装配工程事故原因分析

结构安装过程中常见的质量事故有:

(1)构件在运输、堆放过程中发生裂纹或断裂;

(2)构件节点拼装错位,构件拼装时扭转;

(3)预应力后张构件张拉时,构件出现裂缝;

(4)柱子安装后实际轴线偏离设计轴线;

(5)屋架或大梁与柱子连接处焊缝不符合要求;

(6)屋架吊装顺序不对或临时支撑不足引起屋架倒塌;

(7)刚吊装屋面或楼面上临时堆料或放置其他预制构件超重引起事故;

(8)结构未连接成整体或临时支撑不足时,受到风或其他干扰力作用引起失稳倒塌;

(9)机械使用前未认真检查,引起如吊车倾倒或吊索断裂等机械破坏事故。

二 装配工程事故实例

【例5-43】 10层预制装配式框架倒塌。

1)事故概况

某10层预制装配式大楼,楼层平面如图5-46所示。大楼总高41m,长56.6m,宽21m,开间为6.1m,框架为三跨6.55m+6.4m+6.55m。该结构于4月间突然倒塌,造成多人伤亡的恶性事故。

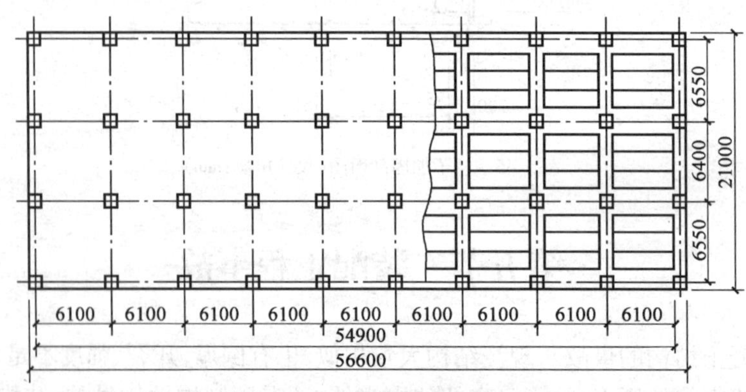

图5-46 10层大楼的标准平面示意图(尺寸单位:mm)

建筑物倒塌时,基础工程已全部完工,地下室墙壁接近完工,只有部分基础坑空隙尚未完全填实。地下室基础回填土工程尚未全面进行,10层钢筋混凝土骨架的安装已经全部就位。柱接头只完成一部分,全部连接板的焊接只完成50%。从倒塌现场检查发现横梁接头有大量漏焊。梁柱接头的灌浆工作大体进行到二层。骨架沿纵向倒塌,倒塌后骨架成了一片散堆,柱子断离基础。

2)事故原因分析

检查后认定,引起倒塌的原因是,结构在安装中处于很不稳定的状态,未形成结构而近乎瞬变体系,因而在自重(只有设计荷载的25%左右)以及在施工中可能产生的不太大的水平力作用下,结构沿纵向丧失稳定而倒塌。具体说来有以下几点:

(1)设计要求吊装一层,固定一层,即焊接、浇筑节点一层,逐层往上安装。但施工中为赶进度,没有按设计要求去做。全10层均未浇筑节点混凝土,有几层节点尚未焊接。

(2)在施工中未采取必要的稳定措施,如增加临时垂直支撑、加强拉结等措施;施工人员理论知识缺乏，不知安装过程中保证体系稳定的必要性，也不知保证稳定的方法。

(3)管理混乱。负责吊装的单位与负责节点施工(焊接、浇筑节点混凝土)的单位分工明确而合作不好，联系不及时，各自施工，造成了结构处于不稳定状态。

第六节　局部倒塌事故

一 局部倒塌事故原因分析

结构由于使用不当或任意改建而引起的事故经常发生，主要有以下几种原因：

(1)使用中任意加大荷载。如民用住宅改为办公用房，安装了原设计未考虑的大型设备，荷载过大引起楼板断裂；原设计为静力车间，后安装动力机械，设备振动过大引起房屋过大变形；民用住宅阳台堆放过重过多杂物(如煤饼)，引起阳台开裂甚至倒翻等。

(2)工业厂房屋面积灰过厚。对水泥、冶金等粉尘较大的厂房、仓库，即使在设计中考虑了屋面的积灰荷载，在正常使用时还应及时清除；但有些地方管理不善，未及时扫灰，致使屋面积灰过厚造成屋架损坏甚至倒塌。有些厂房屋面漏水管堵塞，造成积水过深，引起檐沟板破坏。

(3)加层不当。近来，因经济发展，旧房加层很为普遍，有的地方甚至成立了房屋增层加固委员会，业务相当兴旺。但有些单位自行加固，未对原有房屋进行认真验算就盲目往上加层，由此造成的事故在全国许多省市都发生过。

(4)维修改造不当。如任意在结构上开洞或为扩大使用面积和得到更大空间而任意拆除柱、墙，结果使承重体系破坏，引发事故；有些房屋本为轻型屋面，但使用者为了保温、隔热，新增保温、防水层，结果使屋架变形过大，严重的造成屋塌房毁。

二 局部倒塌事故处理的一般原则

局部倒塌事故的一般处理原则如下：

(1)倒塌事故发生后，应立即组织力量调查分析原因，并采取必要的应急防护措施，防止事故进一步扩大。

(2)确定事故的范围和性质。局部倒塌发生后，应对未倒塌部分作全面检查，确定倒塌对残留部分的影响与危害，找出未倒塌部分存在的隐患，并进行必要的技术鉴定，最后决定可否利用和怎样利用。

(3)修复工程要有具体的设计图纸，特别应注意修复部分与残存部分的连接构造与施工质量。

(4)按规定及时报告建设主管部门并做好伤亡人员的抢救和处理等善后工作。

三 局部倒塌事故的处理方法

(1)根据设计存在的问题，采取针对性措施。例如，加大构件截面或配筋数量，提高抗倾覆稳定性能力，修改结构方案和构造措施等。

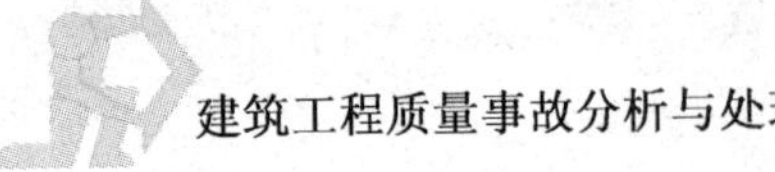

(2)纠正错误的施工工艺后再做。主要有三方面：一是纠正错误的施工顺序，防止结构构件在施工中失稳，或强度不足而破坏；二是纠正错误的施工方法，确保工程质量；三是防止施工严重超载。

(3)减小荷载或内力。常采用的措施有：减小构件跨度或高度；采用轻质材料，降低结构自重；建筑物减层等。

(4)改变结构形式。如采用钢屋架代替组合屋架；悬挑结构自由端加支点，形成超静定结构；梁下加砌承重墙，把大开间变成小房间等。

(5)增设支撑。例如，增加屋架支撑，提高稳定性等。

处理局部倒塌事故时，综合采用上述各种方法，往往可以取得较理想的效果。

四 局部倒塌事故的实例

【例 5-44】 某市卷烟厂为一座两层现浇钢筋混凝土框架结构，因卷烟生产经济效益很好，供不应求，厂方决定增加一层。加层设计由地区烟草专卖局的基建处设计，由市建筑某公司施工。

原结构长 117m，宽 58m，柱网 7.4m×8.4m，有两条伸缩缝，如图 5-47 所示，加层设计时对基础进行验算，再加一层无问题，柱子采用一、二层柱子同样的配筋，混凝土强度等级也相当，用 C20，加层柱采用框架。加层屋面按不上人屋面设计，梁、柱现浇，屋盖采用预制预应力空心板。

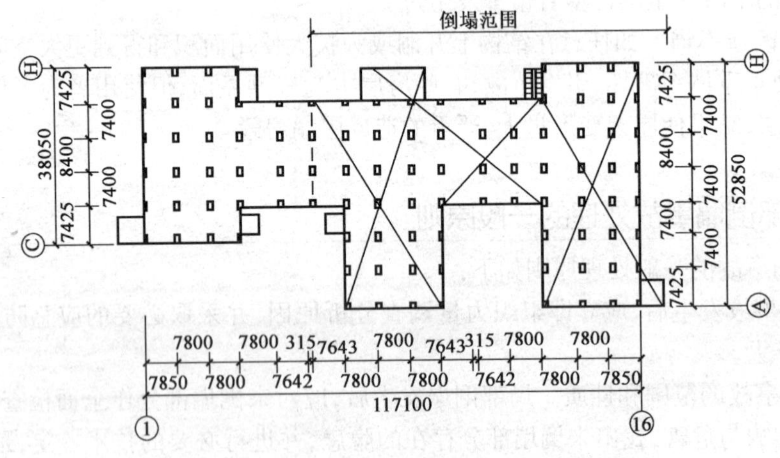

图 5-47　倒塌建筑平面示意图(尺寸单位:mm)

工程于 1976 年 12 月开始，一层、二层工人生产照常进行。在加层吊装屋顶面板接近完工时，加层部分及二层突然倒塌。因一、二层工人还在加班，有近百人被砸在里面，结果造成 31 人死亡，54 人受伤的重大事故。

1)事故现场调查结果

发现有两个区段(共三个区段)二层全部倒塌，形状由四周向中间倾倒，呈锅底形，加层柱子的上、下接头处钢筋有断裂，有的从混凝土中拔出，梁均被折断。原二层柱子柱顶被压酥裂，一些柱子在中部折断，原二层大梁(原屋面大梁)全部断裂，梁与柱的接头处严重破坏。

2)原因分析

加层设计时对基础及加层的梁柱进行了计算,对原框架结构未进行验算。事故发生后对原结构进行复核,发现原结构安全度远不富裕,原规范要求的安全系数为1.55,复核计算可知原结构柱子的安全系数为1.06,框架梁的安全系数仅为0.75。可见原结构安全度不足,使用多年未出问题已属侥幸。加层时,理应先对原结构的梁、柱进行加固,否则不能进行加层。设计不当是造成事故的根源。在施工中,梁、柱现浇,梁底模板立柱支于原结构二层的框架梁上,加层柱的钢筋用插铁焊于原框架梁的负钢筋上,接头很不牢固。在吊装加层顶板时,因大梁浇筑时间不长,强度不足,故未拆除加层大梁下的木模支撑。这样加层楼板及施工荷载通过木模支撑直接传到原结构顶层的大梁上,这大大超过了原设计的负荷,造成变形过大,使连带框架弯曲变形。原二层梁柱安全度本来不足,在此不利受力条件下,二层柱子既超载又为偏心受压,从而首先破坏,接着梁的两端破坏而塌落。加层结构靠插铁与二层负筋连接,结构很不稳定,自然随之倒塌,砸到二层,最终造成全楼塌毁。

【例5-45】 百货大楼改建不当引起倒塌。

某市百货大楼,由两幢对称的大楼并排组成,地下4层,地上5层,中间在三层处有一走廊将两楼连接起来,建筑面积达7.4万m^2,为钢筋混凝土柱、无梁楼盖。某日傍晚,百货大楼正值营业高峰时间,大楼突然坍塌,地下室煤气管道破裂,引起大火。事故发生后50多辆消防车呼啸到现场,1100名救援人员和150名战士参加救助,动用了21架直升机,大批警察封锁现场。救助工作持续20余天,最后统计,造成近450人死亡,近千人受伤的特大事故。

该大楼建于1989年,从交付使用到倒塌已有4年多,在4年中曾多次改建。从倒塌的现场看,混凝土质量不是很高,而且一塌到底。事故发生后,组成了专门委员会,对事故责任者予以拘捕,追究法律责任。

原因分析:

造成事故原因是多方面的。首先从设计上看,安全度留得不够。每根柱子设计要求承载力应达4.5t(相当于45kN)左右,实际复核其承载力没有安全富裕度。原设计为由梁柱组成框架结构与现浇钢筋混凝土楼板,为提高土地利用系数,施工时将地上4层改为地上5层,并将有梁楼盖体系改为无梁楼盖,以争取室内有较大的空间。改为无梁楼盖时,虽然增加了板厚,但整体刚性不如有梁体系,且柱头冲切强度比设计要求的强度还略低一点,这为事故发生种下了祸根。

从施工来讲,从倒塌现场检测情况看,混凝土中水泥用量偏小,强度达不到设计强度,当时建筑材料紧俏,施工单位偷工减料,这把本来设计安全度不足的结构更加推向了危险的边缘。

从使用过程看,原设计楼面荷载为200kg/m^2(2kN/m^2)。实际上,由于货物堆积,柜台布置过密,加上增加了不少附属设备,购物人群拥挤,致使实际使用荷载已近4kN/m^2。为了整层建筑的供水、空调要求,在楼顶又增加了两个冷却水塔,每个质量6.7t(约67kN),致使结构荷载一超再超。在最后一次改建装修中在柱头焊接附件,使柱子承载力进一步削弱,最终造成了惨剧。

尽管此楼设计不足,施工质量差,使用改建又极不妥当,但发生事故前仍有一些先兆,说明结构还有一定的延性,如能及时组织人员疏散,还有可能避免大量人员伤亡。事故发生当天上

午9时30分左右,一层一家餐馆发现有一块天花板掉了下来,并有2m见方的一块地板(也是地下室的顶板)塌了下去。中午,另外两家餐馆见大量流水从天花板上哗哗流下,当即报告大楼负责人。负责人为了不影响营业,断然认为没有大问题。直到下午6点左右,事故发生前,仍陆续有地板下陷,这本来是事故发生的最后警告,如及时发布警报,让人员撤离,则大楼虽然会倒塌,但千余人的生命可以保全。但业主利令智昏,明知危险,仍未采取措施,终使惨剧发生。

【例5-46】 雨篷整体倾覆事故。

浙江省某仓库雨篷构造示意如图5-48所示,在拆除雨篷模板及支撑时,雨篷连同梁一起倒塌。经检查与验算,此雨篷设计的抗倾覆稳定性及构件承载能力均无问题,雨篷拆模时,混凝土强度已满足施工规范规定的拆模强度,造成整体倾覆的主要原因是雨篷梁上的压重不足,倒塌时梁上仅有1.5m高的240mm墙。

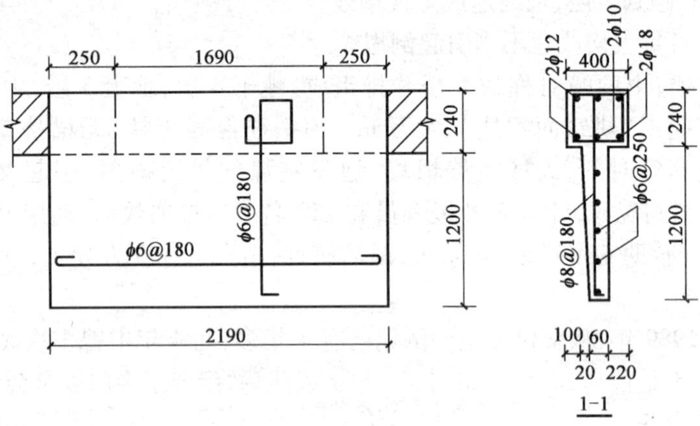

图5-48 雨篷示意图(尺寸单位:mm)

据检查雨篷梁掉落后,未见明显破损,而雨篷板已经断裂,该工地确定采取把板砸掉把梁安装到设计位置后,支模、整理钢筋,重新浇筑混凝土的处理措施。经验算必须在屋架安装后,方可满足抗倾覆的要求,因此拆模时间应严格控制。

【例5-47】 梁倒塌后用减层加墙方案处理。

河南省一幢三层混合结构教学楼,在屋面工程施工中,一根跨长为6m的钢筋混凝土梁断塌,连续砸断三层和二层楼盖梁。据该工程的事故调查报告分析,设计无问题,倒塌的主要原因是施工质量低劣,主要有以下两方面。

(1)大梁主筋横向偏位严重,梁断口处可见受拉区1/3宽范围内无钢筋,导致梁受力性质改变,产生了非平面弯曲,结果梁侧向失稳而倒塌。

(2)梁混凝土强度低下。设计强度为C20,倒塌后鉴定实际强度仅为7.5MPa左右。造成混凝土强度低下的原因有:砂、石未洗净,混有30~40mm的块状黄土块、白灰砂浆及树叶等杂质;水泥实际活性低,出厂强度等级为42.5,实际只达370MPa。

由于整个工程未按施工规范要求作业及粗制滥造等因素,最后只好拆去一层,改为两层,把梁换成墙,把教室改为宿舍。

第七节 混凝土结构加固补强技术

钢筋混凝土出现质量问题以后，除了倒塌断裂事故必须重新制作构件外，在许多情况下可以用加固的办法来处理。补强加固技术多种多样，本节仅介绍加大断面补强法、外贴钢板补强法、黏结钢板法、锚结钢板法、焊接钢筋或钢板法、碳纤维布加固法、预应力加固法等方法。

一 混凝土结构加固的一般原则

(1)加固内容及范围。应根据可靠性鉴定结论和委托方提出的要求确定。

(2)对加固结构上的作用应进行实地调查，其取值应符合《建筑结构荷载规范》(GB 50009)和《混凝土结构加固技术规范》(CECS 25:90)的规定。

(3)加固结构设计应遵照有关规范的规定进行，注意设计与施工方法紧密结合，并采取有效措施，保证新浇混凝土与原结构连接可靠，协同工作。

(4)加固应考虑其综合效果，尽量不损伤原结构，保留具有利用价值的结构构件，避免不必要的拆除或更换。

(5)加固材料。为适应加固结构应力、应变滞后的特点，加固用钢材一般选用比例极限变形较小的低强(Ⅰ、Ⅱ级)钢材，如用预应力法加固，可采用高强钢材。加固用水泥和混凝土，要求收缩小、早强、与原结构黏结好，并有微膨胀，以保证新旧两部分共同受力。加固用化学灌浆材料及黏结剂，要求黏结强度高、可灌性好、收缩小、耐老化、无毒或低毒。

(6)新发现问题的处理。在加固过程中，若新发现严重质量缺陷时，应立即停止施工，会同加固设计者采取有效措施后，方可继续施工。

(7)防护措施。对可能变形、开裂或倒塌的建筑物，在加固施工前，应采取临时防护措施，预防安全事故的发生。

二 混凝土结构加固的一般要求

(一)加固方案选择要求

加固方案的优劣影响甚大，应妥善选择，使其满足局部效果和总体效应两方面的要求。局部效果要求是指对结构局部所采取的加固方法，应满足加固效果好、技术可靠、施工简便及经济合理等要求，并应不降低结构的使用功能。若加固方案选取得不好，则费工多而收效甚微。例如，对于裂缝过大而承载力足够的构件，采用增加纵筋的加固办法是不可取的，有效的办法是采用外加预应力拉托或外加预应力撑杆，或改变受力体系的加固方案。又如，当结构构件的承载力足够，但刚度不足，则宜优先选用增设支点，或增大结构构件截面尺寸的方法。再如，对于承载力不足而实际配筋已达到超筋的构件，不能采用在受拉区增加钢筋的方法，因为它起不到加固作用。

总体效应方面的要求是指在选取加固方案时不能采用头痛医头、脚痛医脚的办法，要考虑加固后建筑物的总体效果。例如，对房屋其一层柱子或墙体加固时，有可能改变整个结构的动

力特性,从而产生薄弱层,很不利于抗震。

(二)加固设计要求

加固设计包括材料选取、荷载计算、承载力验算、构造处理和绘制施工图等五部分工作。它们的具体要求如下。

1. 材料

1)原结构材料强度要求

(1)当原结构材料种类和性能与原设计一致时,按原设计(或规范)值取用;

(2)当原结构无材料强度资料时,通过实测评定材料强度等级,再按现行规范取值。

2)加固材料要求

(1)加固用钢筋一般选用HPB235级或HRB335级钢筋;

(2)加固用水泥宜选取普通硅酸盐水泥,强度等级不应低于32.5;

(3)加固用混凝土强度等级,应比原结构的混凝土强度等级提高一级,且加固上部结构构件的混凝土不应低于C20,加固混凝土中不应掺入粉煤灰、火山灰和高炉矿渣等混合材料;

(4)黏结材料及化学灌浆材料的黏结强度应高于被黏结结构混凝土的抗拉强度和抗剪强度,一般采用成品,当工程单位自行配制时,应进行试配,并检验其与混凝土间的黏结强度。

2. 荷载取值

对加固结构承受的荷载,应实地调查后取值。对于现行的荷载规范未作规定的永久荷载可进行抽样实测确定,抽样数不得少于5个。

对于工艺荷载、吊车荷载等,应根据使用单位提供的数据取值。

3. 承载力验算

承载力验算包括事故处理阶段和完成后使用阶段两种情况。这两种情况验算所取的计算简图,应根据结构的实际受力状况和结构的实际尺寸确定。构件的截面面积应取用有效值,即应考虑结构的损伤、缺陷、腐蚀、锈蚀等不利影响。在使用阶段验算时,还应特别注意新加部分与原结构的协同工作情况。由于新加部分应力滞后于原结构构件,故应对其材料强度设计值适当折减。此外,还应考虑实际荷载的偏心、结构变形、局部损伤、温度作用等引起的附加内力。当加固后使结构的重量显著加大时,还应对相关结构及建筑物基础进行验算。

4. 构造处理

加固结构不仅应满足新加构件自身的构造要求,还应特别注意新加构件与原结构的连接构造。

(三)加固施工要求

多数情况下,加固工程的施工是在负荷或部分负荷的情况下进行的。因此,应十分重视施工时的安全。一般,要求在施工前,尽可能卸除全部或部分外荷载,并施加预应力支撑,以减小原构件的应力。

在加固工程施工的前期,应特别注意观察是否与原检测情况相符。工程技术人员应亲临现场,随时观察有无意外情况出现。如有意外,应立即停止施工,并采取措施妥善处理。

在补加加固件时,应检查新旧构件结合部位的黏结或连接质量。整个施工过程宜速战速决,以减少用户的不便或避免发生意外。

混凝土结构加固补强技术介绍

1. 加大断面补强法

混凝土构件因孔洞、蜂窝或强度达不到设计等级需要加固时,可用扩大断面、增加配筋的方法。扩大断面可用单面(上面或下面)、双面、三面甚至四面包套的方法。所需增加的断面一般应通过计算确定,在保证新旧混凝土有良好黏结的情况下可按统一构件(或叠合构件)计算。增加部分断面的厚度较小,故常用豆石混凝土或喷射混凝土等,当厚度小于 20mm 时还可用砂浆。增加的钢筋应与原构件钢筋能组成骨架,应与原钢筋的某些点焊接连好。这种加固方法的优点是技术要求不太高,易于掌握;缺点是施工繁杂,工序多,现场施工时间长。这种加固方法的技术关键是新旧混凝土必须黏结可靠,新浇筑混凝土必须密实。

2. 外贴钢板补强法

外贴钢板加固方法是指在混凝土构件表面贴上钢板,与混凝土构件共同作用,一起承受外界作用,从而提高构件的抗力。至于外贴的方法,主要有焊接、锚接和黏结。焊接和锚接是很早就采用的,黏结则是随着高强黏结剂的出现而逐步得到推广的。

3. 黏结钢板法

采用高强黏结剂,将钢板粘于钢筋混凝土构件需要补强部分的表面,以达到增加构件承载力的目的。如对跨中抗弯能力不够的梁,可将钢板粘于梁跨中间的下边缘;对于支座处抵抗负弯矩不足的梁,则可在梁的支座截面处上边缘贴钢板,或者在上边打出一定长度的槽形孔,在其中黏结扁钢;对抗剪能力不够的梁,则可在梁的两侧黏结钢板。

黏结钢板的截面可由承载力计算确定。一般钢板厚度为 3 ~ 5mm,黏结前应除锈并将黏结面打毛(粗糙化),以增强黏结力,黏结钢板施工后 3d 后即可正常受力,发挥作用。外露钢板应涂防腐蚀油漆。

粘钢板补强的优点是不占有室内使用空间,可以在短时间内达到强度。但工艺要求较高,并且现在胶黏剂耐高温性能差,当温度达到 80 ~ 90℃时,胶黏剂强度下降。此外,黏结剂的老化问题也需要进一步研究。

4. 锚结钢板法

由于冲击钻及膨胀螺栓的应用,可以将钢板甚至其他钢件(如槽钢、角钢等)锚结于混凝土构件上,以达到加固补强的目的。

与黏结钢板法相比较,锚结钢板的优点是可以充分发挥钢材的延展性能,锚结速度快,锚结构件可立即承受外力作用。锚结钢板可以厚一点,甚至用型钢,这样可大幅度提高构件承载力。当混凝土孔洞多、破损面大而不能采用黏结钢板时,用锚结钢板效果更好。但也有其缺点,即加固后表面不够平整美观,对钢筋密集区锚栓困难,钢材孔径位置加工精度要求较高,并且锚栓对原构件有局部损伤,处理不当会起反作用。

若混凝土表面不够平整,则需要用水泥砂浆或环氧砂浆找平,以使所加钢板与混凝土面紧密结合。

5. 焊接钢筋或钢板法

焊接钢板法是将钢板或钢筋、型钢焊接于原构件的主筋上,它适用于整体构件加固。焊接

钢板的主要工序是：

(1)将混凝土保护层凿开，使主筋外露；

(2)用直径大于20mm的短筋把新增加的钢筋、钢板与原构件主筋焊接在一起(可用断续焊接)；

(3)用混凝土或砂浆将钢筋封闭。

因焊接时钢筋受热，形成焊接应力，施工中应注意加临时支撑，并设计好施焊顺序。目前这种方法常与扩大断面法结合作用。

6.碳纤维布加固法

碳纤维布加固法修复混凝土结构，是将高强碳纤维布用黏结材料粘于混凝土结构表面，即可达到加固目的。这种方法效益高，施工方便，断面增加很小，因而应用面日益扩大，但造价较高。

7.预应力加固法

预应力加固法是采用预加应力的钢拉杆或撑杆对结构进行加固。钢拉杆的形式主要有水平拉杆、下撑式拉杆和组合式拉杆三种。这种方法几乎可不缩小使用空间，不仅可提高构件的承载力，而且可减小梁、板的挠度，缩小原梁的裂缝宽度甚至使之闭合。预应力能消除或减小后加杆件的应力滞后现象，使后加杆件的材料强度得到充分利用。这种方法广泛应用于加固受弯构件，也可用于加固柱子，但这种方法不宜用于处在高温环境下的混凝土结构。

8.其他加固方法

加固方法种类很多，除上述介绍的常用加固方法外，还有一些加固方法可根据不同现场情况选用，如：

(1)增设支点法，以减小梁的跨度；

(2)另加平行受力构件，如外包钢桁架、钢套柱等；

(3)增加受力构件，如增加剪力墙、吊杆等；

(4)增加圈梁、拉杆，增加支撑加强房屋的整体刚度等。

四 混凝土加固结构受力特点及计算基本假定

1.混凝土加固结构的受力特点

对已建结构的加固，其受力性能与一次建成全新结构有一些不同之处，主要有两点：

(1)加固结构与已有结构结合在一起承载，新、旧两部分结构能否很好地整体工作取决于新、旧结合而传递剪力的能力。结合面混凝土的抗剪强度低于混凝土自身的强度，这一点在加固设计中应予注意。

(2)加固结构属于二次受力，加固前原结构已承担荷载(第一次受力)，构件已产生变形及应力，后加结构如在未卸载的条件下完成，则其应力、应变只有在增加荷载时(第二次受力)才开始，这种现象称为应力滞后，即新加结构的应力、应变滞后于原结构的应力、应变，两者不同时达到应力峰值。

加固结构有以上受力特点，在进行加固结构的计算和构造处理时必须予以考虑。

2.混凝土加固计算的基本假定

加固混凝土结构与一次浇筑的混凝土结构受力特点有所不同，但基本原理还是相通的，进

行加固结构计算时,可采取以下基本假定:

(1)截面变形仍保持平面;

(2)不考虑混凝土的抗拉强度;

(3)混凝土轴心受压的应力 σ_c 与应变 ε_c 关系为抛物线,如图 5-49a)所示,其方程式为式(5-1),极限变形值 $\varepsilon_{c0}=0.002$。

$$\sigma_c=\left[2\left(\frac{\varepsilon_c}{\varepsilon_{c0}}\right)-\left(\frac{\varepsilon_c}{\varepsilon_{c0}}\right)^2\right]f_c \tag{5-1}$$

式中:f_c——混凝土轴心抗压强度设计值。

(4)混凝土非均匀受压时的应力 σ_c 与应变 ε_c 关系为抛物线和水平线之组合曲线,如图 5-49b)所示,其方程式为式(5-2),极限变形值 $\varepsilon_{cu}=0.0033$。

$$\sigma_c=\begin{cases}\left[2\left(\frac{\varepsilon_c}{\varepsilon_{c0}}\right)-\left(\frac{\varepsilon_c}{\varepsilon_{c0}}\right)^2\right]f_c & (\varepsilon_c\leqslant\varepsilon_{c0})\\ f_c & (\varepsilon_{c0}<\varepsilon_c\leqslant\varepsilon_{cu})\end{cases} \tag{5-2}$$

式中:f_c——混凝土抗压强度设计值。

(5)钢筋应力 σ_s 与应变关系为直线和水平线之组合折线,如图 5-49c)所示,其方程式为式(5-3),受拉钢筋极限变形值 $\varepsilon_{cu}=0.01$。

$$\sigma_s=\begin{cases}\varepsilon_s E_s\\ f_s\end{cases} \tag{5-3}$$

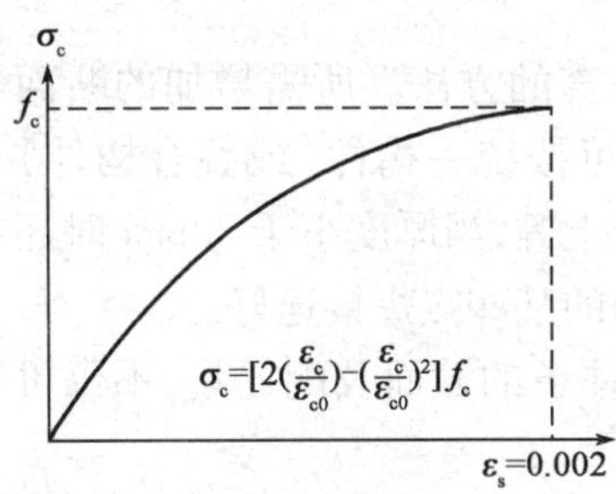

a)混凝土轴心受压应力—应变关系

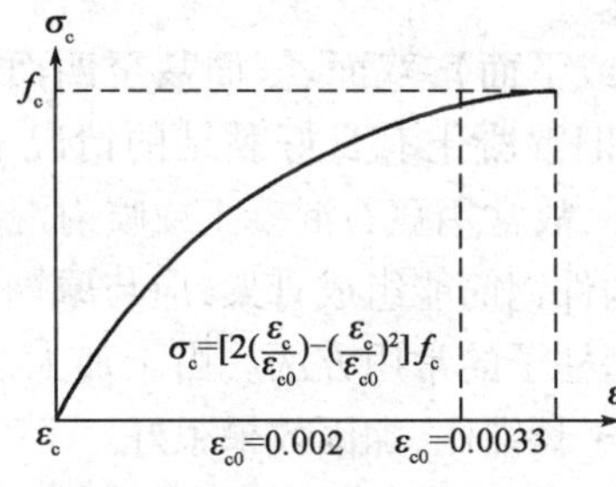

b)混凝土非均匀受压应力—应变关系

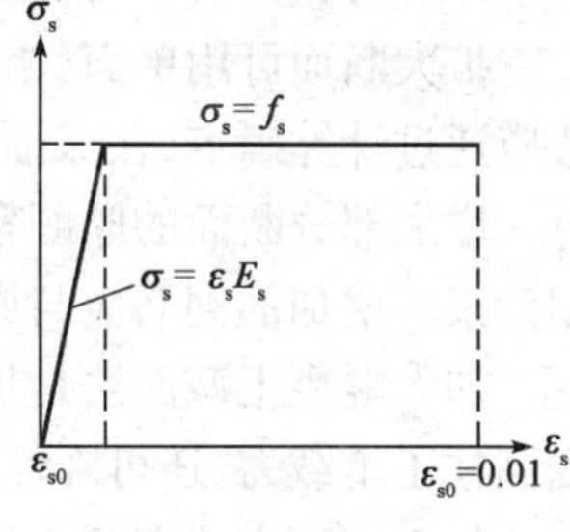

c)钢筋应力—应变关系

图 5-49 材料的应力—应变关系

五 新旧混凝土共同工作问题

混凝土加固属二次组合受力结构,在受力过程中,结合面上会产生拉、压、剪等复杂应力,尤其是受弯或偏压构件,其结合面上会产生较大的剪应力。新旧材料能否有效地共同工作取决于结合面上的剪应力能否有效地传递。新旧混凝土结合面有一定的抗剪能力,若这一抗剪能力不足,应配置一定的抗剪钢筋。中国建筑科学研究院建议可按下式计算其抗剪承载力:

$$\tau\leqslant f_v+0.56\rho_{sv}f_y \tag{5-4}$$

式中:τ——结合面剪应力设计值;

f_v——结合面混凝土抗剪强度设计值,按表 5-7 采用;

ρ_{sv}——横贯结合面的抗剪钢筋的配筋率,$\rho_{sv}=A_{sv}/(bs)$;

A_{sv}——在同一截面内配置的箍筋各肢的全截面面积；

b——截面宽度；

s——箍筋的间距；

f_y——抗剪钢筋(箍筋)的抗拉强度设计值。

结合面混凝土抗剪强度(单位:N/mm²) 表5-7

混凝土强度等级		C10	C15	C20	C25	C30	C35	C40	C45	C50	C60
黏结抗剪	标准值f_{vk}	0.25	0.32	0.39	0.44	0.50	0.54	0.58	0.62	0.66	0.73
	设计值f_v	0.19	0.24	0.29	0.33	0.37	0.40	0.43	0.46	0.49	0.54
混凝土本身抗剪	标准值f_{vk}	1.25	1.70	2.10	2.50	2.85	3.20	3.50	3.80	3.90	4.10
	设计值f_v	0.90	1.25	1.75	1.80	2.10	2.35	2.60	2.80	2.90	3.10

六 混凝土结构加固的应用

(一)加大截面法加固

混凝土构件因孔洞、蜂窝或强度达不到设计等级需要加固时,可用扩大断面、增加配筋的方法。这种加固方法的优点是施工工艺简单、技术要求不太高,易于掌握,有成熟的设计和施工经验;缺点是施工繁杂,工序多,现场施工时间长,且加固后的建筑物净空有一定的减小。这种加固方法的技术关键是新旧混凝土必须黏结可靠,新浇筑混凝土必须密实。

1. 加大截面法加固受压柱

扩大断面可用单面(上面或下面)、双面、三面甚至四面包套的方法。所需增加的断面一般应通过计算确定,在保证新旧混凝土有良好黏结的情况下可按统一构件(或叠合构件)计算。增加部分断面的厚度较小,故常用豆石混凝土或喷射混凝土等,当厚度小于20mm时还可用砂浆。增加的钢筋应与原构件钢筋能组成骨架,应与原钢筋的某些点焊接连好。

加大混凝土截面法是加固柱子的常用方法。由于加大了柱子的截面及配筋量,不仅可以提高柱子承载力,还可降低柱子长细比,加固效果很好。

加大截面方式有四边加大、两边加大或一边加大等,如图5-50所示。

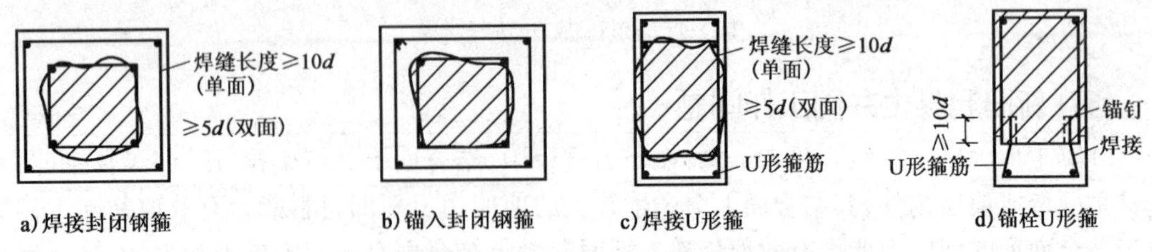

图5-50 加大截面方式及构造要求

新增混凝土厚度应不小于60mm(若采用喷射混凝土,厚度不小于50mm),新浇混凝土应紧顶梁底或板底,不得留有间隙。

新增钢筋宜用带肋钢筋,直径宜不小于14mm,但不宜大于25mm。新增受力筋应锚入基础。对于框架柱,受拉钢筋不应在楼板处切断,受压钢筋至少有50%穿过楼板。

在受力钢筋施焊前，应采取卸荷或支顶措施，并应逐根分区分段分层进行焊接，以减少原受力钢筋的热变形，使原结构的承载力不致遭受较大影响。

加大截面加固法施工不如整体浇筑混凝土构件方便，必须采取措施，保证浇筑和振捣的质量，达到混凝土密实度要求，加强养护，养护期为14d。

为了加强新、旧混凝土的结合，构件表面应凿毛，要求打成麻坑或沟槽，沟槽深度不宜小于6mm，间距不宜大于箍筋的间距或200mm，同时应除去浮块，并清理原构件混凝土存在的缺陷至密实部位。

当采用三面或四面外包方法加固梁或柱时，应轻敲梁、柱的棱角，松者去掉，同时应除去浮渣、尘土。

原有混凝土表面应冲洗干净，浇筑混凝土前，原混凝土表面应以水泥浆等界面剂进行处理，以加强新、旧混凝土的结合。

2. 加大截面法加固受弯构件

可根据实际情况分别采用受压区加层加固、受拉区加大加固。

1)增加受压层加固非整体工作情况

由于加固构件在浇筑之前，没有对被污染或有沥青防水层的原构件表面作很好的处理，导致黏合面黏结强度不足，因此，当构件受力后不能保证其变形符合平截面假定时，不能将新旧混凝土截面作为整体进行截面设计和承载力计算。

这种构件在加固后的承载力计算，只可按新旧混凝土截面各自独立工作考虑，新旧混凝土截面各自承担的弯矩按截面刚度进行分配。

2)保证受压层与原梁板混凝土黏结力的措施

对混凝土结合面可采取以下措施之一：

(1)将原构件顶面凿毛、洗净，并隔一定间距凿一凹槽，以便二次浇筑混凝土时形成剪力键，或者将原构件表面凿毛、清洁后，涂上一层黏结力强的浆液(如丙乳胶水泥浆、107胶聚合水泥浆)，同时浇筑新混凝土。

(2)在后浇层中加配箍筋及架立筋，并设法与原构件中的钢筋连接或锚入原构件混凝土中，如图5-51所示。

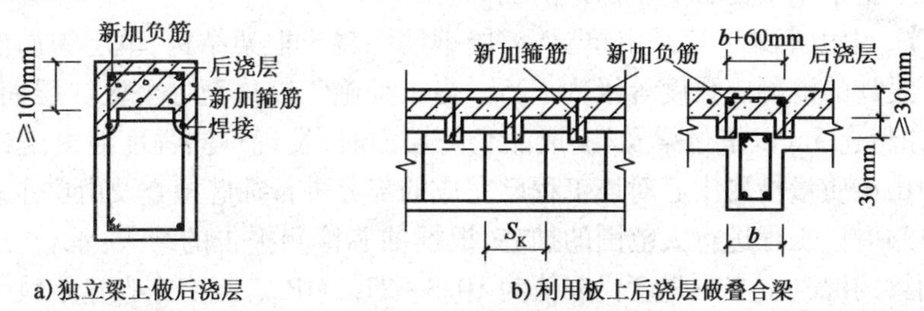

图5-51 加厚梁(板)受压区的连接构造

3)受拉区增厚并增加钢筋

在梁、板底面增加混凝土厚度的主要目的在于增加受拉钢筋，通常是紧贴原梁底增加受拉筋，将增加的受拉筋与原主筋连接，如图5-52a)所示。为增大内偶力臂，也可在受拉区增厚混凝土，这时增加的拉筋可通过附加弯起筋与原主筋焊接，如图5-52b)所示。也可采用其他形式锚筋与原梁牢固结合，如图5-52f)所示。当受拉区厚度较大时，还应增加U形箍筋，并与原

结构连接牢固，如图5-52c)、d)、e)所示。

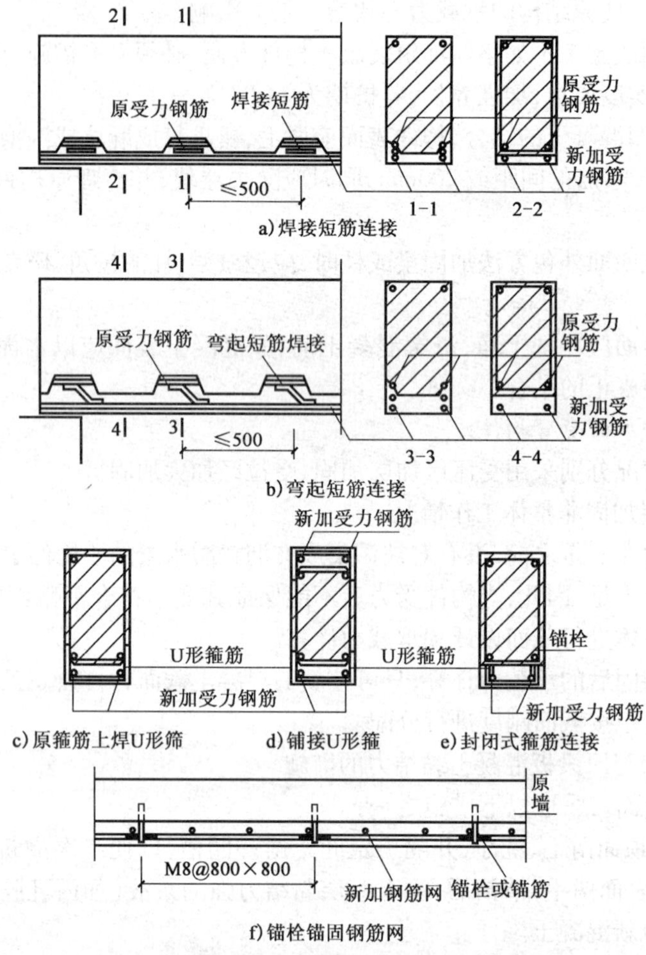

图5-52 加大截面法加固新旧部分连接构造(尺寸单位:mm)

加大截面法也常用于偏心受压构件的加固。

【例5-48】 中山市某厂房是由单层、三层钢筋混凝土框架结构、单层钢筋混凝土柱钢屋架结构组成。设计的混凝土强度等级为C25。当工程施工完成至办公区二层面、单层厂房柱及部分天沟、原料仓5m以下过梁及柱、成品仓三层面时，发现不同程度混凝土试压报告不合格现象。经中山市质量检测中心对该工程已完成的部分进行抽芯检查及由广东省建设工程质量安全监督总站对该工程进行大范围的抽芯，根据抽芯检测报告的结果：承台、地梁、柱、成品仓库二楼楼面梁的混凝土实测强度代表值为10.3～27.5MPa。经广东省建筑科学研究院进行结构复核计算，该工程较大范围需进行加固处理。

(1)柱的加固方案(新浇柱混凝土采用C20)。柱采用加大截面法：角柱采用两边加大截面加固，边柱采用三边加大截面加固，中柱采用四边加大截面加固，见图5-53。

(2)上部结构梁的加固方案(新浇梁混凝土采用C20)，见图5-54。

(3)桩承台的加固方案(新浇承台混凝土采用C25)，见图5-55。

(4)地基梁、地面板的加固方案(新浇结构混凝土采用C25)，见图5-56。

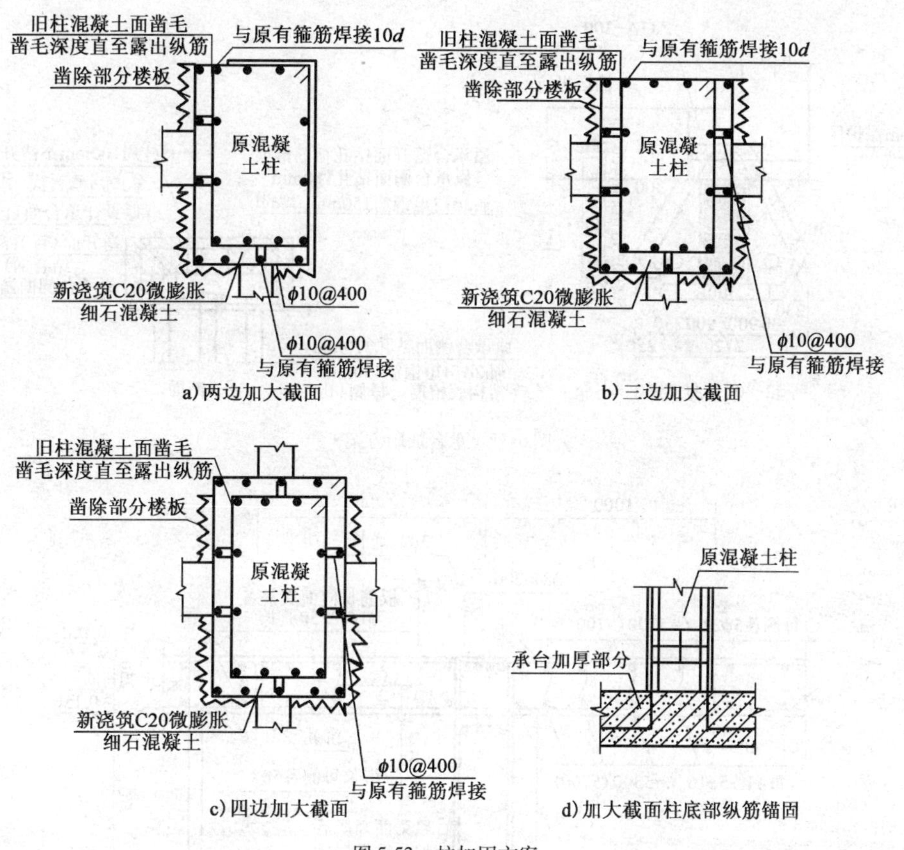

图 5-53　柱加固方案

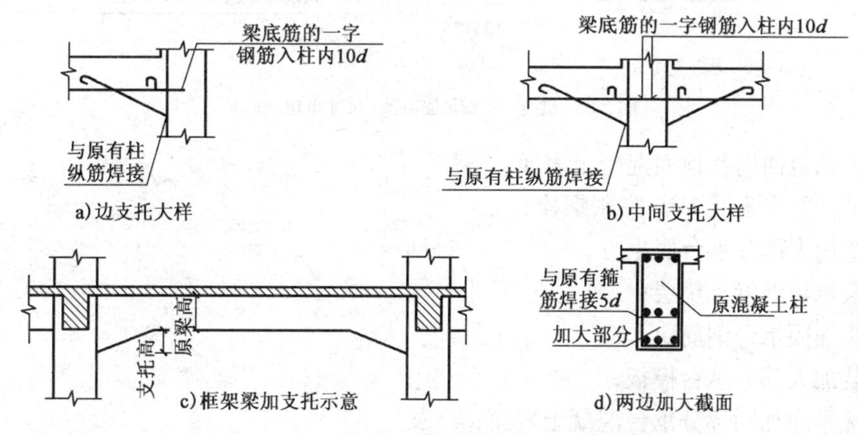

图 5-54　梁加固方案

1)加固施工技术要求及工艺

采用加大截面加固法在施工工艺上必须保证新旧混凝土具有较高的结合强度,保证新旧部分的混凝土共同变形,以弥补混凝土强度或配筋不足。

(1)承台加大截面法施工工艺

①开挖承台四周土方至承台底;

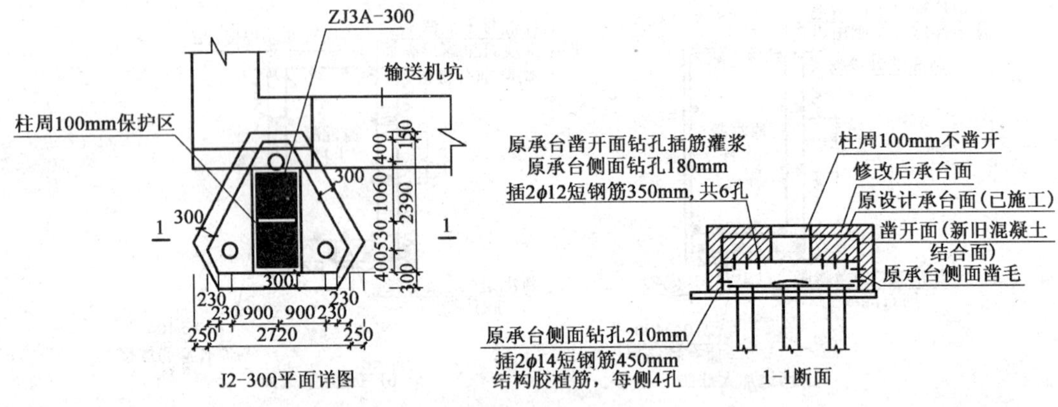

图 5-55　承台加固方案

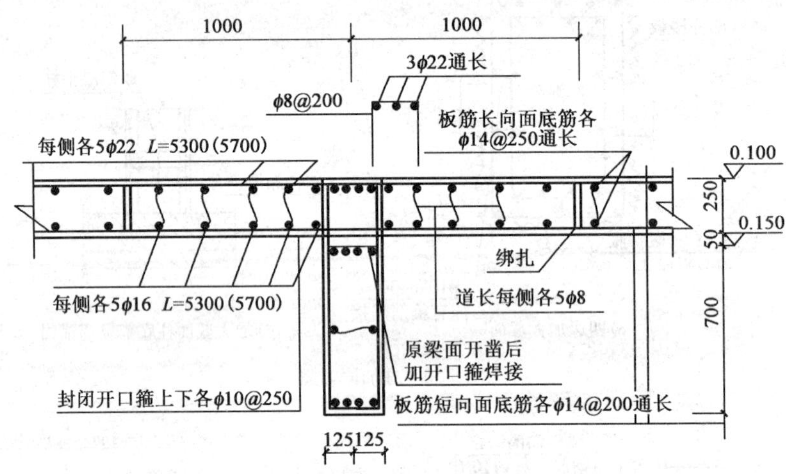

图 5-56　地梁、地板加固方案（尺寸单位：mm）

②凿去承台四周及顶面混凝土表面；

③按设计要求安装 M16 膨胀螺栓；

④平整加大部分承台底土方；

⑤浇筑承台混凝土垫层；

⑥绑扎加固承台钢筋；

⑦安装加大部分承台模板；

⑧清洗干净加固部分承台混凝土表面；

⑨刷素水泥浆；

⑩浇筑加大部分承台混凝土。

（2）地梁加大截面法施工工艺

①凿去地梁顶面钢筋保护层；

②安装地梁加固钢筋；

③焊接加固地梁箍筋；

④绑扎加固地梁主筋；

⑤清洗干净梁混凝土表面；

⑥浇筑混凝土。

(3)柱、楼面梁加大截面法施工工艺

①用钢管或门式架支撑板底和次梁；

②凿毛柱表面，凿去大梁底混凝土表面(至梁箍筋底)；

③绑扎安装加固柱钢筋(或在梁底、梁面植入柱筋)；

④绑扎安装加固大梁的钢筋(加固筋植入柱内 $10d$)；

⑤绑扎安装梁支托钢筋；

⑥清洗加固柱、梁混凝土表面；

⑦安装每层柱下部 2~2.5m 高模板；

⑧浇筑柱下部 2~2.5m 高 C25 细石混凝土；

⑨安装每层柱上部模板；

⑩浇筑柱上部 C25 细石混凝土；

⑪安装大梁加固模板；

⑫浇筑 C25 细石混凝土(浇筑时实行超浇筑，拆模后凿掉)；

⑬养护；

⑭拆模。

2)加固效果

加固工作结束后，业主和原设计单位为了检验加固效果，由中山市质量检测中心对已加固的部分构件进行载荷试验。本次试验检验的结论为：试验板、梁在试验荷载(1.25 倍设计荷载)作用下，无明显整体变形，局部变形也不大。在逐级卸荷后，所有测点应变值恢复到初读数。可以证明，梁、板承受试验荷载的变形为弹性变形。加固后的梁、板承载力满足设计要求。该厂房加大截面法加固后，经过业主两年多的使用，未发现任何异常情况，这充分说明了加大截面加固法的安全可靠。

(二)外包钢加固法

1.外包钢加固法的类型

外包钢加固法是将型钢(角钢，扁钢等)包于混凝土构件的四角或两侧，型钢之间用缀板连接形成钢构架，与原混凝土构件共同受力，加固截面如图 5-57 所示。这种加固法常用于加固柱子，对于烟囱、水池等圆形构件，常用型钢加套箍的方法加固。

外包钢加固方式有干式和湿式两种。干式外包钢把型钢构架直接包于混凝土柱外边，型钢与混凝土之间没有连接，或虽有一些连接但不能保证结合面的剪力传递。

湿式外包钢加固即在外包钢与原混凝土柱表面之间用黏结剂或填实混凝土，使得结合面能有效地传递剪力，使外包钢与原混凝土柱形成组合截面，共同受力。

干式外包钢加固法施工比较简便，但湿式外包钢加固更有效。

2.外包钢加固的构造要求

(1)外包钢的角钢边长不宜小于 50mm，厚度不宜小于 3mm，也不宜大于 8mm。

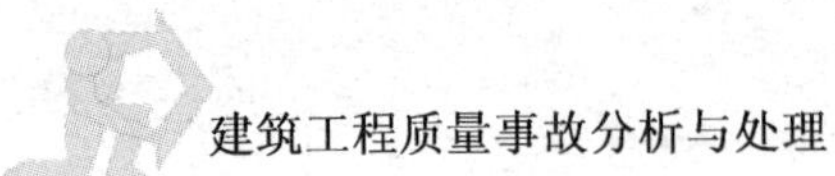

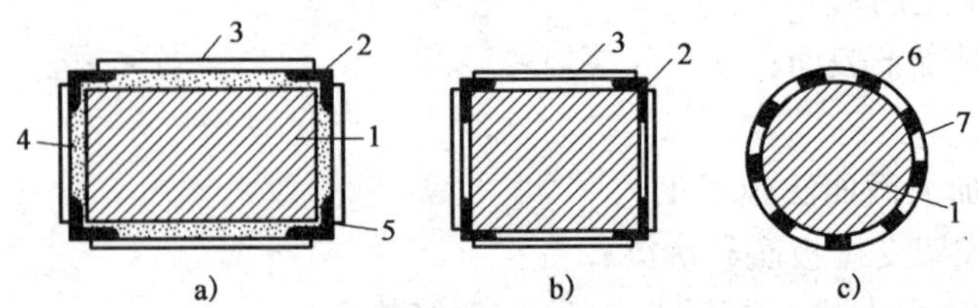

图 5-57 外包钢加固混凝土柱示意图

1-原柱;2-角铁;3-缀板;4-填充混凝土或砂浆;5-胶黏剂;6-扁铁;7-套箍

(2)外包钢应采用缀板焊接相连,扁钢箍截面不应小于 25mm×3mm,间距不宜大于 $20r$(r 为单根角钢的最小回转半径),也不宜大于 500mm。

(3)加固柱的外包角钢必须通长,下面伸展到基础顶面,角钢上端穿过楼层时不应断开,顶部应有足够锚固长度,有条件时可加设柱帽。

(4)外包钢外应有防锈措施。

【例 5-49】 香港联运集团有限公司工业厂房位于东莞市寮步镇,是三层现浇钢筋混凝土框架结构。框架柱截面面积为 400mm×600mm 和 400mm×700mm,主框架梁最大跨度为 12.0m。业主计划在原屋面加建一层轻型钢结构屋盖,故需对该房屋进行结构安全性鉴定及加建可行性评估。

分析结果表明,建筑物的首层柱普遍承载能力不足,欠筋较多。首层中柱计算配筋需要 $6040mm^2$,实际配筋只有 $3800mm^2$,欠筋 $2240mm^2$;首层边柱计算配筋需要 $4280mm^2$,实际配筋只有 $3040mm^2$,欠筋 $1240mm^2$。参照《民用建筑可靠性鉴定标准》及《工业厂房可靠性鉴定标准》的相关规定,首层柱的承载力鉴定系数 $S = R/v_0 < 0.85$,安全性等级评为 Du 级,上部承重结构子单元的安全性等级为 Du 级,严重危及安全,必须立即采取措施。造成房屋安全性不足的主要原因是框架柱混凝土实际强度达不到设计要求。根据安全性鉴定结果,决定对首层柱采用湿式外包钢法全面加固。

加固型钢采用 Q235 钢材,纵向受力型钢(即图 5-58 中的角钢),用掺有乳胶(聚醋酸乙烯乳液)的 1:2 水泥砂浆(乳胶渗入量占水泥质量的 5%)将角钢粘贴于柱四角,箍板用扁钢,其与原柱表面间空隙用水泥砂浆灌实(见图 5-58)。

【例 5-50】 新华社报刊楼位于宣武门西大街 57 号,地上 10 层,地下 1 层,建筑面积为 $11200m^2$,为预制装配式框架结构。该楼始建于 1967 年,不仅年代已久,原结构也不能满足国家规定的 8 度抗震设防要求。随着国家经济建设的发展,原有规模和使用功能已远远不能满足现代化办公的需要。新华社大改办委托中国冶金工业部建筑研究总院,对报刊楼进行了原结构检测和加固设计。在保证报刊楼正常办公的前提下,对该楼进行改造加固方案的设计优化。对部分柱采取外包钢加固措施,不仅缩小了对办公区的施工干扰的范围和施工作业面的操作空间,还大大减少了对原结构的二次破坏。

角钢及缀板与混凝土柱之间空隙用厚 30mm 的 CGM 填实以加大柱断面,不需要振动器振捣,避免了机械噪声。钢材均采用 Q235b,角钢为 Z100mm×100mm×8mm,缀板为钢板条,螺栓、钢筋均采用 I 级钢,焊条采用 4301~4312 系列。

施工顺序为:隔离施工区→拆除装饰→处理柱基层→测量放线→拼焊角钢→支模→

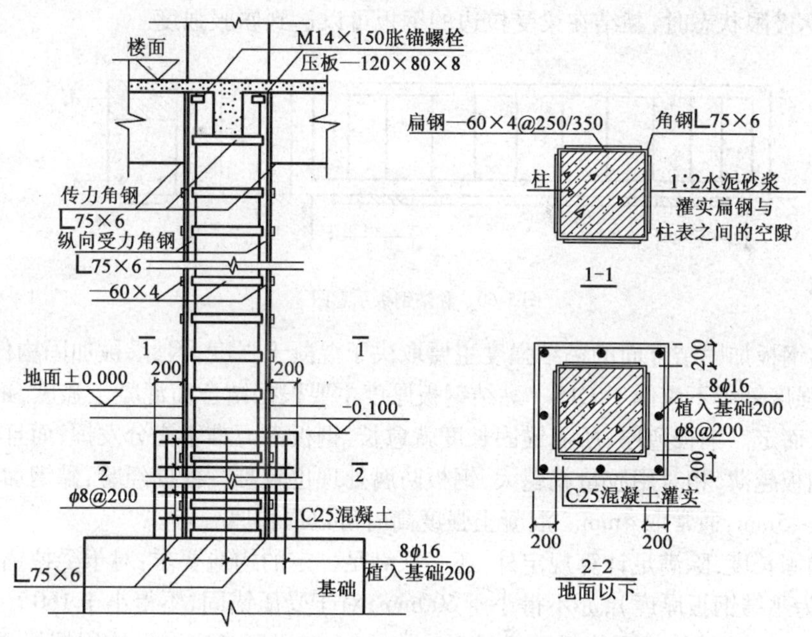

图 5-58　首层中柱加固施工图(尺寸单位:mm)

灌 CGM。

中柱节点处的处理方法和柱加固穿过楼板处节点处理如图 5-59 所示。

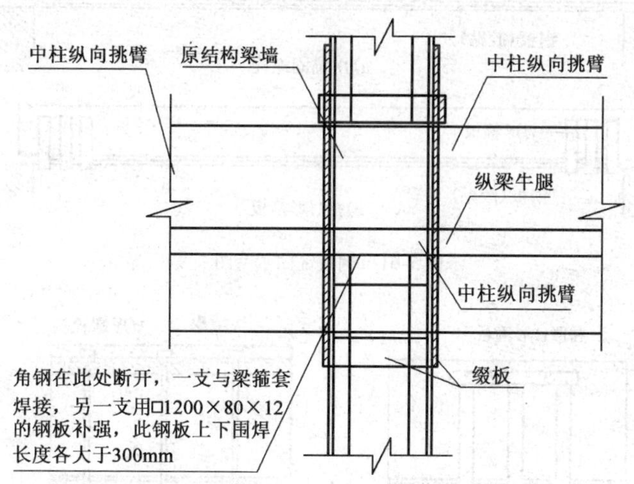

图 5-59　中柱节点处的处理

本工程采用了柱外包钢加固方案,不仅保证了工程工期,提高了劳动工效,还保证了施工质量。它避免了柱外包混凝土加大断面加固的施工难度和复杂性,达到了加大断面的加固效果。

(三)黏结钢板加固法

黏结钢板法通常用于加固受弯构件,如图 5-60 所示,只要黏结材料质量可靠,施工质量良好，则当截面达极限状态时，黏结在梁受拉边的钢板可以达到屈服强度。

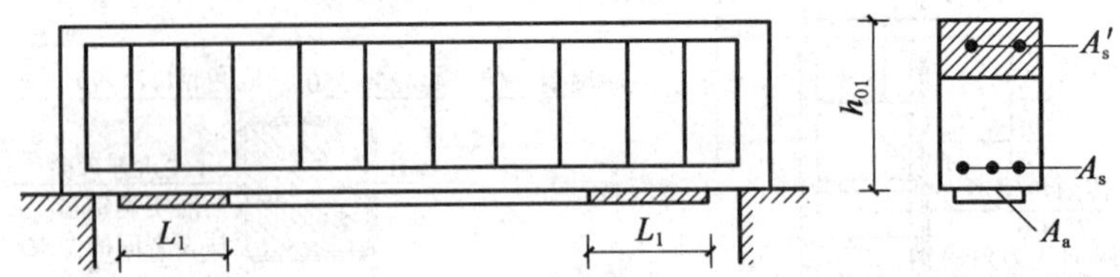

图 5-60　黏结钢板示意图

由于黏结钢板加固结合面的黏结强度主要取决于混凝土强度，因此，被加固构件混凝土强度不能太低，强度等级不应低于 C15。黏结钢板厚度主要根据结合面混凝土强度、钢板锚固长度及施工要求而定。钢板愈厚，所需锚固长度就愈长，钢板潜力难于充分发挥，而且很硬，不好粘贴；反之，钢板越薄，相对用胶量就越大，钢板防腐处理也较难。根据经验，黏钢加固，钢板适宜的厚度为 2～5mm，通常取 4mm。混凝土强度高时可以取得厚一点。

钢板的锚固长度，除满足计算规定外，还必须满足一定的构造要求：对于受拉锚固，不得小于 200 t_a（t_a 为黏结钢板厚度），亦不得小于 600mm；对于受压锚固，不得小于 160 t_a，亦不得小于 480mm。对于大跨结构或可能经受反复荷载的结构，锚固区尚宜增设锚固螺栓或 U 形箍板等附加锚固措施（见图 5-61、图 5-62）。

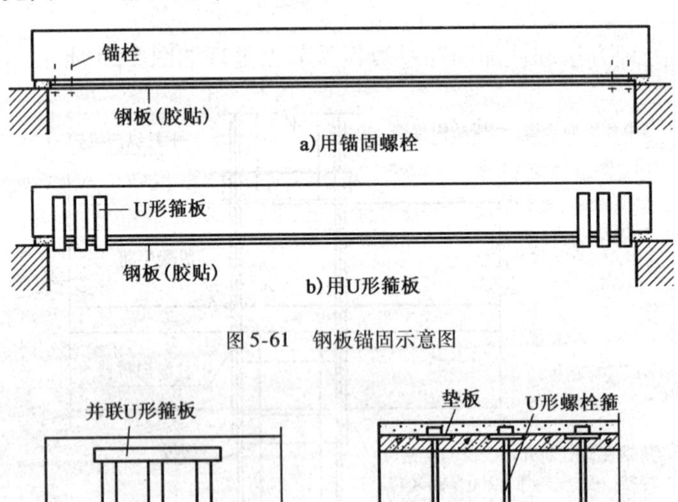

图 5-61　钢板锚固示意图

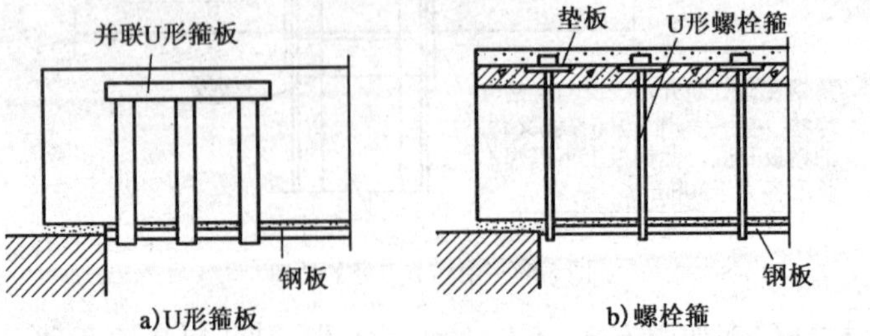

图 5-62　斜截面加固示意图

水分、日光、大气（氧）、盐雾、温度及应力作用，会使胶层逐渐老化，使黏结强度逐渐降低，使钢板逐渐锈蚀。为延缓胶层老化，防止钢板锈蚀，钢板及其邻接的混凝土表面应进行密封防水防腐处理。简单有效的处理办法是用 M15 水泥砂浆或聚合物防水砂浆抹面，其厚度，对于梁不应小于 20mm，对于板不应小于 15mm。

【例 5-51】 某钢筋混凝土梁桥运营约 8 年,外观上梁体裂缝比较严重,其中匝道⑦~⑪轴之间一连系梁需要加固。根据业主要求须有针对性地进行检算并给出相应处理方案。

该连系梁位于匝道曲线段,曲线半径 $R=96\text{m}$,桥宽为 9.0m,梁高为 140cm,采用 C35 混凝土,跨径组合为 19.2m+23.5m+23.5m+20m。其中⑦、⑪轴均为下牛腿支撑,支座距离梁端 40cm,⑧~⑩轴均为固结墩。

检测报告显示:匝道⑧~⑨轴和⑨~⑩轴箱梁梁体腹板内外侧均有竖向裂缝,底板有横向裂缝,且横竖向裂缝贯通;主筋重心处裂缝宽度分别在 0.10~0.25mm 和 0.10~0.26mm 之间。检测报告对相关病害的分析和建议如下:⑧~⑨轴和⑨~⑩轴箱梁底板处存在大量受力裂缝,个别裂缝宽度较大。分析认为可能由于梁体内有积水,同时固结墩刚度较弱,对梁体约束不够导致受力裂缝比较宽。

检测报告分析表明,中间跨跨中裂缝是因抗弯承载能力不够而产生的。根据现场调查和计算分析,裂缝成因包括以下几方面:

(1)从裂缝产生时间看,裂缝是运营后出现的。由此可见,后期荷载对裂缝产生起主要作用。

(2)从计算分析看,截面配筋略显不足,这是造成受力裂缝的原因之一。

(3)从运营状况看,连系梁曾遭油罐车强烈撞击,其翼板及防撞墙严重损坏,对结构本身造成了较大破坏,这在一定程度上影响了结构承载能力,造成了裂缝的发展。

(4)从历史原因看,该桥设计周期比较短,经过数次优化设计,受经济用钢量影响较大,可能导致在设计计算过程中计算不够精确,忽略了必须考虑的因素,从而造成个别断面钢筋用量不足。

拟定沿梁底横向净距 5cm,均匀粘贴长 18m、宽 30cm、厚 6mm 的钢板条,钢板材料为 Q345C。经检算,强度达到要求。钢板用纵向间距为 50cm 的 M10 膨胀螺栓固定。由于腹板裂缝为底板裂缝的延伸,为防止裂缝进一步发展,于竖向裂缝范围内腹板两侧沿竖向粘贴碳纤维片材。该片材粘贴应覆盖裂缝范围,并向外延伸不小于 30cm。

采用粘贴钢板加固法加固后,连系梁跨中承载能力满足要求。加固后进行静载试验表明,加固效果良好。

【例 5-52】 川黔线 K95+120 陡沟子大桥为 7~16m 的 II 型梁,20 世纪 50 年代生产,梁底混凝土成片破损、脱落,钢筋锈蚀严重,蜂窝、空洞、裂纹较多。经测试,其承载能力比设计有所降低,危及行车安全。

造成上述病害的主要原因是:施工质量差,钢筋布置不规范,混凝土保护层厚度不够,混凝土捣固不密实,强度不够,桥上排水不畅以及大气中有害气体的侵袭等,加剧了表层混凝土的碳化。

针对上述病害,经方案比选,确定采用粘贴钢板加固梁体的下翼缘;对全桥锈蚀的钢筋做彻底的除锈和防锈处理;清除梁体表面的浮皮,凿除所有破碎、疏松的混凝土,直至得到稳定坚实的混凝土表面,然后用 CARB0100 聚合物水泥砂浆进行修补,恢复保护层厚度,空洞用 CAR-130100 填补密实;对裂缝用环氧树脂勾缝后压注聚氨醋,用罩面胶封闭梁体表面;在梁体上翼缘底两侧用 CARBO100 聚合物水泥砂浆做滴水檐,并在梁顶道砟槽上钻孔,增设桥面排水通

道(见图 5-63)。

在不影响行车的情况下完成了梁体加固,不仅恢复了桥梁承载力,还加强了桥梁的耐久性,根据几年的运营检验,加固效果良好。

【例 5-53】 某选煤厂于 1990 年设计,年洗煤能力 600 万 t,现改造为 1200 万 t,主厂房为现浇钢筋混凝土结构,独立基础,地基持力层为卵石层,抗震设防烈度为 6 度,主厂房跳汰机、弧形筛、压滤机等大型设备荷载经改造后均加大。经计算,厂房整体的刚度满足要求,部分构件不能满足要求,有的是抗剪不够,有的是抗弯不够,需进行加固。

1)加固原则

(1)加固后的厂房应满足工艺使用要求,并应满足耐久性要求,保证新旧构件的可靠连接。

(2)加固时,应尽量减少地基基础加固工程量,尽可能保留和利用原有的结构构件,增加结构整体抗震性能,改善构件的受力状况。

(3)加固后,保证结构质量和刚度分布均匀,避免局部加强导致结构刚度或强度突变,减少扭转效应。

(4)加固方法应便于施工,避免或减少损伤原结构,并应减少对生产、生活的影响。

2)柱加固

该工程柱抗弯和抗剪不够,采用加大截面和外包钢加固法进行加固。采用的节点如图 5-64 所示。

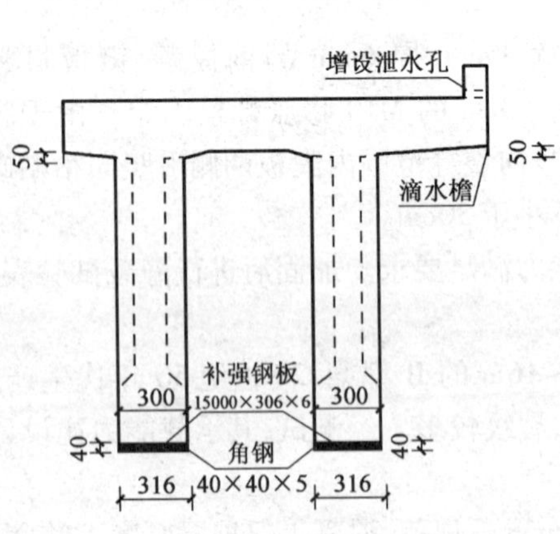

图 5-63　梁体加固圈(尺寸单位:mm)

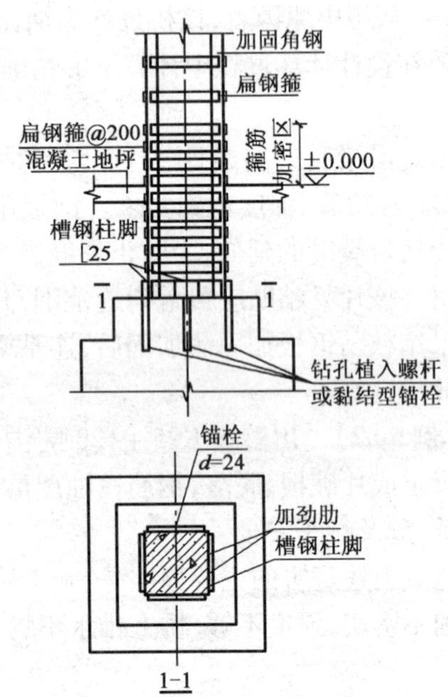

图 5-64　外包角钢法加固柱

3)梁加固

该工程部分梁抗弯和抗剪强度不够,采用湿式外包角钢和粘贴钢板加固法。施工步骤如下:

(1)凿去结合面风化酥松层、锈裂层及严重油污层，直至完全露出坚实基层，对缺陷进行修补；

(2)梁粘贴角钢部位打磨平整，四角磨出小圆角，并用钢丝刷刷毛，用压缩空气吹净；

(3)角钢及扁钢缀板结合面应除锈，并打磨出金属光泽，用二甲苯擦净；

(4)在混凝土表面刷一薄层结构胶，然后固定角钢，用夹具在两个方向将角钢夹紧、校准，夹具间距不应大于500mm，然后将扁钢箍与角钢焊接，必须分段交错施焊，整个焊接应在胶浆初凝前完成；

(5)角钢构架外抹25mm厚的1:3水泥砂浆保护层。

梁外包角钢节点如图5-65所示。

4)板加固

采用增设支点加固板，即改变板的传力途径，其做法如图5-66所示。

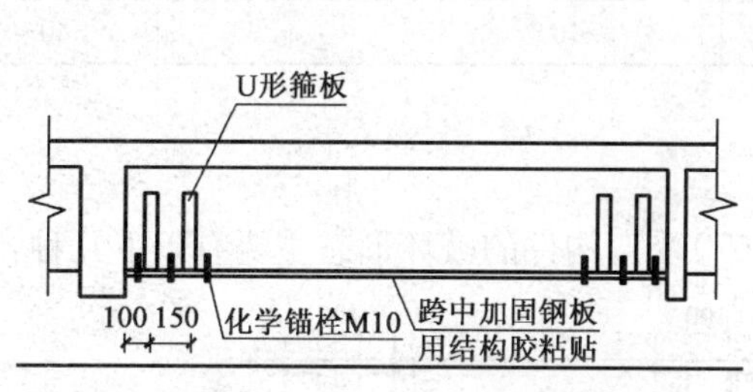

图5-65　外包角钢法加固梁

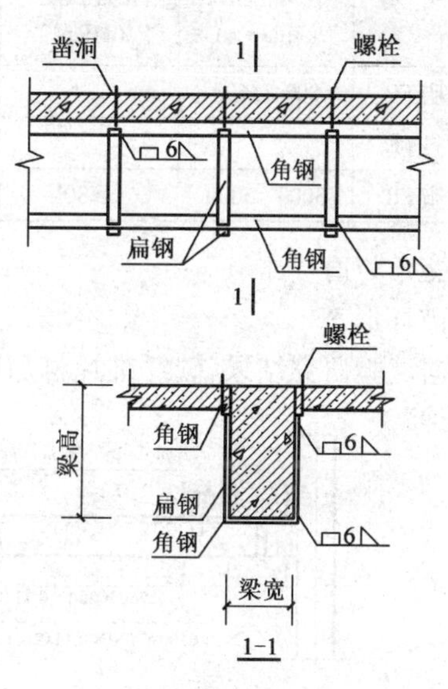

图5-66　粘贴钢板法加固板

(四)碳纤维布加固法

碳纤维布加固法修复混凝土结构技术是一项新型、高效的结构加固修补技术，较传统的结构加固方法具有明显的高强、高效、施工便捷、适用面广等优越性。它是利用浸渍树脂将碳纤维布粘贴于混凝土表面，共同工作，达到对混凝土结构构件加固补强的目的。

碳纤维布加固法修复混凝土结构技术所用材料有碳纤维布及黏结材料两种。目前，施工中常用碳纤维布的各项指标见表5-8。

碳纤维布物理力学性能　　表5-8

碳纤维布材料	纤维质量(g/m^2)	设计厚度(mm)	设计抗拉强度(MPa)	弹性模量(MPa)
FTS-C1-120	200	0.111	3550	2.35×10^5
FTS-C1-30	300	0.167	3550	2.35×10^5

续上表

碳纤维布材料	纤维质量 (g/m^2)	设计厚度 (mm)	设计抗拉强度 (MPa)	弹性模量 (MPa)
FTS-C1-45	450	0.250	3550	2.35×10^5
FTS-C5-30	300	0.165	3000	4.00×10^5

与碳纤维布配套施工用黏结材料有底层树脂(FP),找平材料(FE)及浸渍树脂(FR),其各项指标见表5-9。

黏结材料的物理力学指标 表5-9

类型	项目					
	黏度 (MPa·s)	拉伸强度 (MPa)	压缩强度 (MPa)	拉伸剪切强度 (MPa)	正拉黏结强度 (MPa)	弯曲强度 (MPa)
底层树脂 FP	800~1600				≥5	
找平材料 FE			≥50	≥10		
浸渍树脂 FR	3000~5000	≥30	≥60	≥10		≥40

1.受弯加固

1)破坏形态

根据试验研究结果,碳纤维片材加固(见图6-67)受弯构件的破坏形态主要有以下几种:

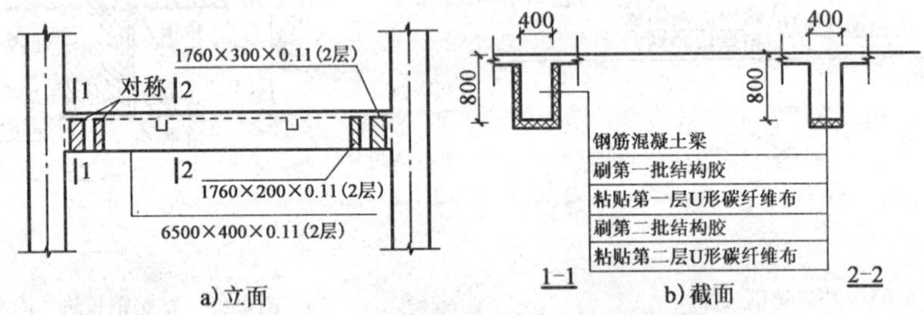

图5-67 碳纤维加固配置图(尺寸单位:mm)

(1)受拉钢筋屈服后,在碳纤维未达极限强度前压区混凝土受压破坏;

(2)受拉钢筋屈服后碳纤维片材拉断,而此时压区混凝土尚未压坏;

(3)受拉钢筋达到极限前压区混凝土压坏;

(4)碳纤维片材与混凝土产生剥离破坏。

前三种破坏形态是由于加固量过大造成的,碳纤维强度未得到发挥,在实际设计中可通过控制加固量来避免。

第四种破坏形态,黏结面破坏后剥离无法继续传递力,构件则不能达到预期的承载力,应采取构造措施加以避免。为了避免碳纤维被拉断而发生脆性破坏,可采用碳纤维的允许极限拉伸应变[ε_{cf}]进行限制。

2)构造措施

(1)当对梁、板正弯矩进行受弯加固时,碳纤维片材宜延伸至支座边缘(见图5-68)。

(2)当碳纤维片材的延伸长度无法满足上述计算延伸长度的要求时,应采取附加锚固措施。对梁，在延伸长度范围内设置碳纤维片材U形箍；对板，可设置垂直于受力碳纤维方向的压条。

(3)在碳纤维片材延伸长度端部和集中荷载作用点两侧宜设置构造碳纤维片材U形箍或横向压条。

3)施工技术要点

加固施工的主要程序如下：

(1)将待加固的梁底表面打磨平整；

(2)涂刷一层界面剂，渗透于混凝土内，用于增强碳纤维布与混凝土间的黏结力；

(3)待上一层界面剂晾干，刮腻子一层，对混凝土表面进行找平；

(4)涂刷黏结胶，粘贴碳纤维布；

(5)重复步骤(4)，粘贴第二层布，直到贴完加固碳纤维层。

在上述施工过程中，尤其重要的是混凝土表面必须打磨平整并清理干净，这将直接影响碳纤维布与混凝土间的黏结力。在构件上粘贴U形箍条位置处的混凝土转角应打磨成光滑的圆弧形，以保证碳纤维布与混凝土的黏结效果及消除此处过大的应力集中现象。碳纤维布的搭接长度必须保证不小于150mm。粘贴碳纤维布时，应用滚筒严密滚压，将空气挤出。

2. 受剪加固

1)加固形式

采用碳纤维布受剪加固的主要粘贴方式有全截面封闭粘贴、U形粘贴和两侧面粘贴，如图5-69所示。其中，封闭粘贴的加固效果最好，U形粘贴次之，最后是侧面粘贴。

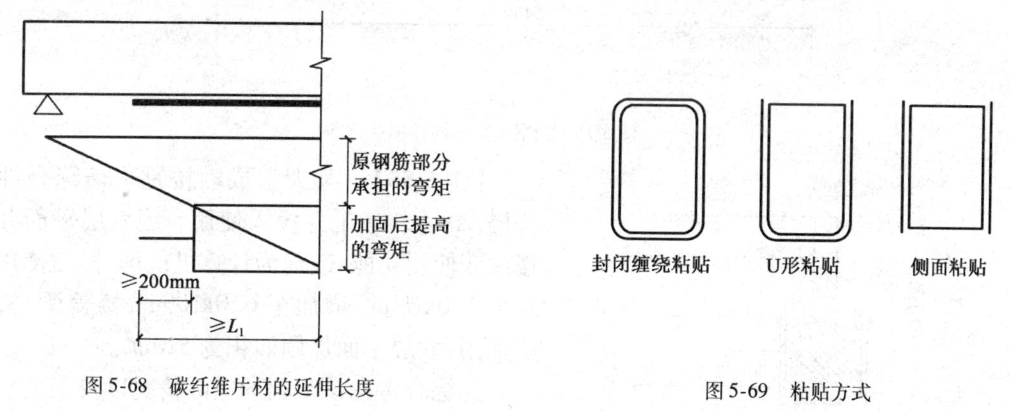

图5-68　碳纤维片材的延伸长度

图5-69　粘贴方式

2)构造措施

(1)对于梁，U形粘贴和侧面粘贴的粘贴高度 h_{cf} 宜粘贴至板底。

(2)对于U形粘贴形式，宜在上端粘贴纵向碳纤维片材压条；对侧面粘贴形式，宜在上、下端粘贴纵向碳纤维片材压条，如图5-70所示。

(3)也可采用机械锚固措施。

【例5-54】　江西某发电厂原办公楼为5层框架结构，现拟将三、四层办公室改造为档案室，原楼面设计活荷载为1.5kN/m^2，现据实际情况考虑楼面活荷载为7kN/m^2，经复核验算，楼面主梁的梁底抗弯承载力及抗剪承载力均不满足要求。考虑到现场加固条件及加固梁受层高、楼板等综合因素的影响，决定采用碳纤维复合材料(CFRP)技术对该梁进行加固。加固方

案如图 5-71、图 5-72 所示。

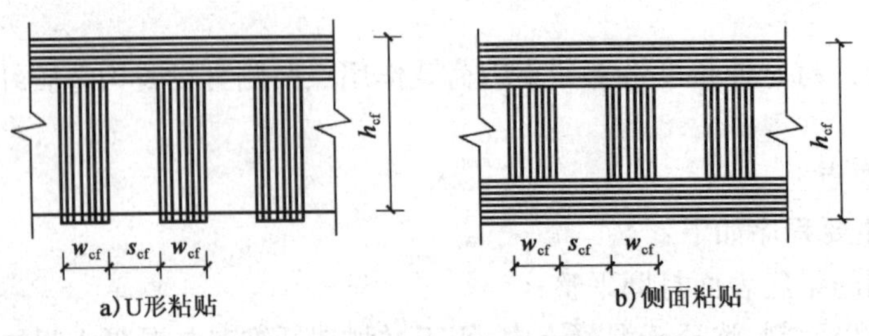

图 5-70 U 形粘贴和侧面粘贴加纵向压条

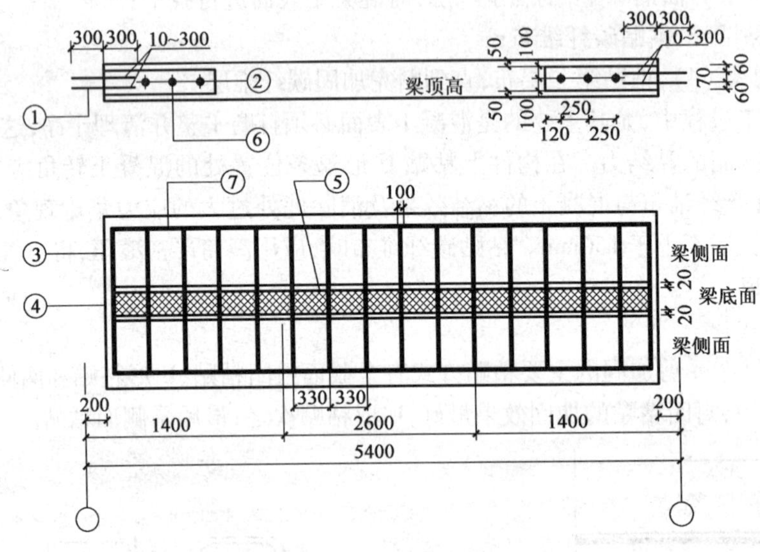

图 5-71 档案室梁加固详图

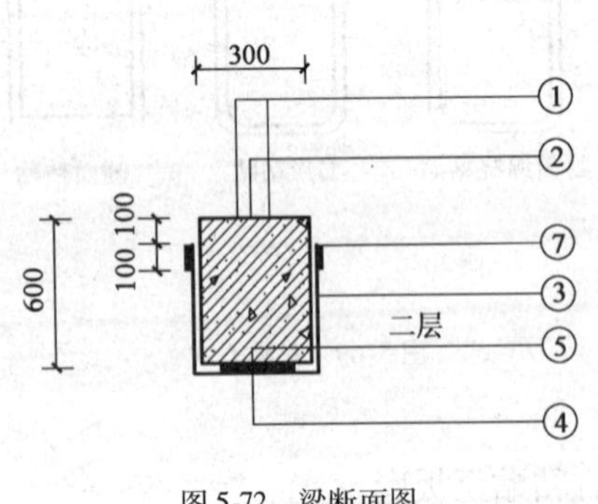

图 5-72 梁断面图

【例 5-55】 某大学成教楼是一幢综合性办公楼，2004 年竣工并投入使用。因六层平面办公楼改变使用功能，改建为计算机机房，楼面使用荷载由 2.0kN/m^2 增加至 6.0kN/m^2，楼盖梁、板需要加固，六层平面加固面积为 520m^2。

经综合考虑该工程的实际情况以及工艺实现的可行性，选择了碳纤维布加固法，使加固结果既可满足功能的要求，又省时、省工。经严格计算后，采用如图 5-73 所示方案进行加固。

施工要求：

(1)清除表面粉尘并清理干净。

(2)混凝土表面必须打磨平整，梁角应做成半径大于 20mm 的圆弧角。

(3)涂刷底层树脂，树脂 A、B 两组应按产品说明比例混合后充分搅拌均匀。

(4)待施工面平整、干燥后，粘贴碳纤维布，使其被树脂充分浸渍并进行充分的涂抹和挤压。

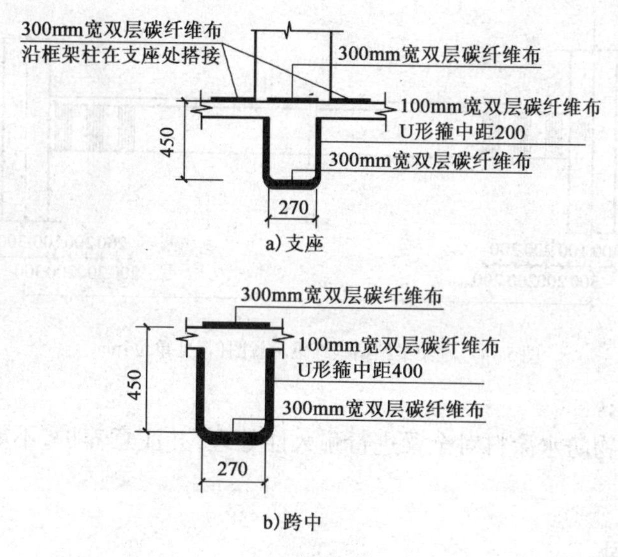

图 5-73　梁加固施工图

(5)粘贴完成后,保护好施工现场,固化后用1:2水泥砂浆抹面保护纤维布。

此工程框架梁、楼面板加固,共用去胶水215kg,碳纤维布82m^2。与同时期钢板加固相比,节省造价达30%,施工作业周期减少30%。实际施工时工艺简单,工期较短,施工过程较为规范,加固效果令甲方满意。

【例5-56】 某选矿厂再磨车间厂房始建于20世纪90年代,为多层钢筋混凝土框架结构,主厂房4层,局部5层,建筑面积为6000m^{2}左右。使用及生产情况与设计相吻合,2003年厂方由于技术改造需要,拟在+21.860m屋面框架梁上悬挂桥式电葫芦,原屋面梁经可靠性鉴定,现有结构承载能力不满足改造要求,故对+21.860m屋面框架梁采用碳纤维进行加固,经过加固,达到了2003年厂房在+21.860m屋面框架上悬挂桥式电葫芦的技术改造要求。

1)加固方案的选择

在加固方案的选择上考虑该厂房环境窄小,车间要求加固施工必须在不停产的情况下进行,而且必须保持生产环境清洁干净,上部绝对不能有粉尘及杂物掉落。经现场考查该厂房的楼层较高,在上面可搭吊架进行操作,并且只有选择所有加固操作在上面进行,才能保证在不停产的情况下进行,所以首选了碳纤维加固方案,这种方案使用材料较少,设备简单,没有湿作业,施工及防护搭载重量均可满足吊架的负荷要求。而且施工防护工作容易做到,能够满足厂房内正常的生产环境和干净清洁的要求。

经设计计算,采用如图5-74所示加固方案。

2)施工工艺

(1)严格按规程要求做好施工准备;

(2)混凝土表面处理要彻底,必须按规程要求露出坚实的基层;

(3)按材料使用要求配制并涂刷底层树脂;

(4)配制找平材料并对不平处进行修复处理;

(5)配制并涂刷浸渍树脂或粘贴树脂;

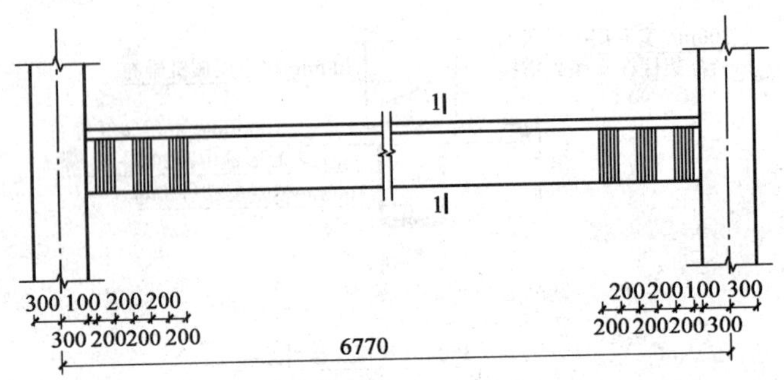

图 5-74　框架梁粘贴碳纤维示意图(尺寸单位:mm)

(6)粘贴碳纤维;

(7)刷两遍聚合物防水涂料对全梁进行耐久性处理,并注意养护,不能损伤碳纤维布及聚合物涂料层。

(五)预应力加固

1. 预应力拉杆的锚固与张拉

1)预应力锚固方法

首先将钢套、钢板等锚固件与梁连牢,然后将预应力筋与锚固件连接,连接的方法主要有两种,一种是焊接,一种是螺栓连接,如图 5-75 所示。

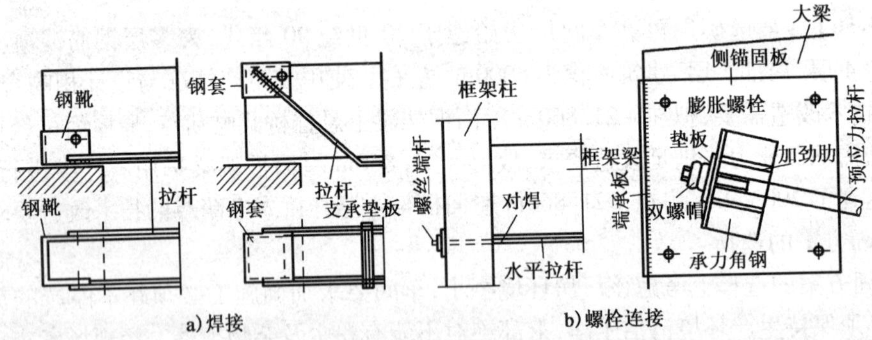

图 5-75　预应力筋端部锚固

当然还有其他锚固方法,如用高强螺栓、预应力混凝土锚固等。

2)预应力筋的张拉主要方法

(1)用千斤顶在梁端直接张拉,见图 5-76;

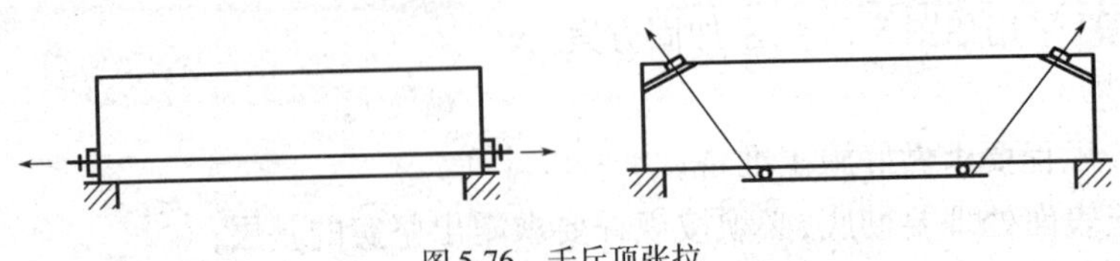

图 5-76　千斤顶张拉

(2)用花篮螺丝在中间紧缩张拉,见图 5-77;

(3)将两端固定后,中间将预应力筋收紧(又分竖向收紧和横向收紧两种)张拉,见图 5-78、

图 5-79；

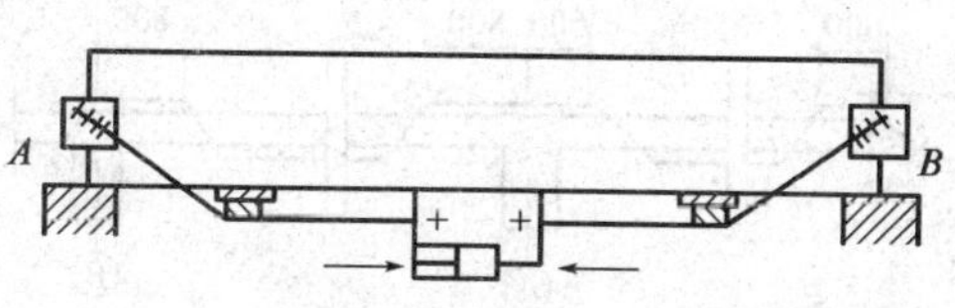

图 5-77　中间用螺栓(或特种双向收缩千斤顶)张拉

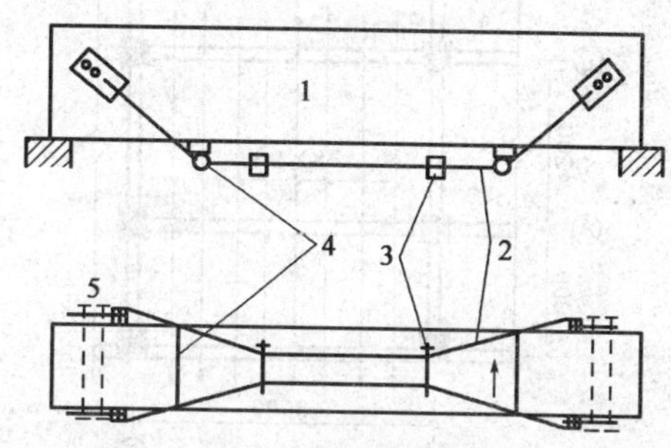

图 5-78　人工横向收紧法张拉预应力

1-原梁；2-加固筋；3-U 形螺丝；4-撑杆；5-高强螺栓

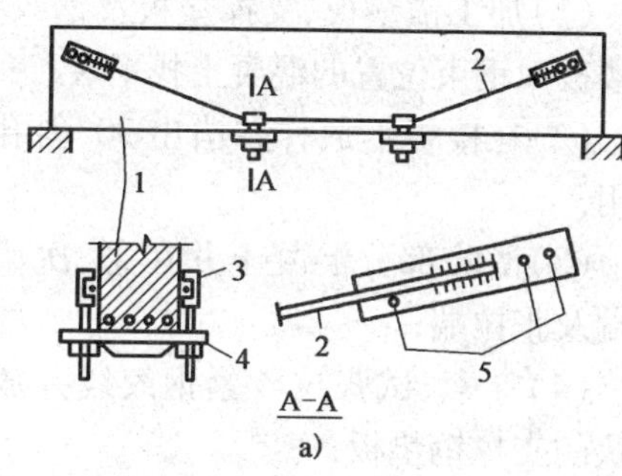

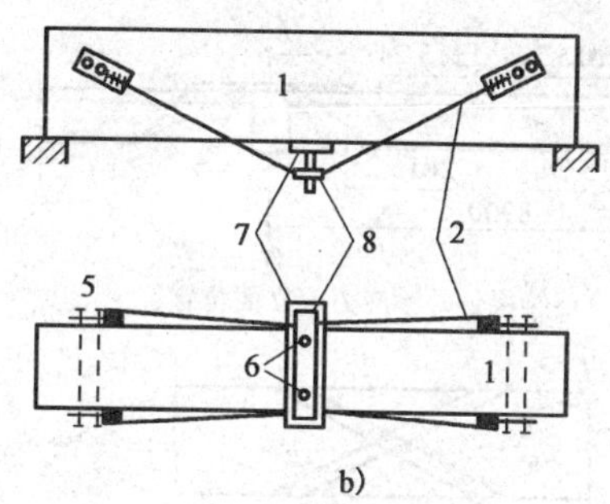

图 5-79　人工竖向收紧法张拉预应力筋

1-原梁；2-加固筋；3-收紧螺栓；4-钢板；5-高强螺栓；6-顶撑螺丝；7-上钢板；8-下钢板

(4)电热法张拉等。

2. 张拉控制应力及预应力损失

一般说来，需要加固的梁中受拉钢筋应力已较高，梁的挠度也较大，裂缝也较宽，因而对加固拉杆施加的预应力值越高，可更好地改善被加固梁的受力状态，故加固拉杆张拉控制应力 σ_{con} 宜定得高些。但也不能定得太高，因为有可能存在超张拉，致使个别钢筋达到或超过其实际屈服强度，以致发生危险。因此拉杆中的预应力值绝不可超过《混凝土结构设计规范》的相关规定。

【例 5-57】　某公司商住楼因使用要求而需改变(底层和负一层改为超市)，一部分楼板(h = 16cm)的使用荷载要从 3.50kN/m^2 增加到 10.0kN/m^2。为此采取了体外预应力加固方法，即利用无黏结预应力钢绞线的张拉来达到加固效果。

经加固计算及分析，取体外预应力筋的间距为 90cm，共布置 8 束 ϕ15.24 的 1860 级无黏结预应力钢绞线。单向连续板加固的预应力束平面布置如图 5-80 所示，预应力束在板中的立面布置示意如图 5-81 所示(转折角为 30°)。显然，作为板支撑的主、次连续梁也因而需要加固，为保证预应力损失不致过大，经结构分析计算，具体应用时一般取体外预应力束的连续跨数为两跨，底部转向块用 6～8mm 的钢板弯成直角紧靠梁底，不同的做法是在梁底预应力束采取了交叉兜底方式，如图 5-82 所示，它较常规方法更安全实用且有效。

按施工流，主要工序如下：

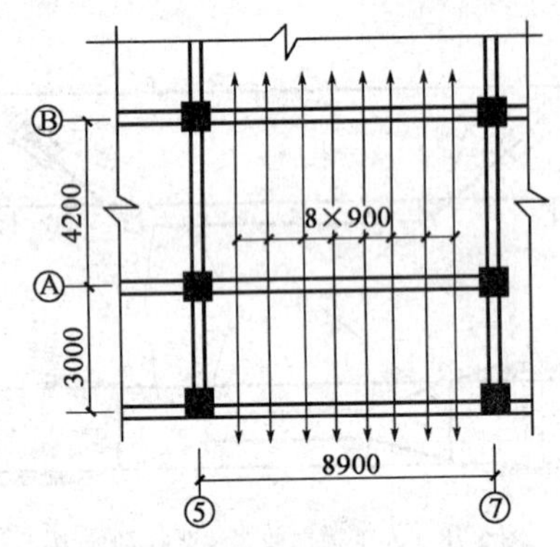

图 5-80　连续板加固图(尺寸单位:mm)

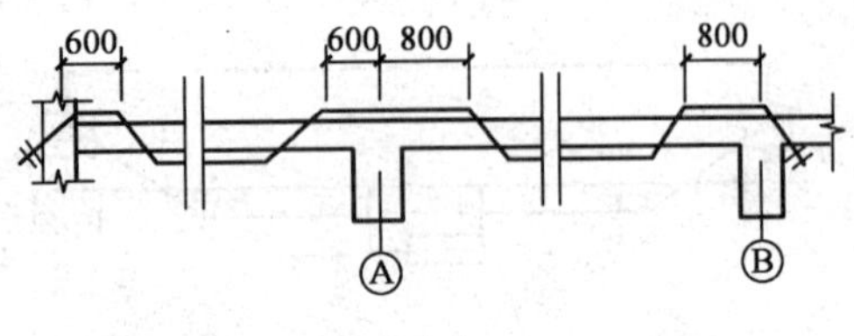

图 5-81　板加固图(尺寸单位:mm)

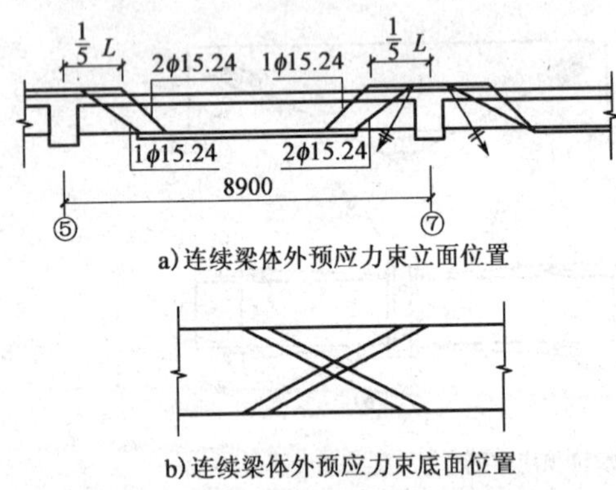

图 5-82　连续梁体外预应力加固简图

(1)加工锚垫板、支撑垫板及钢绞线放样,凿除楼板面钢束位置的混凝土找平层;

(2)在楼板上放样并凿出30°斜孔供穿钢绞线用;

(3)凿除部分混凝土并在主、次梁处制作锚固端及张拉端;

(4)穿索、试张拉收紧钢绞线并放置充当转向块的支撑钢垫板;

(5)张拉施工并记录张拉量;

(6)用同强度等级的细石混凝土封闭锚固端、张拉端和板孔(人工仔细插捣);

(7)支撑垫板涂防锈漆,钢绞线套管破损处用结构胶封闭;

(8)板顶用混凝土面层覆盖,板底可以用钢丝网水泥砂浆抹平。

经加固及封闭处理后,基本上可做到外观上看不到痕迹,工作性能良好,加固后板在最大使用荷载下的变形能够及时稳定,同时在各级荷载下板面均未发现裂缝,说明板的体外预应力加固方法是切实可行有效的。

【例 5-58】 某培训中心综合楼,1986 年建成,为 5 层框架结构,2.6~3.8m 厚砂垫层上的钢筋混凝土条形基础,上人屋面。根据 2002 年建设单位要求,将原 5 层框架加 1 层,并增加坡屋面。经结构计算,部分柱配筋量不足 30%~50%,轴压比大于 0.9,部分框架梁配筋量不足 30%~50%,需要加固补强。

为了加固补强且有效提高承载力、节省造价、施工简便、工期快且不占空间,经过综合分析和比较,凡梁、柱配筋量不足的构件采用体外预应力加固,以满足现有设计和规范要求。

1)梁体外预应力加固

采用预应力下撑式拉杆,横向张拉法进行加固。施工流程为:构件基层处理→根据设计要求安装预应力筋锚板、梁底垫筋→预应力筋的加工及安装→张拉→防火保护层。

2)柱体外预应力加固

采用预应力撑杆,横向张拉法对称双面进行加固(见图 5-83)。施工流程为:构件基层处理→下料→点焊拼装→焊接→张拉→连接缀板→环氧砂浆填塞密实缝隙→钢丝网包柱→抹25 厚 1:2.5 水泥砂浆保护层。

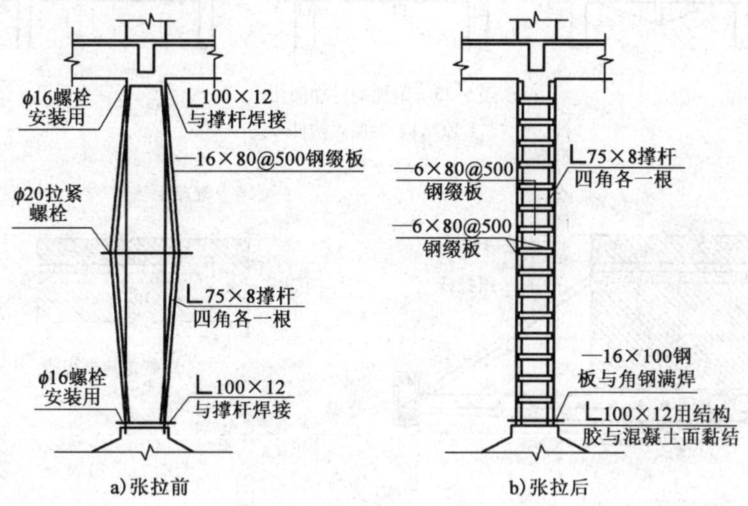

图 5-83　柱体外预应力加固示意图

本工程加固后进行了载荷试验,达到设计要求,并取得了很好的经济效益和社会效益。

(六)其他加固方法

建筑物破损的情况是各种各样的,加固方法也应根据具体情况的不同而采取不同的方法。混凝土结构的加固方法,除上面叙述的方法以外,还有其他一些方法,其主要原则是使结构荷载通过适当加固的或增加的构件传到基础上去。具体做法变化很多,下面举例简要说明。

1. 增设支点加固法

增设支点加固法如图 5-84 所示。

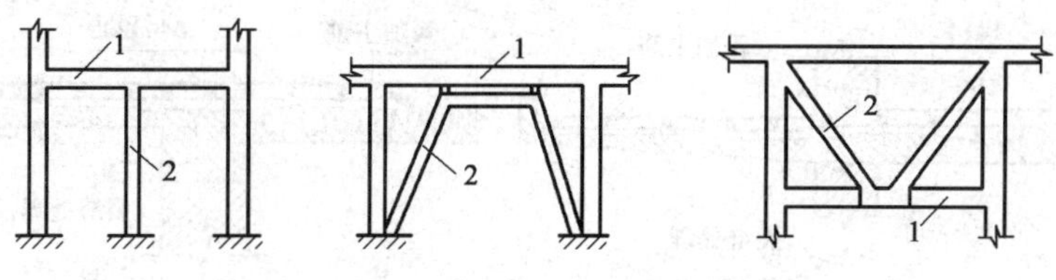

图 5-84　增设支点加固法
1-原结构;2-加固杆件

2. 增加构件加固法

增加构件加固如图 5-85 所示。

3. 悬挑构件加固

悬挑构件承载力不足或下垂变形过大时,可用下列方式加固:上加吊杆(见图 5-86),下加斜撑(见图 5-87),两边加墙(见图 5-88),增加受力负筋(见图 5-89),开槽加梁(见图 5-90),板底加厚(见图 5-91)。

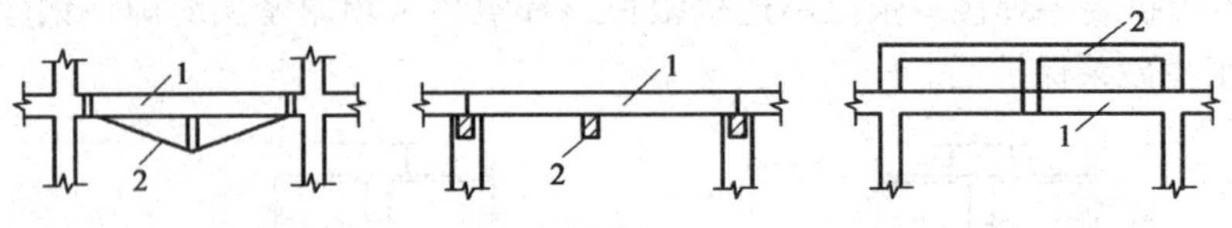

图 5-85 附加构件加固法

1-原结构;2-加固构件

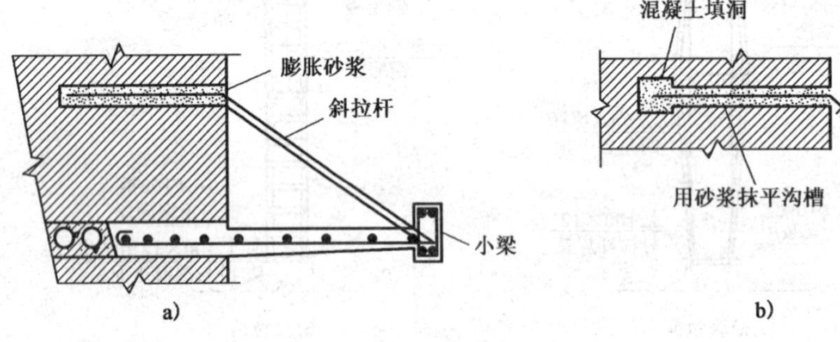

图 5-86 上加吊杆法

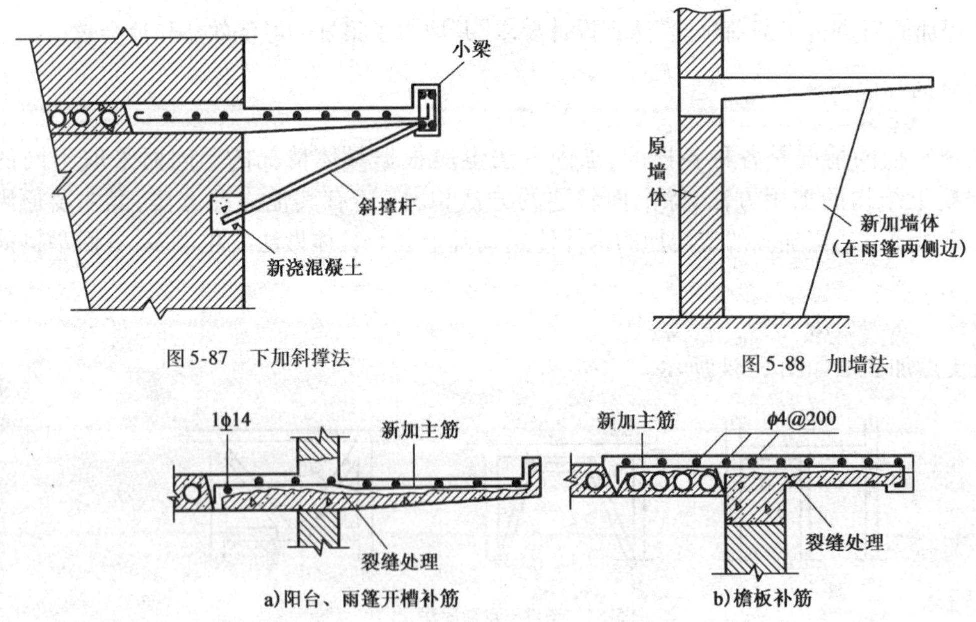

图 5-87 下加斜撑法

图 5-88 加墙法

图 5-89 增加受力负筋

4. 预制板承载力不足加固

预制板承载力不足可采用圆孔内加筋并灌注混凝土(见图 5-92),板缝内加筋并灌混凝土(见图 5-93),增加钢丝网混凝土面层(见图 5-94)。

5. 托梁拔柱法

在工业厂房或沿街商业建筑的改造中,有时需要拔去某根柱子,以改善或改变使用条件。这时可采用托梁拔柱法,即通过增设托梁把原柱承受的力传给相邻柱(或增设的柱)。

1)托梁拔柱施工方法

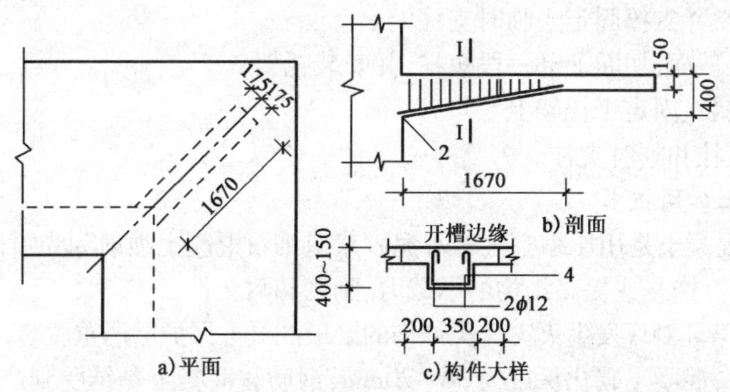

图 5-90 开槽加梁(尺寸单位:mm)

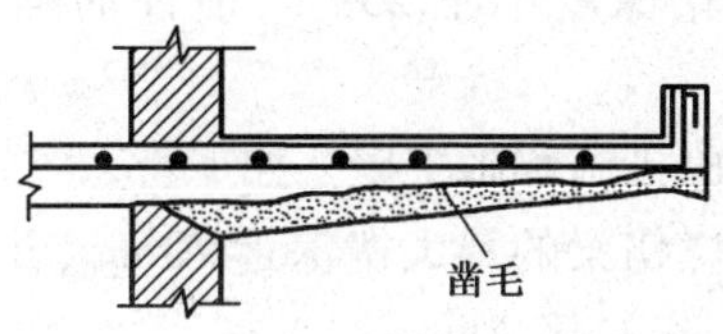

图 5-91 板底加厚

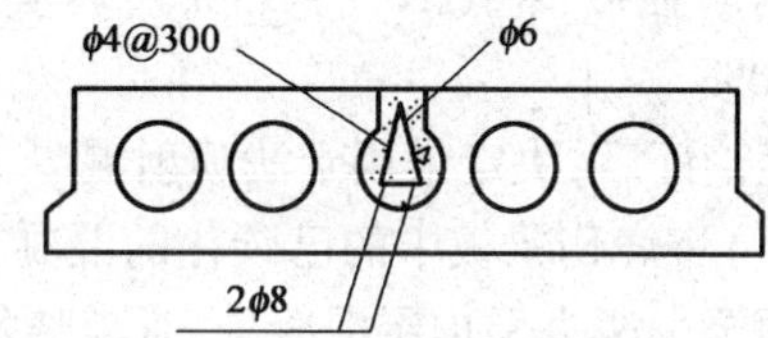

图 5-92 圆孔内配筋补强

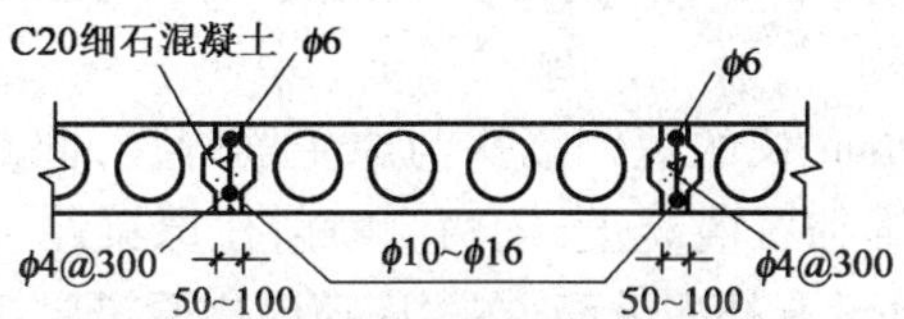

图 5-93 板缝内加钢筋补强(尺寸单位:mm)

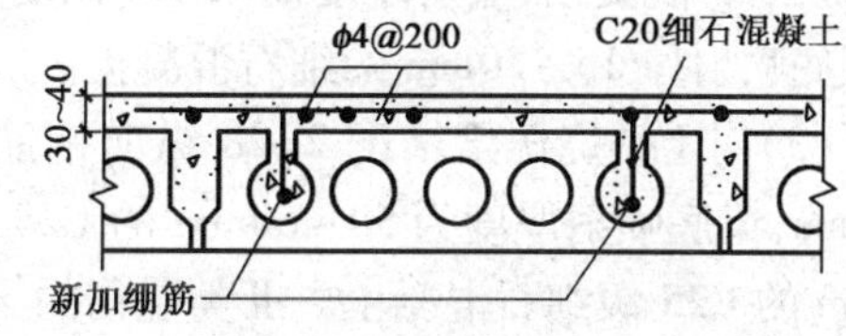

图 5-94 增加钢丝网混凝土面层(尺寸单位:mm)

(1)计算拔柱前原结构的内力。

(2)将待拔的柱所受轴向力全部转由托梁(架)承受,并据此进行托梁设计,将被拔柱必须承受的水平力全部转由侧向支撑承受,并设计侧向支撑。

(3)按托梁拔柱后新的荷载传递途径计算结构内力。

(4)按计算所得内力,对有关柱子及地基基础进行加固设计。

(5)根据具体施工方案和实际受力情况,对结构在施工阶段的强度和稳定性进行验算。

托梁拔柱法是一项施工工艺和技术要求很高的工作,因此在施工前应编制施工组织设计,严格按要求施工。

2)托梁拔柱法施工顺序

(1)屋盖系统检查和加固处理。对原有屋盖系统的屋面板和搁置点、屋架和其端部、屋盖支撑系统等作全面检查,凡不符合规定者,予以加固处理。

(2)设置临时支柱。根据现场情况,在待拔柱旁设置安装井架或利用原柱牛腿设置临时支撑短柱,或利用原有吊车设置顶升支架。

(3)根据设计,加工制作新增托梁或托架。

(4)加固旁柱及其地基基础,增设支撑柱架的牛腿。

(5)顶升屋架,并支撑固定于临时支柱上。

(6)根据托架截面,切断上部一段短柱,并安装托架。

(7)将屋架安装、固定于托架上。

(8)拆除待拔柱和临时支柱。

6. 喷射混凝土加固技术

喷浆或喷射混凝土是用压缩空气将水泥砂浆或细石混凝土喷射到受喷面上,保护、参与或替代原结构工作,以恢复或提高结构的承载力、刚度和耐久性。

【例 5-59】 某轧制厂发生火灾,I 类烧伤的梁板混凝土保护层严重脱落,露筋面积达 25%~70%,局部达 90%,混凝土碳化深度为 50~70mm,钢筋和混凝土黏结受到严重破坏,估计钢筋强度降低 20%~30%。Ⅱ类烧伤的梁板结构,部分保护层混凝土脱落,碳化深度为 15~40mm,估计钢筋强度降低 10%~15%。Ⅲ类烧伤的构件碳化深度小于 25mm,估计筋强度降低 5%~10%。

经论证后,决定采用干法喷射混凝土进行加固。加固措施和施工工艺如下:

(1)将烧伤梁板中的已碳化的混凝土层凿除。I 类烧伤梁的最大凿深达 70mm,Ⅱ类烧伤梁底面至少凿去保护层混凝土,Ⅲ类烧伤梁视烧伤情况,作局部清除。

(2)对 I 类烧伤板增配 20%~30% 的下部钢筋,新加受力钢筋采用 ϕ10@ 1250。板底喷射 C25 级细石混凝土,喷射厚度按 15mm 制筋保护层的要求确定。对Ⅱ类烧伤板不再补配钢筋,在板底喷射厚 15~20mm 的细石混凝土。

(3)对 I 类烧伤梁增配 2ϕ28 纵向钢筋,用 100mm 长的短钢筋头与原主筋焊接,间距为 750mm,梁底喷射厚度为 50~60mm 的 C25 级钢纤维细石混凝土,梁两侧喷射比原梁厚 15~20mm 的 C25 级细石混凝土。Ⅱ类烧伤的梁,经验算没有补配纵筋,在梁底喷射比原梁厚 30~35mm 的 C25 级细石混凝土,梁两侧喷射比原梁厚 15~20mm 的细石混凝土。

(4)采用 0.4m^3 的单罐式喷射机施工,喷射时先喷射主、次梁的底面,再喷射主、次梁的侧面和楼板底。为使梁的棱角清晰,在喷射底面前应在梁侧支设模板;在喷射侧面前,应在梁底支模。板面喷射时,喷射起伏差不超过 15mm。

(5)细石混凝土的配合比为水泥:砂:石 = 1:2:2。速凝剂掺量占水泥质量的 3%~4%。钢纤维混凝土中的钢纤维直径为 0.3~0.6mm,长度为 20~25mm,每立方米混凝土掺入 80kg。

经上述方法加固后,废建筑物已使用 5 年,效果良好。

本章小结

本章主要介绍了钢筋混凝土结构混凝土事故、钢筋工程事故、模板工程事故、装配工程事故、局部倒塌事故的原因分析与防治措施,钢筋锈蚀的机理与预防措施以及混凝土结构常用加固补强技术,以大量图片、实例介绍了钢筋混凝土结构工程事故的原因分析与防治措施。

小知识

高强修补材料中的佼佼者——碳纤维

许多材料,包括用于建筑或其他结构的材料,因比较脆弱而达不到应有的要求。为了改善材料的脆性,阻止或转移裂纹的扩展,人类很早以前就知道向脆性材料中引入纤维状添加剂,制造出性能更好的复合材料。

复合材料的出现,使材料科学家能按照他们的设想来设计、剪裁、制造出性能超过任何单一组分的、更实用的新产品。直到1960年,当人们用已知的知识无法解释从复合材料上测出的性质时,一种"纤维增强"的新理论得到了发展,它为人类谨慎地设计和成功地制备各种类型的复合材料开创了更广阔的前景。

按照使用温度的不同,复合材料中的增强纤维可以分成几类。100℃以下的低温,所有可用的纤维,如玻璃纤维、碳纤维、硼纤维、有机纤维、金属纤维、陶瓷纤维等,都能用作增强纤维;100~400℃,有机纤维被淘汰;700℃以下高温则只能用碳纤维和陶瓷纤维增强了;而在2000℃以上高温的惰性环境中,碳纤维是唯一的强度不下降的增强纤维。

目前,碳纤维的生产是以黏胶纤维或聚丙烯脂等有机母体为原料经热氧化和石墨化而制成的。用聚丙烯腈作原料时,工艺大致如下:先在120~190℃水蒸气中拉伸,然后在250~300℃下,在空气中拉伸,即发生热交联,形成再熔融的"黑奥纶丝"。再在惰性气体中经1200~1600℃约20min的高温碳化,得到高韧性异向性的碳纤维。再经2200~3000℃白热处理,经石墨化拉伸,增大异向性,以取得高模量。随后经表面处理,减少微裂纹,经化学处理,产生活性基团,改进黏结性。也可用沥青类作原料,先熔融纺丝,再拉伸碳化及石墨化制造碳纤维。

碳纤维的结构特征使其具有极高的化学稳定性,柔韧,轻质,抗拉强度可达17~25MPa。因而碳纤维作为一种优质的增强纤维而用于把强度、刚度、重量、耐高温、抗化学腐蚀作为设计参数的许多结构材料中。碳纤维柔曲程度如丝,可任其编织缠绕。由碳纤维组成的复合材料,其比强度、比模量可达钢的3倍。因而,碳纤维增强的树脂、陶瓷、金属等复合材料的研制和应用得到迅速发展,在航空航天材料、烧蚀材料、电气绝缘、耐磨材料、汽车弹簧、传动轴、刹车片、保险柜等方面都得到应用。

碳纤维原丝原来只有少数国家能够生产,而且对我国采取技术不转让、样品不提供、产品不出售、交流不说明的办法。我国吉林省吉林化学工业公司陈光大教授从1959年开始研究碳纤维,1975年研制出第一批碳纤维原丝,成功地用于我国发射第一枚太平洋洲际导弹头部防热层上。1991年,他主持研究国家重点攻关项目"100t碳纤维用原料的技术开发",成功地用在"长征二号"捆绑式卫星运载火箭上。

由于碳纤维的加工较为复杂,生产成本居高不下,一直到目前才在建筑业上广泛应用于建筑物的改造、维修和加固,并出现了碳纤维布材、线材、棒材等应用形式。

练 习 题

5-1 混凝土产生裂缝的主要原因有哪些？各类裂缝各有什么特点？

5-2 裂缝鉴别从哪几个方面入手？裂缝调查主要有哪些内容？

5-3 裂缝处理方法有哪几种？常用结构构件混凝土裂缝的补强方法有哪几种？

5-4 造成混凝土强度不足的主要原因有哪些？

5-5 混凝土强度不足对不同结构的影响如何？一般的处理方法有哪些？试说明其中一种的施工工艺。

5-6 混凝土孔洞、露筋等事故的原因主要有哪些？如何处理？

5-7 产生错位变形的原因有哪些？

5-8 常见的钢筋工程事故处理方法有几种？

5-9 造成模板事故的主要原因是什么？

5-10 局部倒塌事故处理的一般原则是什么？

5-11 试说明混凝土结构加固的一般原则和一般要求。

5-12 试述混凝土结构加固的一般原则。

5-13 加大截面法加固钢筋混凝土结构的优点与缺点有哪些？

5-14 外包钢加固的构造要求有哪些？

5-15 黏结钢板补强的优点是什么？

5-16 碳纤维加固的构造措施有哪些？

5-17 预应力加固时预应力筋的张拉方法主要有哪几种？

5-18 试说明增设支点加固法的原理。

本章实训课时:6 课时。

第六章 钢结构工程质量事故与处理

【职业能力目标】

培养学生在施工员、质量员、安全员等岗位上对常见钢结构工程质量事故进行分析与处理的能力，并能对钢结构工程质量事故的发生起到预防作用。

【学习要求】

(1)熟悉钢结构可能存在的缺陷、钢结构事故破坏形式及特点；

(2)能够分析一般钢结构事故产生的原因；

(3)掌握常见钢结构事故处理方法。

钢结构作为一种承重结构体系，由于其自重轻、强度高、塑性韧性好、抗震性能优越、工业装配化程度高、综合经济效益显著、造型美观以及符合绿色建筑等众多优点，深受广大建筑师和结构工程师的青睐，被广泛应用于各类建筑中，尤其在大跨度和超高层建筑领域显示出无与伦比的优势。自1996年我国钢产量突破1亿t大关以来，在国家一系列鼓励性政策的调控下，钢结构的发展势不可挡，真正迎来了我国钢结构发展的春天。目前，我国土木建筑行业面临前所未有的大好形势，大规模的城市建设、房地产开发、西部大开发及众多大型基本建设项目的实施等，都为钢结构的发展提供了很多机会。可以预见，在以后的10~20年之间，我国钢结构的数量将大幅度增加。

当我们回顾钢结构取得的巨大成就，展望钢结构美好前景的同时，国内外钢结构的事故也在频繁发生，造成了很大经济损失和人员伤亡，教训是惨痛的。美国纽约世贸中心大楼在2001年的"9·11"事件中轰然倒塌的情景至今仍历历在目。事实表明，钢结构的破坏一般都不是单一因素引起的，往往是多个因素综合作用的结果，因此，认真分析国内外钢结构重大工程事故，总结经验教训，以促进我国建筑钢结构的健康发展，是很有必要的。

第一节　钢结构的缺陷

一　钢材的性能及其可能的缺陷

(一)钢材的主要力学性能

钢材的力学性能主要有强度、塑性、韧性、可焊性、冷弯性能、耐久性以及 Z 向伸缩率等。

1)钢材的强度

强度体现了材料的承载能力,主要指标有屈服强度 f_y 和抗拉强度 f_u。f_y 是衡量结构承载能力大小的指标,是钢结构静力强度设计的依据。f_u 是衡量钢材经过较大变形后的抗拉能力,f_u 高则可以增加结构的安全保障,故 f_u/f_y 的值可看作钢材强度储备系数。

2)钢材的塑性

钢材的塑性是当应力超过屈服点后,钢材能产生显著的残余变形(塑性变形)而不立即断裂的性质。伸长率 δ 和断面收缩率 ψ 是衡量钢材塑性好坏的主要指标。结构或构件在受力时(尤其承受动力荷载时),材料塑性好坏往往决定了结构是否安全可靠,因此钢材塑性指标比强度指标更为重要。

3)钢材的韧性

钢材的韧性是钢材在塑性变形和断裂的过程中吸收能量的能力,也是表示钢材抵抗冲击荷载的能力,它是强度与塑性的综合表现。韧性指标采用冲击韧性值 α_k 表示,分为常温(20℃ ±5℃)和低温(-20℃,-40℃)两种。在实际工程中,它是判断钢材脆性破坏的重要指标。

4)钢材的可焊性

钢材的可焊性是指在一定工艺和结构条件下,钢材经过焊接能够获得良好的焊接接头的性能。可焊性分为施工上的可焊性和使用性能上的可焊性。施工上的可焊性是指对产生裂纹的敏感性,使用性能上的可焊性是指焊接构件在焊接后的力学性能是否低于母材。

5)钢材的冷弯性能

冷弯性能是指钢材在冷加工(常温下加工)产生塑性变形时,对产生裂缝的抵抗能力。它能够直观地反映钢材质量的好坏,暴露钢材内部冶金和轧制缺陷。冷弯性能可用试验方法来确定,并可用于检验钢材承受规定弯曲程度的弯曲变形性能。检查试件弯曲部分的外面、里面和侧面是否有裂纹、裂断和分层。

6)钢材的耐久性

耐久性需要考虑的有耐腐蚀性、“时效”现象、疲劳现象等。时效是指随着时间的增长,钢材的力学性能有所改变。疲劳是指多次反复荷载作用下,低于屈服点 f_y 发生的破坏。

7)钢材的 Z 向伸缩率

钢材的 Z 向伸缩率是指钢材沿厚度方向的收缩率。当钢材较厚时,或承受沿厚度方向的拉力时,要求钢材具有板厚方向的收缩率要求,以防厚度方向的分层、撕裂。

(二)钢材的可能缺陷

钢材的种类繁多,但在建筑钢结构中,常用的有两种类型钢材,即低碳钢和低合金钢。钢材的质量主要取决于冶炼、浇铸和轧制过程中的质量控制,如果某些环节出现问题,就会产生这样或那样的缺陷。

1. 化学成分缺陷

化学成分对钢材的性能有重要影响,从有害影响的角度来讲,化学成分将会产生一种先天缺陷。就 HPB235 钢材而言,其中 Fe 约占 99%,其余的 1% 为 C、Mn、Si、S、P、O、N、H 等,它们虽然仅占 1%,但其影响极大。

(1)碳(C)。在碳素结构钢中,碳是仅次于纯铁的主要元素,它直接影响钢材的强度、韧性和可焊性等。碳的含量增加,钢材的强度提高,但其塑性、韧性、疲劳强度下降,同时恶化钢的可焊性以及抗锈蚀性能。因此,尽管碳是使钢材获得足够强度的主要元素,但在钢结构中采用碳素结构钢,对含碳量要加以限制,一般不应该超过 0.22%,在焊接结构中还应低于 0.20%。

(2)锰(Mn)。锰作为一种钢液的弱脱氧剂,是一种有益的元素,它可以改善钢材的冷脆倾向而又不明显降低钢材的塑性和冲击韧性,但是锰的含量过高对可焊性不利,故需加以限制。普通碳素钢中锰的含量约为 0.3% ~ 0.8%。

(3)硅(Si)。硅作为一种钢液的强脱氧剂,也是一种有益的元素。适量的硅可提高钢的强度,并对其他性能影响较小,但含量过高则对钢的塑性、韧性、抗锈蚀能力以及可焊性有降低作用。一般低碳钢中硅的含量为 0.12% ~ 0.30%,低合金钢中应为 0.20% ~ 0.55%。

(4)硫(S)。硫是钢材的一种有害杂质。硫与铁的化合物硫化铁(Fe_2S_3),散布在纯铁体的间层中,在 800 ~ 1200℃时熔化而使钢材出现裂纹,称为“热脆”现象。另外,含硫量增大,会降低钢材的塑性冲击韧性、疲劳强度、抗锈蚀性和可焊性。故应严格控制其含量,一般不应超过 0.035% ~ 0.050%。

(5)磷(P)。磷是钢材的一种有害杂。磷虽然可以提高钢的强度和抗锈蚀能力,但会降低钢的塑性、冲击韧性、冷弯性能和可焊性。尤其是磷使钢在低温时韧性降低而产生脆性破坏,称为“冷脆”现象。故对磷的含量要严格控制,一般不超过 0.035% ~ 0.045%。

(6)氧(O)。氧是钢材的一种有害杂质。氧通常是在钢熔融时由空气或水分解而进入钢液,冷却后残留下来的。氧的有害影响和硫类似,会使钢材“热脆”,一般含量应低于 0.05%。

(7)氮(N)。氮作为有害杂质,可能从空气进入高温的钢液中。氮的影响与磷相似,会使钢材“冷脆”,一般氮的含量应低于 0.008%。

(8)氢(H)。氢作为有害杂质,通常也是由空气或水分解而进入钢液。氢在低温时易使钢材呈脆性,产生所谓的“氢脆”破坏现象。

(9)铜(Cu)。铜在碳素结构钢中属于有害杂质,它可以显著提高钢的抗腐蚀性能,也可以提高钢的强度,但是对可焊性有不利影响。

综上所述,普通低碳钢的几种化学成分均对钢材的性能有不利影响,其中的 C、Mn 、Si 是有益元素,但不可过量;P、O、N、H 纯属有害杂质。因此,我们将其影响视为先天性缺陷,并加以严格控制。

2. 冶炼及轧制缺陷

钢材在冶炼和轧制过程中,由于工艺参数控制不严等问题,缺陷在所难免,常见的缺陷有以下几种:

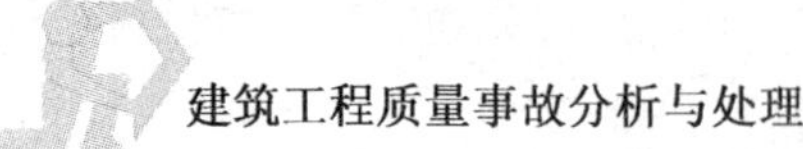

(1)发裂。发裂主要是由热变形过程中(轧制或锻造)钢内的气泡及非金属夹杂物引起的,经常出现在轧件纵长方向上,裂纹如发丝,一般裂纹长20~30mm以下,有时为100~150mm。发裂几乎出现在所有钢材的表面和内部。发裂的防止最好由冶金工艺解决。

(2)分层。分层是钢材在厚度方向不密合,分成多层,但各层间依然相互连接并不脱离的现象。横轧钢板分层出现在钢板的纵断面上,纵轧钢板分层出现在钢板的横断面上。分层不影响垂直厚度方向的强度,但显著降低冷弯性能。另外,在分层的夹缝处还容易锈蚀,甚至形成裂纹。分层将严重降低钢材的冲击韧性、疲劳强度和抗脆断能力。

(3)白点。钢材的白点是因含氢量过大和组织内应力太大相互影响而形成的。它使钢材质地变松、变脆、丧失韧性、产生破裂。在炼钢时,尽量不要使氢气进入钢水中,并且做到钢锭均匀退火,轧制前合理加热,轧制后缓慢冷却,即可避免钢材中的白点。

(4)内部破裂。轧制钢材过程中,若钢材塑性较低或是轧制时压量过小,特别是上下轧辊的压力曲线不"相交"时,则会与外层的延伸量不等,从而引起钢材的内部破裂。这种缺陷可以用合适的轧制压缩比(钢锭直径与钢坯直径之比)来补救。

(5)斑疤。钢材表面局部薄皮状重叠称为斑疤,这是一种表面粗糙的缺陷,它可能产生在各种轧材、型钢及钢板的表面。其特征为:因水容易侵入缺陷下部,会使钢材冷却加快,故缺陷处呈现棕色或黑色,斑疤容易脱落,形成表面凹坑。其长度和宽度可达几毫米,深度为0.01~1.0mm不等。斑疤会使薄钢板成型时的冲压性能变坏,甚至产生裂纹和破裂。

(6)划痕。划痕一般都是产生在钢板的下表面上,主要是由轧钢设备的某些零件摩擦所致。划痕的宽度和深度肉眼可见,长度不等,有时贯穿全长。

(7)切痕。切痕是薄板表面上常见的折叠比较好的形似接缝的褶皱,在屋面板与薄铁板的表面上尤为常见。如果将形成的切痕的褶皱展平,钢板易在该处裂开。

(8)过热。过热是指钢材加热到上临界点后,还继续升温度时,其机械性能变差,如抗拉强度,特别是冲击韧性显著降低的现象。它是由于钢材晶粒在经过上临界点后开始胀大所引起的,可用退火的方法使过热金属的结晶颗粒变细,恢复其机械性能。

(9)过烧。当金属的加热温度很高时,钢内杂质集中的边界开始氧化或部分熔化时会发生过烧现象。由于熔化的结果,晶粒边界周围形成一层很小的非金属薄膜将晶粒隔开。因此,过烧的金属经不起变形,在轧制或锻造过程中易产生裂纹和龟裂,有时甚至裂成碎块。过烧的金属为废品,不论用什么热处理方法都不能挽回,只能回炉重炼。

(10)机械性能不合格。钢材的机械性能一般要求抗拉强度、屈服强度、伸长率和截面收缩率四项指标得到保证,有时再加上冷弯,用在动力荷载和低温时还必须要求冲击韧性。如果上述机械性能大部分不合格,钢材只能报废,若仅有个别项达不到要求,可作等外品处理或用于次要构件。

(11)夹杂。夹杂通常指非金属夹杂,常见的为硫化物和氧化物,前者使钢材在800~1200℃高温下变脆,后者将降低钢材的力学性能和工艺性能。

(12)脱碳。脱碳是指金属加热表面氧化后,表面含碳量比金属内层低的现象。主要出现在优质高碳钢、合金钢、低合金钢中,中碳钢有时也有此缺陷,钢材脱碳后淬火将会降低钢材的强度、硬度及耐磨性。

缺陷有表面缺陷和内部缺陷，也有轻重之分。最严重的应属钢材中形成的各种裂纹，其危害后果应引起高度重视。

二 钢结构加工制作中可能存在的缺陷

钢结构的加工制作主要是钢构件（梁、柱、支撑等）的制作。完整的钢结构产品，在进行各种操作处理时，必须达到规定产品的预定要求目标。钢构件加工制作主要工艺为：钢材和型钢的鉴定试验→钢材的矫正（常温机械矫正或加热后矫正）→钢表面清洗和除锈→放样和划线→构件切割→制孔→构件的冷热弯曲加工→焊接拼装等。钢结构的加工制作过程是由一系列的工序而组成，而每一工序都有可能产生缺陷。

（一）被加工的钢构件可能存在的缺陷

(1)选用钢材的性能不合格；
(2)原材料矫正引起冷热硬化；
(3)放样尺寸、孔中心偏差；
(4)切割边未做加工或加工未达到要求；
(5)孔径误差；
(6)冲孔未做加工，存有硬化区和微裂纹；
(7)构件冷加工引起钢材硬化和微裂纹；
(8)构件热加工引起残余应力；
(9)表面清洗防锈不合格；
(10)钢构件外形尺寸超公差。

（二）钢结构的连接可能存在的缺陷

1. 铆接缺陷

铆接是将一端带有预制钉头的铆钉，经加热后插入连接构件的钉孔中，再用铆钉枪将另一端打铆成钉头，以使连接达到紧固。铆接有热铆和冷铆两种方法。铆接传力可靠，塑性、韧性均较好。在20世纪上半叶以前，铆接曾是钢结构的主要连接方法。由于铆接是现场热作业，目前只在桥梁结构和吊车梁构件中偶尔使用。

铆接工艺带来的缺陷归纳如下：

(1)铆钉本身不合格；
(2)铆钉孔引起的构件截面削弱；
(3)铆钉松动，铆合质量差；
(4)铆合温度过高，引起局部钢材硬化；
(5)板件之间紧密度不够。

2. 栓接缺陷

栓接包括普通螺栓连接和高强螺栓连接两大类。普通螺栓由于紧固力小，且螺栓杆与孔径间空隙较大（主要指粗制螺栓），故受剪性能差，但受拉连接性能好，且装卸方便，故通常应用于安装连接和需拆装的结构。高强螺栓是继铆接连接之后发展起来的一种新型钢结构连接形式,它已成为当今钢结构连接的主要手段之一。

螺栓连接给钢结构带来的主要缺陷有:

(1)螺栓孔引起构件截面削弱;

(2)普通螺栓连接在长期动载作用下的螺栓松动;

(3)高强螺栓连接预应力松弛引起的滑移变形;

(4)螺栓及附件钢材质量不合格;

(5)孔径及孔位偏差;

(6)摩擦面处理达不到设计要求,尤其是摩擦系数达不到要求。

3. 焊接缺陷

焊接是钢结构最重要的连接手段。焊接方法种类很多,按焊接的自动化程度一般分为手工焊接、半自动焊接及自动化焊接。

焊接可能存在以下缺陷:

(1)焊接材料不合格。手工焊采用的是焊条,自动焊采用的是焊丝和焊剂。实际工程中通常容易出现三个问题:一是焊接材料本身质量有问题;二是焊接材料与母材不匹配;三是不注意焊接材质的烘焙工作。

(2)焊接引起焊缝热影响区母材的塑性和韧性降低,使钢材硬化、变脆开裂。

(3)因焊接产生较大的焊接残余变形。

(4)因焊接产生严重的残余应力或应力集中。

(5)焊缝存在多种缺陷,如裂纹、焊瘤、边缘未熔合、未焊透、咬肉、夹渣和气孔等。

三 钢结构运输、安装和使用维护中的缺陷

钢结构在工厂制作完成后,运至现场安装,安装完毕进入使用期。在此过程中通常可能遇到以下缺陷:

(1)运输过程中引起结构或构件较大的变形和损伤;

(2)吊装过程中引起结构或构件较大的变形和局部失稳;

(3)安装过程中没有足够的临时支撑或锚固,导致结构或构件产生较大的变形,丧失稳定性,甚至倾覆等;

(4)现场焊接及螺栓连接质量达不到设计要求;

(5)使用期间由于地基不均匀沉降、温度应力以及人为因素造成结构损坏;

(6)不能做到定期维护,致使结构腐蚀严重,影响到结构的耐久性。

第二节 钢结构的事故及其影响因素

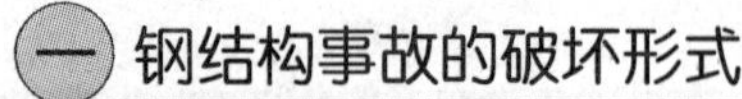

一 钢结构事故的破坏形式

钢结构的原材料是钢材。钢材有两种完全不同的破坏形式,即塑性破坏和脆性破坏。钢结构所用的材料虽然有较高的塑性和韧性,一般为塑性破坏,但在一定的条件下,仍然有脆性

破坏的可能性。

塑性破坏是由于变形过大,超过了材料或构件可能的应变能力而产生的,而且仅在构件的应力达到钢材的抗拉强度后才发生。破坏前构件产生较大塑性变形,断裂后的断口呈现纤维状,色泽发暗。在塑性破坏前,由于总有较大的塑性变形发生,且变形持续的时间较长,很容易及时发现而采取措施补救,不致引起严重后果。另外,塑性变形后会出现内力重新分布,使结构中原先受力不等的部分应力趋于均匀,因而提高了结构的承载力。

脆性破坏前,塑性变形很小,甚至没有塑性变形,计算应力可能小于钢材的屈服点,断裂从应力集中处开始。冶金和机械加工工程中产生的缺陷,特别是缺口和裂纹,常是断裂的发源地。脆性破坏前没有任何征兆,破坏是突然发生的,断口平直并有光泽的晶粒状。由于脆性破坏没有明显的征兆,无法察觉和采取补救措施,而且个别构件的断裂常引起结构的塌毁,危及人民生命财产安全,后果严重,损失较大。在设计、施工和使用钢结构时,要特别注意防止出现脆性破坏。

 钢结构失稳引起的事故

(一)失稳破坏的原因分析

稳定问题是钢结构最突出的问题,长期以来,许多工程技术人员对强度概念认识清晰,对稳定概念认识淡薄,并且存在强度重于稳定的错误思想。因此,在大量接连不断的钢结构失稳事故中付出了血的代价,得到了严重的教训。钢结构的失稳事故分为整体失稳事故和局部失稳事故两大类。

1. 整体失稳事故原因分析

1)设计错误

设计错误主要与设计人员的水平有关。如缺乏稳定概念;稳定验算公式错误;只验算基本构件的稳定,忽视整体结构的稳定验算;计算简图及支座约束与实际受力不符,设计安全储备过小等。

2)制作缺陷

制作缺陷通常包括构件的初弯曲、初偏心、热轧冷加工以及焊接产生的残余变形等。这些缺陷将对钢结构的稳定承载力产生显著影响。

3)临时支撑不足

钢结构在安装过程中,当尚未完全形成整体结构之前,属几何可变体系,构件的稳定性很差,因此必须设置足够的临时支撑体系来维持安装过程中的整体稳定性。若临时支撑设置不合理或者数量下足,轻则会使部分构件丧失稳定,重则造成整个结构在施工过程中倒塌或倾覆。

4)使用不当

结构竣工投入使用后,使用不当或意外因素也是导致失稳事故的主因。例如,使用方随意改造使用功能,改变构件的受力状态,由积灰或增加悬吊设备引起的超载,基础的不均匀沉降和温度应力引起的附加变形,意外的冲击荷载等。

2. 局部失稳事故原因分析

局部失稳主要是针对构件而言,其失稳的后果虽然没有整体失稳严重,但对以下原因引起

的失稳也应引起足够的重视。

1)设计错误

设计人员忽视甚至不进行构件的局部稳定验算或者验算方法错误,致使组成构件的各类板件宽厚比和高厚比大于规范限值。

2)构造不当

通常在构件局部受集中力较大的部位,原则上应设置构造加劲肋。另外,为了保证构件在运转过程中不变形,也须设置横隔、加劲肋等。但实际工程中,加劲肋数量不足、构造不当的现象比较普遍。

3)原始缺陷

原始缺陷包括钢材的负公差严重超规,制作过程中焊接等工艺产生的局部翘曲和波浪形变形等。

4)吊点位置不合理

在吊装过程中,尤其是大型的钢结构构件,吊点位置的选定十分重要。吊点位置不同,构件受力的状态也不同。有时构件内部过大的压应力将会导致构件在吊装过程中局部失稳。因此,在钢结构设计中,针对重要构件应在图纸中说明起吊方法和吊点位置。

3. 失稳事故的处理与防范

钢结构失稳事故应以防范为主,应该遵守以下原则。

1)强化稳定设计理念

(1)结构的整体布置必须考虑整个体系及其组成部分的稳定性要求,尤其是支撑体系的布置;

(2)结构稳定计算方法的前提假定必须符合实际受力情况,尤其是支座约束的影响;

(3)构件的稳定计算与细部构造的稳定计算必须配合,尤其要有强节点的概念;

(4)强度问题通常采用一阶分析,而稳定问题原则上应采用二阶分析;

(5)叠加原理适用于强度问题,不适用于稳定问题;

(6)处理稳定问题应有整体观点,应考虑整体稳定和局部稳定的相关影响。

2)制作单位应尽量减少缺陷

在常见的众多缺陷中,初弯曲、初偏心、残余应力对稳定承载力影响最大,因此,制作单位应通过合理的工艺和质量控制措施将缺陷降低到最低程度。

3)施工单位应确保安装过程中的安全

施工单位只有制定科学的施工组织设计,采用合理的吊装方案,精心布置临时支撑,才能防止钢结构安装过程中失稳,确保结构安全。

4)使用单位应正常使用钢结构建筑物

一方面,使用单位要注意对已建钢结构作定期检查和维护;另一方面,当需要进行工艺流程和使用功能改造时,必须与设计单位或有关专业人士协商,不得擅自增加负荷或改变构件受力。

(二)典型事故实例分析

【例 6-1】 某国际展览厅网架倒塌。

1)工程简介及事故概况

某国际展览中心工程由展厅、会议中心和一座 16 层的酒店组成,总建筑面积约为

42000m²,其中展厅面积为7200m²,共由5个展厅组成。该展厅屋面采用螺栓球节点网架结构。1号、3号、5号展厅平面尺寸为45m×45m,每个展厅的覆盖面积为2025m²;2号、4号展厅平面尺寸为22.5m×28.5m,覆盖面积为641.25m²(见图6-1)。其网架结构及屋面均由德国Glahe国际展览集团、TKT、MERO和WENDKER公司联合设计,并由MERO公司设计、制造网架结构所有零部件,同时MERO公司还承担网架结构的施工监理。整个展厅于1989年5月建成,同年6月1日投入使用。1992年9月6~7日深圳地区受9215号台风的影响,普降大暴雨,总降雨量为130.44mm。尤其是7日早晨5~6时,降雨量达60mm/h。上午7时左右,4号展厅网架倒塌,经过现场调查发现网架全部塌落,东边屋面构件大面积散落于地面。其余部分虽仍支承于柱上,但是仍可发现纵向下弦杆及部分腹杆压屈。在倒塌现场发现大量的高强螺栓被拉断或折断,部分杆件有明显的压屈,大量的套筒因受弯而呈屈服现象。从可观察到的杆件上没有发现杆件拉断及明显的颈缩现象,也未发现杆件与锥头焊缝被拉开。轴支座附近斜腹杆被压屈,且该支座的支承柱向东有较大倾斜。在事故调查中,根据有关人员反映,4号展厅网架建成后,曾多次发现积水现象,事故现场两个排水口表面均有堵塞。

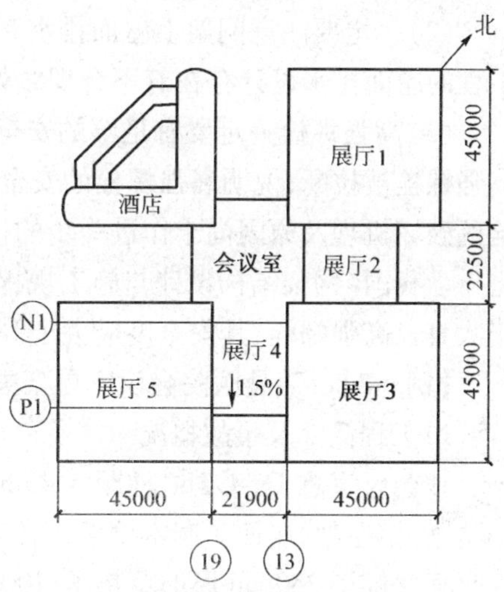

图6-1　展厅平面示意图

2)事故原因分析

根据屋面排水系统设计计算复核,4号展厅除承担本身雨水外,还要承担由会议室中心屋面溢流而来的雨水,而4号展厅屋面本身并未设置溢流口,且雨水斗设置不合理,不能有效地排除屋面上的雨水,导致网架积水、超载。

4号展厅网架平面尺寸为21.9m×27.7m,网架结构形式为正放四角锥螺栓球节点网架,其中标准网格为3.75m×3.75m,网架高度为1.80m。网架上铺复合保温板及防水卷材,网架由4根柱支承。网架结构设计时考虑荷载为屋盖系统自重1.25kN/m²,均布活荷载为1.00kN/m²;另外还考虑了风荷载及+25℃的温度应力。屋面用小立柱以1.5%的单向找坡,排水方向由北往南。根据原设计荷载,对该展厅网架结构进行了复算,在原设计荷载下,网架结构可以满足设计要求。

考虑到1.5%的找坡以及排水天沟的影响,按实际情况,以三角形分布荷载及天沟积水荷载进行了结构分析。当屋面最深处积水达35cm时,轴支座节点附近受压腹杆内力接近于压杆压屈的临界荷载,该处支座拉杆的拉力已超过高强螺栓M27的允许承载力。当屋面最深处积水达45cm时,上述两处支座的腹杆的压力已超过其压屈的临界荷载,该处的斜腹杆拉力已超过了M27高强螺栓的极限承载力。所以当屋面有35~45cm积水时,该网架轴支座反力大于原设计荷载时的反力值,支座附近的腹杆压屈,拉杆的高强螺栓拉断,导致网架倒塌。但此时网架拉杆仍在弹性范围内,而高强螺栓因超过其极限承载力被拉断。由此得出高强螺栓的安全度低于杆件的安全度。从计算分析得出的结论与现场的情况是吻合的。

3)应吸取的教训

(1)对于有积水可能的屋面,尤其是点支承网架,活荷载(积水荷载)的分布应按实际情况考虑,简单地按均布荷载处理是欠妥的。

(2)一定要注意网架上屋面排水系统的设计与维护,这在我国南方暴雨地区尤为重要,本工程的屋面排水设计存在着不合理之处。

(3)高强螺栓一定要有足够的安全度,在倒塌事故现场尚未发现拉杆拉断及颈缩现象,而高强螺栓被拉断,说明高强螺栓的安全度低于杆件的安全度。在这一事故中对于某些高强螺栓的破坏机理及原因尚未作进一步的检验和探讨,但这样低的安全度是网架破坏的主要原因之一。我国《网架结构设计与施工规程》(JGJ 7—91)中规定高强螺栓的安全度应大于2.8,对于大直径高强螺栓,其安全度应大于等于3.0。

【例6-2】 某县医院会议室屋架失稳倒塌。

1)工程简介及事故概况

该会议室总长54.3m,柱距3.43m,进深7.32m,檐口高3m(见图6-2)。结构为砖墙承重结构,轻钢屋架,屋面为圆木檩条,上铺苇箔两层,抹一层大泥。后来院方决定铺瓦,于是在原泥顶面又铺了250mm厚旧草垫子、100mm厚的炉灰渣子、100mm厚的黄土,最后铺上厚20mm的水泥瓦。1982年12月15日盖完最后一间房屋面瓦时,工程尚未验收,医院即起用。当天下午3时30分左右约130人在该会议室开会时,5间房的屋盖全部倒塌,造成8人死亡、7人重伤、3人轻伤。

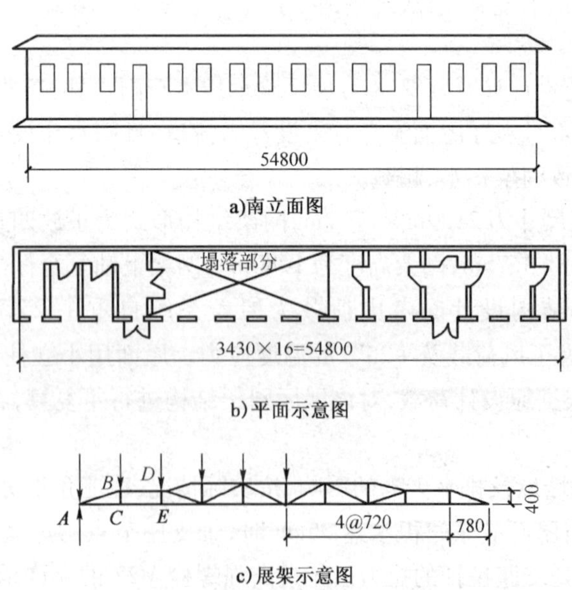

图6-2 县医院会议室的立面、平面及屋架示意图(尺寸单位:mm)

2)事故原因分析

(1)屋架构造不合理。由图6-2c)可见,屋架端部第二节间内未设斜腹杆,*BCDE*很难成为坚固的不变体系,因为*BC*杆为零杆,很难起到支撑上弦的作用。这样,杆*ABD*在轴力作用下,因计算长度增大而大大降低其承载力。另外屋架上弦为单角钢∟40×4,在檩条集中力的作用下构件还可能发生扭转，使其受力条件恶化。又因单角钢∟40×4 的回转半径为 7.9mm，这样上弦杆的长细比接近 195，比规范要求的 150 超出许多。经计算杆的强度及稳定性均严重不足，这是屋架破坏的主要原因。

(2)屋架之间缺乏可靠的支撑系统。圆木檩条未与屋架上弦锚固，很难起到系杆或支撑的作用。屋架间虽设有三道 $\phi8$ 钢筋的系杆，但过于柔软，不能起到支撑作用，即使能起到支撑作用，由于间距过大，使上弦的平面外长细比达 302，也和规范要求相差甚远。加之屋架间支座处与墙体也无锚固措施，整个屋架的空间稳定性很差，只要有 1 榀屋架首先失稳则整个屋盖必会发生大面积的倒塌。

(3)屋架制作的质量很差。尤其是腹杆与弦杆的焊接，只有点焊接，许多地方的焊接长度达不到规范要求的 8 倍焊缝厚度。

(4)工程管理混乱。设计上审查不严，医院领导盲目指挥，尤其是不考虑屋架的承载力而盲目增加屋盖的重量，最终酿成严重的事故。

【例 6-3】 太原某通讯楼网架倒塌。

1)工程简介及事故概况

某通讯楼工程网架为焊接空心球节点棋盘形四角锥网架，平面尺寸为 13.2m×17.99m，网格数为 5×7，网格尺寸为 2.64m×2.57m，网架高为 1.0m，支承方式为上弦周边支承，如图 6-3 所示。按网架设计人称该网架用假想弯矩法进行内力分析，取上弦均布荷载为 3kN/m^2，杆件及空心球节点的材料均采用Ⅰ级钢(Q235)。网架上弦为 $\phi73\times4$ 钢管，下弦为 $\phi89\times4.5$，腹杆为 $\phi38\times3$，空心球节点规格为 $\phi200\times6$，图纸注明网架杆件与节点的连接焊缝为贴角焊缝，焊缝厚度为 7.5mm，焊条规定为 T42 型。网架制作于 1987 年 5 月，历时 15 天，同月 27 日用塔吊整体吊装平移就位，同年 9 月铺设钢筋混凝土屋面板(共 35 块)。在铺完 29 块后，因中部 6 块板尺寸有误，需重新预制，故铺屋面板工程拖至 1988 年 4 月 15 日完成。6 月 2～4 日进行屋面保温层、找平层施工，同时网架下弦架设吊顶龙骨，6 月 5～7 日连续中雨、大雨，7 日晨网架塌落，伴有巨响。网架由短跨一端塌下，另一端尚挂在圈梁上。从破坏现场看，网架上下弦变形不突出，但因腹杆弯折，上下弦叠合在一起，腹杆大量出现 S 形弯曲；杆件与空心球节点连接焊缝破坏形式是焊缝热影响区钢管被拉断，或因焊缝未焊透、母材未熔合使钢管由焊缝中拔出。

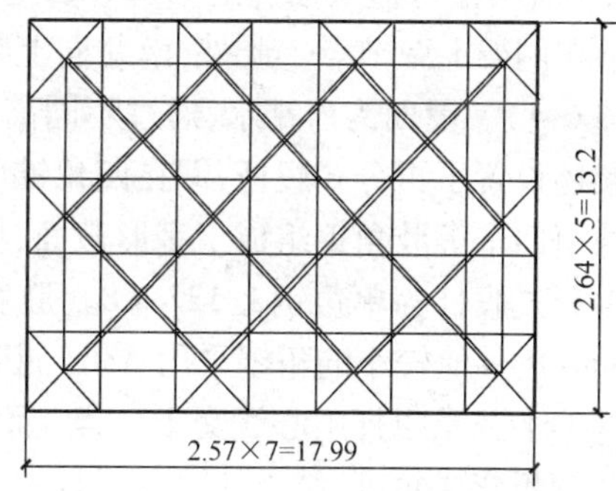

图 6-3 屋架平面图(尺寸单位:m)

2)事故原因分析

(1)设计原因

网架的计算有误，整个网架的全部杆件包括上弦、下弦和腹杆的截面面积均不足，致使在网架屋面施工过程中实际荷载仅为设计荷载的 2/3 时，网架就遭到破坏。但是，网架的塌落却是由于受压腹杆失稳造成的，当受压腹杆失稳退出工作后，整个网架迅速失稳而塌落。

(2)施工原因

①网架的焊缝质量问题。从破坏现场发现,钢管与空心球的连接焊缝破坏有多处是未焊透或母材未熔合,使钢管由焊缝中拔出。这种焊缝本应是对焊焊缝,呈V形坡口焊接,虽然施工图中错误地选用了贴角焊缝,但是,对贴角焊缝母材未熔合也是不能允许的。

②网架上弦节点上为形成排水坡度而设置的小立住,本应是中间高两边低,而施工中竟做成两边高中间低,致使屋面积水。当发现问题后,不但不返工重做,反而将中间保温层加厚用以形成排水坡,这样既浪费材料又加大了厂房屋面荷载。

③网架支柱的预埋件不按图纸设计位置制作预埋。预埋钢板下的锚固钢筋竟错误地置于圈梁保护层内,塌落时锚固钢筋从保护层中剥落。

3)应吸取的教训

近几年来,网架结构在国内得到推广应用。有些人盲目认为网架是高次超静定结构,安全度高,因而忽视其受力的复杂性,致使各地不断出现网架质量事故。网架结构的设计人员必须掌握网架结构的设计理论,精心进行结构计算。网架结构的焊接质量也应严格要求,一般建筑施工队伍中的焊工,应进行专业培训,持合格证后方能参加网架的焊接工作。

【例6-4】 美国哈特福特城的体育馆因压杆失稳而倒塌。

1)工程简介及事故概况

美国东部康涅狄格州哈特福特市的一座体育馆,1971年开始施工,1975年建成。其屋盖尺寸为91.44m×109.73m,采用四柱支承的正放四角锥网架,网格为9.14m×9.14m,高度为6.5m,网架每边从柱挑出13.71m。屋面采用有檩体系,檩条以宽翼缘工字钢制成的小立柱支承在网架上弦节点。此外,南北向上弦中点也有小立柱,立柱间距分别为4.57m和9.14m(见图6-4)。屋面为内排水,通过不同高度(25~80cm)的钢立柱形成坡度,网架本身不起拱。网架还设置了再分式腹杆,即在四角锥面上加设杆件,以连接斜杆中点和上弦中点。网架主要杆件由四个等肢角钢组成十字形截面,根据承重需要,最大角钢为∟203×22,最小为∟89×8,再分式腹杆为单角钢∟127×8。肢宽152mm及203mm的角钢采用A572(屈服点为350N/mm^2),其他较小的角钢采用A36(屈服点为250N/mm^2),杆件采用高强螺栓连接。在构造上,网架上弦及腹杆中心线交于一点,而再分斜杆与上弦则通过由十字截面伸出的钢板相连接。此钢板弯成角度,结果使再分斜杆中心线交点与上弦中心线有30cm的偏差。

1978年1月,美国东部下了一场暴风雪,事故发生前一个星期哈特福特市还不断下着雪和雨,造成了体育馆建成后最大的积雪荷载。18日凌晨,体育馆突然发出一阵隆隆响声,接着整个屋盖塌落,中间部分下凹像个锅底,四角悬挑部分则向上翘起。

2)事故原因

(1)设计原因

设计上最严重的错误是网架的所有上弦压杆没有足够的支撑,致使压杆稳定承载力不足。原设计假定上弦杆及斜腹杆在中点都有再分杆作为支撑,上弦杆的计算长度是网格的一半,即4.75m,如图6-5a)所示。同时,网格中点的屋面荷载假定由再分杆传递,上弦杆都是中心受压,不承受弯矩。然而,实际上由于再分杆没有真正起到支撑作用,使上弦杆的承载能力大大削弱,其中最严重的是在网架周边的上弦杆。因为外圈东西向上弦杆只有一侧有薄分杆,在再分杆平面内还能起支撑作用,而在垂直于该平面的方向,上弦没有任何约束,实际计算长度是

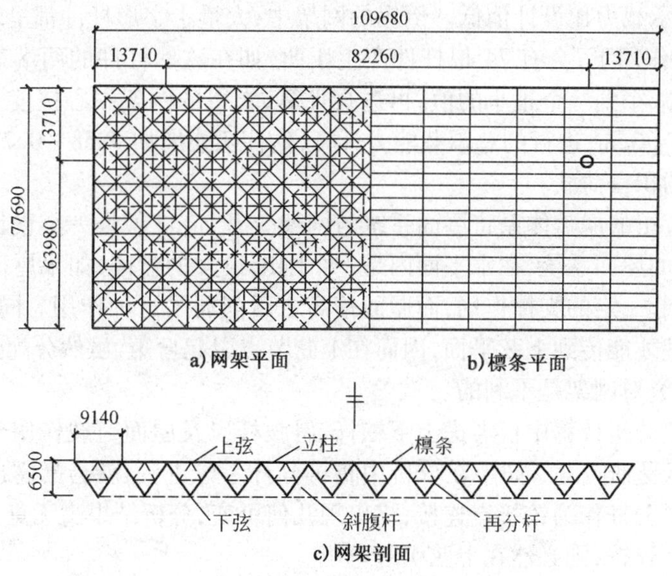

图 6-4 网架平面剖面(尺寸单位:mm)

原假定的 2 倍,如图 6-5b)所示,其承载能力也降低为原设计的 1/3;外圈南北向上弦杆在中点虽有立柱和檩条,但在再分杆平面外也起不了支撑作用,反而引进了屋面的集中荷载,使上弦杆产生弯矩,并在竖直与水平两个方向挠曲,其承载力只有原设计的 1/10,以致个别杆件在网架提升前已开始压曲而产生明显的变形;中间部分东西向上弦杆,虽然两侧都有再分杆,但由于再分斜杆交点与上弦轴线有偏心,加上 9.5mm 厚的连接板比较柔,再分杆不能对上弦杆有效地加以约束,上弦杆的承载能力降低一半,如图 6-5c)所示。

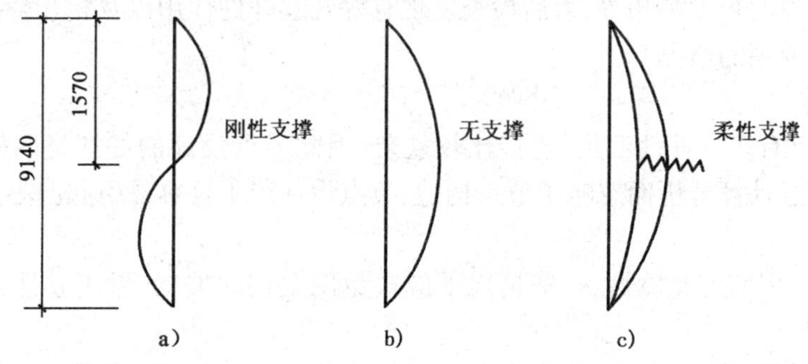

图 6-5 上弦压杆屈曲(尺寸单位:mm)

倒塌的另一个重要原因,是作用在网架结构上的总荷载被低估了 20%,其中包括低估了钢结构自重,改用了较重的屋面,增加了许多马道及悬吊荷载,原设计均布荷载为3.42kN/m^2,而核实后的荷载为 4.08kN/m^2。对网架进行的极限荷载分析表明,屋盖自重再加上 0.73 ~ 0.98kN/m^2,就可达到网架结构的极限荷载。根据屋盖倒塌那天的气象资料,屋盖雪荷载估计在 0.58 ~ 0.98kN/m^2 范围内。

网架中十字形截面压杆扭转屈曲也是引起网架破坏的主要原因。对大多数截面形式的压杆,扭转失稳不起控制作用。但十字形截面压杆则不同,根据扭转屈曲理论,推导出十字形压杆的临界扭转应力,发现大部分情况下是由此应力起控制作用。由于设计者没有注意到这一

点，使得压杆实际承载力比设计值低。倒塌的网架中，大量十字形杆件都呈现扭曲现象。静力分析表明，在静载作用下，会有 74 根杆件产生压曲，如在这些杆件的两端节点上加上临界压力，使杆件截面积减小到一个很小的值，再进行计算，求得的网架中心挠度为 29.7cm，接近施工时所测到的 30 ~ 33cm；进行的总承载能力计算，估什还能增加 0.58 ~ 0.73kN/m^2，也接近于屋盖倒塌时屋面的积雪荷载。

哈特福特体育馆的屋盖体系将屋面系统与网架分开，应该说是一个设计上的缺陷。由檩条、屋面板等组成的屋面系统，在水平面内是一个刚度很大的盘体，如果屋面设在网架上弦平面内，可以对网架起一定的支撑作用，而屋面抬高之后削弱了这种作用。同时，传到屋面上的风力只有通过立柱才能传到上弦平面，因而在上弦节点引起弯矩，虽然分配到每一根立柱上的水平力不大，但终究对网架是不利的。

原设计在网架分析计算中仅考虑上下弦杆、斜腹杆以及屋面荷载作用于上弦网格节点上时，上弦压杆只承受轴向力。如果在分析中将再分杆考虑进去，就会暴露出新的问题。这时如将上弦中点与再分杆作为铰接点连接，将出现几何可变，分析结果毫无意义。如将上弦中点与再分杆作为刚性连按，则必然在上弦引起弯矩。

(2)施工原因

施工管理混乱、质量控制不严，对网架的倒塌也有影响。1973 年 1 月网架提升完成后，网架中点挠度在其自重下为 21.3cm，而按原设计应只有 9.4cm；屋面全部施工完毕，在没有活载的情况下挠度达到 30 ~ 33cm，按设计则为 19cm。虽然按实际荷载复核，挠度比原设计大，但与实际数值也有很大差别。这种过大的变形在施工安装时已引起问题，例如在网架加屋面荷载后，与网架相连的外墙板骨架在安装时就不易吻合，必须用氧气切割和现场焊接才能安上，说明网架已出现了严重的偏差，然而当时在场的施工和检查人员都没有过问。

由于主要杆件的长度都相等，事后检查发现有好几起杆件代用以及相互替换，连接用螺栓的大小型号也有混用的情况。

3)经验教训

(1)网架节点有多根杆件汇集，连接比较复杂，因此节点设计的好坏是网架的关键问题。然而人们往往注意计算分析而忽略了节点构造，节点设计得不好容易引起偏心，使杆件和节点受弯。

(2)尽量保持屋盖的整体性，一般情况下应避免用立柱起坡，如果用立柱，更应注意网架上弦的稳定问题。

(3)网架中采用再分杆时，应注意由此引起的计算和构造问题，在分杆用作网架支撑时，要有一定的刚度。对大跨度网架来说，再分杆不是次要构件，不宜采用单角钢。

(4)施工中，要严格进行质量检查，并注意几何尺寸的测量和记录。工程建成后，也应定期测量网架的挠度与支座位移。

三 钢结构料材缺陷引起的事故

(一)材料事故产生原因

钢结构所用材料主要包括钢材和连接材料两大类。钢材常用种类为 Q235、16Mn、

15MnV。连接材料有铆钉、螺栓和焊接材料。材料本身性能的好坏直接影响到钢结构的可靠性,当材料的缺陷累积或严重到一定程度就会导致钢结构事故发生。钢结构材料产生事故的常见原因如下:

(1)钢材质量不合格;

(2)铆钉质量不合格;

(3)螺栓质量不合格;

(4)焊接材料质量不合格;

(5)设计时选材不合理;

(6)制作时工艺参数不合理,钢材与焊接材料不匹配;

(7)安装时管理混乱,导致材料混用或随意替代。

(二)典型事故实例分析

【例 6-5】 某钢储油罐因含硫量过高而崩塌。

1)工程及事故概况

甘肃某山区建有一座大型石油储罐,直径为 20m,高为 18m,采用厚度为 12mm 的钢板焊接而成。该储罐 1973 年建成,1975 年突然崩塌,原油外流,结果引起大火,绵延约 2km,引起人们的极大恐慌。

2)原因分析

事故发生后,通过对设计、材料、施工等环节的调查复核,结果发现,原设计没有问题,钢材的力学性能也满足要求,但化学成分不满足,主要是含硫量过高,其含硫量为 0.9%,超过允许值 0.40%~0.65% 近一倍。

当钢材温度达 800~1000℃时,硫使钢材变脆,在焊接高温影响下会引起热裂纹。此外,硫含量过高还会降低钢材的冲击韧性、疲劳强度和抗锈蚀性能。该储罐钢材含硫量过高,可焊性差,焊接引起的裂缝在外力作用下逐渐扩展,最终引起崩塌,造成重大事故。

四 钢结构火灾事故

(一)钢结构在火灾中的失效分析

火灾下钢结构的高温受力性能的分析和确定很复杂。钢结构处于高温下不仅要测定其耐火极限,更重要的是从理论和实践中研究其受力性能。钢材的性能特别是钢材的力学性能对温度变化很敏感。在高温下,钢材的强度、变形都将发生显著的变化,甚至达到极限状态,导致结构破坏。影响这种变化程度的因素很多,且错综复杂,如钢材的种类、规格、荷载水平、温度高低、生温速率、温度蠕变等。对于已建成的承重结构来说,火灾的温度和作用时间又与此时室内的可燃性材料的种类及数量、可燃性材料燃烧时的热值、室内通风情况、墙体及吊顶等的传热特性以及当时气候情况(季风、风的强度、风向等)等因素有关。火灾一般都是意外的、突发的,发生现场比较混乱又忙于救火,很少进行、甚至没有条件进行实际检测火的温度及分布情况,这给火灾事故分析及结构的修复加固带来了许多困难。关于高温下钢材力学性能各项

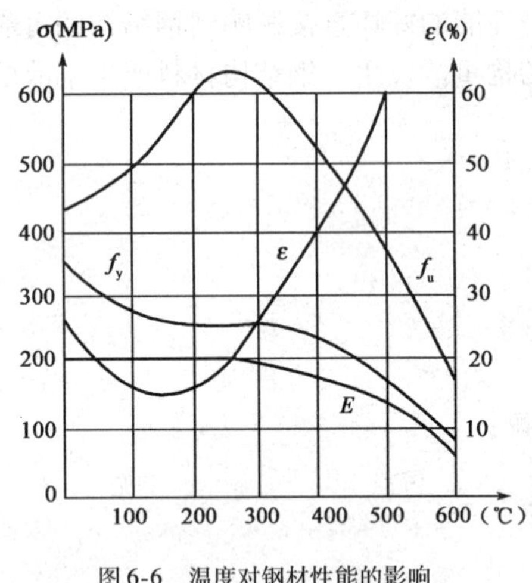

图 6-6　温度对钢材性能的影响

指标的确定，由于材性模型、分析理论和试验方法的不同，以及其他各种因素的影响，各国的见解和规范也不尽统一，但是一般变化规律如图 6-6 所示：当温度升高时，钢材的屈服强度 f_y、抗拉强度 f_u 和弹性模量 E 的总趋势是降低的，但在 200℃以下时变化不大。当温度在 250℃左右时，钢材的抗拉强度 f_u 反而有较大提高，而塑性和冲击韧性下降，此现象称为“蓝脆”现象。当温度超过 300℃时，钢材的 f_y、f_u 和 E 开始显著下降，而塑性伸长率 δ 显著增大，钢材产生徐变。当温度超过 400℃时，强度和弹性模量部急剧降低。达 600℃时，f_y、f_u 和 E 均接近于零，其承载力几乎完全丧失。

（二）钢结构的防火方法

钢结构耐火性能差，因此为了确保钢结构达到规定的耐火极限要求，必须采取防火保护措施。通常不加保护的钢构件的耐火极限仅为 10～20min。

钢结构的防火方法多种多样，通常按照构造形式概括为以下三种：

1. 紧贴包裹法

一般采用防火涂料紧贴钢结构的外露表面将钢构件包裹起来，见图 6-7a）。

2. 空心包裹法

一般采用防火板、石膏板、蛭石板、硅酸盖板、珍珠岩板将钢构件包裹起来，见图 6-7b）。

3. 实心包裹法

一般采用混凝土将钢结构浇筑在其中，见图 6-7c）。

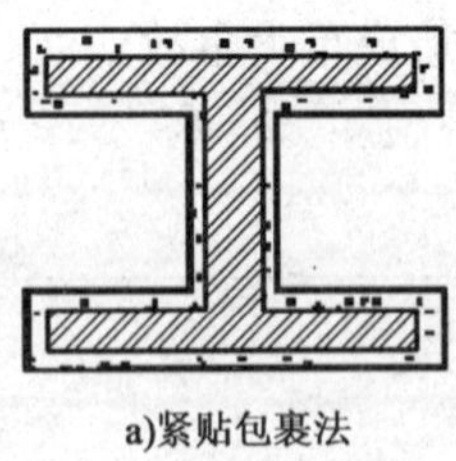

a)紧贴包裹法

b)空心包裹法

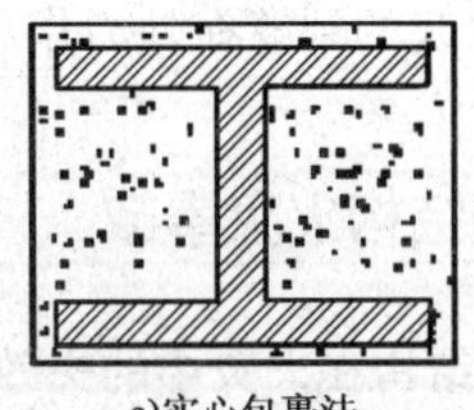

c)实心包裹法

图 6-7　钢构件的防火方法

（三）钢结构防火涂料

钢结构的防火保护，最初是采用在钢结构表面浇筑混凝土、涂抹水泥砂浆或用不燃（难燃）材料包裹等方法。20 世纪 80 年代初期，从外国引进了防火涂料。自 80 年代中期起，国内也相继开发出了多种钢结构的耐火涂料，钢结构涂刷了这些涂料后，大大提高了钢结构的耐火极限。如北京中国国际贸易中心全钢结构采用了 LG 钢结构防火涂料，1989 年宴会厅发生火灾，防火涂层经受了 1000℃高温的考验，钢结构无明显变形和毁坏。就目前应用情况来分,钢结构防火方法的选择是以构件的耐火极限要求为依据,并且防火涂料是最为流行的做法。

防火涂料属于特种涂料的范畴。该种涂料在工程中主要用来阻止火焰传播、保护承载构件和减少火灾损失,是建筑防火的重要材料。它主要有以下两个作用:当涂覆于可燃基材上时,除起到与普通装饰涂料相同的装饰、防腐及延长被保护材料的使用寿命外,遇到火焰或热辐射时,防火涂料迅速发生物理、化学变化,隔绝热量,阻止火焰传播蔓延,起到阻燃作用;当涂覆于构件表面时,除具有防锈、耐酸碱、耐烟雾作用外,遇火时还能隔绝热量,降低构件表面温度,起到耐火作用。钢结构防火涂料遇火时具有优良的隔热性能,减缓了构件自身的温升,从而提高了构件的耐火极限,为扑救火灾赢得了宝贵的时间。

(四)典型事故实例分析

【例 6-6】 某轻钢厂房火灾事故。

1)工程简介

某 12000m^2 大型工业厂房,主体结构为三跨双坡轻型门式刚架(见图 6-8),平面尺寸为 63m×192m,柱距 8m,檐高 9m,屋脊高度 11.52m,两端山墙抗风柱间距为 7m,Ⓐ~Ⓓ轴间设有 3t 吊车,厂房围护体系采用聚苯乙烯夹芯保温彩色钢板。梁为变截面焊接 H 型钢,截面尺寸为 H(370~826)×250×8×6,Ⓓ、Ⓖ轴处截面高度最大,柱为等截面 H 型钢,边柱和中柱分别为 H500×250×10×8、H500×250×8×6;梁柱连接采用 8.8 级摩擦型高强度螺栓;檩条为 C200×70×20×3 的 C 型钢,厂房两端及中部等间距设置了 5 条水平支撑带,每条支撑带都由交叉圆钢斜拉条和纵向刚性撑杆组成。

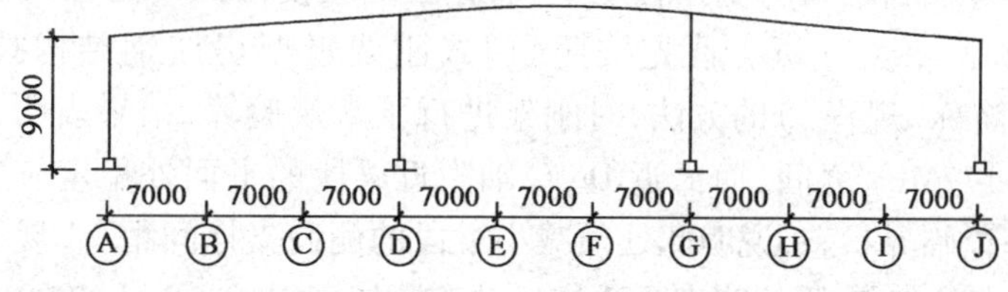

图 6-8 钢架立面示意图(尺寸单位:mm)

2)事故灾害及结构检测

车间内设有一条喷涂生产线,电焊火花引燃了生产线上的玻璃钢瓦片,造成大火,火灾损伤区域主要位于Ⓓ~Ⓙ轴之间的两跨,火灾持续时间约 20min。因发生火灾时车间内的可燃物数量有限,且在风势作用下燃烧速度高,热量散发快,车间内部升温不算太高,大多数受灾钢材表面呈褐色,局部呈浅黑色。根据现场受损情况和标准升温曲线推定火灾温度在 650℃左右,因可燃物距离屋顶较近,火焰主要在屋面板下部快速传播,导致屋面体系受灾较重,刚架梁、柱及端板连接节点受灾较轻,局部变形情况如图 6-9 所示。具体受损情况:彩色夹芯屋面板保温层全部碳化,屋面板塌落,严重受损;檩条、纵向撑杆、拉条严重弯曲、扭曲,已偏离原有位置;屋面刚架梁侧向最大弯曲约 50~

图 6-9 火灾后局部变形图

60mm，并伴随中度扭曲。

为评定火灾对主体结构钢材（Q235b）性能的影响，火灾发生后，进行了力学性能检测。采取现场取样，在受火灾影响变形较大的刚架梁翼缘上切取了4条试件。经检测，尽管表面未经打磨，试件的力学性能仍符合要求，屈服强度和抗拉强度的最小值分别为290MPa、445MPa（见表6-1），并且有明显的屈服平台和颈缩现象，延伸率也满足要求，与竣工时的检测报告区别不大，说明钢材的弹性模量、强度等力学性能受火灾影响不大。

梁翼缘受火后的力学性能检测结果 表6-1

试 件 编 号	实测板厚（mm）	屈服强度（MPa）	抗拉强度（MPa）	延伸率（%）
1	7.6	290	445	45
2	7.4	295	455	42
3	7.7	295	445	标距外
4	7.4	305	460	标距外

3）加固方案的确定及理论依据

（1）屋面板及檩条。由于受火区域的屋面板、檩条基本报废，无法继续使用，需重新更换，并建议将屋面板保温材料的耐火等级予以提高，如改为玻璃丝棉或岩棉类材料，以提高耐火极限。

（2）高强度螺栓。因高强度螺栓出厂前都经过热处理，再次受火后容易产生退火现象，材质发生变化，强度大大降低，因此建议将受火区全部梁柱节点、梁梁节点中的螺栓予以更换，以保证整体结构的安全可靠。

（3）刚架梁。考虑到刚架的受损程度不大，存在继续使用的可能性，且全部更换的造价比较高，故对此作了相关分析。首先按照《门式刚架轻型房屋钢结构技术规程》（CECS 102:2002）（以下简称“规程”）的方法，对刚架进行了常规验算，结果表明，刚梁架的平面内稳定应力在144～177MPa之间，而靠近Ⓓ、Ⓖ轴附近梁段的平面外稳定应力较高，局部达到236MPa，已处于理论临界状态，说明此处须减小梁段的侧向支撑间距。“规程”中梁的初始挠度是按$L/1000$考虑的（L为梁的跨度），火灾后的实际挠度在（2～3）$L/1000$之间，且伴随扭转变形，只进行常规分析是不够的，也是偏于不安全的。由于变截面梁的初始变形对稳定承载力的影响非常复杂，相关研究资料暂时空白，无法借鉴，但考虑到梁的轴力非常小，可按受弯构件分析，而且初始变形主要对稳定承载力有影响，对强度无影响，故采用加密侧向支撑间距的方法予以解决。

4）加固步骤

（1）首先拆除已报废的屋面板和严重变形的檩条、拉条等（按照“规程”规定进行严格测量），清除钢结构构件表面的残留物，并做好临时支撑及安全工作。

（2）更换受火节点处的高强度螺栓。更换时采用逐个替换的方法，以保证结构安全和施工方便。螺栓的初拧、终拧方法严格按照相关规程操作。

（3）因刚架间距局部已发生变化，应根据现场测量的尺寸对檩条、支撑进行下料和铺设，檩条、支撑铺设完毕并检查合格后再进行屋面板施工。

（4）重新涂刷防腐、防火涂层。

【例 6-7】 美国世贸中心大楼倒塌事故分析。

1）工程概况

纽约世界贸易中心姊妹塔楼，地下 6 层，地上 110 层，高度为 411 m。设计人为著名的美籍日裔建筑师雅马萨奇，熊谷组施工，两幢楼的建筑时间为 1966 ~ 1973 年。每幢楼建筑面积为 41.8 万 m^2，标准层平面尺寸为 63.5m × 63.5m，内筒尺寸为 24m × 24m，标准层层高为 3.66m，吊顶下净高为 2.62m，一层入口大堂高度为 22.3m，建筑高宽比为 6.5。整个世界贸易中心可容纳 5 万人工作，每天来办公和参观的约 3 万人。

纽约世界贸易中心姊妹塔楼为超高层钢结构建筑，采用"外筒结构体系"，外筒承担全部水平荷载，内筒只承担竖向荷载。外筒由密柱深梁构成，每一外墙上有 59 根箱形截面柱，柱距为 1.02m，裙梁截面高度为 1.32m，外筒立面的开洞率为 36%。外筒柱在标高 12m 以上截面尺寸均为 450mm × 450mm，钢板厚度随高度逐渐变薄，由 12.5mm 减至 7.5mm。在标高 12m 以下为满足使用要求需加大柱距，故将三柱合一，柱距扩大为 3.06m，截面尺寸为 800mm × 800mm。楼面结构采用格架式梁，由主次梁组成，主梁间距为 2.04m。楼板为压型钢板组合楼板，上浇 100mm 厚混凝土。每幢楼总用钢量为 78000t，单位用钢量为 186.6kg/m^2。大楼建成后在风荷载作用下，实测最大位移为 280mm。

2）起因

2001 年 9 月 11 日是让全世界震惊的一天，美国纽约和华盛顿及其他城市相继遭受有史以来最严重的恐怖袭击。美国东部时间 9 月 11 日 8 时 45 分，载有 92 位乘客的美国航空公司波音 767 客机 11 次航班从波士顿飞往洛杉矶途中遭受劫持并撞击世贸中心北楼。美国东部时间 9 月 11 日 9 时零 3 分，载有 65 位乘客的联合航空公司波音 757 客机 175 次航班从波士顿飞往洛杉矶途中遭受劫持并撞击世贸中心南楼。美国东部时间 9 月 11 日 10 时零 5 分，世贸中心南楼轰然倒塌，美国东部时间 9 月 11 日 10 时 37 分，世贸中心北楼轰然倒塌。

3）倒塌原因分析

纽约世贸中心大楼的完全倒塌，许多人深感困惑。飞机撞击大楼的中上部为何会造成下部倒塌？大楼为何在撞去时没有立刻倒塌，而持续 1h 左右后倒塌？

（1）倒塌过程

就大楼的倒塌过程而言，其连续破坏过程可划分为三个阶段：

①飞机撞击形成的巨大水平冲击力造成部分梁柱断裂，形成薄弱层或薄弱部位；

②飞机所撞击的楼层起火燃烧，钢材软化，该楼层丧失承载力致使上部楼层塌落；

③上部塌落的楼层化为一个巨大的竖向冲击力，致使下面楼层结构难以承受，于是发生整体失稳或断裂，层层垂直垮塌。

（2）倒塌原因

飞机撞击大楼纯属意外，就形成的水平冲击力而言，纯属不可抗力，可谓百年或千年不遇。纽约世贸中心大楼历经 30 年风雨依然完好。本次撞击大楼的波音 757 飞机起飞质量为 104t，波音 767 飞机起飞质量为 156t，飞行速度约为 1000km/h，在如此巨大的冲击下，大楼虽然晃动近 1m 但未立即倾倒，无论内部还是外部并无严重塌落，这充分证明大楼的结构设计和施工没有问题。

钢结构作为一种结构体系，尤其在超高层建筑中有着无与伦比的优势，但耐火性能差是自

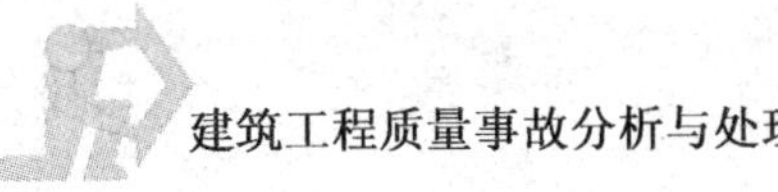

身致命的缺陷。本次撞击北楼的波音 767 飞机装载 51t 燃油，撞击南楼的波音 757 飞机装载 35t 燃油，撞击后引起大火。世贸大厦在飞机撞击后并没有立即倒塌，而是在爆炸、断电、消防系统失灵，在火势无法及时扑灭的情况下，熊熊烈火燃烧了一个多小时后才倒塌，这充分说明了倒塌是由于火灾造成钢材软化引起的，而不是飞机直接撞塌的。

4）纽约世界贸易中心双塔钢结构耐火保护存在的问题

观察和研究表明，纽约世界贸易中心双塔的钢结构耐火保护存在多方面的问题。

（1）涂层未完全闭合，露底、漏涂较普遍；

（2）涂层厚度不符合设计要求；

（3）钢基材未彻底除锈，涂层空鼓、脱落现象明显；

（4）涂层受外力破坏现象普遍；

（5）缺乏对施工质量的必要测试。

五 钢结构锈蚀事故

钢结构纵然有许多优点，但生锈是一个致命的缺点。国内外因锈蚀导致的钢结构事故时有发生。生锈腐蚀将会引起构件截面减小，承载力下降，尤其是因锈蚀产生的“锈坑”将使钢结构破坏的可能性增大。再者，在影响安全性的同时，也将严重地影响钢结构的耐久性，使得钢结构维护费用昂贵。据有关资料统计，世界钢结构的产量约 1/10 因腐蚀而报废。根据某些先进工业国家对钢铁腐蚀损失的调查，因腐蚀所耗费的费用就约占总生产值的 2% ~ 4.2%。我国台湾仅 1987 年钢结构和建筑工业防腐费用就约为 30 ~ 40 亿新台币，其中涂层维护费占 62.55%。因此，开展钢结构锈蚀事故的分析研究有重要意义。

（一）锈蚀的类型

通常，我们将钢材由于和外界介质相互作用而产生的损坏过程称为“锈蚀”，有时也叫“钢材锈蚀”。钢材锈蚀，按其作用可分为以下两类。

1. 化学腐蚀

化学腐蚀是指钢材直接与大气或工业废气中含有的氧气、碳酸气、硫酸气或非电介质液体发生表面化学反应而产生的腐蚀。

2. 电化学腐蚀

电化学腐蚀是由于钢材内部有其他金属杂质，它们具有不同的电极电位，在与电介质或水、潮湿气接触时，产生原电池作用，使钢材腐蚀。

实际工程中，绝大多数钢材是电化学腐蚀或是化学腐蚀与电化学腐蚀同时作用的结果。

（二）腐蚀的机理

钢材的电化学腐蚀是最重要的腐蚀类型，简单来讲是指铁与周围介质之间发生氧化还原反映的过程。腐蚀的原因与钢材并非绝对纯净有关，它总是含各种杂质，其化学组成除铁（Fe）外，还含有少量其他金属（如 Mn、V、Ti 等）和非金属（如 Si、C、P、S、O、N 等）元素形成固溶体、化合物或机械混合物的形态共存于钢材结构中。同时，还存在晶界面和缺陷。因此，当钢材表面从空气中吸附溶有 CO_2、O_2、SO_2 的水分时，就产生了一层电解质水膜，这层水膜的形成，使得钢材表面的不同成分或晶界面之间构成了千千万万的微电池，称为腐蚀电池。此时，铁按图 6-10 模式和下列方程式反应。

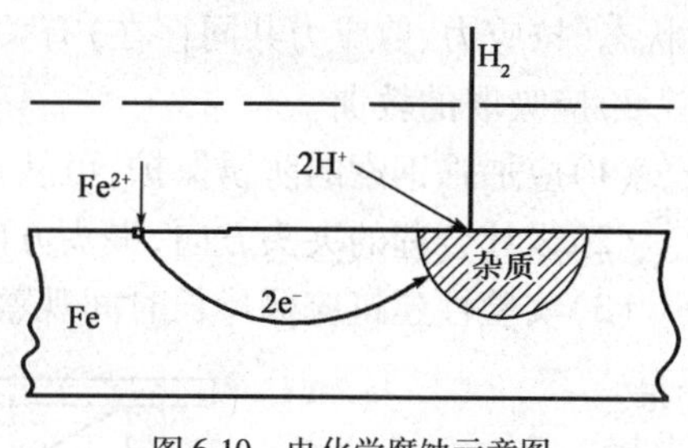

图 6-10　电化学腐蚀示意图

阳极（放出电子，氧化反应）：

$$Fe \rightarrow Fe^{2+} + 2e^-$$

$$4OH^- \rightarrow O_2 + 2H_2O + 4e^-$$

阴极（接受电子，还原反应）：

$$O_2 + 2H_2O + 4e \rightarrow 4OH^-$$

$$2H^+ + 2e \rightarrow H_2$$

整个腐蚀过程由阳极和阴极反应构成。结果生成的氢氧化亚铁以下列方程式沉积于钢材表面：

$$2Fe + O_2 + 2H_2O \rightarrow 2Fe^{2+} + 4OH^- \rightarrow Fe(OH)_2$$

在富氧条件下，氢氧化亚铁 $Fe(OH)_2$ 又被进一步氧化成氢氧化铁 $Fe(OH)_3$：

$$4Fe(OH)_2 + O_2 + 2H_2O \rightarrow 4Fe(OH)_3$$

$Fe(OH)_3$ 脱水后变成疏松、多孔、非共价的 Fe_2O_3（红锈）：

$$4Fe(OH)_3 \rightarrow 2Fe_2O_3 + 6H_2O$$

钢材中的 Fe 变成了 Fe_2O_3，体积膨胀 4 倍。在少氧条件下，$Fe(OH)_2$ 氧化很不完全，部分形成 Fe_3O_4（黑锈），其体积膨胀 2 倍。

（三）典型事故实例分析

【例 6-8】　某悬索结构整体倒塌。

1）工程与事故概况

上海市某研究所食堂为直径圆形砖墙上扶壁柱承重的单层建筑，檐口总高度为 6.4m，屋盖采用 17.5m 直径的悬索结构，如图 6-11 所示。悬索由 90 根直径为 7.5mm 的钢绞索组成，预制钢筋混凝土异型板搭接于钢绞索上，板缝内浇筑配筋混凝土，屋面铺油毡防水层，板底平顶粉刷。该食堂使用 20 年后，屋盖突然整体塌落，经检查 90 根钢绞索全部沿周边折断，门窗部分震裂，但周围砖墙和圈梁无塌陷损坏。

2）原因分析

该工程原为探索大跨度悬索结构屋盖应用技术的实验性建筑，在改为食堂之前，一直在进行观察。改为食堂后，建筑物使用情况正常，除曾因油毡屋面局部渗漏，做过一般性修补外，悬索部分因被油毡面层和平顶粉刷所掩蔽，未能发现其锈蚀情况，塌落前未见任何异常迹象。

屋盖塌落后，经综合分析认为，屋盖的塌落主要与钢绞索的锈蚀有关，而钢绞索的锈蚀除与屋面渗水有关外，另一主要原因是食堂的水蒸气上升，上部通风不良，因而加剧了钢绞索的大气电化学腐蚀和某些化学腐蚀（如盐类腐蚀）。由于长时间腐蚀，钢筋断面减小，承载能力降低，当超过极限承载能力后断裂。至于均沿周边断裂，则与周边夹头夹持、钢索处于复杂应

力状态(拉应力、剪应力共同存在)有关。

3)应吸取的教训

(1)应加强钢索的防锈保护,可从材料构造等方面着手;

(2)设计合理的夹头方向,夹头方向应使钢索处于有利的受力状态;

(3)实验性建筑应保持长时间观察,以免发生类似事故。

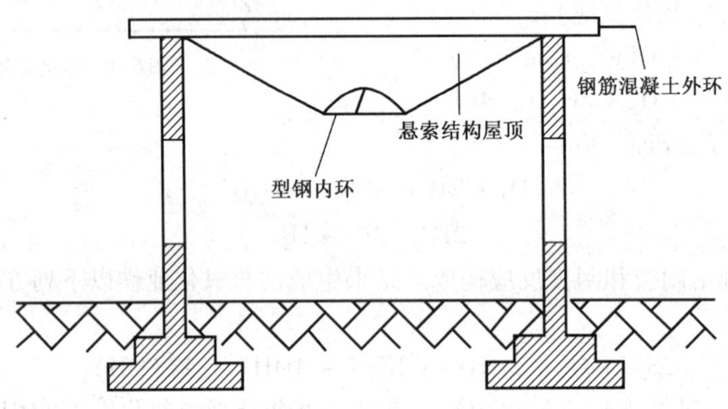

图 6-11　悬索结构示意图

【例 6-9】　某钢结构屋盖因积灰和腐蚀垮塌。

1)工程概况

某炼铁厂高炉出铁场厂房建于 1958 年,为 18m 跨度、4m × 6m 长的现浇钢筋混凝土结构。

1959 年设计部门对其高炉风口平台和出铁场改建时增加了⑥、⑦轴线柱。1967 年出铁场进一步改扩建,对原柱列接长加固,升高屋面,增设 1 台 5t 桥式吊车。升高后的屋盖为三角形钢屋架和 2mm 厚铁皮瓦屋面,檩条用 12 号槽钢。另外,在① ~ ⑤轴线增设通风屋脊,原 5.2 ~ 6.0m出铁平台保留。这次改造还从①轴线往左接长 8.57m,在此跨内设 2 榀屋架,其中 1 榀距①轴线为 4m。此屋架坐在⒈ⓐ与①轴线间柱顶的钢筋混凝土托架梁上。1971 年设计部门对该厂房进一步改建,拔除Ⓑ列⑤、⑥轴线柱,从而形成 12.8m 大柱距,在④轴线与⑦轴线间增设钢托架和钢吊车梁,屋面用 2mm 厚铁皮瓦,如图 6-12 所示。

2)事故概况

1990 年 2 月出铁场厂房附跨因积灰太厚,出现局部垮塌现象。1990 年 5 月 14 日整天下雨,雨量为 26.4mm,15 日凌晨下大雨直到晚上,雨量为 88.4mm,16 日凌晨 4 点左右,整个厂房除⒈ⓐ轴线的屋架未垮外,其余 7 榀钢屋架全部垮塌。靠近高炉的⑤、⑥轴线垮塌尤为严重。垮下来的屋架把高炉的循环水管打破,从而造成高炉停产。停靠在⒈ⓐ ~ ①轴线间的吊车大梁也受垮塌屋架的冲击而变形。厂房排架纵向连系梁除⒈ⓐ ~ ①轴线间托架梁未拉下来外,其余的均随着屋架和上柱破坏而掉下来。柱顶埋设件因屋架垮塌而使锚筋被连根拔出,上柱靠厂房内侧的主筋被拉出柱外,有几根柱子的上柱完全被拉断。Ⓑ列④ ~ ⑦轴线的托架随屋架一起垮下来并把下面的钢吊车梁压变形。柱牛腿都有不同程度的破坏,其中Ⓑ列⑦轴线柱牛腿在斜面下方断裂。下柱情况较好,只有Ⓐ列④、⑤、⑥轴线柱和Ⓑ列④、⑦轴线柱有明显裂纹,其余柱均未发现异常。事故发生后,对厂房轴线、轨道中线测量结果表明,厂房有较大变形。

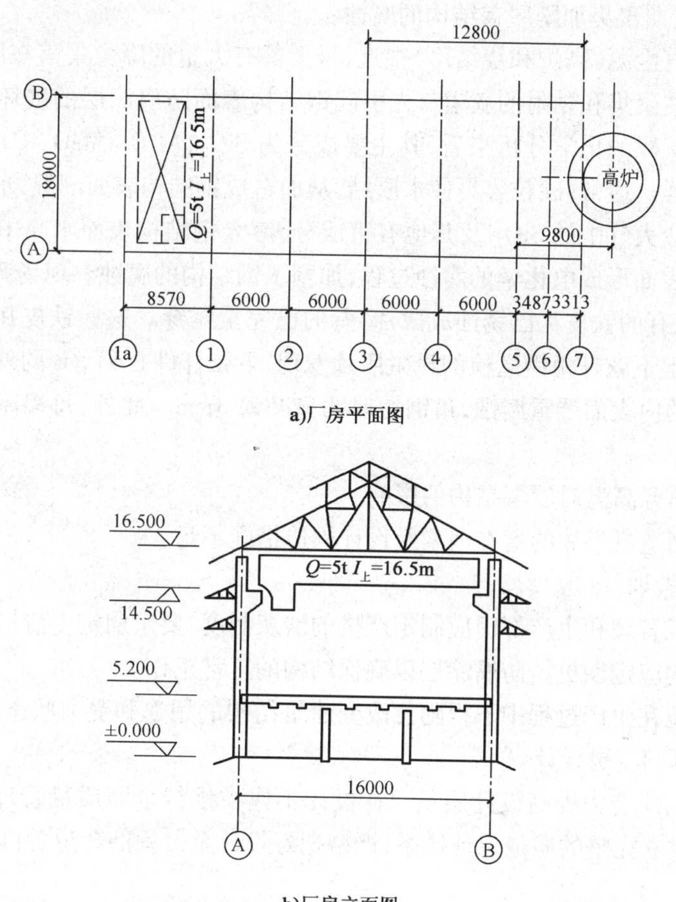

图6-12　厂房示意图(尺寸单位:mm)

3)事故原因分析

事故发生以后,经多次现场调查和对原设计图纸复查,同时收集屋面积灰和截取屋架上下弦杆样品送实验室检验,现提出以下几点看法。

(1)屋面积灰超负荷

从现场未垮下来的⑴ⓐ轴线屋面以及紧挨高炉的其他建筑屋面上积灰厚度来看,最厚的达300mm,薄的也有100mm之多,积灰相当严重。送检的灰样的重力密度为:原样重力密度为8.5kN/m^3,烘干试样重力密度为9.5kN/m^3,24h饱和试样重力密度为12.9kN/m。原设计强调对屋面积灰应定期清灰,积灰厚度不得超过30mm。实际上屋面积灰较薄的也远远超过设计考虑的厚度。以积灰100mm的饱和试样计算,其积灰荷载达1.29KN/m^3,这个荷载已是原设计积灰荷载的3倍以上。即使原设计按《工业与民用建筑结构荷载规范》(TJ 9—74)[①]的规定选用,其设计考虑的积灰荷载也远小于现场的积灰荷载。

①该规范已作废,现行规范为《建筑结构荷载规范》(GB 50009)。

(2)灰尘的长期聚集加剧屋盖结构的腐蚀

出铁场厂房离尘源(高炉和烧结厂)很近,每天都有大量的降尘集落在屋面和黏附在厂房结构表面上。这些聚集和黏附的灰尘首先引起钢结构表面防腐涂层的破坏,继而对钢结构直接腐蚀。从对积灰样的化学分析来看,其主要成分为 SiO_2、Al_2O_3、MgO、CaO、固定碳等,用手捏感觉像砂子一样。通常,砂粒容易使水凝结,从而造成钢结构表面潮湿,水膜增厚。同时,砂状灰尘又吸附工业大气中的 SiO_2 及其他有害成分,溶入钢结构表面水膜中形成弱酸电解质,这样就在钢结构表面形成电化学的腐蚀过程,加剧了钢结构的腐蚀。现场调查时发现,铁皮瓦的腐蚀相当严重,有的铁皮瓦已锈蚀成薄片,有的已完全锈穿。这些铁皮瓦还是 1987 年才换上去的。从屋架上下弦杆角钢送检的显微照片发现,下弦杆件∟63 ×6 的外表面严重锈蚀,上弦杆件∟75 ×6 的内表面严重腐蚀,角钢边厚明显减薄 3mm。此外,每榀屋架支座板、柱顶埋件都腐蚀严重。

(3)周期性热源高温对屋架结构的影响。

(4)使用不当造成事故的潜在因素及设计构造措施不足。

4)应吸取的教训

(1)工业建筑管理和生产部门应制定严格的清灰制度,要定期定人清扫屋面积灰。

(2)对钢结构应定期更新防腐涂层以确保结构的正常工作。

(3)生产单位在生产过程中不得随意改变建筑结构的用途和受力状态。确实需要改变用途时,应请设计部门变更设计。

(4)设计部门应努力提高设计质量。在设计工作中推行全面质量管理,要加强设计人员的质量意识,要建立完整的质量保证体系,严格把好设计全过程的各道关口。

六 轻钢结构事故

轻钢结构是目前十分流行的结构体系,在国内外得到了广泛的应用。何为轻钢结构,目前学术界没有确切的定义,但有以下共识:①用钢量小;②以冷弯薄壁型钢以及 H 型钢作承重体系;③采用彩钢复合板等轻质墙板作维护结构。近年来,中国轻钢结构发展迅猛,被广泛应用于厂房、超市、展厅、体育馆、活动房屋以及加层建筑等。国外公司纷纷进入中国市场,如 BUILTER、BHP、ASTRON、WARD 公司等,国内几百家公司相继成立,竞争日益激烈。轻钢结构在工业厂房中的应用是目前的优势,每年大约有 300 多万平方米的建筑竣工。低于混凝土结构的造价优势和工期短是广泛应用轻钢结构的主要原因。

(一)轻钢结构事故类型

在轻钢结构中,冷弯薄壁型钢是最主要的承重构件,它主要用作墙面梁及屋面檩条。与门式钢架配套的维护结构通常为彩钢复合板,根据工程事故调查,目前常见的破坏形式如下:

(1)主体刚架承重结构的失稳破坏;

(2)檩条、墙梁的屈曲;

(3)轻型屋面板被风载掀起；

(4)屋面板锈蚀，严重时使板产生空洞，甚至断裂；

(5)屋面漏雨，影响正常使用。

(二)轻钢结构事故原因

事故发生的原因是多方面的，虽然有台风、大雪等偶然性的诱发因素，但是设计、制作、安装、使用等过程所留下的隐患却是事故发生的内在原因。

1. 设计方面

随着近几年轻钢结构的发展，钢结构公司如雨后春笋，相应的钢结构设计人员也多了起来，但是对于钢结构工程设计经验和水平却普遍较低，认为只要懂设计软件就可以进行钢结构工程的设计，可是这样的设计却常常犯一些最基本的概念错误。设计方面的问题主要集中在以下几个方面：

(1)结构选型、计算简图不合理；

(2)荷载取值错误；

(3)节点构造不合理；

(4)面板系统无设计；

(5)设计图中配件规格不详。

2. 钢结构构件制作方面

(1)材料采购不合格；

(2)制作质量差。

3. 安装方面

(1)构件安装顺序错误，没有安装工艺；

(2)现场施工随意性大，不遵守操作规程；

(3)缺少必要的临时支撑。

4. 使用方面

(1)改变建筑物使用性质；

(2)随意增加荷载；

(3)结构所处环境条件差、涂层质量差或维护管理不及时，使钢材锈蚀。

(三)轻钢结构事故预防

应从工程事故中吸取教训，做到防范为主，并遵守以下原则：

(1)设计人员应遵守规范要求，不能因为降低造价而随意降低设计指标；

(2)通过行业协会等积极提高钢结构设计、制造、施工等技术人员的业务水平；

(3)加强设计资质、制作安装资质的管理，制止无证设计、无证施工；

(4)开展事故原因分析和预防工作，建立钢结构事故专家系统。

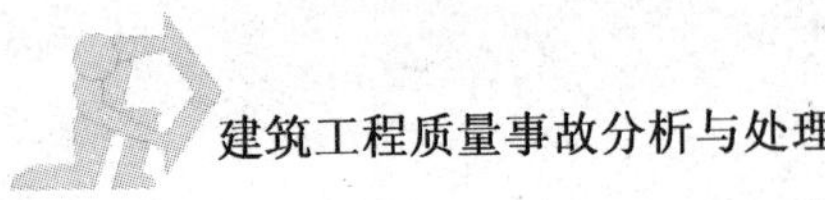

（四）典型事故实例分析

【例 6-10】 风荷载作用下轻钢结构事故。

1996 年 9 月广东省湛江地区先后遭受了两次 40 多年未遇的强台风袭击，强度均超过 12 级，市内风速达 57m/s，大量的建筑物受到严重破坏，凡属于轻型屋面者，轻型屋面板均被强风局部或全部掀翻。如某一体育馆的四点支撑的网架（$5025m^2$）轻型屋面板（木檩条、50mm 自熄泡沫、18mm 木夹板、1mm 铝板、防水卷材）及玻璃幕墙均受到了严重破坏；又如另一体育场挑棚网架（约 $1000m^2$）的 V-125 彩板屋面被局部揭顶；再如一歌厅网架（约 $600m^2$）的 75mm 夹芯板屋面被全部掀翻。

【例 6-11】 因大雪倒塌的轻钢结构事故。

中国鞍山某集团饲料公司库房采用 MIC-240 型薄壁型褶皱拱形彩钢屋顶，库房共 5 栋，总建筑面积为 $15311m^2$，1995 年 9 月建成，跨度为 25～30m，矢高为 7.35m 和 6.6m。1996 年 12 月 31 夜至 1977 年 1 月 1 日上午，鞍山地区出现暴风雪，市区降雪平均厚度为 260mm，为自 1962 年以来最大的一场雪，并伴有 5～6 级西北风，造成屋顶塌落。该屋顶塌落的原因是暴风雪造成局部屈曲，从而引起整体失稳。

中国营口海龙仓储库，建筑面积为 $8200m^2$，彩板拱结构跨度为 33.5m，矢高为 6.7m，板厚为 1.3mm。在 2001 年 1 月最寒冷、落雪最多的时候塌落，其原因是半跨雪荷载引起局部失稳。

【例 6-12】 某轻钢结构厂房施工倒塌事故。

1）工程概况

某轻钢结构厂房为单层单跨双坡非对称变截面门式刚架钢结构轻型厂房，跨度为 27m（柱下端轴线间距），柱距为 6m，长度为 174m（轴线距离），门式刚架高度Ⓐ轴为 9.837m，Ⓕ轴为 5.102，屋脊高 23.5m，在标高 17.20m 处有一平台梁。柱脚与基础的连接采用铰接，Ⓐ轴、Ⓕ轴采用 4 个 M24 锚栓，山墙抗风柱采用 2 个 M24 锚栓。由于施工不慎，在钢结构安装过程中发生整体倒塌，当时，钢结构主体已经基本安装完成，倒塌时呈现多米诺骨牌状，由西向东逐渐倾斜然后倒塌。

2）事故原因分析

（1）施工程序

根据调查，施工过程中存在如下问题：

①钢结构总包单位在施工前未向吊装单位进行技术交底和提供全套施工图；

②施工过程中未严格按规范规定进行工序验收；

③施工过程中存在私自修改设计现象而没有得到纠正。

（2）基础施工

根据调查，基础施工过程中存在如下问题：

①基础顶面作为柱的支撑面，未按施工图留凹坑，用于螺栓定位的钢板在基础混凝土浇筑完后留在基础表面，造成柱底抗剪键直接平放在定位钢板上，且部分柱支撑面标高偏差超过规范要求；

②预埋的地脚螺栓中心偏移超过规范要求，而且有的地脚螺栓偏差还较大，在钢柱吊装前

没有得到有效的整改，造成钢柱底板违规采取气焊扩孔才能进行安装；

③柱底板和基础顶面的空隙没有及时采用细石混凝土二次浇筑。

(3)制作

根据调查，钢结构制作存在如下问题：

①制作过程中焊缝不符合规范要求，钢结构螺栓孔现场采用气割；

②将设计图中的柱间支撑不带钩花篮螺栓连接改为带钩花篮螺栓连接，双螺母连接改为单螺母连接，连接板 10mm 厚改为 6mm 厚；

③C 型钢檩条的长度偏差有的达 10～20mm，造成现场割除和割孔，甚至把端部翼缘也切割；

④斜梁制作有偏差，造成梁柱节点拼装困难，甚至不闭合；

⑤将 $\phi95\times2$ 系类杆改为 $\phi89\times2$。

(4)安装

根据调查，安装存在如下问题：

①吊装施工违反钢结构吊装程序，仅安装 C 型钢檩条，系杆、柱间支撑，屋面斜撑、顶撑、拉条没有安装；

②柱校正完毕后，地脚螺栓的垫片没有同立柱焊接连接成整体；

②柱间支撑同立柱仅用螺栓连接，没有按设计要求进行焊接。

(5)安全措施

由于房屋体形特殊，构件截面比较大，施工阶段风荷载作用在每榀刚架上。根据计算，风荷载作用下，柱间支撑、系杆、屋面檩条承载力均不满足要求，光靠柱间支撑不能保证结构的稳定，应设置揽风绳。

3)结论与建议

经过对钢结构厂房倒塌施工过程的调查，对照规范和建设工程程序，通过分析，得出如下结论：

(1)施工管理不善，违反建设工程程序是厂房倒塌的重要原因；

(2)吊装单位吊装施工违反钢结构吊装程序，钢结构制作单位未按设计、规范进行制作是厂房倒塌的主要技术原因；

(3)基础施工单位未按图施工和施工偏差大，客观上促使了钢结构制作单位对构件进行违规操作，造成了柱脚的不稳固，也是一个不能忽视的施工技术原因；

(4)应加强施工安全措施，对体形特殊的结构，应进行施工阶段的稳定性验算。

本章小结

国内外曾发生过许多钢结构破坏事故，造成了很大经济损失和人员伤亡，教训是惨痛的。本章主要介绍了钢结构缺陷、钢结构常见事故及其影响因素。通过本章的学习，要熟悉钢结构可能存在的缺陷及其影响因素，重点理解和掌握常见钢结构事故破坏形式、特点及其产生的原因。

小知识

钢结构主要加固方法

1. 钢结构加固方法概述

钢结构加固的主要方法有减轻荷载、改变计算图形、加大原结构构件截面等方法。当有成熟经验时,也可采用其他的加固方法。经鉴定需要加固的钢结构,根据损害范围一般分为局部加固和全面加固。增加原有构件截面的加固方法是最费料最费工的方法(但往往是可行的方法),改变计算简图的方法最有效且多种多样,其费用也会大大下降。加固结构的施工方法有负荷加固、卸荷加固和从原结构上拆下应加固或更新的部件进行加固等方法。加固施工方法应根据用户要求和结构实际受力状态,在确保质量和安全的前提下,由设计人员和施工单位协商确定。

1)带负荷加固

施工最方便,也较经济,适用于构件(或连接)应力小于钢材设计强度的80%时,或构件无甚大损坏(破损、变形、翘曲等)的情况。此时为了使新加固杆件参与受力,有时需要对被加固杆件采取临时卸荷的措施。另外,在加固时应注意不影响其他构件的正常使用。

2)卸荷加固

适用于结构损坏较大或构件和连接的应力状态很高,需要暂时减轻其负荷的情况。对某些主要承受可动荷载的结构(如吊车梁等),可限制其可动荷载,即相当于大部分卸荷。

3)从原结构上拆下应加固或更新的部件

适用于当结构破坏严重或原截面承载力过小,必须在地面进行加固或更新的情况。此时必须设置临时支撑,使被换构件完全卸荷。同时,必须保证被换结构卸下后整个结构的安全。

2. 改变结构计算图形加固法

改变结构计算图形加固法是指采用改变荷载分布状况、传力途径、节点性质和边界条件,增设附加杆件和支撑、施加预应力、考虑空间协同工作等措施对结构进行加固的方法。改变结构计算图形的加固过程,除应对被加固结构承载能力和正常使用极限状态进行计算外,尚应注意对相关结构构件承载能力和使用功能的影响,考虑在结构、构件、节点以及支座中的内力重新分布,对结构(包括基础)须进行必要的补充验算,并采用切实可行的合理构造措施。采用改变结构计算图形的加固方法,设计与施工应紧密配合,未经设计允许,不得擅自修改设计规定的施工方法和程序。采用调整内力的方法加固结构时,应在加固设计中规定调整内力(应力)或规定位移(应变)的数值和允许偏差及检测位置和检验方法。改变结构计算图形加固法通常采用的具体措施如下:

1)增加结构或构件的刚度

(1)增加支撑以加强结构空间刚度,采用按空间结构进行验算,挖掘结构潜力。

(2)加设支撑以增加刚度,或调整结构的自振频率,以提高结构的抗震性能。

(3)增设支撑或辅助杆件,以减少构件的长细比,提高构件的稳定性。

(4)重点加强某一构件的刚度,以承受更多的内力,从而减轻其他构件的内力。

(5)设置拉杆以加强结构的刚度,减少挠度。

2)改变构件的截面内力

(1)变更荷重的分布情况,如将一个集中荷重分为几个集中荷重。

(2)变更端部的连接,如将铰接变为刚接。

(3)增加中间支座或将简支结构端部连接使之成为连续结构。

(4)调整连续结构的支座位置。

(5)将构件变为撑杆式构架。

(6)施加预应力。

3. 加大构件截面加固法

采用加大截面加固钢构件时,所选截面形式应有利于加固技术要求,并考虑有缺陷和损伤的状况。加固构件受力分析计算简图,应反映结构的实际条件,考虑损伤及加固引起的不利变形、加固期间及前后作用在结构上的荷载及其不利组合。对于超静定结构,尚应考虑因截面加大、构件刚度改变使体系内力重分布的可能,必要时应分阶段进行受力分析和计算。采用该方法应注意的事项如下:

(1)注意加固时的净空限制,新加固的构件不得与其他杆件相冲突。

(2)加固设计应适应原有构件的几何状态,以利施工。

(3)应尽量减少施工工作量。当原有结构钢材的可焊性较好时,根据具体情况尽量考虑用焊接加固,并应尽量减少焊接工作量,以减少焊接应力的影响,避免焊接变形。此外,还应避免仰焊。

(4)加固应尽量使被加固构件截面的形心轴位置不变,以减少偏心所产生的弯矩。当偏心值超过规定时,在复核加固截面时,应考虑偏心的影响。

(5)加固后的截面在构造上要考虑防腐的要求,避免形成易于积灰的坑槽而引起锈蚀。

练 习 题

6-1 钢材的缺陷有哪些,对钢材有怎样的影响?

6-2 钢结构在制作、运输、安装及使用过程中可能存在哪些缺陷?

6-3 钢结构事故破坏形式有几种,各自有怎样的特点?

6-4 影响钢结构失稳的因素有哪些?

6-5 试述钢结构在火灾中失效的原因以及钢结构防火方法。

本章实训课时:4 课时

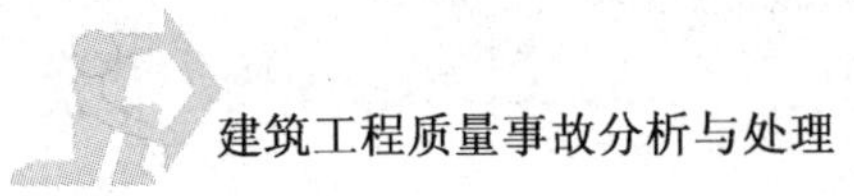

第七章 防水工程质量事故与处理

【职业能力目标】

培养学生能对屋面防水工程质量事故、地下防水工程质量事故以及厕、卫、厨间防水工程质量事故等进行一般分析,并初步具备处理事故的能力。

【学习要求】

(1)掌握国家现有政策法规对建筑防水工程的基本要求;

(2)清楚屋面、地下及厕、卫、厨间防水工程质量事故的一般分类及特点;

(3)掌握防治防水工程质量事故的方法和防水施工要点。

防水工程是土木建筑工程中的重要组成部分,是对土木建筑工程最基本的要求。所谓防水工程,是指为防止建(构)筑物外部的水渗入其内部,或防止蓄水工程向外渗漏所采取的一系列结构、构造、材料和建筑措施。概括起来,防水工程主要包括防向建筑内渗透、防蓄水结构向外渗漏和建筑内部相互止水三大部分。

建(构)筑物发生渗漏和潮湿,不仅损坏该工程内部的装饰、电气、物品,而且会破坏工程结构,使其丧失设计功能,危及生命安全。因此,防水技术历来是人们关注的焦点,受到建筑工程界的重视。

影响防水工程质量的因素很多,如防水结构设计、防水材料质量、施工方法选择、施工质量好坏等。在众多影响因素中,防水材料质量是确保防水工程质量的重要物质基础。建筑防水工程对防水材料的统一要求是优化设计、恰当选材、精心施工、定期维护、重视管理,它是提高防水工程质量、延长防水工程寿命的关键所在。

第一节 屋面防水工程的质量事故

屋面防水工程位于房屋建筑的顶部,屋面渗漏是工业与民用建筑普遍存在的质量通病之一。它不仅受外界气候变化和周围环境的影响,而且还与地基不均匀沉降和主体结构的变位密切相关。屋面防水工程的质量,不仅直接影响到建筑物的使用功能和寿命,关系到人民生活和生产的正常进行，而且房屋的维修费用相当惊人。据统计资料表明，用于房屋渗漏维修的费用约占全部维修费用的50%左右。因此，屋面防水历来受到人们的普遍重视。

要确保屋面防水工程的质量，必须认真抓好设计、材料、施工、维护四个主要环节，设计是前提，材料是基础，施工是关键，维护是保证。

一 事故原因分析

（一）设计方面的原因

1）设计人员对屋面防水工程没有引起足够的重视

从国内设计实践来看，屋面防水工程的设计还未引起足够的重视。在屋面防水工程设计中，设计人员对此有时只是一笔带过，如一布三涂防水层、三毡四油一砂防水层等没有指出铺什么品种和规格的卷材，涂何种涂料，防水层的厚度是多少，细部如何处理等。

2）对现行防水材料的品种、性能不了解

设计人员不熟悉现行防水材料的品种、质量、性能、标准，在选择防水材料时，范围比较狭窄，有的设计人员甚至从来没有见过自己选用的防水材料。

3）设计的防水层与建筑物性质、重要程度、使用功能不相称

在一些多雨地区或防水要求高的工程，设计人员为降低工程造价，设计的防水层与建筑物性质、重要程度、使用功能不相称，这就很难满足建筑物的防水要求。

4）保温屋面防水层的设计不合理

如保温屋面有的不设置排气口，有的排气通道和排气口的位置设置不合理等。

（二）施工方面的原因

施工方面的因素是造成建筑屋面渗漏的主要原因。如果有合格的防水材料，优秀的建筑屋面防水设计，但施工不认真、施工质量低，仍会使屋面发生渗漏。因此，确保施工质量是提高建筑屋面防水质量的关键。造成施工质量低劣的因素主要有以下几点：

（1）缺乏防水专业施工队伍。有的施工单位甚至使用丝毫不懂防水技术的工人去进行屋面防水施工操作，其后果必然导致防水工程的失败。

（2）对防水施工工序的质量控制及管理不重视。

（3）石油沥青油毡屋面使用的是现场熬制的玛蹄脂，质量不合格；事先未做配合比试验或未按配合比准确计量；熬制温度过高，油分挥发过多，沥青容易老化；使用了高蜡沥青，而又未进行脱蜡处理等。

（4）由于赶抢工期，找平层未干就急于铺设防水层，而未采取屋面排气等有效措施，致使防水层出现起鼓、脱层、腐烂而导致渗漏。

（5）涂膜防水施工时，则往往因涂膜厚度不均匀或涂膜过薄导致防水失败。

（6）刚性防水屋面振捣不密实、养护不好、厚度不足，混凝土中各种砂石料比例及水灰比处理不当；防水层下的隔离层未做好，起不到隔离作用；分格缝设置位置不合理，密封材料嵌填不认真、不严密等，均会造成刚性防水层的渗漏。

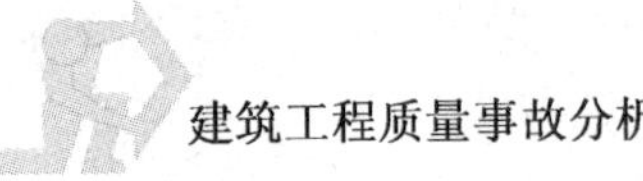

(7)建筑施工期间,尤其是装修阶段,施工人员多,施工工种多,并且基本上为交叉或平行作业,协调、配合和管理容易出现问题,易造成其他工种对已做好的防水层的破坏。

(三)管理维护方面的问题

工程竣工交付使用后,必须做好房屋工程的管理维护工作,这对确保防水的使用年限很重要,在目前的建筑使用中,这方面的工作比较欠缺。因管理维护不善而造成屋面渗漏的原因主要有以下四条:

(1)房屋管理部门无专人对屋面进行定期检查,对一些局部出现的缺陷未及时进行处理,天长日久导致缺陷扩大、裂缝发展、节点破坏,屋面渗漏。

(2)无人定期清扫屋面,疏通天沟、檐沟和排水口;水落管堵塞,屋面长期积水,使防水层脱层、腐烂;有的屋面因长期不清扫,植物滋生,植物的根茎扎入防水层中,致使防水层遭到破坏。

(3)近年来不少工程交付使用后,又在屋面上增设电视天线、灯箱、太阳能热水器、广告标语牌等设施,在屋面防水层上施工操作,凿眼打洞,使防水层局部受到破坏,却又未能及时修补。

(4)有的住户在非上人的卷材防水屋面或涂膜防水屋面上养殖家禽或在屋面上堆放杂物、垃圾、盖小房,这种问题长期无人过问和处理,加快了防水层的腐烂和损坏。

(四)刚性平屋面的防水质量问题分析

常见的刚性屋面防水工程有水泥砂浆、细石混凝土屋面防水等。根据众多工程实践的总结,防水屋面的质量通病主要有防水层开裂、防水层起壳与起砂、分格缝渗漏、砖砌女儿墙开裂、现浇钢筋混凝土女儿墙垂直裂缝、屋面泛水处渗漏、檐沟及天沟处渗漏、防水层渗漏、保护层施工质量不良等。

1. 细石混凝土屋面防水层开裂

1)原因分析

(1)结构裂缝。因地基不均匀沉降或屋面结构层产生较大的变形等原因使防水层开裂。此类裂缝通常发生在屋面板的拼缝上,宽度较大,并穿过防水层上下贯通。

(2)温度裂缝。在季节性温差、防水层上下表面温差较大,且防水层变形受约束时,产生的温度应力会使防水层开裂。温度裂缝一般是有规则的,通长的,裂缝分布较均匀。

(3)收缩裂缝。主要由防水层混凝土干缩和冷缩而引起。一般分布在混凝土表面,纵横交错,没有规律性,裂缝一般较短、较细。

(4)施工裂缝。因混凝土配合比设计不当、振捣不密实、收光不好及养护不良等,使防水层产生不规则的、长度不等的断续裂缝。

2)处理方法

对已产生开裂的混凝土防水层,可按下述方法进行处理:

(1)对于细而密集、分布面积较大的表面裂缝,可采用防水水泥砂浆罩面的方法处理,或在裂缝处剔出缝槽,并将表面清理干净,再刷冷底子油一道,干燥后嵌填防水油膏,上面用卷材进行覆盖。

(2)对宽度在0.3mm以上的裂缝，应剔成V形或U形切口后再做防水处理。如果裂缝深度较大并已露出钢筋时，应对钢筋进行除锈、防锈处理后，再做其他嵌填密封处理。

(3)对宽度较大的结构裂缝，应在裂缝处将混凝土凿开，形成分隔缝，然后按规定嵌填防水油膏。

2.细石混凝土屋面防水层起壳

1)原因分析

(1)在施工过程中，未能按施工规范和质量验收标准进行施工，特别是没有认真对混凝土表面进行压实、收光。

(2)在混凝土浇捣完毕后，未能按混凝土所要求的条件进行养护，从而造成混凝土表面水分蒸发过快，形成防水层起壳的质量问题。

(3)防水层长期暴露于大气层中，经长期日晒雨淋后，混凝土面层发生碳化而形成防水层起壳的质量问题。

2)处理措施

当防水层表面轻微起壳或起砂时，可先将表面凿毛，扫去浮灰杂质，然后加抹厚10mm的(1:1.5)~(1:2.0)的防水砂浆。

3.细石混凝土屋面分格缝渗漏

1)原因分析

由于屋面防水有一定的坡度，因此横向分隔缝比较容易排水，而屋面上的纵向分隔缝处易产生渗漏。造成细石混凝土屋面分格缝渗漏的主要原因有：

(1)在阳光直接照射和其他介质的侵蚀下，缝中的嵌缝材料很容易老化，从而失去防水功能。

(2)由于建筑物的不均匀沉降和嵌缝材料的干缩，油膏或胶泥与板缝很容易因黏结不良或脱开，从而形成渗漏。

(3)油膏或胶泥上部的卷材保护层翘边、拉裂或脱落。

2)处理方法

(1)当缝内油膏或胶泥已老化或与缝壁黏结不良时，应将其彻底挖除，重新处理板缝后，再按要求嵌填密封材料。

(2)当油毡保护层翘边时，先将翘边张口处清理干净，吹去尘土，冲洗干净并待其干燥后，涂胶结材料，然后将翘边张口处粘牢。

(3)保护层发生断裂时，应先将保护层撕掉，清洗和处理板缝两侧基层后，重新按要求进行粘贴。

4.砖砌女儿墙开裂

1)原因分析

(1)女儿墙太长(超过20~30m)而未设伸缩缝，在气温剧烈变化时膨胀收缩量比较大，很容易产生垂直裂缝或八字形裂缝。

(2)女儿墙与下部的屋顶钢筋混凝土圈梁的温度线膨胀系数不同，当温度变化较大时，女儿墙与圈梁之间因变形差异而错位，很容易产生水平裂缝。

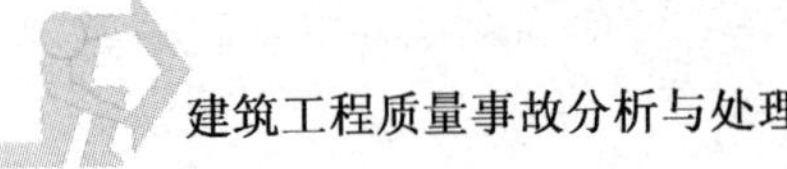

(3)刚性防水层或密铺隔热板夏季受热膨胀,会对女儿墙产生挤压,使女儿墙与圈梁之间错位,从而产生水平裂缝。

(4)使用现浇钢筋混凝土材料时,水平钢筋配置数量不足,会使女儿墙出现垂直裂缝。

(5)施工质量低劣,混凝土振捣不密实,是女儿墙出现垂直裂缝的重要原因之一。

2)处理方法

(1)对于因防水层膨胀引起的女儿墙及防水层泛水的轻微裂缝,可采用封闭裂缝的方法处理,并加做隔热层。

(2)当女儿墙开裂严重(有较大垂直裂缝、八字形裂缝、水平裂缝)时,应拆除重砌,按要求设置伸缩缝和构造柱,并在墙与保温层、保护层之间留缝,缝内用密封材料嵌实。

5. 屋面泛水处渗漏

1)原因分析

(1)泛水高度不够,当水位超过泛水高度时,很容易在泛水处产生渗漏。

(2)防水层上口墙部未设泛水托(短挑臂),且端头未做柔性密封处理,或柔性处理不符合要求,导致雨水渗入室内。

(3)泛水托滴水线(鹰嘴)不符合要求,产生爬水现象。

2)处理方法

根据发生渗漏的原因采用密封或重做的方法处理。

6. 檐沟、天沟处渗漏水

1)原因分析

(1)设置的檐沟太浅,当遇到大雨或暴雨时,落水不及,雨水沿防水层与檐口之间的缝隙进入室内。

(2)当刚性防水层与檐口梁连在一起且防水层收缩时,在连接处开裂而引起渗漏。

(3)未设置滴水线或设置的滴水线失效。

2)处理方法

(1)当檐口裂缝引起渗漏时,在防水层开裂处凿一条上口宽10~20mm、深5~10mm的V形槽,缝槽及基层清洗处理后,用密封材料封严。

(2)当滴水线失效引起渗漏时,应将其凿毛并清洗干净后,按要求进行重抹。

7. 块体刚性防水层砂浆面层起壳、起砂和开裂

1)原因分析

(1)养护不良。

(2)砂浆面层经长期日晒风化,表面容易发生起砂的质量问题。

(3)砂浆面层抹得过厚,压光时不易密实,易发生脱壳现象和龟裂现象。

(4)砂浆面层与垫层黏结不牢。

2)处理方法

(1)由于日晒风化引起的表面起砂,只需将起砂面冲刷一下,扫去浮砂,重新用1∶2的防水砂浆铺设5mm厚度,压光即可。

(2)对大面积的屋面龟裂,可采用喷涂憎水剂的方法进行处理。

(3)当面层脱壳起鼓时,应将起鼓部分铲除,基层清理干净后重新铺抹一层约15mm厚度

的1:2的防水砂浆面层。

(五)钢筋混凝土坡屋面的防水质量问题分析

钢筋混凝土坡屋面渗漏主要有设计和施工两方面的原因。

1. 设计方面的原因

(1)设计时的设防原则与实际存在差异。

(2)构造设计不当。

2. 施工方面的原因

施工方面的原因,主要有以下几个方面。

1)施工方法不当

坡屋面的坡度较大,采用板底支模法施工时,容易导致局部板厚不能满足设计要求,使结构出现裂缝。施工中负筋被踩低后,没有采取补救措施,也会使板出现裂缝。另外,混凝土板若振捣不实,也会导致渗漏。

2)混凝土坍落度控制不当

混凝土的流动性对施工质量影响很大,混凝土坍落度过小,施工过程中不易操作,混凝土振捣不密实,容易造成屋面渗漏。混凝土坍落度太大,会使混凝土在凝固水化过程中,由于内部多余的水分蒸发后,在混凝土中形成微小空隙,而混凝土体积减小产生收缩后,这些空隙连在一起便形成毛细空隙,成为雨水渗入的通道。

3)细部施工存在漏洞

细部施工存在漏洞常见情况很多,如装饰瓦铺贴不牢固,贴瓦砂浆没有挤满瓦缝,砂浆和板面基层结合不牢,波瓦出现空鼓。有时装饰瓦上下缝搭接尺寸不足,造成屋面雨水渗入基层形成渗漏隐患。

(六)柔性卷材屋面的防水质量问题分析

卷材防水屋面是一种传统的防水做法,也是一种比较简单的平屋顶构造。从其设计构造上来看,一般由结构层、隔热层(保温层)、隔汽层、找平层、防水层等组成。这种屋面除了结构承重以外,还具有隔汽、防潮、隔热、保温、防水等多种功能,同时它还具有减少空间高度、节约建材、提高建筑耐火等级、降低工程造价等优点,因此到目前为止在房屋屋面防水中仍广泛应用。

据调查,卷材防水屋面的主要质量问题是卷材铺贴后出现气泡,且大多数工程均有程度不同的气泡,气泡面积一般在0.5%~2.0%,严重的可达15%以上。产生的气泡多呈蜂窝状,大小不等,分散不均。这种气泡虽然在短时间内不会引起屋面漏水,但长期在大气的作用下,很容易遭到破坏。如果气泡较多,就很易使屋面高低不平,产生积水,从而加快卷材的腐烂速度,降低使用年限。

从气泡被剖开检查的情况分析,气泡形成的原因为卷材防水层黏结不牢,且存有水分和气体,当受到太阳照射或人工热源的影响后,因体积膨胀而造成。

由以上可以看出,解决气泡的问题,主要是解决基层与卷材层之间出现的气泡。解决的关键是避免施工中水分侵入基层,同时在卷材铺贴之后,对此处的水分采取适当的排除措施,这样屋面产生气泡的质量问题就可以得到改善和解决。

(七)橡塑共混卷材屋面裂缝成因与防治措施

1. 出现裂缝的原因

1)卷材表面无规则裂缝

卷材表面出现无规则裂缝(见图 7-1),主要是由找平层开裂所引起的。假如不考虑结构变位与地基不均匀沉降等因素,主要是由于单层防水卷材不能适应来自找平层巨大温度变形和材料(如水泥砂浆、水泥混凝土等)的收缩变形。

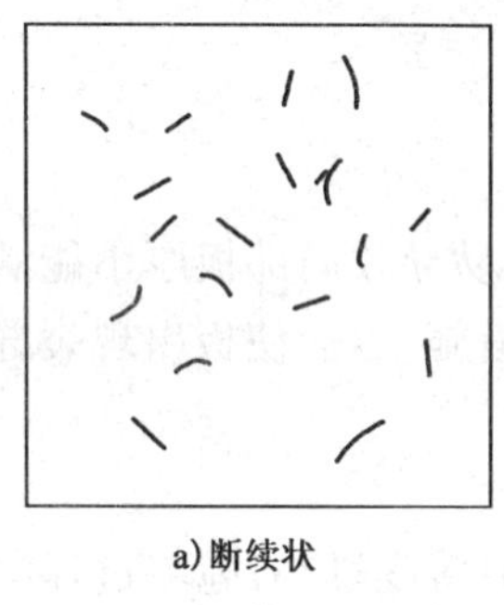

a)断续状

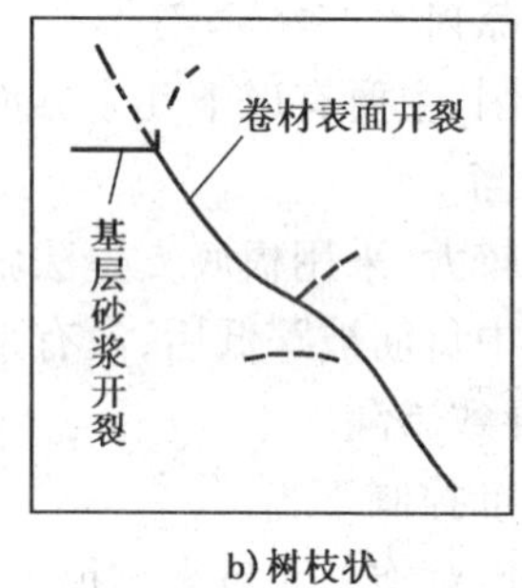

b)树枝状

图 7-1　防水卷材表面无规则裂缝

2)卷材搭接处有规则裂缝

卷材搭接处出现有规则裂缝(见图 7-2),主要是由温度应力作用所引起的。一般发生在搭接处的边缘,有时也可能偏离 10 ~ 30mm。

3)排汽孔道空腔处卷材有规则裂缝

排汽孔道空腔处卷材有规则的裂缝(见图 7-3),主要是因基层内含有多余水分所致。

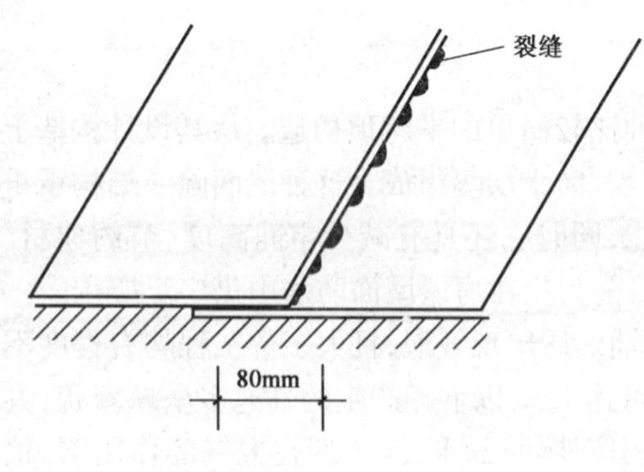

图 7-2　防水卷材搭接处有规则裂缝

图 7-3　排汽孔道空腔处卷材有规则裂缝

应当指出,在蒸汽压力的垂直作用下,空腔处卷材外侧受拉、内侧受压,当卷材外侧伸长受到基层的约束影响时,必然会发生有规则的断续裂缝。

2. 渗漏的原因分析

氯化聚乙烯—橡胶共混卷材屋面产生渗漏的原因很多,主要有设防标准偏低、卷材铺贴方法不当、卷材性能较差、找平层施工粗糙等。

3. 修补方法

橡塑共混卷材屋面如发现大面积裂缝,此时可采用满涂 30mm 厚水性石棉沥青防水涂料,中间可加铺一层玻璃纤维网布的方法进行修补。某工程采用上述修补方法,共修补屋面面积达 $1.7\times10^4 m^2$,经过两年多的考验,已完全杜绝了渗漏现象的发生,且价格低廉,简单易行。

(八)钢结构屋面防水

轻型钢结构屋面坡度一般较小,往往在 6% 以下,在中南雨水较多地区,这种结构的屋面漏水现象较为普遍,如大面积漏水、采光窗及屋脊结合部位点滴等。究其原因,主要有自攻螺丝、彩钢板搭接、屋脊瓦、抽心铆钉、屋面上人引起彩钢板变形及采光窗等装饰部位防雨胶脱落等几个方面。

1. 屋面螺钉和紧固件处漏水

这种现象较为普遍,主要出现于双层彩钢板及单层彩钢板屋面。在施工过程中,攻丝力量过重、过轻,自螺丝打偏、打斜等,都可能使自攻丝橡胶垫片变形、脱落或者形成凹面,造成屋面点滴漏水并通过保温棉聚积,积少成多,形成多点漏水。另外,自攻丝位置不正,错过彩钢板下的檩条而直接形成孔洞也是引起漏水的重要原因之一。这种漏水现象在单层彩钢板不设保温系统的屋面结构中可能不太明显,主要是因为雨水通过钢板与檩条接触的部位渗漏后直接分散,不一定迅速滴落。

2. 彩钢板搭接处漏水

水平搭接缝和竖向搭接缝,若遇见彩钢板瓦波过低或者雨水量大没过瓦波时,容易形成大面积漏水,且不易发觉漏水点,一旦形成不易检修,多见于弧形屋面。其原因主要是两张板之间搭接不紧、自攻丝没有打满形成了空隙等。

3. 屋脊瓦漏水

在轻型钢结构屋面施工中,由屋脊瓦引起的漏水也是一种较为常见的现象。在雨季,尤其是雨水量大时,雨水的飞溅通过脊瓦下部两张彩钢板对接处缝隙,形成大面积渗漏。

对防止脊瓦漏雨,在施工中宜采用加大脊瓦翻边长度,遇瓦波部位剪口,接缝处打胶等方法处理。

二 事故处理方法

1. 屋面防水工程设计注意事项

(1)严格按照《屋面工程技术规范》(GB 50345—2004)确定防水等级。

(2)根据实际确定科学的防水方案。地理环境、气候条件和工程特点是确定防水方案的重要因素。

(3)合理选择防水材料。

(4)详细进行节点细部的设计。节点细部设计是屋面防水工程设计的主要部分,也是重点和难点部分。

2. 严格掌握和控制防水材料的质量

3. 屋面防水工程施工质量的控制

屋面防水工程要做到滴水不漏、符合设计功能要求、达到使用年限,除有科学的设计方案、

合格的防水材料以外，施工是关键。

提高屋面防水工程的施工质量是确保防水工程质量的根本，要提高屋面防水工程的施工质量，必须从以下几个方面着手：

(1)建立专业化的施工队伍；

(2)实行图纸会审制度；

(3)确定和评估施工方案；

(4)严格对防水材料的检验；

(5)加强施工操作的控制；

(6)严格进行防水质量检查。

4.屋面防水工程的维护管理

屋面防水工程的质量如何，一般要在建筑物竣工后2~3年才能定论，因为防水层要经受高温、冻结、暴雨、霜雪、强风、阳光、侵蚀介质等的考验，同时还与地基不均匀沉降和结构的变形有关。而此期间正是屋面防水管理维护的关键时期，因此，维护管理同样是保证防水工程质量的重要环节。应设专人负责维护管理工作并建立和落实定期检查和清理制度。

第二节　地下防水工程质量事故

地下防水工程质量事故主要是指地下室的渗漏。随着高层建筑的迅速发展，地下室结构也显得越来越重要，特别是地下水位较高的地区，其防止渗漏的问题更加突出。地下室混凝土墙裂缝主要具有以下特征：

(1)绝大部分裂缝为竖向裂缝，很少有横向裂缝，多数裂缝的长度接近墙的高度，两端逐渐变细而消失；

(2)裂缝的数量较多，但宽度一般不大，超过0.3mm宽的缝很少见，大多数的裂缝宽度在0.05~0.2mm之间；

(3)沿地下室墙长两端附近的裂缝很少，而墙长的中部附近裂缝较多；

(4)裂缝出现的时间，一般在拆除模板后不久，有的还与气温骤降有关；

(5)随着时间的增长裂缝会发展，数量也有增加，但裂缝宽度加大不多，发展情况与混凝土是否暴露在大气中和暴露时间的长短有密切关系；

(6)地下室回填土完成后，常可见裂缝处渗漏水，但一般渗水量不大。

一　事故原因分析

1.混凝土收缩裂缝

从以上裂缝的主要特征可以得知，大多数裂缝均属于收缩裂缝。地下室混凝土墙收缩较大的主要原因有水泥用量过多、养护不良等。

2.设计存在的问题

《混凝土结构设计规范》(GB 50010)规定，现浇钢筋混凝土墙伸缩缝的最大间距为20~30m，前者适用于露天结构，后者适用于室内或土中结构，但实际工程中墙长往往超过规范的规定。

3. 施工温差过大

温差过大会使混凝土产生不均匀的温度应力，这是引起混凝土墙产生裂缝的重要原因，同时还受到包括混凝土内外温差大、昼夜温差大、日照下混凝土阴阳面的温差、拆模过早及气候突变等方面的影响。

4. 地下室墙长期暴露

地下室墙是一种薄而长的结构，其对温度、湿度变化比较敏感，常因附加的温度收缩应力而导致墙体开裂。同时还应当注意，设计时地下室墙均按埋入土中或室内的结构考虑，即伸缩缝最大间距为30m。但是，在实际施工过程中，很难做到墙完成后立即回填土和完成盖顶，因此实际工程中应取伸缩缝最大间距为20m。这也是地下室墙裂缝比较普遍的另一个因素。

5. 施工质量较差

工程实践证明，原材料质量不良、配合比设计不当、使用过期的UEA微膨胀剂、坍落度控制不好、施工任意加水以及混凝土养护不良等因素，均会导致混凝土收缩加大而产生裂缝。

此外，目前地下室普遍采用混凝土泵送施工方法，由于泵送混凝土坍落度比较大，必然会导致混凝土收缩增加，出现裂缝的可能性也肯定增大。

二 事故处理方法

混凝土地下室墙出现裂缝，一定要认真对待，科学分析，根据实际情况采取适宜的处理方法。在实际工程中，一般可采用表面涂抹法、表面涂抹加玻璃丝布法、充填法和灌浆法。有的工程可以采用其中的一种方法，有的工程也可以采用几种方法综合处理。

1. 表面涂抹法

表面涂抹法是一种施工比较简单、造价比较低廉的处理方法，其常用材料主要有环氧树脂类、氰凝、聚氨酯类等。对于涂刷的混凝土墙，其表面应坚实、清洁，有的表面根据材料要求还需进行干燥。具体施工方法可参阅本书第五章或相关规范和规程。

2. 表面涂刷加玻璃丝布法

表面涂刷加玻璃丝布法施工是比较复杂、防渗漏效果很好的处理方法，目前常用的有聚氨酯或环氧树脂胶料加玻璃丝布，一般用于混凝土墙裂缝比较严重的情况下。其施工要点是：将聚氨酯按甲组分、乙组分和二甲苯按1.0∶1.5∶2.0的质量配合比搅拌均匀后，涂布在基层表面上，要求涂层厚薄均匀，涂完第一遍后一般需要固化5h以上，基本不黏手时，再涂以后几层。一般涂4～5层，总厚度不小于1.5mm。若加玻璃丝布，则一般加在第二层与第三层之间。在采用表面涂刷加玻璃丝布法处理时，应注意玻璃丝布应用非石蜡型，否则应进行脱蜡处理。环氧树脂胶结料试配合格后方可使用，被处理的表面应坚实、清洁、干燥。

3. 充填法

充填法也是一种施工比较简单、能够满足一般要求的处理方法。具体施工方法请参考相关规范、施工手册。

4. 灌浆法

具体施工方法请参考相关规范、施工手册。

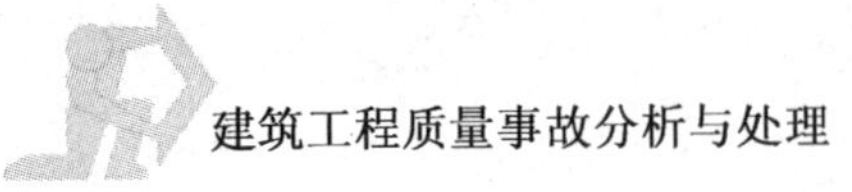

第三节 厕、卫、厨间防水工程质量事故

房屋渗漏水现象是房建工程中的质量通病，直接影响着建筑物的使用功能和耐用年限，有的还危及建筑物和人民生命财产的安全。渗漏水现象已成为用户反应强烈且极为普遍的问题，不仅是施工单位解决的重点和难点，而且也是物业管理部门的一个老大难题。这类问题产生的原因，与设计、材料都有关系，但施工原因是直接因素。

房屋渗漏水一般包括外墙渗水、屋面渗漏水、三小间地面渗漏水（卫生间、厨房间、盥洗间），其中以三小间渗漏水现象最棘手，也是最普遍、最难解决的质量问题。

一 事故原因分析

众多工程实践证明，三小间渗漏的部位主要集中在墙体与地面交接处、浴盆上口与墙体接触处、地漏的周围、卫生器具的排水管和穿过地面的管道周围。其渗漏的主要原因如下：

(1)地面的泛水坡度不符合排水的要求，甚至出现倒泛水问题，积水沿墙体底部空隙而渗漏。

(2)地面基层防水设计不合理，或者没有按设计要求施工，或者没有按施工规范要求施工，从而使地面基层防水质量不合格。

(3)在浇筑地漏、卫生器具的排水管及穿越地板管道周围混凝土前，基层未进行认真清理，致使新浇筑混凝土和原混凝土板之间产生裂缝，导致水沿着施工缝渗漏。

(4)由于浴盆上口与墙体接触处是经常存水的部位，如果内墙砌筑抹灰不好或镶贴面砖勾缝不密实，很容易形成渗水的通道。

(5)通过地面板的塑料排水管未设置伸缩节，采暖管未加管套，由于温度变化的原因，造成管子与其周围已灌密实的混凝土产生相对位移，从而使管道与混凝土之间出现缝隙，水通过缝隙沿管道渗漏。

(6)浇筑混凝土板时发生漏振、缺振等，造成混凝土板不密实，混凝土强度还未达到规定的拆模强度就拆除模板，或在其上放置重物和猛烈振动，使混凝土板产生裂缝，从而造成渗水。

(7)大便器排水管安装高度过低，大便器出口插入排水管的深度不够，从而造成水从连接处向外漏出。如果处理不好，水就会沿管道周围或混凝土板内的蜂窝、裂缝及墙缝渗出。

(8)预留孔位置不对，安装管道前乱砸乱剔，破坏了楼地面的整体结构，从而造成渗水。

二 事故处理方法

(一)预防、防治措施

(1)现浇混凝土楼面应当振捣密实，四周沿墙应同时浇筑高120~180mm、宽度与墙体等厚度的混凝土挡水带；在地面施工之前，应先按设计要求找好泛水坡度，拉线做好标高控制点，然后再进行下一道工序的施工。

(2)管道和地漏预留孔洞的位置要准确，排水管、地漏、采暖管套管周围用细石混凝土浇筑，应当严格按施工要求进行处理，并用膨胀混凝土浇捣密实。也可在浇筑膨胀混凝土时沿管道周围留 20mm 宽、10mm 深的凹槽，用防水油膏或其他防水胶结材料填充，使之与混凝土和管道黏结牢固。以上做法待混凝土达到一定强度后，在地面蓄水 48h，以不出现渗漏为合格。

(3)穿过地面的塑料排水管应每层设置伸缩节，并埋置于混凝土板内，其高度为上口露出地面 40mm 左右。采暖管在穿过地板处设套管，套管与管道之间用石棉油麻封堵。在做水泥砂浆找平层时，在管道周围 50mm 内做高出地面 20 ~ 30mm 的水泥砂浆挡水台，防止水从管道处渗漏。

(4)在浴盆上口 200mm 处至地面，全部用 1∶2.5 水泥砂浆打底，浴盆口墙面用 1∶1 水泥砂浆抹灰、压光。为防止浴盆处地面积水，浴盆下地面除采取上述做法外，还应当进行找坡，水流向浴盆排水管一侧，并通过浴盆排水检修门流入室内地漏。

(5)严格按照操作规程施工，确实保证混凝土密实。模板拆除时，混凝土强度应符合施工规范的要求，在施工中不能超载。由于施工原因造成的混凝土板裂缝，应当剔除周围的混凝土，严格按施工缝做法重新进行浇筑。

(6)找平层及内墙底部高 300mm 以下，需用防水砂浆一次抹成，这是三小间防止渗漏水非常重要的一道工序。

(7)在安装前应先找平、拉线，根据设计泛水坡度确定地漏的合理高度，并保证地漏篦子顶面低于周围地面 5mm。大便器的排水管高度应根据地面高度确定，使之上口高出地面 25 ~ 30mm，同时应选用内径大于大便器出口外径 5mm 以上的排水管。

(8)三小间地面施工完成后，应进行两次蓄水试验。首先在补修好管道、地漏、排水管周围混凝土后，进行一次蓄水试验，以检查排水坡度排水是否畅通及有无渗漏；在全部工程完工后，再做一次蓄水试验，以彻底根除渗漏水因素。

(二)典型案例

【例 7-1】 某办公楼出现渗漏。

某办公楼于 1994 年建成，卫生间为 80mm 厚、C20 钢筋混凝土现浇板，马赛克铺贴地面，瓷砖墙裙高 1.5m，蹲式大便器。使用后不久，卫生间楼面四周的外墙潮湿，顺排水处存水弯向下漏水，地面积水比较严重，导致下层房间无法使用，被迫长期锁门。

1)渗漏原因分析

(1)该办公楼卫生间楼板为现浇钢筋混凝土平板，与此毗邻的房间均为预应力空心楼板，现浇板与预制板都支撑在墙上。施工时，瓷砖墙裙与马赛克楼面交接部位出现砂浆铺抹不密实，楼面积水沿存在的缝隙和砖的毛细孔产生渗漏。在使用的初期，由于砂浆和砖墙均比较干燥，少量的渗水由砂浆和砖体吸收，短时内不会出现渗漏现象。使用一定时期后，砂浆和砖墙吸水达到饱和，再有积水即可快速渗透楼板，从而造成楼板渗漏滴水现象。

(2)施工时，大便器存水弯的排水口与铸铁管的承口衔接处的杂物、尘渣清理不干净，密封材料难以填充密实，大便器与存水弯之间连接不牢，密封材料嵌填不实，造成了顺排水管滴水现象。

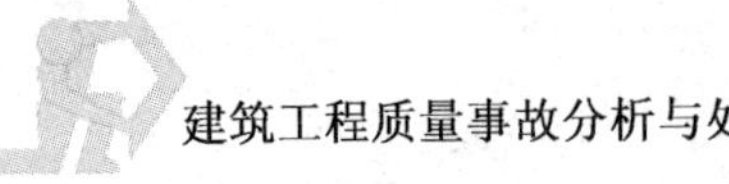

(3)现浇钢筋混凝土楼板在浇筑时振捣不密实,内部存有微小孔洞,铺贴马赛克时勾缝也不密实,使楼面积水沿着马赛克的缝隙渗到现浇板面,然后又沿着混凝土微小孔隙渗到下层。

(4)高水箱冲洗管与大便器间的皮碗用铜丝绑扎不牢,高水箱放水时有部分水从接口处流出,这也是造成渗漏的原因之一。

2)防止渗漏的措施及处理方法

(1)防止渗漏的措施

①设计时在卫生间四周的现浇板上浇筑高120~180mm、宽不少于100mm的混凝土挡水墙,并与卫生间楼板一次浇筑完成,不准留施工缝后浇。

②当卫生间的现浇板与相邻房间的空心板压在同一墙体上时,现浇板上的挡水墙应为半砖厚,当空心板不压在墙体上时,挡水墙应为全砖厚。这样使卫生间的四周形成了一个不透水的池子,阻止了楼面积水向外渗漏。

(2)渗漏的治理方法

①为避免楼面面层在墙根处开裂,防止积水吸附至墙内造成渗水,在浇筑钢筋混凝土楼板时,振捣一定要密实,靠墙根转角处应抹成半径为10mm的圆角。墙面贴瓷砖、地面铺贴马赛克时,底面砂浆一定要饱满,勾缝一定要密实,楼面应按规定进行找坡,坡面均要向地漏。

②墙面出现反碱粉酥的部位,首先应当凿除并清理干净,然后再用灰砂比为1:2.5的防水砂浆进行修补。

③大便器与排水管存水弯间的密封材料一定要填实,其连接处的渗漏,必须拆开重新施工,并严格遵守施工验收规范,高水箱冲洗管与大便器间的皮碗要用铜丝绑扎牢固。

④为提高卫生间楼地面的抗渗能力,在铺贴瓷砖和马赛克的水泥砂浆中,应当加入适量的防水剂,其防渗效果更好。

【例7-2】 某住宅楼出现渗漏。

某住宅楼于1997年建成,卫生间为80mm厚、C20钢筋混凝土现浇板,地面铺贴马赛克,瓷砖墙裙高1.8m,蹲式大便器。该工程使用不到半年,开始在穿楼板、穿屋面板管道根部、地漏周围以及大便器下部产生渗漏,使卫生间顶棚常年潮湿,个别房间出现滴水现象,影响正常使用。

1)渗漏原因分析

(1)预留孔洞位置不准确,有的偏差过大,安装管道时只好在已浇筑好的楼板上重新打孔凿洞,这样不仅造成原孔洞过大而使孔洞堵塞困难,而且使楼板的整体性和钢筋的连续性受到破坏,易使楼板产生裂缝,人为地留下渗漏的隐患。

(2)穿楼板的排水管周围没有做成找坡圈台,管道四周出屋面处,找平层没有做成圆锥台,管道根部的周围没有起坡或者起坡不够,施工时使用的水泥砂浆没有抹平压实,不能保证管道根部的防水质量。

(3)冲洗立管及大便器安装不牢固,排水立管及地漏周围的混凝土浇筑质量较差,地漏安装高程不准确,致使地面积水不易排出。

2)防止渗漏的措施

(1)预留管道孔洞的位置,一定要严格按照设计图纸施工。管道孔洞模具定位后,应由专人负责看管和施工,以防止模具在混凝土浇捣中产生位移,影响管道孔洞位置的准确性。如果一旦发生位移，则应立即加以纠正。

(2)管道、地漏穿越楼板安装固定后，应当及时用不低于楼板混凝土强度的细石混凝土将管洞堵牢捣实抹平。为提高混凝土的抗渗性能，细石混凝土中应掺加适量的防水剂。堵洞的支撑模具应坚固、平整，与楼板接触部位应紧密，不得有缝隙。

(3)地漏应安装在卫生间楼地面的最低处，其顶面应低于设置处楼地面 5mm，不得采用浅水封或无水封地漏。当无深水封地漏时，地漏下面应增加反水弯，地漏必须设置于便于清扫、便于排水的位置。

(4)立管应设在靠墙的转角处，在管道根部做成找坡圈台，找坡圈台比管根处楼面高出 20～30mm，宽度为 30～50mm。管道根部出屋面处，找平层应做成圆锥台，铺贴防水层时应增加附加层。

(5)科学组织工程施工是防治卫生间渗漏的重要措施之一。土建与安装工程应当密切配合，搞好交叉作业，保证施工过程的连续性、科学性。给排水管道的施工，应遵循先安装管道后安装卫生器具的原则。其施工顺序一般为：安装下水立管、支管，堵塞管道孔洞；做楼地面找平层，进行防水处理；贴墙面瓷砖，铺地面马赛克；安装卫生器具，试水维修。

本章小结

本章主要介绍屋面防水工程的质量事故、地下防水工程质量事故以及厕、卫、厨间防水工程质量事故等内容，详细介绍了分析、预防、治理屋面、地下、厕、卫、厨间防水工程质量事故、处理防水工程质量事故的知识和国家现有政策法规对防水工程的基本要求。本章是学生毕业后参加防水工程施工和管理的必不可少的基本知识。

小知识

以松克刚——神奇的拒水粉

建筑屋面渗漏，是建筑渗漏中的“多发病”，国内多用柔性的防水卷材等处理，但由于屋面所处环境恶劣，材料易于老化破坏，防水材料很难与屋面同寿命，一般仅使用几年就必须修补，甚至全部翻修。我国为此每年消耗数亿元资金。而一种松散型的防水材料——建筑拒水粉可以解决这个问题。

建筑拒水粉是以脂肪酸钙与氢氧化钙通过特定结构形式组成的复合型防水材料，为松散的白色粉状物，密度为 $530kg/m^3$。它有极强的憎水性，并能承受一定的水压，如 3mm 厚的拒水粉可在 150cm 水柱高的水压下不透水。同时，拒水粉能将太阳的辐射热反射 80%。

良好的松散性，使拒水粉有很强的适应性。它可以在震动的条件下使用，而且不受基层潮湿或开裂的影响。由于它以石灰为基料，与水泥混凝土等材料“相容性”良好，故其憎水

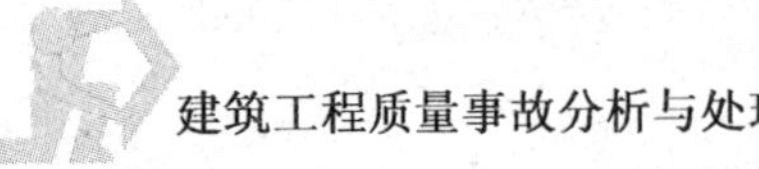

性能不会受到这些建材的干扰破坏。拒水粉无臭、无毒、无放射性、耐盐、耐碱、耐弱酸、不燃、耐热、耐低温、杀菌、消毒、不霉变,这一系列的优点,使它成为中外专家公认的、一建多用的、可与屋面同寿命的“神奇粉末”。

“以松克刚”是建筑防水中的一种新构思、新观念。而造价低廉、施工方便、生产技术和施工技术容易掌握又是拒水粉备受青睐、前景看好的重要原因。

拒水粉主要原料为生石灰,各地都极易解决,配上研制单位提供的防水料,就能制得拒水粉。施工时,只要在基层上铺上 5 ~ 7cm 厚的拒水粉,再铺上纸张作隔离层,纸张上浇水泥砂浆或细石混凝土或铺顶制板作保护层。施工过程中不需用火加热。

拒水粉已在上海、北京、浙江、江苏、四川、辽宁、黑龙江等十多个省市的数千个工程,60多万平方米的新、旧建筑屋面上应用,效果极佳。

练 习 题

7-1　混凝土产生裂缝的主要原因有哪些,如何改善混凝土的抗裂性能?

7-2　如何防止混凝土地下室产生的渗漏现象?

7-3　如何防止厕、卫、厨“三小间”产生的渗漏现象?

本章实训课时:2 课时。

第八章 装饰工程和外墙外保温工程质量事故与处理

【职业能力目标】

培养学生分析与处理装饰工程中的一般质量问题，能初步分析外墙外保温质量问题的能力。

【学习要求】

(1)掌握装饰工程质量事故的基本类型及特点；

(2)了解不同类型装饰工程事故原因分析，并掌握处理装饰工程质量事故的一些基本措施；

(3)了解外墙外保温质量问题与质量事故发生的一般原因。

第一节 装饰装修工程的质量问题与处理

一 抹灰工程

由于目前抹灰工程的施工仍以手工操作为主，湿作业多，造成质量不稳定并成为建筑施工中的一个薄弱环节。目前室内外抹灰普遍存在开裂、空鼓、脱壳和罩面灰粗糙、起泡、阴阳角不垂直方正等质量问题。

现将抹灰工程中常见质量问题产生的原因和防护措施介绍如下。

1.砖墙、混凝土基层抹灰空鼓、裂缝

墙面抹灰后，过一段时间，往往在门窗框与墙面交接处，木基层与砖石、混凝土基层相交处，基层平整偏差较大的部位，以及墙裙、踢脚板上口等处出现空鼓、裂缝情况。

1)原因分析

(1)基层清理不干净或未作处理，墙面浇水不透，浇水量不足，影响黏结力。

(2)抹灰层表面过分光滑，未采取技术措施处理。

(3)配制砂浆和原材料质量不好，使用不当。

(4)基层偏差较大，一次抹灰层过厚，干缩率较大。

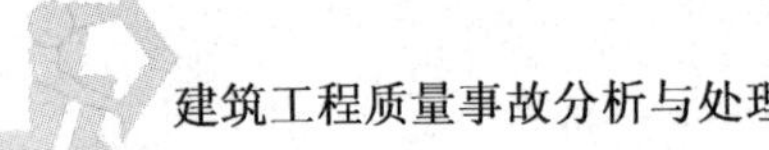

(5)门窗框两边塞灰不严,墙体预埋木砖距离过大或木砖松动,经开关振动,在门窗框处产生空鼓、裂缝。

(6)一次抹灰太厚或各层抹灰间隔时间太短,或表面撒干水泥等而引起收缩裂缝。

(7)基层由两种以上的材料组合的拼接部位处理不当或温差而引起裂缝。

2)预防措施

(1)抹灰前的基层处理是确保抹灰质量的关键之一,必须认真做好。

①基层表面凹凸明显部位应事先剔平或用1:3水泥砂浆补平;表面太光滑的基层要凿毛,或用1:1水泥砂浆掺10%的107胶先薄薄抹一层(厚约3mm),24h后再进行抹灰。

②基层表面砂浆残渣污垢、隔离剂、油漆等,均应事先清除干净。

③墙面孔、洞、槽应堵严抹平。

④不同基层材料相接处,应铺钉金属网。

(2)抹灰前墙面应先浇水。浇水应使砖面渗水深度达到8~10mm,砖墙体基层一般浇水两遍,加气混凝土砌块墙体应提前两天进行浇水,每天两遍以上,混凝土墙体浇水可以少一些。各层抹灰若相隔时间较长,或砂浆已干,则应将底层砂浆浇水湿润。

(3)抹灰用的砂浆必须具有良好的和易性,并具有一定的黏结强度。

(4)抹灰用的原材料应符合质量要求。

(5)底层砂浆与中层砂浆的配合比应基本相同。中层砂浆标号不能高于底层,底层砂浆不能高于基层墙体。

(6)当基层墙体平整和垂直偏差较大,局部抹灰厚度较厚时,一般每次抹灰厚度应控制在8~10mm,中层抹灰必须分若干次抹平。

(7)门窗框塞缝应先用水泥砂浆塞实塞严,待达到一定强度后再用水泥砂浆找平。门窗框安装应采用有效措施,以保证与墙体连接牢固。

2. 轻质隔墙抹灰空鼓、裂缝

轻质隔墙面抹灰一段时间后,沿板缝处产生纵向裂缝,条板与顶板之间产生横向裂缝,墙面产生空鼓和不规则裂缝。

1)原因分析

(1)未根据轻质隔墙不同板材特性采用合理的操作方法。

(2)条板安装施工质量不良。如板缝黏结砂浆挤密不严,砂浆不饱满;条板上口板头不平整方正,与顶板黏结不严等。

(3)条板下端楼板面清扫不干净,光滑的楼板面没有凿毛。

(4)墙体整体性和刚度较差,墙体受到剧烈冲击振动。

2)预防措施

(1)根据不同板材特征选用合理的施工方案和操作方法。

(2)应保证条板上下端与楼层黏结密实;两板之间、门框与墙板之间和过梁等部位均应黏结密实,保证墙体有良好的整体性和必要的刚度。

3. 抹灰面层起泡、开花、有抹纹

抹罩面灰时操作不当,基层过干或使用石灰膏质量不好,容易产生面层起泡和有抹纹现象,过一段时间还会出现面层开花,影响抹灰外观质量。

1)原因分析

(1)抹完罩面后,压光工作跟得太紧,灰浆没有收水,压光时易出现抹纹。

(2)底子灰过分干燥,罩面前没有浇水湿润,抹罩面灰后,水分很快被底层吸收,压光后产生起泡现象。

(3)制作混合砂浆时,对慢性、过火灰颗粒及杂质没有滤净,灰膏熟化时间不够,抹灰后继续熟化,体积膨胀,造成抹灰表面炸裂,出现开花和麻点。

2)预防措施

(1)纸(麻)筋灰罩面,须待底子灰5~6成干后进行,如底子灰过干应先浇水湿润;罩面时应由阴、阳角处开始,先竖着(或横着)薄薄刮一遍底,再横着(或竖着)抹第二遍找平,两遍总厚度约为2mm;阴、阳角分别用阴角抹子和阳角抹子捋光,墙面再用铁抹子压一遍,然后顺抹子纹压光。

(2)水泥砂浆罩面,应用1:2~1:2.5水泥砂浆,待抹完底子灰后,第二天进行罩面,先薄薄抹一遍结合层,跟着抹第二遍(两遍总厚度约为5~7mm),用刮杆刮平,木抹子搓平,然后用钢皮抹子揉实压光。当底子灰较干时,罩面灰纹不易压光,用劲过大会造成罩面灰与底层分离空鼓,所以应洒水后再压。当底层较湿不吸水时,罩面灰收水慢,当天如不能压光成活,可撒上1:2干水泥砂黏在罩面灰上吸水,待干水泥砂吸水后,把这层水泥砂浆刮掉后再压光。

(3)纸(麻)筋灰用的石灰膏,淋灰时应用不大于3mm×3mm筛子过滤,石灰熟化时间不少于30d,严禁使用含有未熟化颗粒的石灰膏,采用生石灰粉时也应提前1~2d化成石灰膏。

4.抹灰面不平,阴阳角不垂直、不方正

1)原因分析

抹灰前挂线、做灰饼和冲筋不认真,阴阳角两边没有冲筋,影响阴阳角的垂直。

2)预防措施

(1)按规矩将房间找方,挂线找垂直和贴灰饼(灰饼距离1.5~2m一个)。

(2)冲筋宽度为10cm左右,其厚度应与灰饼相平。为了便于作角和保证阴阳角垂直方正,必须在阴阳角两边都冲灰筋一道。

(3)抹阴阳角时,应随时用方尺检查角的方正,及时修正。抹阴角砂浆时,稠度应稍小,要用阴角抹子上下窜平窜直,尽量多压几遍,避免裂缝和不垂直方向。

二 门窗工程

(一)木门窗施工质量通病防治

1.木门窗框变形,木门窗扇翘曲

1)现象

(1)门框不在同一个平面内,门框接触的抹灰层挤裂,或与抹灰层离开,造成开关不灵。

(2)门窗扇不在同一个平面内,关不严。

2)原因分析

(1)木材含水率超过了规定数值。

(2)选材不当,门窗刚度不足。

(3)制作质量低劣。

(4)制品成形后未及时刷底子油,堆放时底部也未垫平或日晒、雨淋发生胀缩变形。

3)预防措施

(1)用含水率达到规定数值的木材制作。

(2)选用树种一般为一、二级杉木、红松,掌握木材的变形规律,合理下锯。对于较高、较宽的门窗扇,设计时应适当加大断面。

(3)门框边梃、上槛料较宽时,靠墙面边应推凹槽以减少反翘,边梃的翘曲应将凸面向外,靠墙顶住,使其无法再变形。有中贯档、下槛牵制的门框边梃,翘曲方向应与成品同在一个平面内,以牵制其变形。

(4)提高门窗扇制作质量。当门窗扇偏差在3mm以内时,可在现场修整。

(5)门窗料进场后应及时涂上底子油,安装后应及时涂上油漆,门窗成品堆放时,应使底面支承在一个平面内,表面要覆盖防雨布,防止发生再次变形。

2. 木门窗框松动

1)现象

门窗框安装使用后松动,门窗口砂浆裂缝、脱落。

2)原因分析

(1)预留木砖间距过大。

(2)预留门窗洞口过大。

(3)门窗口塞灰不平。

3)预防措施

(1)木砖的数量应按图纸规定设置,门窗框上冒头应伸出边梃,加强门窗框同墙体连接。

(2)对于较大木门,应砌入预埋开叉铁件的混凝土预制块。

(3)门窗洞口每边空隙不应超过20mm,若超过20mm时,连接钉子相应要加长。门框与木砖结合时,每一木砖要钉2个钉子,上下要错开,并保证钉子钉进木砖至少50mm。

(4)门框与洞口之间缝隙超过30mm时应灌细石混凝土,不足30mm应分层填塞干硬性砂浆,前次砂浆硬化后再塞第二次,以免收缩过大。

(5)木砖松动或间距过大,应补埋后,方能装门窗框。

3. 门窗扇开关不灵,扇下坠

1)现象

(1)门窗扇安装以后,开关费力,不灵活。

(2)门窗扇甩边下垂。

2)原因分析

(1)门窗框、扇的侧面不平整,留缝宽度太小,框扇不方正,合页边门框、立梃倾斜。

(2)门扇上下合页的轴不在一条直线上,铰链槽深浅不匀,合页尺寸大小不一,安装不平整、不垂直,门窗扇下垂、倒翘,与门框相碰。

(3)门窗扇过高、过宽,用料断面过小,刚度不足,也会引起下垂。

(4)制作质量低劣,榫头过窄,榫眼过宽,榫眼结合松弛而下垂。

(5)地面不平整,门扇与地面局部摩擦。

3)预防措施

(1)保证合页的进出、深浅一致,使上下合页保持在一条垂直轴线上。

(2)安装前应检查框主梃和扇,若有偏差应修整后再安装。

(3)根据缝隙大小、合页厚度剔槽,剔出面要平直,里口要比外口深,合页放在槽上无缝隙,做到里深外平。根据门扇选择合适的合页,门扇较高或重的可采用三个合页。选择合适的木螺丝,安装要垂直和拧紧。在修刨扇时,不装合页的要少修刨,控制在1mm以内,让扇稍有挑头,留有下坠的余量。

(4)较宽的门、窗扇,设计时应适当加大冒头宽度,提高刚度,避免下垂。

(5)门窗扇的制作,榫眼要方正,尺寸恰当,结合严密。拼装时榫眼内和榫头上应均匀涂满胶,使之结合牢固。

(二)铝合金门窗施工质量通病防治

1.门窗框弯曲,门窗扇翘曲

1)现象

框扇的主梃本身不顺直,扇的主面不在一个平面内。

2)原因分析

框、扇料断面小,型材厚度薄,刚度不够;型材质量不符合标准;窗扇构造节点不坚固,平面刚度差。

3)预防措施

(1)选用符合要求和规范规定的框扇料、型材、执手、锁销、滑轮、密封胶条、垫块、毛条等附配件。

(2)窗扇四角连接构造必须坚固。

2.门窗框松动,四周边嵌填材料不正确

1)现象

门窗框安装使用后产生松动。

2)原因分析

安装锚固铁脚间距过大,锚固铁脚用料过小,锚固方法不正确;四周边嵌填水泥砂浆;使用膨胀螺栓固定时膨胀螺栓间距过大(大于600mm)。

3)预防措施

(1)锚固铁脚间距、锚固铁脚连接件均应符合规范规定。

(2)当墙体为混凝土时,则门窗框的连接件应与墙体固定;当为砖墙时,框四周连接件端部开叉,用高强度水泥砂浆嵌入墙体内,埋入深度不小于50mm,离墙体边大于50mm。

(3)门窗外框与墙体之间应为弹性连接,至少应填充20mm厚的保温软质材料,如用泡沫塑料条或聚氨酯发泡剂等,以免结露。

3.门窗开启不灵活

1)现象

门窗推拉或开关困难。

2)原因分析

推拉窗轨道变形,窗框下冒头弯曲,高低不顺直,顶部无限位装置,滑轮错位或轧死不转;窗铰松动,滑槽变形,滑块脱落;门窗扇节点构造不牢固,平面刚度差。

3)预防措施

(1)推拉窗轨道不直应更换,窗框下冒头应校正后安装,窗扇左右两侧顶角要有防止脱轨跳槽装置,限位装置应使窗扇抬高或推拉时不脱轨,使窗框与窗扇配合恰当,滑轮组件调整在一直线上,轮子滚动灵活。

(2)滑撑应保持上下一条垂直线,连接牢固;滑槽变形、滑块脱落均进行修复或重新更换平开门合页;画线、开槽要准确,连接牢固,合页轴保持在同一垂直线上,铝梃嵌玻璃门可采用三个合页。

(3)门窗扇四角的节点连接必须坚固,平面稳定不晃动。

4. 渗水,密封质量不好

1)现象

窗下口或窗立面出现渗漏现象。

2)原因分析

密封不好,构造处理不妥,未按设计要求选择密封材料;窗框与饰面交接处勾缝不密实,窗框四周与结构间有缝隙;窗台泛水坡度反坡,窗框内积水;橡胶条脱落。

3)预防措施

(1)推拉窗扇应设限位装置;在窗中横框处应装挡水板,应在横竖框的相交部位和外露螺丝头上面注一层密封胶;按设计要求选择密封材料。

(2)外窗下框应设泄水处理,如是推拉窗应在导轨靠两边框处钻8mm宽的泄水口,如是平开窗应在靠框中梃位置每个扇洞钻一个8mm宽的泄水口。铝门框框外周边留一宽5mm、深8mm的槽,防水密封胶嵌缝表面应光滑、顺直。

(3)窗框与饰面交接处不密实部位应注一层硅酮密封胶,安窗框时,窗框与结构间的间隙应填塞密实。

(4)外窗台面的内外高差应不小于20mm,并做出向外排水坡度;窗台泛水坡度反坡应重新修理。

(5)施工中脱落的橡胶条应及时补上,用橡胶条密封的窗肩应在转角部位注胶,使其黏结,窗外侧的密封材料宜使用整体的硅酮密封胶。

(三)塑钢门窗工程施工质量通病防治

1. 门窗框松动,四周边嵌填材料不正确

1)现象

门窗安装后,经使用产生松动。

2)原因分析

固定方法和固定措施不适当,门窗框与墙体之间隙填硬质材料或使用腐蚀性材料。

3)预防措施

(1)门窗应预留洞口,框边的固定片位置应按规范施工,固定片的安装位置应与铰链位置一致;门窗框周边与墙体连接件用的螺钉需要穿过衬加的增强型材;使用膨胀螺栓固定时,间距不大于600mm。

(2)框与洞口间应根据窗框周边墙、柱材料的不同而按要求用不同的廓清严格固定。

(3)当门窗框周边是砖墙或轻质墙时,砌墙时可砌入混凝土预制块以便与连接件连接。

(4)门窗外框与墙体间为弹性连接,至少应填充20mm厚保温软质材料(泡沫塑料条或聚氨酯发泡剂等),以免结露。

2.门窗框外形不符合要求

1)现象

门窗框变形,门窗扇翘曲。

2)原因分析

原材料配方不良,框、扇料用量不符标准,焊接不够牢固和平整,存放不当。

3)预防措施

(1)门窗采用的异型材、原材料应符合《门窗框用硬聚氯乙烯(PVC)型材》(GB/T 8814)等有关国家标准的规定。

(2)衬钢材料断面及壁厚应符合设计规定(型材壁厚不低于1.2mm),衬钢应与PVC型材配合,以达到共同组合受力目的,每根构件装配螺钉数量不少于3个,其间距不超过500mm。

(3)四角应在自动焊机上焊接,掌握焊接参数和焊接技术,节点应强度达到要求,并做到平整、光洁、不翘曲。

(4)门窗存放时应立放,与地面夹角大于70°,距热源应不少于1m,环境温度低于50℃,每扇门窗应用非金属软质材料隔开。

3.门窗开启不灵活

1)现象

装配间隙不符合要求或有下垂等现象,妨碍开启。

2)原因分析

摩擦铰链连接件未连接到衬钢上,门窗扇高度、宽度太大,门窗框料变形、倾斜。

3)预防措施

(1)铰链的连接件应穿过PVC腔壁,并要同增强型材连接。

(2)窗扇高度、宽度不能超过摩擦铰链所能承受的重量。

(3)门窗框料抄平对中,校正好后用木楔固定。当框与墙体连接牢固后,应再次吊线并进行对角线检查,符合要求后才能进行门窗扇安装。

4.雨水渗漏

1)现象

使用中门窗出现渗漏。

2)原因分析

密封条质量差,安装质量不符合要求;玻璃薄,造成密封条镶嵌不密实;窗扇上未设排水孔,窗台倒泛水;框与墙体缝隙未处理好。

3)预防措施

(1)密封条质量应符合《塑料门窗用密封条》的有关规定,密封条的装配用小压轮直接嵌入槽中，使用“抗回缩”的密封条应放宽尺寸，以保证不缩回。

(2)玻璃进场应加强检查，不合格者不得使用。

(3)窗框上设有排水孔，同时窗扇上也应设排水孔，窗台处应留有50mm空隙，向外做排水坡。

(4)产品进场必须检查抗风压、空气渗透、雨水渗漏三项性能指标，合格后方可安装。

(5)框与墙体缝隙应用聚氨酯发泡剂嵌填，以形成弹性连接并嵌填密实。

三 饰面工程

(一)粘贴锦砖与条形面砖的质量缺陷

1. 粘贴不牢固、空鼓甚至脱落

1)原因分析

(1)基层过分干燥，粘贴前湿润不够或面砖粘贴操作不当，面砖与基层间黏结差，致使面砖空鼓、脱落。

(2)砂浆配合比不准确，稠度控制不当，砂子含泥量过大，形成空鼓、脱落。

(3)粘贴面砖砂浆不饱满，面砖勾缝不密实，被雨水渗透侵蚀，受冰冻胀缩，引起空鼓、脱落。

2)预防措施

(1)将底层、基层表面清理干净，施工前一天将抹灰面浇水润湿。

(2)对表面较光滑的混凝土面，抹底灰前应先凿毛，或掺107胶水泥浆，或用界面剂处理。

(3)粘贴砂浆的配合比应准确，稠度适当；高层建筑或尺寸较大的面砖，粘贴材料应为专用黏结材料。

(4)外墙面砖含水率应符合质量标准，粘贴砂浆须饱满、勾缝严实，防止雨水侵蚀、酷暑及严寒的胀缩等引起空鼓、脱落。

2. 排缝不均匀，非整砖不规范

1)原因分析

(1)在粘贴面逐一画线计数，这种“由小到大”按基数逐一画线排砖的方法，容易产生累积误差。

(2)外墙尺寸与面砖尺寸没有统筹考虑，在排砖中出现非整砖又没有按规范妥善处理，而是任意割砖。

(3)操作人员在粘贴面砖中，没有在砂浆初凝前对排缝不均匀的面砖进行调整。

2)预防措施

(1)外墙排砖，应与面砖尺寸统筹考虑，尽量采用整砖模数，其尺寸可在窗宽度与高度上作适当调整；在无法避免非整砖的情况下，应取用大于1/3非整砖。

(2)准确的排砖方法应是“取中”画线进行排砖，可基本消除累计误差。

(3)门、窗框位置应考虑外门窗套，贴面砖的模数取1~2块面砖的尺寸数，以免割砖的麻烦。

(4)面砖的压向与排水坡向必须正确。

(5)粘贴面砖时,水平缝以面砖上口为准,竖缝以面砖左边为准。

3. *面砖不平整、色泽不一致*

1)原因分析

(1)粘贴面基层抹灰不平整或粘贴面砖操作方法不当。

(2)面砖质量差,施工前与施工中没有严格选砖,造成不平整与色泽不一致。

2)预防措施

(1)基层抹灰前应垂直、水平挂通线进行找平;应严格控制基层的平整度,使抹灰面(层)平整度的允许偏差为最小。

(2)粘贴面砖操作方法应规范化,随时自查、发现问题,在初凝前纠正,保持面砖粘贴的平整度与垂直度。

(3)粘贴面砖应严格选砖,力求同批产品、同一色泽。

(4)用草绳或色纸盒包装的面砖在运输、保管与施工期间要防止雨淋与受潮,以免污染面砖。

4. *无釉面砖表面污染、不洁净*

1)原因分析

无釉面砖在粘贴面砖与勾缝操作过程中,往往使灰浆污染在面砖上,不易清除,若不及时清理,会留有残浆等污染痕迹。

2)预防措施

(1)无釉面砖在粘贴前,可在其表面先用有机硅(万可涂)涂刷一遍,在面砖表面形成一层无色膜(堵塞毛细孔),待其干后再放箱内供粘贴使用。

(2)无釉面砖粘贴与勾缝中,应减少与避免灰浆污染面砖,面砖勾缝应自上而下进行,污染应及时清理干净。

(二)粘贴大理石与花岗岩的质量缺陷

1)现象

(1)大理石或花岗岩固定不牢固。

(2)大理石或花岗岩饰面空鼓。

(3)接缝不平,嵌缝不实。

(4)大理石纹理不顺,花岗岩色泽不一致。

2)原因分析

(1)施工方法不规范,大理石与花岗岩在粘贴前没有事先在基层按规定留设预埋件,在板材上也没有打孔或割扎线连接口,或绑扎钢丝不紧密、不牢固,或铜丝直径过细,竣工后数年出现贴面板材脱落现象。

(2)灌浆基层没有润湿,石材背面未清除表面浆膜、灰尘,灌浆时没有捣实,砂浆黏结差,灌浆不密实。

(3)接缝不平、不匀,嵌缝不实:①基层处理不好,柱、墙面偏差过大;②板材质量不符合要求,使用前未严格挑选与加工;③粘贴前未全面考虑排缝宽度,粘贴时接缝大小不匀,甚至瞎缝;无法嵌缝。

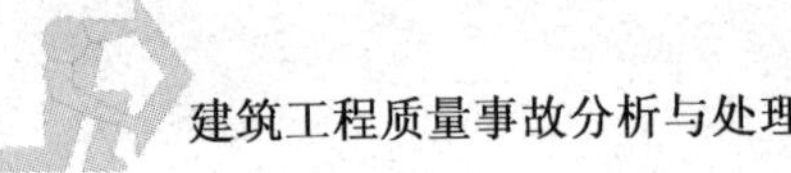

(4)石材采购对纹理与色泽没有严格控制,粘贴前没有模拟试排及挑选,粘贴时又没有注意纹理与色泽的调整。

3)预防措施

(1)粘贴前必须在基层按规定预埋 $\phi6$ 钢筋接头或打膨胀螺栓与钢筋连接。

(2)在板材上应事先钻孔或开槽。

(3)外墙砌贴(筑)花岗岩,必须做到基底灌浆饱满,结顶封口严密。

(4)安装板材前,应将板材背面灰尘用湿布擦净;灌浆前,基层先用水湿润。

(5)灌浆用1:2.5水泥砂浆,调度适中,分层灌浆,每皮板材最后一次灌浆高度要比板材上口低50~100mm,作为与上皮板材的结合层。

(6)灌浆时,应边灌边用橡皮锤轻击板面或用短钢筋插入轻捣密实,要防止碰撞板材而引起位移与空鼓。

(7)板材安装须用托线板找垂直、平整,用水平尺找上口平直,用角尺找阴阳角方正;排缝用统一垫片,每皮板材上口保持平直,接缝均匀,用糨糊状熟石膏粘贴在板材接缝处硬化结成整体。

(8)板材全部安装完毕后,须清除表面石膏和残余痕迹,调制与板材颜色相同的色浆,边嵌缝边擦洗干净,使接缝嵌得密实、均匀、颜色一致。

(9)对重要装饰面,特别是纹理密集的大理石,必须做好镶贴试拼工作,并由上至下逐块编制镶贴顺序号。

(10)在安装过程中对色差明显的石材,应及时调整,以体现装饰面的整体效果。

(三)干挂大理石与花岗岩的质量缺陷

1)现象

(1)干挂大理石或花岗岩固定不牢固。

(2)接缝不平整,嵌缝不密实、不均匀、不平直。

2)原因分析

(1)施工方法不规范,在挂大理石或花岗岩前没有事先在基层按规定预埋铁件,或钢构架焊接不牢,不锈钢挂件材料规格与质量不符合设计要求。

(2)板材上连接槽切割位置有偏差。

(3)板嵌缝未嵌实。

3)预防措施

(1)干挂大理石或花岗岩前,应事先在基层按规定预埋铁件。

(2)根据干挂板材的规格大小,选定竖向与横向组成钢构架的规格与质量。

(3)板材上、下两端应准确切割连接槽两条,并分别安装不锈钢挂件与其连接。

(4)严格按打胶工艺嵌实密封胶。

(四)砖石饰面泛碱

1)现象

面砖、大理石与花岗岩饰面板缝泛白色结晶物,污染饰面。

2)原因分析

水通过板缝及饰面材料的毛细孔进入基层,引起黏结材料中水泥水化反应所致。

3)预防措施

(1)如果发现早期粘贴的面砖、大理石、花岗岩饰面泛碱,只要选择一个好天气,即有太阳的晴天,先用草酸将饰面泛碱等污物洗掉,然后用清水冲刷干净,最好晒一天后,在饰面上喷涂有机硅(万可涂)两度,即可收到表面洁净与有光泽的良好效果。

(2)新粘贴的饰面待黏结牢固后,将饰面清理干净,采用上述方法喷涂有机硅两度,可以预防饰面泛碱。

四 涂料工程

1. 漆膜皱纹与流坠

1)现象

油漆饰面上漆膜干燥后收缩,形成皱纹,出现流坠现象。

2)原因分析

(1)施工环境不适宜,或底漆过厚,或催干剂加得过多等,使漆膜内外干燥不同步,即“外干里不干”,就会形成漆膜表面皱纹。

(2)涂料中加稀释剂过多,或涂刷的漆膜太厚,或选用的漆刷太大,或喷嘴孔径太大,喷枪距离物面太近,或漆料中含重质颜料过多,或刷漆时温度过低,湿度过大等均会造成油漆流坠。

3)预防措施

(1)要重视漆料、催干剂、稀释剂的选择。

(2)要注意施工环境温度和湿度的变化,高温、日光曝晒或寒冷以及湿度过大一般不宜涂刷油漆,最好在温度15℃~25℃、相对湿度50%~70%条件下施工。

(3)要严格控制每次涂刷油漆的漆膜厚度;要避免底漆未完全干透的情况下涂刷面漆。

(4)对于黏度较大的漆料,可以适当加入稀释剂;对黏度较大而又不宜稀释的漆料,要选用刷毛短而硬、且弹性好的油刷进行涂刷。

(5)对已出现漆膜皱纹或油漆流坠的现象,应待漆膜完全干燥后,用水砂纸轻轻将皱纹或流坠油漆打磨平整;对皱纹较严重不能磨平的,需在凹陷处刮腻子找平;在油漆流坠面积较大时,应用铲刀铲除干净,修补腻子后打磨平整,然后再分别满刷一遍面漆。

2. 漆面不光滑,色泽不一致

1)现象

漆面粗糙,漆膜中颗粒较多,色泽深浅不一致。

2)原因分析

(1)涂刷油漆前,物体表面打磨不到位、不光滑,灰尘、砂粒等粉尘清除不干净。

(2)漆料本身不符合要求,或漆料在调制时搅拌不均匀,或过筛不仔细,将杂质污物混入漆料中,或误将两种以上不同性质的漆混合等均会造成漆面粗糙。

(3)材质色泽不一致,或采用油漆品种与涂油方法不合理、刮腻子不均匀、色差等均会使色泽不一致。

3）预防措施

（1）涂刷油漆前，物体表面打磨必须到位并光滑，灰尘、砂粒等应清除干净。

（2）要选用优良漆料；调制搅拌应均匀，并过筛将混入的杂物滤净；严禁将不同型号、性能的漆料混使。

（3）"漆清水"即浅色的物体本色，应事先做好造材工作，力求材料本身色泽一致，否则只能"漆混水"即深色，同时也要制好腻子使色泽一致；对于高级装饰的油漆，应用水砂纸或砂蜡打磨平整光洁，最后上光蜡或进行抛光，提高漆膜的光滑度与柔和感。

3. 涂层不均匀，刷纹明显

1）现象

涂层厚薄、深浅不均匀，刷纹明显，表面手感不平整，不光洁。

2）原因分析

（1）基层材料差异或基层处理差异以及对涂料的吸收不一样等，会造成涂层不均匀。

（2）使用涂料时未搅拌均匀，或任意加水，使涂料稠、稀不一，会造成涂层不均匀。

（3）涂料涂层过厚，或涂层厚薄不一，或毛刷过硬，或刷涂料时操作用力不当等均会造成刷纹明显。

3）预防措施

（1）遇基层材料差异较大装饰面，底层特别要清理干净，批刮腻子厚度适中，先做样板，力求涂层均匀。

（2）使用涂料时须搅拌均匀，涂料稠度要适中；涂料加水应严格按出厂说明书要求，不得任意加水稀释。

（3）涂料涂层厚度适中，厚薄一致；毛刷软硬应与涂料品种适应；涂刷时用力要均匀、顺直，刚中带柔。

五 地面工程的缺陷与处理

（一）水泥地面和细石混凝土地面

1. 水泥地面开裂

1）原因分析

主要是施工管理不善、偷工减料造成的。有的室内回填土太松软，没有经过夯实，有的在老下水道上淤泥未清理直接填土，有的甚至将生活垃圾、废物等作回填土，随意平整一下后简单夯实就做水泥地坪。时间一长，软土层不能承受外力局部下陷，造成水泥板块变形、开裂，出现裂缝。

2）处理办法

在地基回填土以前，就要将基槽内淤泥清理干净，积水排干。尽量选用黏土或沙质黏土回填，不得用淤泥、冻土、腐殖土、湿陷性黄土等作填充物，更不能采用垃圾作回填。回填矸石必须用矸石与黏土混合后再回填，分层整平夯实。

2. 室外的散水坡、明沟、台阶等裂缝

1)原因分析

(1)沿外墙的回填土,没有分层填土夯实。

(2)没有按设计规定铺垫层夯实。

(3)靠外墙面、沿长度方向、转角处没有留设分隔缝、伸缩缝。

(4)混凝土浇筑、振捣、拍实、抹平不当。

2)处理方法

(1)当散水坡、明沟已开裂,且基土已下沉,宜返工重做。经检查基土密实度合格后,按原设计要求铺好碎石垫层夯实找平。当再浇混凝土散水坡、明沟、台阶时,靠外墙面留一条宽为15~20m 的隔离缝,长度方向每隔 12m 左右设一条分隔缝,转角处留对角分隔缝。缝内嵌沥青砂浆或胶泥。

(2)散水坡、明沟有裂缝和断裂但下面不空时,先扫刷冲洗干净缝隙中的垃圾,然后灌浆刮平。缝隙宽度小于 2mm 时,可用 107 胶水泥浆灌注后刮平;缝隙宽度大于 2mm 时,可用1:1~1:2 的水泥砂浆填嵌密实刮平,湿养护 7d,也可在裂缝处凿开 20mm 宽,扫刷干净,灌PVC 胶泥。

(3)局部破损严重,采取局部返工重浇混凝土。先将旧混凝土的端头割平留分隔缝,当新混凝土浇好后,在缝中灌沥青砂浆或胶泥。

3. 地面空鼓

1)原因分析

(1)基层面或找平层上的灰疙瘩没有刮除干净。

(2)基层干燥,面层施工前没有浇水湿润后晾干,有的随做面层随浇水,造成基层面积水,导致空鼓。

(3)基层质量低劣,表面有起粉、起砂,有的基层混凝土面有游离杂质膜层,没有刮除,形成与面层的隔离层。

(4)材料质量控制不严。

(5)基层面没有先刷水泥浆结合层,有的刷浆过早已经干硬,起不到黏结作用,也有随刷浆随浇筑混凝土和砂浆,因刷浆的水没有晾干,反而起到了隔离的作用。

2)处理方法

(1)查明事故范围及原因、空鼓面积的大小与数量、是面层与基层空鼓脱壳还是基层(找平层)与结构层或垫层之间的空鼓。

(2)空鼓面积不大又是局部时,用小锤敲击查明空鼓范围,用粉笔画清界线,然后扯线弹直角线,用切割机沿线割断;掌握切割深度,面层脱壳切到基层,基层脱壳切到结构层。凿除空鼓层,从凿出的碎片中检查分析空鼓的原因。清扫刮除基层面的积灰、酥松层,游离质隔离层用水冲洗晾干。按原面层相同的配合比计量,拌制混凝土或砂浆。先涂抹一遍配合比为1:4:8的 107 胶:水:水泥的水泥浆,隔 1h 左右,随即用拌制好的混凝土或砂浆一次铺足,用长刮尺来回刮平,沿周边要设专人负责插捣密实。如为混凝土面层,可用平板振动器振实,再用刮尺刮平,并检查平整度,如有低洼处随即用水泥浆补平。掌握时机,在收水后抹光;初凝时压抹第二遍,终凝前全面压光和抹平。隔 24h 浇水湿养护不少于 7d,也可在终凝前压光后喷涂养护液,

不需再浇水养护。

(3)大面积起鼓和脱壳,应全部凿除,按第(2)款的施工方法重做。但必须保证原材料质量,水泥强度等级不低于42.5级普通水泥,中砂必须洁净,含泥量不大于2%。

4. 水泥地面起砂、麻面

1)原因分析

(1)选材不当。使用强度低的劣质水泥、过期结块水泥或库存散落的混合水泥,其强度低,不耐磨;使用细砂,有的砂含泥量大于3%;使用的水泥砂浆存放时间已超过2h以上,一般情况下该砂浆强度已下降20%~30%。

(2)施工工艺不当。如没有掌握好压实抹光的时机,有的抹光时间过早压不实;有的抹光时间过迟,水泥砂浆已经终凝硬化,再在上面洒水抹压造成面层酥松;有的在面上撒干水泥操作引起脱皮;有的不养护或养护不及时;成品不保护,刚完工的地面任意在上面走动、推车和在上面操作等,使强度下降,导致起砂和露砂、脱皮。

(3)使用不当。有的在已完工的地面上手拌砂浆,有的室内粉刷用的砂浆直接倒在地面,再转铲给抹灰工使用,使光洁的地面造成麻面和起砂。

(4)冬期施工保温措施不当。冬期施工好的水泥砂浆地面,没有及时保暖,早期受冻,使表面脱皮、起粉、起砂;保暖不当也会造成表面酥松、起粉。如水泥地面抹光后,气温下降至0℃以下,常将门、窗关闭,用临时煤炉等生火保暖,当二氧化碳气体和水泥中的游离物质氢氧化钙、硅酸盐和铝酸钙互相作用,引起表面呈白色酥松的薄层,使表面起砂和起粉。

2)处理方法

(1)地面局部脱皮、露砂、酥松。用钢丝板刷刷除酥松层,扫刷干净灰砂,再用水冲洗,保持清洁晾干,用聚合物水泥浆涂刷一遍,如缺陷厚度大于2mm时,可用1∶1的水泥或细砂浆铺满刮平,收水后用木抹子搓平,初凝前用钢抹子抹平并抹光,终凝前再用钢抹子抹成无抹痕的面层,尤其是与旧面层边接合处要刮平。随喷一遍养护液养护,保护好成品,28d后方可使用。

(2)大面积酥松。因原材料质量造成的大面积酥松,必须返工铲除,扫刷冲洗干净后,晾干,重做地面面层。

(3)地面黏有灰疙瘩。因使用不当,地面黏有灰疙瘩时,须检查地面的强度,如质量比较好,可用磨石子机,但砂轮要换用200号金刚石或240号油石磨光。

5. 水泥地面返潮

1)原因分析

(1)地面下基土潮湿,水分因毛细孔作用而上升,使地面返潮。

(2)垫层采用的材料不合格,如碎石、道砟中夹的泥土量大,则该垫层不能起到阻隔毛细孔的作用,从而使地面返潮。

(3)房屋墙体下没有做防潮层,或防潮层不起防潮作用,导致沿墙周边返潮。

(4)地面标高低于室外地面,室外的地表水渗入地面而潮湿或积水。

2)处理方法

(1)采用阻隔毛细作用的垫层。适用于新建或返潮地面的返修,基土要先夯实抄平,一般垫层可采用中粗砂、碎石或卵石,其含泥量不得大于10%,铺设厚度控制在60~100mm之间。故洁净的砂、石垫层能阻隔基土的毛细孔作用,从而使地面干燥。

(2)铺塑法。适用于新建或返修返潮地面，其优点是抗腐蚀性能强、耐久性能好。沿海地区，可防止地面桩盐碱腐蚀破坏，防潮效果好、施工方便、造价低。施工方法是在垫层上平铺一层塑料膜，塑料膜搭接宽度不小于100mm，可粘贴、可焊接，四周沿墙要贴高60～100mm。施工中要有防止塑料膜不遭到破坏的措施。凡采用铺塑料膜的地面不再有返潮的情况。

(3)采用微膨胀水泥浇筑地面混凝土。适用于新浇或返潮地面的返修，其机理是在拌制地面混凝土的水泥中掺10%～14%的膨胀剂，经水化作用后，形成无机化合物——钙矾石，钙矾石能填充混凝土内部孔隙，增加混凝土的密实性，有效地阻隔毛细孔的作用。按配合比计量搅拌均匀的混凝土以及每一自然间或一个分格块内的地面混凝土，必须一次铺足不留施工缝，用刮尺刮平拍实，并用辊筒滚压密实，可采取一次加浆抹面、压光，湿养护7d后使用。

(4)地面标高低的处理。如再提高室内地面标高受到层高的限制时，可沿建筑外墙周围挖一条排水沟，深度低于室内地面500mm以上，最好能接通排水管道，使积水能及时排除，保持室内地面干燥。

(5)原地面涂刷堵漏灵。这能改善加固因地下水上升而返潮的地面。施工方法：用02号堵漏灵浆涂刷法，其配合比为02号堵漏灵：水＝1:0.7，然后搅拌均匀，静置30min后使用。使用时，先将地面扫刷清洗干净，待晾干后，将搅拌均匀的堵漏灵浆料涂刮或涂刷3～5遍为一层，第一层涂刷完成有硬感时，即可喷水养护防止裂缝，然后用同样方法做第二层，再及时湿养护，成品保护不少于7d后使用。

(6)氰凝涂刮法。该涂料最大优点是能二次渗透和发生膨胀，进而堵塞地面一切孔隙，有优异的黏结性能，遇水反应黏度增强，生成不溶于水的凝固体。地面可选用PA107特种氰凝涂料，涂刷可根据要求配制出不同的颜色，使地面美观，且耐磨、施工方便。

(二)水磨石地面

现制水磨石以其使用效果好、成本低、施工方便等特点，在学校、医院、车站、办公、车间等公共场所中普遍使用。但常因施工工艺及操作方法不当或混凝土自身收缩、基层结构变化等因素导致施工完毕后一段时间或未离开现场就出现问题。因此，针对保证大面积现制水磨石楼(地)面的质量措施，从以下几方面论述。

1.常出现的质量问题与原因分析

(1)施工完一段时间后常出现裂缝、空鼓。其原因为：①地面的回填土沉降不均匀。②地面沟盖板、地梁的设计标高与±0.000的相差较小，不足以做基层。由于回填土的沉降较大，地梁或沟盖板对基层的反力作用导致基层混凝土遭到破坏。③由于外界因素的影响(如环境温度)，混凝土表面收缩过大造成基层与面层之间的收缩差异，引起面层开裂。④有些施工单位为缩短工期，将20mm厚的1:3水泥砂浆找平层与现浇混凝土板合二为一，导致混凝土表面局部砂浆较多，强度低，影响面层的黏结质量。⑤楼面基层混凝土开裂导致空鼓、裂缝。

(2)分格条折断、显露不清晰。原因是分格条镶嵌不牢固(或未低于面层)，滚压前未用铁抹子拍打分格条两侧，在滚筒滚压过程中，分格条被压弯压碎。

(3)分格条交接处四角无石粒。主要是黏结分格条时，稠水泥浆应粘成30°角，分格条顶距水泥浆4～6mm，同时在分格条交接处，黏结浆不得抹到端头，要留有拌和料的孔隙。

(4)水磨石面层有洞眼、孔隙。工人操作时，图省事少擦浆，擦抹一次或者仅用扫帚而不

是擦抹或用稀浆等，都容易造成面层有小孔洞；擦浆后未硬化就进行磨光，也会将洞孔中的灰浆磨掉。

(5)面层石粒不匀、不显露。主要是因为石子规格不好、石粒未清洗，铺拌和料时用刮尺刮平，将石粒埋在灰浆内，从而导致石粒不匀。

2. 裂缝、空鼓的处理

(1)通长裂缝的处理。将面层按分格条凿开，清除裂缝基层，补做基层混凝土，并在硬基层上配 $\phi6@200$ 的双向钢筋网片，最后补做面层。

(2)对结构不同处部位的裂缝的处理。将面层用切割机沿裂缝割开，在原裂缝处加设一道分格条，以免使用后由于该处结构不同造成新裂缝。在切割面层时，将割半的八厘石子剔除，加新料补齐磨好。

(3)沿分格条处裂缝的处理。沿缝嵌填水泥浆，养护一段时间后加磨一遍，使缝隙填实。

(4)对局部起鼓、裂缝的水磨石面层的处理。将其按分格条凿开，清除混凝土表面浮浆，重新补做面层。修补所用材料及颜料配比与原地面施工时相同。

(三)块料面层

板块地面材料具有较好的装饰性能，表面平整，耐磨损，价格和品种可选性强，深受用户欢迎。但板块地砖的施工要达到质量标准，仍存在很大难度。块料面层经常出现的质量缺陷主要有地面铺贴不平、缝隙不匀、勾缝毛糙及空鼓、松动或脱落等，这些缺陷都会影响板块地砖的装饰效果和使用功能。

1. 预制水磨石、大理石、花岗岩地面

1)地面板块空鼓

(1)原因分析

底层的基土没有夯实，产生不均匀沉降。基层面没有扫刷洁净，残留的泥浆、浮灰和积水成为隔离层。预制板块背面的隔离剂、粉尘和泥浆等杂物没有洗刷洁净。基层质量差，有的基层面酥松，强度不足 M5，有的基层干燥，施工前没有先浇水湿润，也有的水泥浆刷得过早，已干硬。铺板块的水泥砂浆配合不准确，时干时湿，操作不认真，铺压不均匀，局部不密实。成品养护和保护不善，面层铺好后，没有及时湿养护，过早就上去操作或加载。

(2)处理方法

①由于基底不密实，造成地面板块空鼓、动摇、裂缝等，要查明原因后再处理。

②将空鼓的板块返工，挖除松软土层，换合格的土分层回填夯实平整，铺垫层。

③清除基层面前泥灰、砂浆等杂物，并冲洗干净。

④拉好控制水平线，先试拼、试排，并确定相应尺寸，以便切割。

⑤砂浆应采用干硬性的、配合比为 1∶3 的水泥砂浆，砂浆稠度掌握在 30mm 以内。

⑥铺贴板块。铺浆由内向外铺刮赶平，将洗净晾干的板块反面薄刮一层水泥浆，就位后用木槌或橡皮锤垫木块敲击，使砂浆振实，全部平整、纵横缝隙标准、无高低差为合格。

⑦灌缝，擦缝。板块铺后，养护 2d；在缝内灌水泥浆，要求颜色和板块相同；待水泥浆初凝时，用棉纱工蘸色浆擦缝后，养护和保护成品，要求在 7d 内不准在其上操作和堆放重物。

2)局部松动的处理

查明松动、空鼓的位置,画好标记,逐块揭开。凿除结合层,扫刷冲洗洁净。处理工艺如下:做找平层→刷水泥浆→铺干硬性水泥砂浆→铺板块→灌缝与擦缝→养护。

3)接连高低差大、拼缝宽窄不一

(1)原因分析

板块的几何尺寸误差大。预制水磨石、大理石、花岗岩板块的平面没有磨平,存在明显的凹凸与挠曲。铺板时接缝高低差大,拼缝宽窄不一,又不及时纠正,也有黏结层不密实,受力后局部下沉,造成高低差。

(2)处理方法

①严格控制板块质量,正确把握好接缝的高低差和缝宽,发现不符合标准的,要及时调换和纠正。

②对铺好后局部沉降的板块接缝高低差,要将沉降板块掀起,凿除黏结层;扫刷冲洗干净晾干,刷水泥浆一遍,铺 1:3 干硬性水泥砂浆黏结层;要掌握厚度和密实度,铺板块须用锤垫木块敲打密实和平整;要和周边板块标高齐平,四周缝要均匀,用原色水泥浆灌缝和擦缝;成品养护和保护 7d 后使用。

2. 地面砖

1)地面砖的空鼓和脱落

地面砖是室内地面装修中最常见的材料之一,具有规格繁多、色泽鲜艳、施工方便、效果较好、价格较低、易清洗等优点。地面砖主要包括缸砖及各种陶瓷地面砖,在施工中如果不精心管理和操作,很容易发生一些质量问题,不仅直接影响其使用功能和观感效果,而且也会造成用户的恐惧心理。主要有下几个方面。

(1)基层原因。铺贴地面砖的地面基层须清理干净,表面不能有泥浆、浮灰、杂物、积水等隔离性物质;如果基层的强度低于 M15,表面酥松、起砂,施工以前不进行浇水湿润,那么就很容易发生空鼓和脱落。基层质量要求一般不低于 M15,每处脱皮和起砂的累计面积不得超过 $0.5m^2$,平整度用 2m 靠尺检查时不大于 2mm,不得出现脱壳和酥松等质量问题。

(2)水泥砂浆质量原因。地面砖与基层黏结是否牢靠,水泥砂浆的质量是关键。如果水泥砂浆的配合比设计不当、搅拌中计量不准确、水泥砂浆成品质量不合格或在施工中铺压不紧密,就可能引起空鼓。水泥砂浆应采用硅酸盐水泥或普通硅酸盐水泥,而且强度等级不低于 42.5MPa,其配合比采用水泥:砂 = 1:3,砂浆的稠度控制在 2.5 ~ 3.5mm 之间。

(3)地面砖铺前、铺后管理原因。铺前应对其尺寸、外观质量、表面色泽等进行预选,保证质量符合要求,然后将表面清理干净,放入水中浸泡 2 ~ 3h 取出晾干。铺后由于砂浆的凝结硬化,不仅需要一定的温度和湿度,而且不能过早的扰动,如过早的走动、推车、堆放重物,或其他工种在上面操作和振动,或不及时浇水养护。处理方法:用小木槌由内向外逐块敲击检查,发现松动、空鼓、破碎的地面砖,做好标记逐块逐排将地面砖掀开,凿除原有结合层的砂浆,打扫清除干净,用水冲洗、晾干;刷一层聚合物水泥浆(108 胶:水:水泥 = 1:4:10),停 30s 即可铺黏结水泥砂浆(水泥:砂 = 1:2);水泥砂浆搅拌均匀,稠度控制在 30mm 左右,按设计厚度刮平;将背面灰浆刮除,再刮一层黏结剂,压实拍平即可。处理的地面砖要与周围的相平;四周接缝均匀;采用颜色相同的色浆灌缝;养护时间不得少于 7d。

2）地面砖裂缝质量问题

（1）原因分析

由于建筑结构材料收缩，楼面结构发生较大变形，地面砖会被拉裂。材料选择不当，收缩系数不一样，如有的地面结合层采用纯水泥浆，由于它们的温差收缩系数不一样，会引起起鼓、爆裂。

（2）处理方法

①如果是结构原因，首先要对结构进行加固处理，然后再处理地面砖。

②将起鼓、脱壳和裂缝的地面砖铲除或掀起，沿裂缝的找平层拉线，用混凝土切割机切缝，缝宽控制在10～15mm之间；将粉尘扫净，缝内灌柔性密封胶。

③掀起地面，用快口的扁凿子凿除水泥砂浆结合层，再用水冲洗扫刷干净，将添补的地面砖浸水洗去泥浆并晾干。结合层可以用干性水泥浆（水泥：砂＝1：2）铺刮平整，然后铺贴地面砖；也可采用JC建筑装饰黏合剂。铺贴地面砖时，要准确对缝，将地面砖的缝留在锯割的伸缩缝上，该条砖缝控制在10mm左右。

④铺贴中要确保地面砖的横平竖直、铺贴砂浆的饱满度、地面砖的标高和平整度，相临两块砖的高差不得大于1mm；表面平整度用2m直尺检查不得大于2mm；地面砖铺贴后应在24h内进行擦缝、勾缝；缝的深度宜为砖厚的1/3；擦缝、勾缝应用同品种、同强度等级、同颜色的水泥，随做随清理砖地面上的水泥砂浆；湿养护要在7d以上，并要保护成品不被随意踩踏和振动。

3）地面砖接缝质量差的问题

（1）原因分析

材料质量问题，施工操作不规范。地面砖的质量低劣，达不到现行产品标准，尤其是砖面的平整度和挠曲度超过规定。选择材料时一定要按照设计要求选择地面砖，应挑选平整度、几何尺寸、色泽花纹均符合标准的砖。铺贴操作不规范，结合层平整度差，密度小，而且不均匀，很容易导致相临砖高差大于1mm或者一头宽一头窄，或结合层局部沉降而产生高差。施工要按程序进行，先将砖预排（色泽和花纹的调配），拉好纵、横向和水平的控制线，再按规范施工。

（2）处理方法

同地面砖接缝处理方法一样。

4）面层不平整、积水、倒泛水问题

（1）原因分析

施工管理水平低，铺贴时没有测好和拉好水平控制线。有时虽然拉好了，但在施工中不太注意，控制线时松时紧，造成平整度差。施工地面砖一定要按控制线先贴好纵、横向定位砖，再按控制线贴好其他地面砖。每铺完一个段落，用喷壶进行洒水，每隔15s左右将硬木平板置于地面砖上，用木槌敲击木板（全面打一遍），同时用水平尺检查。

地层地面的基层回填土不密实，局部产生沉陷，造成表面低洼积水。

在铺贴前没有检查作业条件，如找平层平整度、排水坡度没有查明，就盲目铺贴，造成泛水。铺贴前一定要检查找平层的强度、平整度、排水坡度是否符合设计要求，分隔缝中柔性防水材料要先灌好，地漏要预先安放于设计位置，使找平层上的水能顺利地流入地漏。

（2）处理方法

①查明倒泛水和积水洼坑的面积范围大小和积水的原因。

②如确是地漏面高于地面时，必须纠正地漏，把地漏周围凿开，拆开割短排水管，重新安装，确保地漏面低于地面 10mm。板底及管周托好模板，在结构楼板孔周涂刷水泥浆后，将配合比为水泥：砂：石子 = 1：2：2 的细石混凝土搅拌均匀，铺在管周，插捣密实，表面低于基层面 10mm，隔天浇水养护，并检查板底以不漏水为合格。干硬后灌防水柔性密封膏，经试水不漏，修补好地面砖。

③如因找坡层误差，必须返工纠正找坡层。经流水试验水都流向地漏并无积水洼坑后，修补好地面砖。

④底层地面出现沉陷低洼积水，要铲除已沉降处的地砖，凿开基层，挖除松软土层，换土重夯实、重铺夯垫层后修补好地面砖。

六 裱糊工程质量问题与预防

1. 裱糊面皱纹、不平整

1）现象

裱糊面未铺平，呈皱纹、麻点与凹凸不平状。

2）原因分析

（1）基层表面粗糙，批刮腻子不平整，粉尘与杂物未清理干净，或砂纸打磨不仔细。

（2）壁纸材质不符合质量要求，壁纸较薄，对基层不平整度较敏感。

（3）裱糊技术水平低，操作方法不正确。

3）预防措施

（1）基层表面的粉尘与杂物必须清理干净；对表面凹凸不平较严重的基层，首先要大致铲平，然后分层批刮腻子找平，并用砂纸打磨平整、洁净。

（2）选用材质优良与厚度适中的壁纸。

（3）裱糊壁纸时，应用手先将壁纸铺平后，才能用刮板缓慢抹压，用力要均匀。若壁纸尚未铺平整，特别是壁纸已出现皱纹，必须将壁纸轻轻揭起，用手慢慢推平，待无皱纹、切实铺平后方能抹压平整。

2. 接槎明显，花饰不对称

1）现象

裱糊面层搭接处重叠，接槎明显，纸（布）粘贴花纹不对称。

2）原因分析

（1）裱糊压实时，未将相邻壁纸连接缝推压分开，造成搭缝；或相邻壁纸连接缝不紧密，有空隙缝；或壁纸连接缝不顺直等均会造成接槎明显。

（2）对装饰面所需要裱糊的壁纸（布）未进行周密计算与裁剪，造成门窗口的两边、对称的柱子、墙面所裱糊的壁纸花饰不对称。

（3）壁纸（布）选择的颜色与花纹不适当，会增加裱糊的难度。

3）防治措施

（1）壁纸粘贴前，应先试贴，掌握壁纸收缩性能；粘贴无收缩性的壁纸时，不准搭接，必须与前一张壁纸靠紧而无缝隙；粘贴收缩性较大的壁纸时，可按收缩率适当搭接，以便收缩后，两

张纸缝正好吻合。

(2)壁纸粘贴的每一装饰面,均应弹出垂线与直线,一般裱糊2~3张壁纸后,就要检查接缝垂直与平直度,发现偏差应及时纠正。

(3)粘贴胶的选择必须根据不同的施工环境温度、基层表面材料及壁纸品种与厚度等确定;黏贴胶必须涂刷均匀,特别在拼缝处,胶液与基层黏结必须牢固,色泽必须一致,花饰与花纹必须对称。

(4)壁纸(布)选择必须慎重。一般宜选用易粘贴且接缝在视觉上不易察觉的壁纸(布)。

七 吊顶工程施工质量通病防治

1. 整体紧缝吊顶质量问题与预防

1)现象

(1)接槎明显。

(2)吊顶面层裂缝,特别是拼接处裂缝。

(3)面层挠度大,不平整,甚至变形。

2)原因分析

(1)接槎明显。①吊杆(吊筋)与龙骨(搁栅)、主龙骨与次龙骨拼接不平整。②吊顶面层板材拼接不平整或拼接处未处理就贴胶带纸(布),批腻子没找平,拼接处明显突起,形成接槎。

(2)面层裂缝。①木料含水率高,收缩翘曲变形大;采用轻钢龙骨或铝合金吊顶,吊杆与主、次龙骨纵横方向线条不平直,连接不紧密,受力后产生位移变形。②吊顶面板含水率偏大或产品出厂时间较短,尚未完全稳定,面板产生收缩变形(PC板等产品尤为严重)。③整体拼接缝处理不当,产生拼缝处裂缝。

(3)面层挠度大、不平整。①木料材质差,含水率高,收缩翘曲变形大;采用轻钢龙骨或铝合金吊顶,吊杆与主、次龙骨纵横方向线条不平直,连接不紧密,受力后产生位移变形。②吊顶施工未按规程(范)操作,未对照基准线在四周墙面弹出水平线,或在安装吊顶中没有按要求起拱。

3)预防措施

(1)接槎明显。①吊杆与主龙骨、主龙骨与次龙骨拼接应平整。②吊顶面层板材拼接应平整,在拼接处面板边缘,如无构造接口,先刨去2mm左右,使接缝处粘贴胶带纸(布)后接口与大面相平。③拼接缝处批刮腻子必须密实、平整;打砂皮要到位,可将砂皮钉在木蟹上作均匀打磨,确保平整和消除接槎。

(2)面层裂缝。①吊杆与龙骨安装应平整,受力节点结合应严密牢固,可用砂袋等重物试吊,使其受力后不产生位移变形,方能安装面板。②湿度较大的空间不得用吸水率较大的石膏板等作面板;FC板等材料应经收缩相对稳定后方能使用。③使用纸面石膏板时,自攻螺钉与板边或板端的距离不得小于10mm,也不宜大于16mm;板中螺钉的间距不得大于200mm。④整体紧缝平顶,其板材拼缝处要统一留缝2mm左右,宜用弹性腻子批嵌,也可用107胶或木工白胶拌白水泥掺入适量石膏粉作腻子批嵌拼缝至密实,并外贴拉结带纸或布条1~2层,拉结带宜用的确良布或编织网带,然后批平顶大面。

(3)面层挠度大,不平整。①吊杆与龙骨安装应平整,受力节点结合应严密牢固,可用砂袋等重物试吊,使其受力后不产生位移变形,方能安装面板。②吊顶施工应按规程操作,事先以基准线为标准,在四周墙面上弹出水平线,同时在安装吊顶过程中要做到横平、竖直,连接紧密,并按规范起拱。

2. 分格拔缝吊顶质量缺陷

1)现象

(1)分格缝不均匀,纵横线条不平直、不光洁。

(2)上型分格板块呈锅底状变形,木夹板板块见钉印。

(3)底面不平整,中部下坠。

2)原因分析

(1)分格缝不均匀,纵横线条不平直:①安装吊顶前没有按吊顶平面统一规划,合理分块,准确分格。②吊顶安装过程中没有纵横拉线与弹线;装钉板块时,没有严格按基准线拼缝、分格与找方。

(2)上型分格板块呈锅底状变形,木夹板板块见钉印:①分格板块材质不符合要求,变形大。②分格板块材料选择不当,地下室或湿度较大的环境不应选用石膏板等吸水率较大的板块,易变形。③分格板块装订不牢固或分格面积过大;夹板板块钉钉子的方法不正确,深度不够,钉尾未嵌腻子。

(3)吊筋拉紧程度不一致。

3)预防措施

(1)分格缝不均匀,纵横线条不平直:①吊顶安装前应按吊顶平面尺寸统一规划,合理分块,准确分格。②吊顶安装过程中必须有纵横拉线与弹线;装钉板块时,应严格按基准线拼缝、分格与找方,竖线以左线为准,横线以上线为准。③吊顶板块必须尺寸统一与方正,周边平直与光洁。

(2)上型分格板块呈锅底状变形,夹板板块见钉印:①分格板块材质应优选变形小的材料。②分格板块必须与环境相适应,如地下室、湿度较大的环境、门厅外大雨篷底等,不采用石膏板等吸水率较大的板材。③分格板块装订必须牢固,根据板材刚度与强度确定分格面积。④固定夹板板块以胶黏结构为宜(配合用少量钉子);用金属钉(无头钉)时,钉打入夹板深度应大于1mm且用腻子批嵌,不得显露钉子的痕迹。

(3)使用可调吊筋,在装分格板前调平并预留起拱。

3. 扣板式吊顶质量缺陷

1)现象

(1)扣板拼缝与接缝明显。

(2)板面变形或挠度大,扣板脱落。

2)原因分析

(1)扣板拼缝与接缝明显:①板材裁剪口不方正,不整齐,不完整。②铝合金等板材在装运过程中造成接口处变形,安装时未校正,接口不紧密。③扣板色泽不一致。

(2)板面变形或挠度大,扣板脱落:①扣板材质不符合质量要求,特别是铝合金等薄型扣

板保管不善或遇大风安装时易变形、易脱落，一般无法校正。②扣板搭接长度不够，或扣板搭接构造要求不合理，固定不牢。

3)预防措施

(1)扣板拼缝与接缝明显：①板材裁剪口必须方正、整齐与光洁。②铝合金等扣板接口处如变形，安装时应校正，其接口应紧密。③扣板色泽应一致，拼接与接缝应平顺，拼接要到位。

(2)板面变形或挠度大，扣板脱落：①扣板材质应符合质量要求，须妥善保管，预防变形；铝合金等薄扣板不宜做在室外与雨篷底，造成易变形与脱落。②扣板接缝应保持一定的搭接长度，不应小于30mm，其连接应牢固。③扣板吊顶一般跨度不能过大，其跨度应视扣板刚度与强度而合理确定，否则易变形、脱落。

八 花饰工程质量问题与处理

1. 花饰制品粗糙，接槎明显

1)现象

花饰制品制作与拼接粗糙，拼角不方正，接槎明显。

2)原因分析

(1)花饰制品的模具尺寸、形状不准确，内表面不光滑，拼装不紧密，或在重复使用过程中清模不干净，脱模剂涂刷不到位、不均匀。

(2)制品材料配合比不正确、搅拌不均匀；制作过程中振捣不密实，养护不认真；拆模时间不适当等。

(3)花饰制品几何尺寸不准确，拼装不规范；镶嵌材料不符合要求，批嵌不密实光洁，造成接槎明显。

3)预防措施

(1)装饰制品的模具尺寸必须准确，内表面应光滑，模具拼装紧密；模具在重复使用过程中清模应干净，脱模剂涂刷要均匀，不漏刷。

(2)制品材料配合比应正确，搅拌均匀，振捣密实，养护认真；拆除时间应适当，确保花饰制品内实外光，几何尺寸正确，制作精细。

(3)花饰制品的拼角应方正，拼接应平顺；镶嵌材料颜色要接近制品颜色，批嵌要密实光洁。

2. 花饰制品与建筑物连接不牢固，镶嵌不光洁

1)现象

花饰制品与建筑物连接不牢固，松动甚至脱落；镶嵌粗糙，不光洁。

2)原因分析

(1)花饰制品与建筑物连接未设置预埋件，连接不规范。

(2)花饰制品与建筑物连接处镶嵌操作不到位，批嵌不认真。

3)预防措施

(1)花饰制品与建筑物的连接处必须设置预埋件，连接要牢固。

(2)花饰制品与建筑物的连接处镶嵌、批嵌要认真，腻子颜色要与制品及建筑物协调，细部处理光洁。

第二节 外墙外保温工程质量问题与处理

外墙外保温系统作为建筑物的重要建筑构造，具有建筑外观装饰、围护结构、保温隔热等多种功能。建筑节能是国家的一项长期性的强制性推广政策，建筑外墙外保温与外墙装饰是融为一体的，先做保温层，后在保温层上做装饰，作为建筑节能的一种形式，在国内得到了较大的推广应用，并在设计、施工中积累了许多宝贵经验，得到了广大用户的认可，理应能够具备工程安全长期稳定、表观质量长期稳定、节能效果长期稳定、满足设计标准等基本技术要求。经过多年的发展，进步很大，推广的也很快，但在实际应用上还存在一些问题。

一 外墙外保温工程常见质量问题与质量事故原因分析

1. 设计原因引起的质量问题

(1)窗的节能节点设计不合理或未进行节能设计，存在热桥效应或接口处理不严密导致渗水现象。

(2)忽略结构伸缩缝的节能设计，同时保温系统在此存在接口，施工处理不严密导致渗水现象，从而水进入保温系统内部而造成危害。

(3)忽略女儿墙内侧增强保温设计或施工处理不严密，导致室内顶板棚根部返霜结露，女儿墙墙体开裂，甚至女儿墙构件尺寸变化过大(女儿墙受到太阳辐射程度较大)，导致外侧的保温系统破坏，继而渗水。

(4)忽略勒脚处的保温节点的特殊性，设计构造时无针对性而显得不合理。

(5)忽视对保温系统与非保温系统接口部位细部处理，导致接口处开裂与渗水现象。

(6)不知道或不重视规范上要求的在底层或首层容易受到碰撞的部位，需要增加网格布或两层网格布以提高系统在该区域的抗冲击能力，导致该部位受到碰撞造成系统破坏，增加维修难度与费用。

(7)在许多图集或图纸上列出的节能工程外墙的保温系统构造中，常常未注明外墙找平层的要求，或者在实际施工中忽视找平层的重要性。而实际上，找平层的好坏直接影响外保温系统的用材与施工质量。

(8)确定保温工程上锚固件是否使用、选用多少无定则，无规范化可寻。

2. 施工原因引起的质量问题

在引起外保温工程质量的各种因素中，由施工操作原因而产生的质量问题占大部分，因此，施工质量不能不引起重视。

(1)材料问题。如聚苯板薄抹灰外保温，经常出现问题有：

①专用的胶黏剂对苯板的黏结力(包括耐水、耐冻融、耐高温)不足，没有达标，直接导致保温板的安装质量差，无法承受基层一定程度的变形，甚至系统脱落。

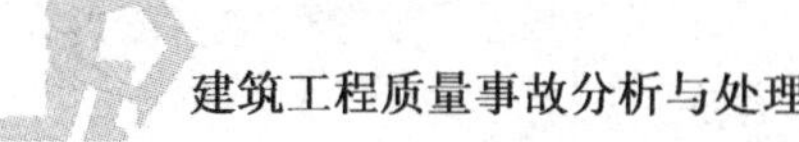

②专用的抹面砂浆对苯板的黏结力（包括耐水、耐冻融、耐高温）不足，没有达标，直接导致护面层开裂，继而渗水、起鼓与脱落。

③保温板无陈化过程或陈化程度不足，存在变形或受热变形，没有达标，直接影响系统的质量，出现起鼓、起翘、开裂，甚至导致黏结很快失效而脱落。

④保温板的切割规格不合格、偏差过大，直接影响保温层安装质量（平整度、保温板接缝严密性）；厚度过薄直接影响系统变形、抗风压能力、抗撕拉能力、抗荷载能力（包括自重及饰面荷载）；强度过硬、表面有致密表皮，直接影响黏结材料对其的黏结力与黏结效果的稳定性。

⑤网格布的单位面积质量、断裂强力及耐碱断裂强力保留率不合格，因此在护面层就起不到很好的增强作用，难以确保系统护面层的机械强度与耐久性。严重者，墙面受到温度应力后很快就开裂。

⑥锚固件规格、型号与强度不好，施工过程中难于将锚固件锚固牢靠，达不到辅助增强的效果，形同虚设。

（2）砂浆搅拌不充分均匀、稠度偏差大，直接影响施工操作性能及成品质量；双组分配比误差大也直接影响成品质量。对成品质量的影响表现在黏结强度、强度变化大等，从而导致开裂、起鼓、渗水等异常现象。

（3）外墙外保温施工人员未经专门技术与素质培训，盲目施工，野蛮施工，无法在施工过程中做到定人定岗、施工操作规范顺畅，并由此而产生大量的质量事故与安全事故。

（4）墙面保温板交错排布不严格；板与基层面有效黏结面积不足，达不到40%规范要求，或出现虚黏现象，或达不到个体工程设计要求；保温板间接缝不紧密或接槎高差大，或外饰件紧密度太差；板缝接近或与窗边平齐，不符合规范要求；板面平整度不符合标准（≤4mm/2m）。

（5）保温浆料现场搅拌配料常见问题有：

①胶粉料加水量误差过大。

②浆料和易性不好、难于操作、易掉浆料。

③搅拌时间不足或机械功率不大导致搅拌的浆料不均匀。

④胶粉料与骨料配比误差大等。

（6）保温浆料的涂抹常见问题有：

①界面砂浆未涂抹或涂布量不足导致保温砂浆与基层咬合不好，从而导致附着力差。

②首道保温砂浆涂抹过厚，导致空鼓与附着力差。

③保温砂浆未按设计要求厚度涂抹，存在偷工减料，导致传热系统不达标。

④最后一道砂浆未压紧及收光质量不好，影响平整度与表面强度。

⑤平整度差，采取固化后打磨调整，直接破坏保温层整体性及表面强度等。

（7）网格布埋填常见问题有：

①网格布直接干铺在保温层上，用抹面砂浆直接涂抹，网格布起不到应有的增强作用，反起隔离副作用。

②网格布搭接不合格，网布上下、左右间与外饰件间以及接口收头处，有一处不合格，就将影响系统整体质量。

③网格布埋入抹面砂浆中位置不当(应位于砂浆中间,略偏向表面)。

④网格布铺展质量差,起翘、起褶皱、露网格痕迹等。

(8)护面砂浆施工中常见问题有:

①浆料和易性不好,稠度不佳。

②与保温层咬合不好,产生空鼓现象。

③厚度不均匀,有太厚太薄存在,导致护面层强度不均。

④在大风(>5 级)、阳光直射、温度低(≤5℃)时,施工产生开裂现象。

⑤追求表面观感,采取蘸水刷浆处理,导致骨料暴露、表面返白、强度降低,甚至开裂。

⑥在门窗洞口与构件接口等接缝处,抹面砂浆压实度、饱满度不足,易导致该处开裂。

⑦过长时间或已初凝浆料继续使用,导致开裂及影响抹面质量。

⑧严重结皮,砂浆使用影响施工质量。

⑨平整度控制不好,不符合规范要求。

3. 工程管理问题

外墙外保温工程施工是一项十分复杂的生产过程,它的生产过程即将外保温系统的功能按照一定程序、一定要求,执行相应规范赋予到节能建筑上。它涉及管理组织、人力物力综合平衡、施工培训上岗、工具设备安排、个体工程技术要求及技术交底、施工上工作进度与时间安排、文明安全施工等多方面要求与内容。施工组织安排的好坏直接关系到工程的进度与质量。常见问题有:

(1)管理组织松散或无管理组织——影响施工进度与质量,甚至影响文明施工、安全施工。

(2)人力、物力安排不当或跟不上——影响施工进度与质量。

(3)采用新手上阵、无培训——工程质量与安全受到影响。

(4)不知道工程设计要求及技术交底不全——影响保温工程设计要求及细节处理的质量。

4. 施工质量监督、验收问题

外保温施工过程中,施工质量监督与验收是保证外保温工程质量的重要措施和必要的手段。因为外保温工程施工中涉及的隐蔽工程较多,也涉及不同分包单位的分项工程交接,再加上工程进度紧,如果管理跟不上,质量监督与验收不到位,势必影响工程质量。常见问题有:

(1)施工面交接不严格,存在各施工段质量与责任模糊,会留下隐患与纠纷问题。

(2)质量监督工作与验收工作不及时与到位,影响工程进度与质量。

(3)验收滞后,有些必要的细部隐蔽项目因施工进度与程序要求被忽略。

5. 成品质量防护问题

由于外墙外保温工程上存在各分包单位的交叉施工,成品质量防护显得十分重要。常见问题有:

(1)完成的保温工程施工段工序及成品受到后续的不了解保温系统的另外分包单位的施工影响,并受到撞击、穿刺、废物污染等破坏。

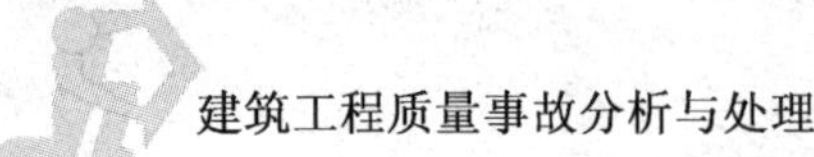

(2)完成的工序项目及成品受到外界影响,如成品未达到一定强度,受到暴雨、冷冻、强烈敲击振动等影响而破坏。

二 外墙外保温工程常见质量问题与质量事故

外墙外保温工程常见的质量问题与质量事故主要有以下三个方面。

1. 保温层缺陷

采用浆体类保温材料的外墙外保温系统易出现空鼓、裂纹、脱落;采用聚苯保温板的外墙外保温系统易出现虚贴、脱落;采用聚氨酯现场发泡的外墙外保温系统易出现收缩或空鼓、裂纹。

【例 8-1】 2007 年 6 月 7 日下午 5 时许,银川市"江南水乡 A-5 号楼"东山墙 1 ~ 4 层外墙外保温层脱落,造成该建筑下停放车辆受损,无人员伤亡。这起事故反映施工单位对建筑节能标准和施工技术标准、规范和工艺执行不严格,监理单位没有严格按照当地相关外墙外保温应用技术规程的要求实施监理,质量安全责任制没有落实,致使外墙外保温层存在严重质量安全隐患。同时,建设单位违反国家工程质量安全有关法律法规,在工程没有竣工验收合格、没有竣工备案的情况下安置拆迁户入住。事后,建设行政主管部门依据相关法律、法规对造成此次事故的相关责任单位严肃追究事故责任,严厉查处违法违纪和失职渎职行为,并将其行为载入不良行为记录。

2. 表观质量缺陷

采用涂料饰面的外墙外保温系统易出现龟裂和严重裂纹,采用外饰面砖的外墙外保温系统易出现局部脱落甚至大面积脱落。

3. 施工阶段质量与安全事故

外墙外保温工程现场施工时属于高空作业,易出现高空坠落、坠物事故;外墙外保温工程施工一般与室内装修、水电工程施工同步进行,易出现火灾等事故。

【例 8-2】 2005 年 2 月 28 日 14 时,北京住高汇智保温科技发展有限公司分包的东城区立骏大厦外墙保温工程施工现场在搭建脚手架时,操作工王某在递料过程中,坠入约 10m 深的竖井,经抢救无效死亡。经调查,事故主要原因是外施工队队长违章指挥,并使用无操作证人员进行施工。事后对相关责任人和单位进行了处理。

【例 8-3】 央视新址火灾。

2009 年 2 月 9 日晚 21 时,在建的中央电视台新台址园区文化中心发生特别重大火灾事故,大火持续燃烧 6h,火灾由烟花引起。在救援过程中 1 名消防队员牺牲,6 名消防队员和 2 名施工人员受伤。建筑物过火、过烟面积达 21333m^2,其中过火面积为 8490m^2,造成直接经济损失 16383 万元。这是一起责任事故,71 名事故责任人受到责任追究。

法庭审理查明,2006 年 12 月,中山盛兴公司与廊坊华能建材公司(简称华能公司)签订供货合同,由华能公司提供燃烧性能为 B2 级的挤塑板(B2 级为可燃材料,原则上,当点火源离开后,持续燃烧的时间较短或延燃慢)。此后,中山盛兴公司先后从华能公司采购了 4 千余平方米、共计 17 万元的挤塑板用于央视新址 B 标段幕墙工程。2007 年 5 月 27 日,这批挤塑板在施工前被北京质量监督局抽查检测不能达到 B2 级,后该批挤塑板被封存。但中山盛兴公司隐瞒了已使用部分挤塑板的事实,且未对已安装的挤塑板进一步检测。同年10月,中山盛兴公司又擅自从北京天匠建材公司(简称天匠公司)先后采购无标志、无合格证和产品检测报告的“B2级挤塑板”共计2.1万m^2。时任中山盛兴公司副总经理的唐某某、项目部执行经理的谷某某和质量员李某某,均未向雇主代表和监理公司上报。

火灾直接原因:央视新址办违反烟花爆竹安全管理相关规定,未经有关部门许可,在施工工地内违法组织大型礼花焰火燃放活动,在安全距离明显不足的情况下,礼花弹爆炸后的高温星体落入文化中心主体建筑顶部擦窗机检修孔内,引燃检修通道内壁裸露的易燃材料,引发火灾。

火灾间接原因:①央视新址办违法组织燃放烟花爆竹,对文化中心幕墙工程中使用不合格保温板问题监督管理不力,中央电视台对央视新址办工作管理松弛。②有关施工单位违规配合建设单位违法燃放烟花爆竹,在文化中心幕墙工程中使用大量不合格保温板。③有关监理单位对违法燃放烟花爆竹和违规采购、使用不合格保温板问题监理不力。④有关材料生产厂家违规生产、销售不合格保温板。⑤有关单位非法销售、运输、储存和燃放烟花爆竹。⑥相关监管部门贯彻落实国家安全生产等法律法规不到位,对非法销售、运输、储存和燃放烟花爆竹以及文化中心幕墙工程中使用不合格保温板问题监管不力。

【例8-4】 上海“11·15”特大火灾事故。

2010年11月15日14时,上海余姚路胶州路一栋高层公寓起火。大火导致58人遇难,另有70余人接受治疗。“11·15”火灾发生时,上海胶州路728号大楼正在实施静安区政府实事工程——节能综合整治项目。静安区建交委2010年9月通过招投标,确定工程总包方为上海市静安区建设总公司,分包方为上海佳艺建筑装饰工程公司。2010年11月,静安区建交委选择上海市静安建设工程监理有限公司承担项目监理工作,上海静安置业设计有限公司承担项目设计工作。此工程部分作业分包情况为:脚手架搭设作业分包给上海迪姆物业管理有限公司施工,搭设方案经公司总部和监理单位审核,并得到批准;节能工程、保温工程和铝窗作业,通过政府采购程序分别选择正捷节能工程有限公司和中航铝门窗有限公司进行施工。

起火大楼在装修作业施工中,有2名电焊工违规实施作业,在短时间内形成密集火灾。这起事故还暴露出5个方面的问题:①电焊工无特种作业人员资格证,严重违反操作规程,引发大火后逃离现场;②装修工程违法违规,层层多次分包,导致安全责任不落实;③施工作业现场管理混乱,安全措施不落实,存在明显的抢工期、抢进度、突击施工的行为;④事故现场违规使用大量尼龙网、聚氨酯泡沫等易燃材料,导致大火迅速蔓延;⑤有关部门安全监管不力,致使多次分包、多家作业和无证电焊工上岗,对停产后复工的项目安全管理不到位。

本章小结

本章主要介绍了装饰工程和外墙外保温工程的主要质量问题,并对其形成进行简单分析,同时对不同类型事故的预防方法进行了介绍。通过本章的学习,可以基本掌握装饰工程和外墙外保温质量问题与事故的判断、事故原因分析和相应的处理办法。

小知识

外墙保温技术

在我国,单位建筑面积采暖能耗为气候条件相近的发达国家的3倍左右。《民用建筑热工设计规范》和《公共建筑节能设计标准》实施后,研制并开发了多种节能型墙体,如黏土空心砖、混凝土空心砌块以及复合墙体等。复合墙体的基层墙体可为传统的黏土实心砖、混凝土墙等,也可为新型的黏土空心砖、混凝土空心砌块等。所采用的轻质高效保温材料有膨胀聚苯乙烯、挤塑聚苯乙烯、岩棉、玻璃棉等。

1. 外墙内保温

外墙内保温是将保温材料置于外墙体的内侧。它的优点在于:它对饰面和保温材料的防水、耐候性等技术指标的要求不甚高。纸面石膏板、石膏抹面砂浆等均可满足使用要求,取材方便。内保温材料被楼板所分隔,仅在一个层高范围内施工,不需搭设脚手架。

但是,在多年的实践中,外墙内保温也显露出一些缺陷。如许多种类的内保温做法,由于材料、构造、施工等原因,饰面层出现开裂;不便于用户二次装修和吊挂饰物;占用室内使用空间;由于圈梁、楼板、构造柱等会引起热桥,热损失较大;对既有建筑进行节能改造时,对居民的日常生活干扰较大。

2. 外墙夹心保温

外墙夹心保温是将保温材料置于同一外墙的内、外侧墙片之间,内、外侧墙片均可采用传统的黏土砖、混凝土空心砌块等。因此,这些传统材料的防水、耐候等性能均良好,对内侧墙片和保温材料形成有效的保护,对保温材料的选材要求不高,聚苯乙烯、玻璃棉、岩棉等各种材料均可使用,对施工季节和施工条件的要求不十分高,不影响冬期施工。

由于在非严寒地区,此类墙体与传统墙体相比尚偏厚,且内、外侧墙片之间需有连接件连接,构造较传统墙体复杂以及地震区建筑中圈梁和构造柱的设置尚有热桥存在,保温材料的效率仍然得不到充分的发挥。

3. 外墙外保温

近年来,随着我国节能工作的不断深入,节能标准的提高,用于外墙外保温的材料和技术不断改进,外墙外保温由于其优越性而日益受到人们的重视。对比其他外墙保温技术,它有以下优点。

1)适用范围广

外保温不仅适用于北方需冬季保温地区的采暖建筑,也适用于南方需夏季隔热地区的空调建筑;既适用于新建建筑,也适用于既有建筑的节能改造。

2)保温效果明显

由于保温材料置于建筑物外墙的外侧,基本上可以消除在建筑物各个部位的“热桥”影响,从而充分发挥了轻质高效保温材料的效能,相对于外墙内保温和夹心保温墙体,它可使用较薄的保温材料,达到较高的节能效果。

3)保护主体结构

置于建筑物外侧的保温层,大大减少了自然界温度、湿度、紫外线等对主体结构的影响。随着建筑物层数的增加,温度对建筑竖向的影响已引起关注。国外的研究资料表明,由于温度对结构的影响,建筑物竖向的热胀冷缩可能引起建筑物内部一些非结构构件的开裂,外墙采用外保温技术可以降低温度在结构内部产生的应力。

4)有利于改善室内环境

外保温不仅提高了墙体的保温隔热性能,而且增加了室内的热稳定性。它在一定程度上阻止了雨水等对墙体的浸湿,提高了墙体的防潮性能,可避免室内的结露、霉斑等现象,因而创造了舒适的室内居住环境。

5)扩大家内的使用空间

与内保温相比,采用外墙外保温使每户使用面积约增加 1.3 ~ 1.8m^2。

6)利于旧房改造

目前,全国有许多既有建筑由于外墙保温效果差,耗能量大,冬季室内墙体结露、发霉,居住环境差。采用外墙外保温进行节能改造时,不影响居民在室内的正常生活和工作。

7)便于丰富外立面

在施工外保温的同时,还可以利用聚苯板做成凹进或凸出墙面的线条及其他各种形状的装饰物,不仅施工方便,而且丰富了建筑物外立面。特别对既有建筑进行节能改造时,不仅使建筑物获得更好的保温隔热效果,而且可以同时进行立面改造,使既有建筑焕然一新。

4. 我国现有主要的外墙外保温技术

(1)膨胀聚苯乙烯板加薄层抹灰并用玻璃纤维加强的做法。

(2)采用挤塑聚苯乙烯为外保温材料的墙体。

(3)采用单面钢筝网架聚苯板的外墙外保温。

(4)保温膏料用于外墙外保温。

以上几种外墙外保温技术,由于采用的材料与施工工艺有所不同,因此各自的适用范围也不尽相同。使用中,应根据所设计的建筑的造价、地理位置等各方面的因素进行选择。

练 习 题

8-1 抹灰工程常见质量问题有哪些?应如何预防?

8-2 铝合金门窗与塑钢门窗的主要质量问题有哪些?

8-3 如何保证饰面材料固定牢固?

8-4 结合楼面裂缝的形成,说明对楼底层基土和垫层的质量要求。

8-5 试综述块料面层常见质量事故及处理方法。

8-6 试分析外墙外保温工程施工中应注意的主要事项有哪些?

8-7 试述从央视新址大火和上海“11·15”火灾事故中应吸取怎样的教训。

本章实训课时:6 课时。

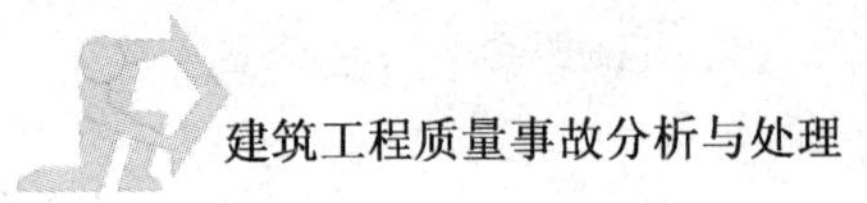

第九章 工程质量事故原因综述

【职业能力目标】

培养学生初步具备根据国家政策、法律、法规及规范处理质量事故的能力。

【学习要求】

(1)掌握工程质量事故分析与处理的一般程序和方法;
(2)清楚造成工程质量事故的原因;
(3)树立主动预防质量事故的观念。

第一节　事故原因概述

近年来,各地区、各部门建筑业企业为保证安全生产做了大量工作,全国建筑工程质量事故大大减少。但是,少数地区重大事故仍频繁发生。重大事故的发生给人民生命和国家财产带来巨大损失,并造成严重的社会影响。很多事故并非不可避免,如何才能将重大质量事故压到最低限度以至杜绝呢?如何才能防止类似事故重复发生,减少那些不必要的损失呢?这是一个关系到人民生命财产安危的极重要的课题。为此,研究、探讨质量事故发生的原因和发展的规律是十分必要的。

在对大量的质量事故进行调查分析的过程中发现,尽管质量事故的表象不同、类型不一,但是事故发生的原因和发展的规律却有许多相似或相同之处。认识发生质量事改的原因、共性,了解质量事故发展的规律、特点是防止质量事故的理论基础,总结发生质量事故的反面教训,并用以指导今后的工程建设,是提高工程质量、防止质量事故的有效措施和保证。因此,有必要对建筑工程质量事故的原因进行综合分析,借以引起工程技术人员对工程质量的高度重视。

《建筑法》规定:“任何单位和个人对建筑工程的质量事故、质量缺陷都有权向建设行政主管部门或者其他有关部门进行检举、控告、投诉。”因此,建筑工程中的质量事故、质量缺陷均应认真分析处理。

一 工程质量事故分析的目的和作用

工程质量事故分析主要有以下目的和作用。

1.防止工程质量事故恶化

发现工程质量事故后,认真对其进行分析,其目的就是防止工程质量事故的恶化。例如,施工中发现现浇结构的混凝土强度不足,就应当引起足够的重视。如果尚未拆模,则应考虑何时才能拆模,拆模时应采取何种补救措施和安全措施,以防止发生结构倒塌。如果已经拆模,则应考虑控制施工中的荷载量,或采用加支撑措施,防止结构严重开裂或倒塌,同时应及早采取适当的补救措施。

2.创造正常的施工条件

建筑工程是由分部分项工程所组成的,各个分部(项)工程是由紧密相连工序所完成的,前道工序是后续工序的基础,是为完成整个工程所创造的施工条件。例如,发现预埋件等偏位较大,如果不对其进行纠正,必然会影响后续工程的施工,所以必须及时分析与处理,为后期安装创造施工条件,才能保证工程继续施工,才能保证工程的安全。

3.排除工程上存在的隐患

在建筑工程施工过程中,按照有关规定对工程质量事故进行认真分析,对于及时排除工程上的隐患,确保工程质量和安全具有非常重要的意义。例如,在砌体工程施工中,砂浆强度不足、砂浆稠度不适宜、砂浆饱满度很低、砌筑方法不当等,都将降低砌体的承载能力,给工程结构留下隐患,发现这类质量问题后,应从设计、监理、材料、施工、管理等方面,进行周密的分析和必要的计算,并采取相应的技术措施,以便及时排除这些隐患,确保工程质量和工程结构的安全。

4.预防质量事故再次发生

发现、分析和处理工程质量事故的目的,是查明事故原因、总结经验教训、采取相应措施、预防此类质量事故再次发生,以保证工程质量和减少工程的损失。例如,承重砖柱压坏、悬挑结构倒塌、混凝土裂缝、防水工程渗漏等事故,在许多地区、很多工程中时有发生,因此应及时总结经验教训,进行工程质量教育,或作适当交流,引起人们的警惕,将有助于杜绝这类工程质量事故的发生。

5.减少工程质量事故的损失

在整个建筑工程实施过程中,尽管对工程质量问题十分重视,但是有些质量事故有时还是不可避免的,对出现的这些质量事故,以正确的方法及时进行处理,将其造成的损失降低到最低程度才是唯一正确的方法。因此,对质量事故进行及时分析处理,可以防止事故的进一步恶化,及时创造正常的施工条件,并迅速排除质量隐患,可以取得明显的经济效益和社会效益。此外,正确分析工程质量事故,找准发生事故的原因,可为合理处理事故提供依据,达到尽量减少事故损失的目的。

6.有利于工程交工验收

工程在竣工验收阶段,是检查评价工程质量的关键时刻,也是对工程质量进行科学评价的重要环节,要求工程必须达到设计和有关标准。但是,那些已出现的工程质量事故,往往是交工验收中争论的焦点,如果事先未进行处理或处理不当,必然影响工程交工验收工作。所以，对施工中所发生的质量问题，若能正确分析其原因和危害，找出恰当的解决方法，使有关各方认识一致，可避免在交工验收时，因发生不必要的争议，而延误工程的验收和按期使用。

7. 为制定和修改标准规范提供依据

建筑工程设计与施工方面规范、标准和规程，既不是凭空想象、主观制定的，也不是一成不变的。任何一种规范和标准均随着科学技术的进步而发生变化，所有规范和标准出台、修改，都是在工程实践中不断发现质量问题、总结经验教训、提出相应措施中产生的。所以说，认真对质量事故进行分析，提出正确的解决方法，在实践中得到进一步验证，能为制定和修改标准规范提供可靠的依据。例如，通过对砖墙裂缝问题的分析，可为标准规范在制定变形缝的设置和防止墙体开裂方面提供依据。

 影响工程质量的因素

影响工程质量的因素有很多，但归纳起来主要有五个方面：人（Man）、机械（Machine）、材料（Material）、方法（Method）和环境（Environment），简称为4M1E因素。

1. 人员素质

人是生产经营活动的主体，也是工程项目建设的决策者、管理者、操作者，工程建设的全过程都是通过人来完成的，所以，人的因素是最重要的。人的素质高低是对工程质量产生决定影响的因素。人的素质即文化水平、技术水平、决策水平、管理能力、组织能力、作业能力、控制能力、身体素质及职业道德等，都会直接或间接地对规划、决策、勘察、设计和施工的质量产生影响。

2. 工程材料

工程材料泛指构成工程实体的各类建筑材料、构配件、半成品等，它是工程建设的物质条件，是工程质量的基础。工程材料选用是否合理、产品是否合格、材质是否经过检验、保管使用是否得当等，都将直接影响建设工程的结构刚度和强度，影响工程外表及观感，影响工程的使用功能，影响工程的使用安全。

3. 机械设备

机械设备可以分为两类：一是指组成工程实体及配套的工艺设备和各类机具，如电梯、泵机、通风设备等，它们构成了建筑设备安装工程或工业设备安装工程，形成完整的使用功能；二是指施工过程中使用的各类机具设备，它们是施工生产的手段。机具设备对工程质量有重要的影响。工程用机具设备其产品质量优劣，直接影响工程使用功能。施工用机具设备的类型是否符合工程施工特点、性能是否先进稳定，操作是否方便安全等，都将会影响工程项目的质量。

4. 方法

方法是指工艺方法、操作方法和施工方案。在工程施工中，施工方案是否合理、施工工艺是否先进、施工操作是否正确，都将对工程质量产生重大的影响。大力推进采用新技术、新工艺、新方法，不断提高工艺技术水平，是保证工程质量稳定提高的重要因素。

5. 环境条件

环境条件是指对工程质量特性起重要作用的环境因素，包括：工程技术环境，如工程地质、水文，气象等；工程作业环境，如施工环境作业面大小、防护设施、通风照明和通信设备等；工程管理环境，主要是指工程实施的合同结构与管理关系的确定，组织体制及管理制度等；周边环境，如工程邻近的地下管线、建(构)筑物等。环境条件往往对工程质量产生特定的影响。

三 质量事故原因分析

由于建筑工程工期较长，所用材料品种繁杂以及在施工过程中，受社会环境和自然条件方面异常因素的影响，工程质量问题表现形式千差万别，类型多种多样。这使得引起工程质量问题的成因也错综复杂，往往一项质量问题是由于多种原因引起。虽然每次发生质量问题的类型各不相同，但是通过对大量质量问题调查与分析发现，其发生的原因有不少相同或相似之处，归纳其最基本的因素主要有以下几方面。

1. 违背建设程序

建设程序是工程项目建设过程及其客观规律的反映，不按建设程序办事，如未搞清地质情况就仓促开工，边设计、边施工，无图施工，不经竣工验收就交付使用等，常是导致工程质量问题的重要原因。严格按基建程序施工建设，工程质量将得到保证。违反基建程序，必将付出血的代价。

2. 违反法规行为

例如，无证设计，无证施工，越级设计，越级施工，工程招、投标中的不公平竞争，超常的低价中标，非法分包，转包、挂靠，擅自修改设计等行为。

3. 地质勘察失真

诸如，未认真进行地质勘察或勘探时钻孔深度、间距、范围不符合规定要求，地质勘察报告不详细、不准确、不能全面反映实际的地基情况从而使得地下情况不清，或对基岩起伏、土层分布误判，或未查清地下软土层、墓穴、孔洞等，它们均会导致采用不恰当或错误的基础方案，造成地基不均匀沉降、失稳，使上部结构或墙体开裂、破坏，或引发建筑物倾斜、倒塌等质量问题。

4. 设计差错

诸如，盲目套用图纸，采用不正确的结构方案，计算简图与实际受力情况不符，荷载取值过小，内力分析有误，沉降缝或变形缝设置不当，悬挑结构未进行抗倾覆验算，以及计算错误等，都是引发质量问题的原因。

5. 施工与管理不到位

不按图施工或未经设计单位同意擅自修改设计。例如，将铰接做成刚接，将简支梁做成连续梁，导致结构破坏；挡土墙不按图设滤水层、排水孔，导致压力增大，墙体破坏或倾覆；不按有关的施工规范和操作规程施工，浇筑混凝土时振捣不良，造成薄弱部位；砖砌体砌筑上下通缝，灰浆不饱满等均能导致砖墙或砖柱破坏。施工组织管理紊乱，不熟悉图纸，盲目施工；施工方案考虑不周，施工顺序颠倒；图纸未经会审，仓促施工；技术交底不清，违章作业；疏于检查、验收等，均可能导致质量问题。

6. 使用不合格的原材料、制品及设备

1）建筑材料及制品不合格

诸如，钢筋物理力学性能不良会导致钢筋混凝土结构产生裂缝；骨料中活性氧化硅会导致碱骨料反应使混凝土产生裂缝；水泥安定性不合格会造成混凝土爆裂；水泥受潮、过期、结块，砂石含泥量及有害物含量超标，外加剂掺量等不符合要求时，会影响混凝土强度、和易性、密实性、抗渗性，从而导致混凝土结构强度不足、裂缝、渗漏等质量问题。此外，预制构件截面尺寸不足，支承锚固长度不足，未可靠地建立预应力值，漏放或少放钢筋，板面开裂等均可能出现断裂、坍塌。

2）建筑设备不合格

诸如，变配电设备质量缺陷导致自燃或火灾，电梯质量不合格危及人身安全，均可造成工程质量问题。

7. 自然环境因素

空气温度、湿度、暴雨、大风、洪水、雷电、日晒和浪潮等均可能成为质量问题的诱因。

8. 使用不当

对建筑物或设施使用不当也易造成质量问题。例如，未经校核验算就任意对建筑物加层，任意拆除承重结构部位，任意在结构物上开槽、打洞、削弱承重结构截面等也会引起质量问题。

四 事故原点和事故源

在分析质量事故时，要明确事故原点和事故源两个基本概念。我们把事故发生的初始点称作事故原点，而把引起事故发生的起源事件称为事故源。需注意，事故原点是指一个部位，结构构件发生破坏的初始部位；而事故源是指一个事件，是造成事故原点发生破坏的起源事件。

事故原点在质量分析中具有关键作用，它是一系列事故原因最后汇集起来形成事故的爆发点，同时它又是事故后果产生的起始点。事故原点的状况往往可以反映出事故的直接原因，因此，在事故分析中，寻找与分析事故原点非常重要。找出事故原点后，就可以围绕它对现场上各种现象进行分析，把事故发生、发展的顺序逐步揭示出来，并进一步分析事故的直接原因、间接原因、主要原因等。

很多工程质量事故的原因都是多方面造成的，每一个事故原因都有其起源事件，这些起源事件就构成了事故源。

根据事故原点，寻找、分析事故源可以顺藤摸瓜，查出事故产生的综合原因。这是分析事故原因的有效方法。

五 质量事故的直接与间接原因

按事故发生原因与事故本身联系的紧密程度，将质量事故的原因分为直接原因与间接原因两大类。

直接原因是事故发生现场内，与事故联系密切的人的不安全行为和物的不安全状态。间接原因是指事故发生现场以外的社会环境因素。

事故的间接原因将导致直接原因的发生,而直接原因又是追查间接原因的依据。在事故的调查与分析中都涉及人(设计者、操作者等)和物(建筑物、材料、机具等),开始接触到的大多数是直接原因,如果不深入分析追查间接原因,是很难发现更深层次的本质原因,不利于吸取教训、防止同类事故再次发生。

六 分析工程质量事故的基本要求

认真分析工程质量事故,是判断其性质及采取何种处理措施的前提。在分析工程质量事故的过程中,应当做到"及时、客观、准确、全面、标准、统一"。

(1)"及时"是指工程质量事故发生后,应尽早调查分析,千万不可相隔时间过长。

(2)"客观"是指对工程质量事故的分析,应以各项实际资料数据为基础,千万不可随意编造。

(3)"准确"是指事故的性质和原因都要十分明确,千万不可含糊其辞、模棱两可。

(4)"全面"是指工程质量事故的范围、情况、原因等资料要齐全,千万不可遗漏。

(5)"标准"是指工程质量事故的分析,应以当时所用的标准规范为根据,千万不可无根据地分析和判断。

(6)"统一"是指工程质量事故分析中的有关内容,要根据国家及有关部门的标准,各方面要取得基本一致的意见,千万不可在各持己见的情况下做出结论。

七 工程质量事故分析的注意事项

在进行工程质量事故的分析处理过程中,应注意事故调查、原因分析和事故处理三个方面。

工程质量事故的调查,是进行事故分析的基础,是采取解决措施的依据,是一项极其重要的基础性工作。工程质量事故调查,主要是调查事故的内容、范围、性质,同时还要调查为进行事故原因分析和确定处理方法所必需的资料。众多工程质量事故调查的实践证明,调查一般分为基本调查和补充调查两类。

1. 基本调查

工程质量事故的基本调查,是指对建筑物现状和已有资料的调查,包括的主要内容有:事故发生的时间和经过,事故发展变化的情况,设计图纸资料的复查与验算,施工情况调查与技术资料检查等。如果建筑物已开始使用,还应调查使用情况与荷载等资料。

在基本调查中应重点查清该事故的严重性与迫切性,这是基本调查中的两个核心问题。严重性是指质量事故对结构安全的影响程度,迫切性是若不及时进行处理,是否会导致质量事故恶化而产生严重后果。

2. 补充调查

工程质量事故的补充调查,是对基本调查以外所进行的调查,也是质量事故调查的重要组成部分,包括的主要内容有:设计复核补充勘测地基情况,测定建筑物所用材料的实际强度与有关性能,鉴定结构及构件的受力性能,以及对建筑物的裂缝和变形进行较长时间的观测检查等。

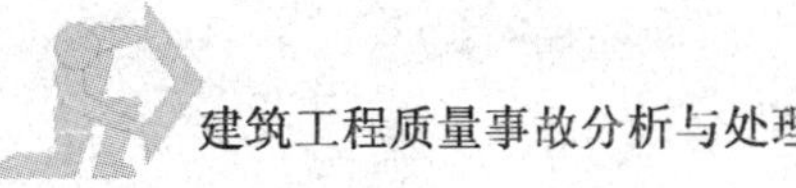

由于补充调查往往费时间、费资金、费精力,因此只有在进行基本调查之后,不能正确分析质量事故时,才进行补充调查。对地基基础和主体结构发生的质量事故,调查中应重点做好以下几项工作。

1)补充勘测工作

当原设计的工程地质资料不足或有可疑之处时,应当根据实际情况进行补充勘测。重点要查清持力层的承载能力,不同土层的分布情况与技术指标,建筑物下有无古墓、溶洞、树根和其他设施等。对湿陷性黄土、膨胀土等,应查清其类别、等级和主要性能,有时还需要核实建筑场地的地震方面的情况。

2)设计复核工作

设计复核是补充调查中的主要内容,不仅可以评价原设计的质量,而且可以通过设计复核及时发现和纠正原设计中出现的错误。在设计复核中重点有以下四个方面:

(1)设计的依据是否可靠,如荷载取值是否准确;

(2)计算简图与设计计算是否正确无误;

(3)连接构造有无问题,如受力构件的连接或锚固是否牢靠,构件的支承长度是否满足要求;

(4)新结构、新技术的使用是否有充分的根据。

3)施工检查工作

施工是建筑工程历时最长的阶段,也是最容易出现工程质量事故的阶段,应当加强对施工阶段的检查与监督。首先应检查是否严格按图施工,有关工种工程的施工工艺是否符合施工规范的要求;此外还应查清地基实际情况,材料、半成品、构件的质量,施工顺序与进度,施工荷载,施工日志,隐蔽工程验收记录,质量检查验收有关数据资料,沉降观测记录以及施工环境条件等。

4)结构承载能力

在工程质量事故调查中,鉴定结构的承载能力非常重要,对确保结构的安全有重大作用。其鉴定方法有以下三种:

(1)分析计算法。首先对质量事故有关部分进行检查与测量,然后用这些实际数据,按相应的设计规范作分析计算,根据其结果做出鉴定意见。

(2)载荷试验法。首先对结构进行检查,对承载能力做出粗略的估算,然后制订试验方案,并进行试验,根据实测数据资料,经过计算分析后,做出结构承载能力的鉴定。

(3)实物调查对比法。利用施工或使用的实际荷载情况,有时可能与载荷试验相接近,只要认真观测这个结构的实际工作性能,也可对被调查的结构做出恰当的评价。

考虑到载荷试验与实际情况有时会有一定的差异,在具体应用以上鉴定方法时,往往将以上的两种或三种方法结合起来使用,由此做出的鉴定更可靠。

5)使用情况调查

若工程质量事故发生在使用阶段,则应调查建筑物的用途和功能有无改变,荷载是否有增加,已有建筑物附近是否有新建工程,地基状况是否变化。对生产性建筑物(如工业厂房)还应调查生产工艺有无重大变更,是否增设了振动大或温度高的机械设备,是否在构件上附设了重物、缆绳等。此外,还应调查建筑物沉降、变形、裂缝情况以及结构连接部位的实际工作状况等。

需要特别指出，在进行工程质量事故的调查时，并非所有事故均用以上各项内容进行全面调查，应根据工程特点与质量事故性质，选择适宜、必要的项目进行调查。调查中一定要抓住重点和关键问题，防止把一些关系不大的项目列入调查内容，以免造成人力、物力、时间的浪费，延误事故的快速分析与及时处理，甚至还可能使事故人为复杂化，从而造成不应有的损失。

第二节　事故处理的一般程序

事故发生后，尤其是大事故、倒塌事故发生后，必须要进行调查、处理。对于事故处理，因为涉及单位信誉、经济赔偿及法律责任，为各方所关注。事故有关单位或个人常常企图影响调查人员，甚至干扰调查工作。所以，参加事故调查分析，一定要排除各种干扰，以规范、规程为准绳，以事实为依据，按正确、公正的原则进行。

下面就几个主要步骤加以说明。

基本情况调查

基本情况调查包括对建筑的勘测、设计和施工有关资料的收集，对事故现场的调查及对有关人员的访问。为了提高调查效率，避免发生遗漏，在调查前应列出提纲，并尽可能地制定好调查表格，按所列项目一一落实。

当然，调查时要根据事故情况和工程特点确定重要调查项目。如对砌体结构应重点查看砌筑质量；对混凝土结构则应重点检查混凝土的质量，钢筋配置的数量及位置；对构件缺陷应列为重点调查项目；对钢结构应侧重检查连接处，如焊接质量、螺栓质量及杆件加工的平直度等。有时，调查可分两步进行，在初步调查以后，先做分析判断，确定事故最可能发生的一种或几种原因。然后，有针对性地作进一步深入细致的调查和检测。

二　结构及材料检测

在初步调查研究的基础上，往往需要进一步作必要的检验和测试工作，甚至做模拟实验。测试有以下几个方面：

(1)对没有直接钻孔的地层剖面而又有怀疑的地基应进行补充勘测。基础如果用了桩基，则要进行测试，检测是否有断桩、孔洞等不良缺陷。

(2)测定建筑物中所用材料的实际性能，对构件所用的原材料(如水泥、钢材、焊条、砌块等)可抽样复查；对无产品合格证明或假证明的材料，更应从严检测；考虑到施工中采用混凝土强度等级及预留的试块未必能真实反映结构中混凝土的实际强度，可用回弹法、声波法、取芯法等非破损或微破损力法测定构件中混凝土的实际强度。对于钢筋，可从构件中截取少量样品进行必要的化学成分分析和强度试验。对砌体结构要测定砖或砌块及砂浆的实际强度。

(3)建筑物表面缺陷的观测。对结构表面裂缝，要测量裂缝宽度、长度及深度，并绘制裂缝分布图。

(4)对结构内部缺陷的检查。可用锤击法、超声探伤仪、声发射仪器等检查构件内部的孔洞、裂纹等缺陷。可用钢筋探测仪测定钢筋的位置、直径和数量。对砌体结构应检查砂浆饱满

程度、砌体的搭接错缝情况，遇到砖柱的包心砌法及砌体或混凝土组合构件，尤应重点检查其芯部及混凝土部分的缺陷。

(5)必要时应做模拟试验或现场加载试验，通过试验检查结构或构件的实际承载力。

三 复核分析

在一般调查及实际测试的基础上，选择有代表性的或初步判断有问题的构件进行复核计算。这时应注意按工程实际情况选取合理的计算简图，按构件材料的实际强度等级、断面的实际尺寸和结构实际所受荷载或外加变形作用以及有关规范、规程进行复核计算。这是评判事故的重要根据，必须认真进行。

四 专家会商

在调查、测试和分析的基础上，为避免偏差，可召开专家会商会议，对事故发生原因进行认真分析、讨论，然后做出结论。会商过程中专家应听取与事故有关单位人员的申诉与答辩，综合各方面意见后下最后的结论。

五 调查报告

事故的调查必须真实地反映事故的全部情况，要以事实为根据，以规范、规程为准绳，以科学分析为基础，以实事求是和公正无私的态度写好调查报告。报告一定要准确可靠，重点突出，抓住要害，让各方面专家信服。调查报告的内容一般应包括以下几个方面：

(1)工程概况。重点介绍与事故有关的工程情况。

(2)事故情况。介绍事故发生的时间、地点、事故现场情况及所采取的应急措施以及与事故有关的人员、单位情况。

(3)事故调查记录。

(4)现场检测报告(如有模拟实验，还应有实验报告)。

(5)复核分析，事故原因推断，明确事故责任。

(6)对工程事故的处理建议。

(7)必要的附录(如事故现场照片、录像、实测记录、专家会商的记录、复核计算书、测试记录、试验原始数据及记录等)。

第三节　防止质量事故的措施

凡事“预则立，不预则废”。保证、提高建筑工程质量，为人民造福，是我们的目的。实现“百年大计，质量第一”这一要求的关键是在设计、施工过程中，将事故苗子挖掘出来，将事故隐患消灭掉，对可能出现的事故有敏锐的洞察力，及时采取正确、有效防治措施。这样少一点盲目性，多一点预见性，将质量事故发生的比例降下来，以至杜绝重大质量事故的发生是完全可以做到的。

防止建筑工程质量事故是治理工程质量中的一项重要工作。分析质量事故产生的原因，目的仍是为了保证工程质量。国家建筑主管部门制定的法律、法规以及设计、施工规范、规程、标准等都是前人成功经验的总结，都是个别人以身试法，违背建设规律，以国家财产为代价，用鲜血和生命换来的。代价是沉痛的，损失是巨大的，从事基本建设工作的人们，要以"为人民服务"的思想为指导，建立起严格执法的观念，凡事按法律、法规、规范、规程、标准办理是防治质量事故的关键。建筑是靠人去设计、施工的，提高设计、建设各方面人员的素质，树立质量第一观念，是防止质量事故的措施之一。

有法可依，执法从严，事事、时时、处处按国家法律、法规办事，规范建筑市场，通过平等竞争，是能完成建设任务和提高建筑质量的。

1. 坚持"预防为主"的原则，加强事先事中控制

建筑工程质量控制应该是积极主动的，应事先对影响建筑工程质量的各种因素加以控制，而不能是消极被动地等出现质量问题再进行处理。所以，要坚持预防为主，重点做好建筑工程质量的事先控制和事中控制，加强过程和中间产品的质量检查和控制。

2. 加强质量培训教育，提高全员质量意识

以技能实践教育为主，理论知识教育为辅，利用各种时机，采用多种形式对建筑企业各层次人员进行分期分批培训教育，未参加培训或培训不合格人员不得上岗作业，以此提高全员质量意识。

3. 加大监管处罚力度，提高企业违规成本

多数行政监管单位，对于平时检查中发现的质量问题，主要以督促整改为主，很少给予企业经济行政处罚，从而纵容了这些企业的质量违法违规行为。为抓好建筑施工质量，要对工地出现的违法违规行为，一经发现决不姑息迁就，从重从严处罚，使施工企业充分认识到质量是企业的生命，不加强管理，就会付出沉重代价，甚至断送企业发展前途。

4. 制订治理质量问题方案，建立建筑工程质量责任体系

(1)积极采取措施，通过协调或组织力量攻关，抓住重点，以点带面，制订行之有效的治理方案，有针对性地分期、分批解决质量通病。

(2)切实明确项目业主的质量责任。项目业主要根据建筑工程特点和技术要求，按有关规定选择相应资质等级的勘察、设计和施工单位，在合同中必须有质量条款，明确质量责任，并真实、准确、齐全地提供与建筑工程有关的原始资料。凡建筑工程项目的勘察、设计、施工、监理以及建筑工程建设有关重要设备材料等的采购，均实行招标，依法确定程序和方法，择优选定中标者。建筑工程项目业主对其自行选择的设计、施工单位发生的质量问题承担相应责任。

(3)切实明确勘察、设计单位的质量责任。勘察、设计单位必须在其资质等级许可的范围内承揽相应的勘察设计任务，不许承揽超越其资质等级许可范围以外的任务，不得将承揽的工程转包或违法分包，也不得以任何形式用其他单位的名义承揽业务或允许其他单位或个人以本单位的名义承揽业务。

(4)切实明确施工单位的质量责任。施工单位必须在其资质等级许可的范围内承揽相应的施工任务，不许承揽超越其资质等级许可范围以外的任务，不得将承接的工程转包或违法分包，也不得以任何形式用其他单位的名义承接工程或允许其他单位或个人以本单位的名义承接工程。施工单位对所承包的建筑工程项目的施工质量负责。应当建立健全质量管理体系，

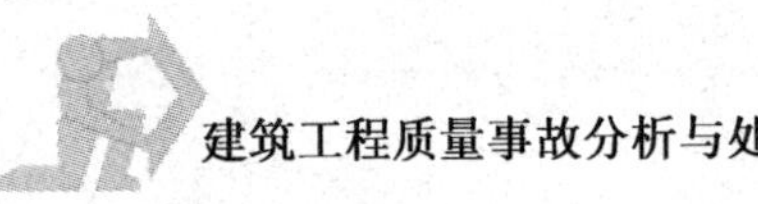

落实质量责任制，确定建筑工程项目的项目经理、技术负责人和施工管理负责人。

(5)切实明确工程监理单位的质量责任。工程监理单位应在其资质等级许可的范围内承担工程监理业务，不许超越资质等级许可的范围或以其他工程监理单位的名义承担工程监理业务，不得转让监理业务，不许其他单位或个人以本单位名义承担工程监理业务。工程监理单位应依照法律、法规和有关技术标准和建设工程承包合同，与项目业主签订监理合同，代表项目业主对建筑工程质量实施监理，并对建筑工程质量承担监理责任。

5. 严格工程施工规范，建立科学的操作方法

施工企业要建立健全完善的质量控制体系，工序与工序、工种与工种之间要有严格的交接措施，前道工序留下的隐患，后道工序施工者必须及时处理，绝不能蓄意隐蔽。比如，混凝土浇筑终凝后，要派专人进行养护，用多种方法覆盖养面，每天浇水不少于三次（因气温而定），保持混凝土在潮湿环境下凝结硬化，一般养护不少于两周；提高混凝土振捣密实的质量意识，严格遵守振捣操作流程。

6. 坚持“六不用”标准，严把建筑材料进场关

优质的工程离不开优质的材料。在材料选购上，施工企业一定要坚持“六不用”的标准：无出厂合格证材料不用；无试验报告材料证明不用；超过误差范围内的材料不用；破损的材料不用；超期失效的材料不用；假冒伪劣产品不用。在材料进场前，由施工、设计、监理、建设单位牵头，组成材料认证小组，通过市场调研，比较分析，确定所需的材料并联合签订认证单。材料使用前，严格遵守“先检后用”的原则，严格按规定进行质量检验和检测，合格后方可使用。对一些性能尚未完全过关的新材料，要慎重使用。对于地方生产的建筑材料、制品及设备应该加强质量管理，实施生产许可证和质量认证制度，从根本上杜绝不合格的产品流入社会。

7. 适当提高部分工程造价，杜绝忽视工程质量的现象

从我国国情和经济发展的状况出发，国家的建筑工程质量标准还是比较低的，有的工程造价也比较低，在短期内大幅提高工程造价存在困难，但对一些由于造价较低而易出现工程质量问题的部位，有关管理部门要高度重视，适当提高工程造价，杜绝因一味地降低工程造价而忽视工程质量的现象。

8. 落实“细狠准实”标准，强化施工现场监理

建筑工程监理员要严格把关，全面落实“细、狠、准、实”的标准，充分发挥好工程监理的质量监督作用。要坚持巡查和跟踪检查相结合，变事后把关为事前预防、事中控制，变管结果为管因素，对重大质量隐患部位要实施重点监控，及时清除施工中的质量隐患问题。现场监理必须向施工单位明确每道工序的报验制度，做到腿勤、口勤，出现问题及时与各方沟通解决，确保工程质量。同时，各监理企业要严格按照国家相关规定配备监理人员，督促现场监理人员认真履行各自监理职责。建设行政主管部门也要加强对监理单位的监督管理，提升施工现场的监理质量。

总之，建筑工程的质量控制是一项复杂的工程，只有做好各个环节的有效控制，才能使建筑工程的质量达到最优。如果我们能切实加强对建筑工程的质量控制，就可以为国家节约大量的人力、物力和财力，并大大提高我们的建筑质量水平。

参建各方要齐心协力，严把各个环节的质量关，依法办事，在工程建设中少一点盲目性，多一点预见性，坚持以预防为主的原则，注重事前、事中控制，发现问题及时采取正确、有效的措施予以纠正，以保证工程建设质量，防止质量事故的发生。

本章小结

为了防止工程质量事故恶化、创造正常的施工条件、排除工程上存在的隐患、预防质量事故再次发生，达到尽量减少事故损失、有利于工程交工验收使用并为制定和修改标准规范提供依据的目的，我们必须对所发生的工程质量事故进行分析。通过分析，发现人、机、料、法和环五个方面的因素是影响建筑工程质量事故的几个主要方面。本章介绍了分析工程质量事故的基本要求、工程质量事故分析的注意事项，并介绍了工程质量事故分析与处理的一般程序和要求，同时总结出了预防建筑工程质量事故的主要措施。

小知识

鲁班奖简介

鲁班奖的全称为"建筑工程鲁班奖"，由中国建筑业联合会于1987年设立。主要目的是鼓励建筑施工企业加强管理，搞好工程质量，争创一流工程，推动我国工程质量水平的普遍提高。该奖是行业性荣誉奖，属于民间性质，当时每年数额20个，有严格的评选办法和申报、评审程序，并有严格的评审纪律。评审由评审委员会负责，协会只负责受理申报、组织初审和工程复查，不得干预评审工作。评委由各地区和国务院有关部门的专家组成，以无记名投票方式选定。

1996年7月，根据住房和城乡建设部的决定，将1981年政府设立并组织实施的国家优质工程奖与建筑工程鲁班奖合并，奖名定为中国建筑工程鲁班奖(国家优质工程)，每年评选一次。该奖是我国建筑行业工程质量方面的最高荣誉奖(国家级工程质量奖)，由建设部、中国建筑业协会颁发。

住房和城乡建设部、中国建筑业协会对荣获"鲁班奖"的单位，授予"鲁班奖"金像和荣誉证书，对主要参建单位颁发奖状，并通报表彰。获奖企业在获奖工程上镶嵌统一荣誉标志。中国建筑业协会还将编纂专辑，将其载入史册。

练 习 题

9-1 请说明进行建筑工程质量事故分析的目的是什么？

9-2 影响工程质量的因素有哪些？

9-3 造成建筑工程质量事故的最基本的因素主要有哪些？

9-4 建筑工程质量事故处理的一般程序有哪些？

9-5 如何防止质量工程事故？

本章实训课时：无

附录一

建设工程质量检测管理办法

中华人民共和国建设部令

第141号

《建设工程质量检测管理办法》已于2005年8月23日经第71次常务会议讨论通过，现予发布，自2005年11月1日施行。

建设部部长　汪光焘

二〇〇五年九月二十八日

建设工程质量检测管理办法

第一条　为了加强对建设工程质量检测的管理，根据《中华人民共和国建筑法》、《建设工程质量管理条例》，制定本办法。

第二条　申请从事对涉及建筑物、构筑物结构安全的试块、试件以及有关材料检测的工程质量检测机构资质，实施对建设工程质量检测活动的监督管理，应当遵守本办法。

本办法所称建设工程质量检测（以下简称质量检测），是指工程质量检测机构（以下简称检测机构）接受委托，依据国家有关法律、法规和工程建设强制性标准，对涉及结构安全项目的抽样检测和对进入施工现场的建筑材料、构配件的见证取样检测。

第三条　国务院建设主管部门负责对全国质量检测活动实施监督管理，并负责制定检测机构资质标准。

省、自治区、直辖市人民政府建设主管部门负责对本行政区域内的质量检测活动实施监督管理，并负责检测机构的资质审批。

市、县人民政府建设主管部门负责对本行政区域内的质量检测活动实施监督管理。

第四条　检测机构是具有独立法人资格的中介机构。检测机构从事本办法附件一规定的质量检测业务，应当依据本办法取得相应的资质证书。

检测机构资质按照其承担的检测业务内容分为专项检测机构资质和见证取样检测机构资质。检测机构资质标准由附件二规定。

检测机构未取得相应的资质证书，不得承担本办法规定的质量检测业务。

第五条　申请检测资质的机构应当向省、自治区、直辖市人民政府建设主管部门提交下列申请材料：

（一）《检测机构资质申请表》一式三份；

（二）工商营业执照原件及复印件；

（三）与所申请检测资质范围相对应的计量认证证书原件及复印件；

（四）主要检测仪器、设备清单；

（五）技术人员的职称证书、身份证和社会保险合同的原件及复印件；

（六）检测机构管理制度及质量控制措施。

《检测机构资质申请表》由国务院建设主管部门制定式样。

第六条 省、自治区、直辖市人民政府建设主管部门在收到申请人的申请材料后，应当即时作出是否受理的决定，并向申请人出具书面凭证；申请材料不齐全或者不符合法定形式的，应当在5日内一次性告知申请人需要补正的全部内容。逾期不告知的，自收到申请材料之日起即为受理。

省、自治区、直辖市建设主管部门受理资质申请后，应当对申报材料进行审查，自受理之日起20个工作日内审批完毕并作出书面决定。对符合资质标准的，自作出决定之日起10个工作日内颁发《检测机构资质证书》，并报国务院建设主管部门备案。

第七条 《检测机构资质证书》应当注明检测业务范围，分为正本和副本，由国务院建设主管部门制定式样，正、副本具有同等法律效力。

第八条 检测机构资质证书有效期为3年。资质证书有效期满需要延期的，检测机构应当在资质证书有效期满30个工作日前申请办理延期手续。

检测机构在资质证书有效期内没有下列行为的，资质证书有效期届满时，经原审批机关同意，不再审查，资质证书有效期延期3年，由原审批机关在其资质证书副本上加盖延期专用章；检测机构在资质证书有效期内有下列行为之一的，原审批机关不予延期：

（一）超出资质范围从事检测活动的；

（二）转包检测业务的；

（三）涂改、倒卖、出租、出借或者以其他形式非法转让资质证书的；

（四）未按照国家有关工程建设强制性标准进行检测，造成质量安全事故或致使事故损失扩大的；

（五）伪造检测数据，出具虚假检测报告或者鉴定结论的。

第九条 检测机构取得检测机构资质后，不再符合相应资质标准的，省、自治区、直辖市人民政府建设主管部门根据利害关系人的请求或者依据职权，可以责令其限期改正；逾期不改的，可以撤回相应的资质证书。

第十条 任何单位和个人不得涂改、倒卖、出租、出借或者以其他形式非法转让资质证书。

第十一条 检测机构变更名称、地址、法定代表人、技术负责人，应当在3个月内到原审批机关办理变更手续。

第十二条 本办法规定的质量检测业务，由工程项目建设单位委托具有相应资质的检测机构进行检测。委托方与被委托方应当签订书面合同。

检测结果利害关系人对检测结果发生争议的，由双方共同认可的检测机构复检，复检结果由提出复检方报当地建设主管部门备案。

第十三条 质量检测试样的取样应当严格执行有关工程建设标准和国家有关规定，在建设单位或者工程监理单位监督下现场取样。提供质量检测试样的单位和个人，应当对试样的真实性负责。

第十四条 检测机构完成检测业务后，应当及时出具检测报告。检测报告经检测人员签字、检测机构法定代表人或者其授权的签字人签署，并加盖检测机构公章或者检测专用章后方可生效。检测报告经建设单位或者工程监理单位确认后，由施工单位归档。

见证取样检测的检测报告中应当注明见证人单位及姓名。

第十五条 任何单位和个人不得明示或者暗示检测机构出具虚假检测报告，不得篡改或者伪造检测报告。

第十六条 检测人员不得同时受聘于两个或者两个以上的检测机构。

检测机构和检测人员不得推荐或者监制建筑材料、构配件和设备。

检测机构不得与行政机关，法律、法规授权的具有管理公共事务职能的组织以及所检测工程项目相关的设计单位、施工单位、监理单位有隶属关系或者其他利害关系。

第十七条 检测机构不得转包检测业务。

检测机构跨省、自治区、直辖市承担检测业务的，应当向工程所在地的省、自治区、直辖市人民政府建设主管部门备案。

第十八条 检测机构应当对其检测数据和检测报告的真实性和准确性负责。

检测机构违反法律、法规和工程建设强制性标准，给他人造成损失的，应当依法承担相应的赔偿责任。

第十九条 检测机构应当将检测过程中发现的建设单位、监理单位、施工单位违反有关法律、法规和工程建设强制性标准的情况，以及涉及结构安全检测结果的不合格情况，及时报告工程所在地建设主管部门。

第二十条 检测机构应当建立档案管理制度。检测合同、委托单、原始记录、检测报告应当按年度统一编号，编号应当连续，不得随意抽撤、涂改。

检测机构应当单独建立检测结果不合格项目台账。

第二十一条 县级以上地方人民政府建设主管部门应当加强对检测机构的监督检查，主要检查下列内容：

(一)是否符合本办法规定的资质标准；

(二)是否超出资质范围从事质量检测活动；

(三)是否有涂改、倒卖、出租、出借或者以其他形式非法转让资质证书的行为；

(四)是否按规定在检测报告上签字盖章，检测报告是否真实；

(五)检测机构是否按有关技术标准和规定进行检测；

(六)仪器设备及环境条件是否符合计量认证要求；

(七)法律、法规规定的其他事项。

第二十二条 建设主管部门实施监督检查时，有权采取下列措施：

(一)要求检测机构或者委托方提供相关的文件和资料；

(二)进入检测机构的工作场地(包括施工现场)进行抽查；

(三)组织进行比对试验以验证检测机构的检测能力；

(四)发现有不符合国家有关法律、法规和工程建设标准要求的检测行为时，责令改正。

第二十三条 建设主管部门在监督检查中为搜集证据的需要，可以对有关试样和检测资料采取抽样取证的方法；在证据可能灭失或者以后难以取得的情况下，经部门负责人批准，可以先行登记保存有关试样和检测资料，并应当在7日内及时作出处理决定，在此期间，当事人或者有关人员不得销毁或者转移有关试样和检测资料。

第二十四条 县级以上地方人民政府建设主管部门，对监督检查中发现的问题应当按规定权限进行处理，并及时报告资质审批机关。

第二十五条 建设主管部门应当建立投诉受理和处理制度，公开投诉电话号码、通讯地址和电子邮件信箱。

检测机构违反国家有关法律、法规和工程建设标准规定进行检测的，任何单位和个人都有权向建设主管部门投诉。建设主管部门收到投诉后，应当及时核实并依据本办法对检测机构作出相应的处理决定，于30日内将处理意见答复投诉人。

第二十六条 违反本办法规定，未取得相应的资质，擅自承担本办法规定的检测业务的，其检测报告无效，由县级以上地方人民政府建设主管部门责令改正，并处1万元以上3万元以下的罚款。

第二十七条 检测机构隐瞒有关情况或者提供虚假材料申请资质的，省、自治区、直辖市人民政府建设主管部门不予受理或者不予行政许可，并给予警告，1年之内不得再次申请资质。

第二十八条 以欺骗、贿赂等不正当手段取得资质证书的，由省、自治区、直辖市人民政府建设主管部门撤销其资质证书，3年内不得再次申请资质证书；并由县级以上地方人民政府建设主管部门处以1万元以上3万元以下的罚款；构成犯罪的，依法追究刑事责任。

第二十九条 检测机构违反本办法规定，有下列行为之一的，由县级以上地方人民政府建设主管部门责令改正，可并处1万元以上3万元以下的罚款；构成犯罪的，依法追究刑事责任：

（一）超出资质范围从事检测活动的；

（二）涂改、倒卖、出租、出借、转让资质证书的；

（三）使用不符合条件的检测人员的；

（四）未按规定上报发现的违法违规行为和检测不合格事项的；

（五）未按规定在检测报告上签字盖章的；

（六）未按照国家有关工程建设强制性标准进行检测的；

（七）档案资料管理混乱，造成检测数据无法追溯的；

（八）转包检测业务的。

第三十条 检测机构伪造检测数据，出具虚假检测报告或者鉴定结论的，县级以上地方人民政府建设主管部门给予警告，并处3万元罚款；给他人造成损失的，依法承担赔偿责任；构成犯罪的，依法追究其刑事责任。

第三十一条 违反本办法规定，委托方有下列行为之一的，由县级以上地方人民政府建设主管部门责令改正，处1万元以上3万元以下的罚款：

（一）委托未取得相应资质的检测机构进行检测的；

（二）明示或暗示检测机构出具虚假检测报告，篡改或伪造检测报告的；

（三）弄虚作假送检试样的。

第三十二条 依照本办法规定，给予检测机构罚款处罚的，对检测机构的法定代表人和其他直接责任人员处罚款数额5%以上10%以下的罚款。

第三十三条 县级以上人民政府建设主管部门工作人员在质量检测管理工作中，有下列情形之一的，依法给予行政处分；构成犯罪的，依法追究刑事责任：

（一）对不符合法定条件的申请人颁发资质证书的；

（二）对符合法定条件的申请人不予颁发资质证书的；

（三）对符合法定条件的申请人未在法定期限内颁发资质证书的；

（四）利用职务上的便利，收受他人财物或者其他好处的；

（五）不依法履行监督管理职责，或者发现违法行为不予查处的。

第三十四条 检测机构和委托方应当按照有关规定收取、支付检测费用。没有收费标准的项目由双方协商收取费用。

第三十五条 水利工程、铁道工程、公路工程等工程中涉及结构安全的试块、试件及有关材料的检测按照有关规定，可以参照本办法执行。节能检测按照国家有关规定执行。

第三十六条 本规定自2005年11月1日起施行。

附件一

质量检测的业务内容

一、专项检测

（一）地基基础工程检测

1. 地基及复合地基承载力静载检测；

2. 桩的承载力检测；

3. 桩身完整性检测；

4. 锚杆锁定力检测。

(二)主体结构工程现场检测

1. 混凝土、砂浆、砌体强度现场检测;

2. 钢筋保护层厚度检测;

3. 混凝土预制构件结构性能检测;

4. 后置埋件的力学性能检测。

(三)建筑幕墙工程检测

1. 建筑幕墙的气密性、水密性、风压变形性能、层间变位性能检测;

2. 硅酮结构胶相容性检测。

(四)钢结构工程检测

1. 钢结构焊接质量无损检测;

2. 钢结构防腐及防火涂装检测;

3. 钢结构节点、机械连接用紧固标准件及高强度螺栓力学性能检测;

4. 钢网架结构的变形检测。

二、见证取样检测

1. 水泥物理力学性能检验;

2. 钢筋(含焊接与机械连接)力学性能检验;

3. 砂、石常规检验;

4. 混凝土、砂浆强度检验;

5. 简易土工试验;

6. 混凝土掺加剂检验;

7. 预应力钢绞线、锚夹具检验;

8. 沥青、沥青混合料检验。

附件二

检测机构资质标准

一、专项检测机构和见证取样检测机构应满足下列基本条件:

(一)专项检测机构的注册资本不少于100万元人民币,见证取样检测机构不少于80万元人民币;

(二)所申请检测资质对应的项目应通过计量认证;

(三)有质量检测、施工、监理或设计经历,并接受了相关检测技术培训的专业技术人员不少于10人;边远的县(区)的专业技术人员可不少于6人;

(四)有符合开展检测工作所需的仪器、设备和工作场所;其中,使用属于强制检定的计量器具,要经过计量检定合格后,方可使用;

(五)有健全的技术管理和质量保证体系。

二、专项检测机构除应满足基本条件外,还需满足下列条件:

(一)地基基础工程检测类

专业技术人员中从事工程桩检测工作3年以上并具有高级或者中级职称的不得少于4名,其中1人应当具备注册岩土工程师资格。

(二)主体结构工程检测类

专业技术人员中从事结构工程检测工作3年以上并具有高级或者中级职称的不得少于4名,其中1人应当具备二级注册结构工程师资格。

(三)建筑幕墙工程检测类

专业技术人员中从事建筑幕墙检测工作3年以上并具有高级或者中级职称的不得少于4名。

(四)钢结构工程检测类

专业技术人员中从事钢结构机械连接检测、钢网架结构变形检测工作3年以上并具有高级或者中级职称的不得少于4名,其中1人应当具备二级注册结构工程师资格。

三、见证取样检测机构除应满足基本条件外,专业技术人员中从事检测工作3年以上并具有高级或者中级职称的不得少于3名;边远的县(区)可不少于2人。

附录二

工程建设工程质量管理条例

中华人民共和国国务院令

第279号

《建设工程质量管理条例》已经2000年1月10日国务院第25次常务会议通过,现予发布,自发布之日起施行。

总理 朱镕基

2000年1月30日

第一章 总 则

第一条 为了加强对建设工程质量的管理,保证建设工程质量,保护人民生命和财产安全,根据《中华人民共和国建筑法》,制定本条例。

第二条 凡在中华人民共和国境内从事建设工程的新建、扩建、改建等有关活动及实施对建设工程质量监督管理的,必须遵守本条例。

本条例所称建设工程,是指土木工程、建筑工程、线路管道和设备安装工程及装修工程。

第三条 建设单位、勘察单位、设计单位、施工单位、工程监理单位依法对建设工程质量负责。

第四条 县级以上人民政府建设行政主管部门和其他有关部门应当加强对建设工程质量的监督管理。

第五条 从事建设工程活动,必须严格执行基本建设程序,坚持先勘察、后设计、再施工的原则。

县级以上人民政府及其有关部门不得超越权限审批建设项目或者擅自简化基本建设程序。

第六条 国家鼓励采用先进的科学技术和管理方法,提高建设工程质量。

第二章 建设单位的质量责任和义务

第七条 建设单位应当将工程发包给具有相应资质等级的单位。

建设单位不得将建设工程肢解发包。

第八条 建设单位应当依法对工程建设项目的勘察、设计、施工、监理以及与工程建设有关的重要设备、材料等的采购进行招标。

第九条 建设单位必须向有关的勘察、设计、施工、工程监理等单位提供与建设工程有关的原始资料。

原始资料必须真实、准确、齐全。

第十条 建设工程发包单位不得迫使承包方以低于成本的价格竞标,不得任意压缩合理工期。

建设单位不得明示或者暗示设计单位或者施工单位违反工程建设强制性标准,降低建设工程质量。

第十一条 建设单位应当将施工图设计文件报县级以上人民政府建设行政主管部门或者其他有关部门

审查。施工图设计文件审查的具体办法，由国务院建设行政主管部门会同国务院其他有关部门制定。

施工图设计文件未经审查批准的，不得使用。

第十二条 实行监理的建设工程，建设单位应当委托具有相应资质等级的工程监理单位进行监理，也可以委托具有工程监理相应资质等级并与被监理工程的施工承包单位没有隶属关系或者其他利害关系的该工程的设计单位进行监理。

下列建设工程必须实行监理：

（一）国家重点建设工程；

（二）大中型公用事业工程；

（三）成片开发建设的住宅小区工程；

（四）利用外国政府或者国际组织贷款、援助资金的工程；

（五）国家规定必须实行监理的其他工程。

第十三条 建设单位在领取施工许可证或者开工报告前，应当按照国家有关规定办理工程质量监督手续。

第十四条 按照合同约定，由建设单位采购建筑材料、建筑构配件和设备的，建设单位应当保证建筑材料、建筑构配件和设备符合设计文件和合同要求。

建设单位不得明示或者暗示施工单位使用不合格的建筑材料、建筑构配件和设备。

第十五条 涉及建筑主体和承重结构变动的装修工程，建设单位应当在施工前委托原设计单位或者具有相应资质等级的设计单位提出设计方案；没有设计方案的，不得施工。

房屋建筑使用者在装修过程中，不得擅自变动房屋建筑主体和承重结构。

第十六条 建设单位收到建设工程竣工报告后，应当组织设计、施工、工程监理等有关单位进行竣工验收。

建设工程竣工验收应当具备下列条件：

（一）完成建设工程设计和合同约定的各项内容；

（二）有完整的技术档案和施工管理资料；

（三）有工程使用的主要建筑材料、建筑构配件和设备的进场试验报告；

（四）有勘察、设计、施工、工程监理等单位分别签署的质量合格文件；

（五）有施工单位签署的工程保修书。

建设工程经验收合格的，方可交付使用。

第十七条 建设单位应当严格按照国家有关档案管理的规定，及时收集、整理建设项目各环节的文件资料，建立、健全建设项目档案，并在建设工程竣工验收后，及时向建设行政主管部门或者其他有关部门移交建设项目档案。

第三章 勘察、设计单位的质量责任和义务

第十八条 从事建设工程勘察、设计的单位应当依法取得相应等级的资质证书，并在其资质等级许可的范围内承揽工程。

禁止勘察、设计单位超越其资质等级许可的范围或者以其他勘察、设计单位的名义承揽工程。禁止勘察、设计单位允许其他单位或者个人以本单位的名义承揽工程。

勘察、设计单位不得转包或者违法分包所承揽的工程。

第十九条 勘察、设计单位必须按照工程建设强制性标准进行勘察、设计，并对其勘察、设计的质量负责。

注册建筑师、注册结构工程师等注册执业人员应当在设计文件上签字，对设计文件负责。

第二十条 勘察单位提供的地质、测量、水文等勘察成果必须真实、准确。

第二十一条 设计单位应当根据勘察成果文件进行建设工程设计。

设计文件应当符合国家规定的设计深度要求,注明工程合理使用年限。

第二十二条 设计单位在设计文件中选用的建筑材料、建筑构配件和设备,应当注明规格、型号、性能等技术指标,其质量要求必须符合国家规定的标准。

除有特殊要求的建筑材料、专用设备、工艺生产线等外,设计单位不得指定生产厂、供应商。

第二十三条 设计单位应当就审查合格的施工图设计文件向施工单位作出详细说明。

第二十四条 设计单位应当参与建设工程质量事故分析,并对因设计造成的质量事故,提出相应的技术处理方案。

第四章　施工单位的质量责任和义务

第二十五条 施工单位应当依法取得相应等级的资质证书,并在其资质等级许可的范围内承揽工程。

禁止施工单位超越本单位资质等级许可的业务范围或者以其他施工单位的名义承揽工程。禁止施工单位允许其他单位或者个人以本单位的名义承揽工程。

施工单位不得转包或者违法分包工程。

第二十六条 施工单位对建设工程的施工质量负责。

施工单位应当建立质量责任制,确定工程项目的项目经理、技术负责人和施工管理负责人。

建设工程实行总承包的,总承包单位应当对全部建设工程质量负责;建设工程勘察、设计、施工、设备采购的一项或者多项实行总承包的,总承包单位应当对其承包的建设工程或者采购的设备的质量负责。

第二十七条 总承包单位依法将建设工程分包给其他单位的,分包单位应当按照分包合同的约定对其分包工程的质量向总承包单位负责,总承包单位与分包单位对分包工程的质量承担连带责任。

第二十八条 施工单位必须按照工程设计图纸和施工技术标准施工,不得擅自修改工程设计,不得偷工减料。

施工单位在施工过程中发现设计文件和图纸有差错的,应当及时提出意见和建议。

第二十九条 施工单位必须按照工程设计要求、施工技术标准和合同约定,对建筑材料、建筑构配件、设备和商品混凝土进行检验,检验应当有书面记录和专人签字;未经检验或者检验不合格的,不得使用。

第三十条 施工单位必须建立、健全施工质量的检验制度,严格工序管理,作好隐蔽工程的质量检查和记录。隐蔽工程在隐蔽前,施工单位应当通知建设单位和建设工程质量监督机构。

第三十一条 施工人员对涉及结构安全的试块、试件以及有关材料,应当在建设单位或者工程监理单位监督下现场取样,并送具有相应资质等级的质量检测单位进行检测。

第三十二条 施工单位对施工中出现质量问题的建设工程或者竣工验收不合格的建设工程,应当负责返修。

第三十三条 施工单位应当建立、健全教育培训制度,加强对职工的教育培训;未经教育培训或者考核不合格的人员,不得上岗作业。

第五章　工程监理单位的质量责任和义务

第三十四条 工程监理单位应当依法取得相应等级的资质证书,并在其资质等级许可的范围内承担工程监理业务。

禁止工程监理单位超越本单位资质等级许可的范围或者以其他工程监理单位的名义承担工程监理业务。禁止工程监理单位允许其他单位或者个人以本单位的名义承担工程监理业务。

工程监理单位不得转让工程监理业务。

第三十五条 工程监理单位与被监理工程的施工承包单位以及建筑材料、建筑构配件和设备供应单位不得有隶属关系或者其他利害关系的,不得承担该项建设工程的监理业务。

第三十六条 工程监理单位应当依照法律、法规以及有关技术标准、设计文件和建设工程承包合同,代表建设单位对施工质量实施监理,并对施工质量承担监理责任。

第三十七条 工程监理单位应当选派具备相应资格的总监理工程师和监理工程师进驻施工现场。

未经监理工程师签字,建筑材料、建筑构配件和设备不得在工程上使用或者安装,施工单位不得进行下一道工序的施工。未经总监理工程师签字,建设单位不拨付工程款,不进行竣工验收。

第三十八条 监理工程师应当按照工程监理规范的要求,采取旁站、巡视和平行检验等形式,对建设工程实施监理。

第六章 建设工程质量保修

第三十九条 建设工程实行质量保修制度。

建设工程承包单位在向建设单位提交工程竣工验收报告时,应当向建设单位出具质量保修书。质量保修书中应当明确建设工程的保修范围、保修期限和保修责任等。

第四十条 在正常使用条件下,建设工程的最低保修期限为:

(一)基础设施工程、房屋建筑的地基基础工程和主体结构工程,为设计文件规定的该工程的合理使用年限;

(二)屋面防水工程、有防水要求的卫生间、房间和外墙面的防渗漏,为 5 年;

(三)供热与供冷系统,为 2 个采暖期、供冷期;

(四)电气管线、给排水管道、设备安装和装修工程,为 2 年。

其他项目的保修期限由发包方与承包方约定。

建设工程的保修期,自竣工验收合格之日起计算。

第四十一条 建设工程在保修范围和保修期限内发生质量问题的,施工单位应当履行保修义务,并对造成的损失承担赔偿责任。

第四十二条 建设工程在超过合理使用年限后需要继续使用的,产权所有人应当委托具有相应资质等级的勘察、设计单位鉴定,并根据鉴定结果采取加固、维修等措施,重新界定使用期。

第七章 监督管理

第四十三条 国家实行建设工程质量监督管理制度。

国务院建设行政主管部门对全国的建设工程质量实施统一监督管理。国务院铁路、交通、水利等有关部门按照国务院规定的职责分工,负责对全国的有关专业建设工程质量的监督管理。

县级以上地方人民政府建设行政主管部门对本行政区域内的建设工程质量实施监督管理。县级以上地方人民政府交通、水利等有关部门在各自的职责范围内,负责对本行政区域内的专业建设工程质量的监督管理。

第四十四条 国务院建设行政主管部门和国务院铁路、交通、水利等有关部门应当加强对有关建设工程质量的法律、法规和强制性标准执行情况的监督检查。

第四十五条 国务院发展计划部门按照国务院规定的职责,组织稽查特派员,对国家出资的重大建设项目实施监督检查。

国务院经济贸易主管部门按照国务院规定的职责,对国家重大技术改造项目实施监督检查。

第四十六条 建设工程质量监督管理,可由建设行政主管部门或者其他有关部门委托的建设工程质量

监督机构具体实施。

从事房屋建筑工程和市政基础设施工程质量监督的机构，必须按照国家有关规定经国务院建设行政主管部门或者省、自治区、直辖市人民政府建设行政主管部门考核；从事专业建设工程质量监督的机构，必须按照国家有关规定经国务院有关部门或者省、自治区、直辖市人民政府有关部门考核。经考核合格后，方可实施质量监督。

第四十七条 县级以上地方人民政府建设行政主管部门和其他有关部门应当加强对有关建设工程质量的法律、法规和强制性标准执行情况的监督检查。

第四十八条 县级以上人民政府建设行政主管部门和其他有关部门履行监督检查职责时，有权采取下列措施：

(一)要求被检查的单位提供有关工程质量的文件和资料；

(二)进入被检查单位的施工现场进行检查；

(三)发现有影响工程质量的问题时，责令改正。

第四十九条 建设单位应当自建设工程竣工验收合格之日起15日内，将建设工程竣工验收报告和规划、公安消防、环保等部门出具的认可文件或者准许使用文件报建设行政主管部门或者其他有关部门备案。

建设行政主管部门或者其他有关部门发现建设单位在竣工验收过程中有违反国家有关建设工程质量管理规定行为的，责令停止使用，重新组织竣工验收。

第五十条 有关单位和个人对县级以上人民政府建设行政主管部门和其他有关部门进行的监督检查应当支持与配合，不得拒绝或者阻碍建设工程质量监督检查人员依法执行职务。

第五十一条 供水、供电、供气、公安消防等部门或者单位不得明示或者暗示建设单位、施工单位购买其指定的生产供应单位的建筑材料、建筑构配件和设备。

第五十二条 建设工程发生质量事故，有关单位应当在24小时内向当地建设行政主管部门和其他有关部门报告。对重大质量事故，事故发生地的建设行政主管部门和其他有关部门应当按照事故类别和等级向当地人民政府和上级建设行政主管部门和其他有关部门报告。

特别重大质量事故的调查程序按照国务院有关规定办理。

第五十三条 任何单位和个人对建设工程的质量事故、质量缺陷都有权检举、控告、投诉。

第八章 罚 则

第五十四条 违反本条例规定，建设单位将建设工程发包给不具有相应资质等级的勘察、设计、施工单位或者委托给不具有相应资质等级的工程监理单位的，责令改正，处50万元以上100万元以下的罚款。

第五十五条 违反本条例规定，建设单位将建设工程肢解发包的，责令改正，处工程合同价款0.5%以上1%以下的罚款；对全部或者部分使用国有资金的项目，并可以暂停项目执行或者暂停资金拨付。

第五十六条 违反本条例规定，建设单位有下列行为之一的，责令改正，处20万元以上50万元以下的罚款：

(一)迫使承包方以低于成本的价格竞标的；

(二)任意压缩合理工期的；

(三)明示或者暗示设计单位或者施工单位违反工程建设强制性标准，降低工程质量的；

(四)施工图设计文件未经审查或者审查不合格，擅自施工的；

(五)建设项目必须实行工程监理而未实行工程监理的；

(六)未按照国家规定办理工程质量监督手续的；

(七)明示或者暗示施工单位使用不合格的建筑材料、建筑构配件和设备的；

(八)未按照国家规定将竣工验收报告、有关认可文件或者准许使用文件报送备案的。

第五十七条 违反本条例规定，建设单位未取得施工许可证或者开工报告未经批准，擅自施工的，责令停止施工，限期改正，处工程合同价款1%以上2%以下的罚款。

第五十八条 违反本条例规定，建设单位有下列行为之一的，责令改正，处工程合同价款2%以上4%以下的罚款；造成损失的，依法承担赔偿责任：

（一）未组织竣工验收，擅自交付使用的；

（二）验收不合格，擅自交付使用的；

（三）对不合格的建设工程按照合格工程验收的。

第五十九条 违反本条例规定，建设工程竣工验收后，建设单位未向建设行政主管部门或者其他有关部门移交建设项目档案的，责令改正，处1万元以上10万元以下的罚款。

第六十条 违反本条例规定，勘察、设计、施工、工程监理单位超越本单位资质等级承揽工程的，责令停止违法行为，对勘察、设计单位或者工程监理单位处合同约定的勘察费、设计费或者监理酬金1倍以上2倍以下的罚款；对施工单位处工程合同价款2%以上4%以下的罚款，可以责令停业整顿，降低资质等级；情节严重的，吊销资质证书；有违法所得的，予以没收。

未取得资质证书承揽工程的，予以取缔，依照前款规定处以罚款；有违法所得的，予以没收。

以欺骗手段取得资质证书承揽工程的，吊销资质证书，依照本条第一款规定处以罚款；有违法所得的，予以没收。

第六十一条 违反本条例规定，勘察、设计、施工、工程监理单位允许其他单位或者个人以本单位名义承揽工程的，责令改正，没收违法所得，对勘察、设计单位和工程监理单位处合同约定的勘察费、设计费和监理酬金1倍以上2倍以下的罚款；对施工单位处工程合同价款2%以上4%以下的罚款；可以责令停业整顿，降低资质等级；情节严重的，吊销资质证书。

第六十二条 违反本条例规定，承包单位将承包的工程转包或者违法分包的，责令改正，没收违法所得，对勘察、设计单位处合同约定的勘察费、设计费25%以上50%以下的罚款；对施工单位处工程合同价款0.5%以上1%以下的罚款；可以责令停业整顿，降低资质等级；情节严重的，吊销资质证书。

工程监理单位转让工程监理业务的，责令改正，没收违法所得，处合同约定的监理酬金25%以上50%以下的罚款；可以责令停业整顿，降低资质等级；情节严重的，吊销资质证书。

第六十三条 违反本条例规定，有下列行为之一的，责令改正，处10万元以上30万元以下的罚款：

（一）勘察单位未按照工程建设强制性标准进行勘察的；

（二）设计单位未根据勘察成果文件进行工程设计的；

（三）设计单位指定建筑材料、建筑构配件的生产厂、供应商的；

（四）设计单位未按照工程建设强制性标准进行设计的。

有前款所列行为，造成重大工程质量事故的，责令停业整顿，降低资质等级；情节严重的，吊销资质证书；造成损失的，依法承担赔偿责任。

第六十四条 违反本条例规定，施工单位在施工中偷工减料的，使用不合格的建筑材料、建筑构配件和设备的，或者有不按照工程设计图纸或者施工技术标准施工的其他行为的，责令改正，处工程合同价款2%以上4%以下的罚款；造成建设工程质量不符合规定的质量标准的，负责返工、修理，并赔偿因此造成的损失；情节严重的，责令停业整顿，降低资质等级或者吊销资质证书。

第六十五条 违反本条例规定，施工单位未对建筑材料、建筑构配件、设备和商品混凝土进行检验，或者未对涉及结构安全的试块、试件以及有关材料取样检测的，责令改正，处10万元以上20万元以下的罚款；情节严重的，责令停业整顿，降低资质等级或者吊销资质证书；造成损失的，依法承担赔偿责任。

第六十六条 违反本条例规定，施工单位不履行保修义务或者拖延履行保修义务的，责令改正，处10万元以上20万元以下的罚款，并对在保修期内因质量缺陷造成的损失承担赔偿责任。

第六十七条 工程监理单位有下列行为之一的，责令改正，处50万元以上100万元以下的罚款，降低资

质等级或者吊销资质证书;有违法所得的,予以没收;造成损失的,承担连带赔偿责任:

(一)与建设单位或者施工单位串通,弄虚作假、降低工程质量的;

(二)将不合格的建设工程、建筑材料、建筑构配件和设备按照合格签字的。

第六十八条 违反本条例规定,工程监理单位与被监理工程的施工承包单位以及建筑材料、建筑构配件和设备供应单位有隶属关系或者其他利害关系承担该项建设工程的监理业务的,责令改正,处5万元以上10万元以下的罚款,降低资质等级或者吊销资质证书;有违法所得的,予以没收。

第六十九条 违反本条例规定,涉及建筑主体或者承重结构变动的装修工程,没有设计方案擅自施工的,责令改正,处50万元以上100万元以下的罚款;房屋建筑使用者在装修过程中擅自变动房屋建筑主体和承重结构的,责令改正,处5万元以上10万元以下的罚款。

有前款所列行为,造成损失的,依法承担赔偿责任。

第七十条 发生重大工程质量事故隐瞒不报、谎报或者拖延报告期限的,对直接负责的主管人员和其他责任人员依法给予行政处分。

第七十一条 违反本条例规定,供水、供电、供气、公安消防等部门或者单位明示或者暗示建设单位或者施工单位购买其指定的生产供应单位的建筑材料、建筑构配件和设备的,责令改正。

第七十二条 违反本条例规定,注册建筑师、注册结构工程师、监理工程师等注册执业人员因过错造成质量事故的,责令停止执业1年;造成重大质量事故的,吊销执业资格证书,5年以内不予注册;情节特别恶劣的,终身不予注册。

第七十三条 依照本条例规定,给予单位罚款处罚的,对单位直接负责的主管人员和其他直接责任人员处单位罚款数额5%以上10%以下的罚款。

第七十四条 建设单位、设计单位、施工单位、工程监理单位违反国家规定,降低工程质量标准,造成重大安全事故,构成犯罪的,对直接责任人员依法追究刑事责任。

第七十五条 本条例规定的责令停业整顿,降低资质等级和吊销资质证书的行政处罚,由颁发资质证书的机关决定;其他行政处罚,由建设行政主管部门或者其他有关部门依照法定职权决定。

依照本条例规定被吊销资质证书的,由工商行政管理部门吊销其营业执照。

第七十六条 国家机关工作人员在建设工程质量监督管理工作中玩忽职守、滥用职权、徇私舞弊,构成犯罪的,依法追究刑事责任;尚不构成犯罪的,依法给予行政处分。

第七十七条 建设、勘察、设计、施工、工程监理单位的工作人员因调动工作、退休等原因离开该单位后,被发现在该单位工作期间违反国家有关建设工程质量管理规定,造成重大工程质量事故的,仍应当依法追究法律责任。

第九章 附 则

第七十八条 本条例所称肢解发包,是指建设单位将应当由一个承包单位完成的建设工程分解成若干部分发包给不同的承包单位的行为。

本条例所称违法分包,是指下列行为:

(一)总承包单位将建设工程分包给不具备相应资质条件的单位的;

(二)建设工程总承包合同中未有约定,又未经建设单位认可,承包单位将其承包的部分建设工程交由其他单位完成的;

(三)施工总承包单位将建设工程主体结构的施工分包给其他单位的;

(四)分包单位将其承包的建设工程再分包的。

本条例所称转包,是指承包单位承包建设工程,不履行合同约定的责任和义务,将其承包的全部建设工程转给他人或者将其承包的全部建设工程肢解以后以分包的名义分别转给其他单位承包的行为。

第七十九条　本条例规定的罚款和没收的违法所得,必须全部上缴国库。

第八十条　抢险救灾及其他临时性房屋建筑和农民自建低层住宅的建设活动,不适用本条例。

第八十一条　军事建设工程的管理,按照中央军事委员会的有关规定执行。

第八十二条　本条例自2000年1月30日起施行。

附

刑法有关条款

第一百三十七条　建设单位、设计单位、施工单位、工程监理单位违反国家规定,降低工程质量标准,造成重大安全事故的,对直接责任人员处五年以下有期徒刑或者拘役,并处罚金;后果特别严重的,处五年以上十年以下有期徒刑,并处罚金。

附录三

危险房屋鉴定标准

（JGJ 125—99）

1 总　　则

1.0.1 为有效利用既有房屋，正确判断房屋结构危险程度，及时治理危险房屋，确保使用安全，制定本标准。

1.0.2 危险房屋鉴定及对有特殊要求的工业建筑和公共建筑、保护建筑和高层建筑以及在偶然作用下的房屋危险性鉴定，除应符合本标准规定外，尚应符合国家现行有关强制性标准的规定。

2 符号、代号

2.1 符　　号

房屋危险性鉴定使用符号及其意义，应符合下列规定：

L_0——计算跨度；

h——计算高度；

n——构件数；

n_{dc}——危险柱数；

n_{dw}——危险墙段数；

n_{dmb}——危险主梁数；

n_{dsb}——危险次梁数；

n_{ds}——危险次梁数；

n_c——柱数；

n_{mb}——主梁数；

n_{sb}——次梁数；

n_w——墙段数；

n_s——板数；

n_d——危险构件数；

n_{rt}——屋架；

n_{drt}——危险物价构件榀；

P——危险构件（危险点）百分数；

P_{fdm}——地基基础中危险构件（危险点）百分数；

P_{sdm}——承重结构中危险构件（危险点）百分数；

P_{esdm}——围护结构中危险构件（危险点）百分数；

R——结构构件抗力；

S——结构构件作用效应；

μ_A——房屋 A 级的隶属度；

μ_B——房屋 B 级的隶属度；

μ_C——房屋 C 级的隶属度；

μ_D——房屋 D 级的隶属度；

μ_a——房屋组成部分 a 级的隶属度；

μ_b——房屋组成部分 b 级的隶属度；

μ_c——房屋组成部分 c 级的隶属度；

μ_d——房屋组成部分 d 级的隶属度；

μ_{af}——地基基础 a 级隶属度；

μ_{bf}——地基基础 b 级隶属度；

μ_{cf}——地基基础 c 级隶属度；

μ_{df}——地基基础 d 级隶属度；

μ_{as}——上部承重结构 a 级的隶属度；

μ_{bs}——上部承重结构 b 级的隶属度；

μ_{cs}——上部承重结构 c 级的隶属度；

μ_{ds}——上部承重结构 d 级的隶属度；

μ_{aes}——围护结构 a 级的隶属度；

μ_{bes}——围护结构 b 级的隶属度；

μ_{ces}——围护结构 c 级的隶属度；

μ_{des}——围护结构 d 级的隶属度；

γ——结构构件重要性系数；

ρ——斜率。

2.2 代　　号

房屋危险性鉴定使用的代号及其意义，应符合下列规定：

a、b、c、d——房屋组成部分危险性鉴定等级；

A、B、C、D——房屋危险性鉴定等级；

F_d——非危险构件；

Td——危险构件。

3 鉴定程序与评定方法

3.1 鉴 定 程 序

3.1.1 房屋危险性鉴定应依次按下列程序进行：

1 受理委托：根据委托人要求，确定房屋危险性鉴定内容和范围；

2 初始调查：收集调查和分析房屋原始资料，并进行现场查勘；

3 检测调查：对房屋现状进行现场检测，必要时，采用仪器测试和结构验算；

4 鉴定评级：对调查、查勘、检测、验算的数据资料进行全面分析，综合评定，确定其危险等级；

5 处理建议：对被鉴定的房屋，应提出原则性的处理建议；

6 出具报告：报告式样应符合附录 A 的规定。

3.2 评 定 方 法

3.2.1 综合评定应按三层次进行。

3.2.2 第一层应为构件危险性鉴定，其等级评定应分为危险构件（Td）和非危险构件（Fd）两类。

3.2.3 第二层次应为房屋组成部分（地基基础、上部承重结构、维护结构）危险性鉴定，其等级评定应分为 a、

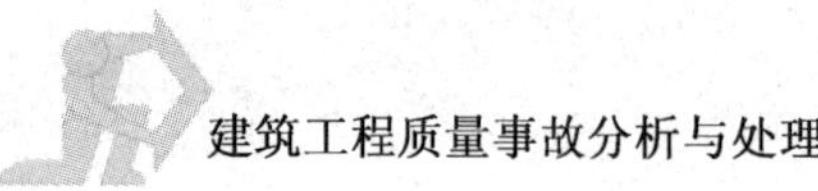

b、c、d 四等级。

3.2.4 第三层次应范围房屋危险性鉴定，其等级评定应为 A、B、C、D 四等级。

4 构件危险性鉴定

4.1 一 般 规 定

4.1.1 危险构件是指其承受能力、裂缝和变形不能满足正常使用要求的结构构件。

4.1.2 单个构件的划分应符合下列规定：

1 基础

1)独立柱基：以一根柱的单个基础为一构件；

2)条形基础：以一个自然间一轴线单面长度为一构件；

3)板式基础：以一个自然间的面积为一构件。

2 墙体：以一个计算高度、一个自然间的一面为一构件。

3 柱：以一个计算高度、一根为一构件。

4 梁、檩条、搁栅等：以一个跨度、一根为一构件。

5 板：以一个自然间面积为一构件；预制板以一块为一构件。

6 屋架、桁架等：以一为一构件。

4.2 地 基 基 础

4.2.1 地基基础危险性鉴定应包括地基和基础两部分。

4.2.2 地基基础应站点检查基础与承重砖墙连接处的斜向阶梯形裂缝、水平裂缝、竖向裂缝状况，基础与框架柱根部连接处的水平裂缝状况，房屋的倾斜位移状况，地基滑坡、稳定、特殊土质变形和开裂等状况。

4.2.3 当地基部分有下列现象之一者，应评定为危险状态：

1 地基沉降速度连续 2 个月大于 2mm/月，并且短期内无终止趋向；

2 地基生产不均匀沉降，其沉降量大于现行国家标准《建筑地基基础设计规范》(GB J7—81)规定的允许值，上部墙体产生沉降裂缝宽度大于 10mm，且房屋局部倾斜率大于 1%；

3 地基不稳定产生滑移，水平位移量大于 10mm，并对上部结构有显著影响，且仍有继续滑动迹象。

4.2.4 当房屋基础有下列现象之一者，应评定为危险点：

1 基础承载能力小于基础作用效应的 85%($R/\gamma_{os}<0.85$)；

2 基础老化、腐蚀、酥碎、折断，导致结构明显倾斜、位移、裂缝、扭曲等；

3 基础已有滑动，水平位移速度连续 2 个月大于 2mm/月，并在短期内无终止趋向。

4.3 砌体结构构件

4.3.1 砌体结构构件的危险性鉴定应包括承载能力、构造与连接、裂缝和变形等内容。

4.3.2 需对砌体结构构件进行承载力验算时，应测定砌块及砂浆强度等级，推定砌体强度，或直接检测砌体强度。实测砌体截面有效值，应扣除因各种因素造成的截面损失。

4.3.3 砌体结构应重点检查砌体的构造连接部位，纵横墙交接处的斜向或竖向裂缝状况，砌体承重墙体变形和裂缝状况以及拱脚裂缝和位移状况。注意其裂缝宽度、长度、深度、走向、数量及其分布，并观测其发展状况。

4.3.4 砌体结构构件有下列现象之一者，应评定为危险点：

1 受压构件承载力小于其作用效应的 85%($R/\gamma_{os}<0.85$)；

2 受压墙、柱沿受力方向产生缝宽大于 2mm、缝长超过层高 1/2 的竖向裂缝，或产生缝长超过层高 1/3 的多条竖向裂缝；

3 受压墙、柱表面风华、剥落，砂浆粉化，有效截面削弱达 1/4 以上；

4 支承梁或屋架端部的墙体或柱截面因局部受压产生多条竖向裂缝，或裂缝宽度已超过 1mm；

5　墙柱因偏心受压产生水平裂缝，缝宽大于0.5mm；

6　墙、柱产生倾斜，其倾斜率大于0.7%，或相邻墙体连接处断裂成通缝；

7　墙、柱刚度不足，出现挠曲鼓闪，且在挠曲部位出现水平或交叉裂缝；

8　砖过梁中部产生明显的竖向裂缝，或端部产生明显的斜裂缝，或支承过梁的墙体产生水平裂缝，或产生明显的弯曲、下沉变形；

9　砖筒拱、扁壳、波形筒拱、拱顶沿母线裂缝，或拱曲面明显变形，或拱脚明显位移，或拱体拉杆锈蚀严重，且拉杆体系失效；

10　石砌墙（或土墙）高厚比：单层大于14，二层大于12，且墙体自由长度大于6cm。墙体的偏心距达墙厚的1/6。

4.4　木结构构件

4.4.1　木结构构件的危险性鉴定应包括承载能力、构造与连接、裂缝和变形等内容。

4.4.2　需对木结构进行承载力验算时，应对木材的力学性质、缺陷、腐朽、虫蛀和铁件的力学性能以及锈蚀情况进行检测。实测木构件截面有效值，应扣除因各种因素造成的截面损失。

4.4.3　木结构构件应重点检查腐朽、虫蛀、木材缺陷、构造缺陷、结构构件变形、失稳状况，木屋架端节点受剪面裂缝状况，屋架出平面变形及屋盖支撑系统稳定状况。

4.4.4　木结构构件有下列现象之一者，应评定为危险点：

1　木结构构件承载力小于其作用效应的90%（$R/\gamma_{os}<0.90$）；

2　连接方式不当，改造有严重缺陷，已导致节点松动变形、滑移、沿剪切面开裂、剪坏和铁件严重锈蚀、松动致使连接失效等损坏；

3　主梁产生大于$L_0/150$的挠度，或受拉区伴有较严重的材质缺陷；

4　屋架产生大于$L_0/150$的挠度，且顶部或端部节点产生腐朽或劈裂，或出平面倾斜量超过屋架高度的$h/120$；

5　檩条、搁栅产生大于$L_0/120$的挠度，入墙木质部位腐朽、虫蛀或空鼓；

6　木柱侧弯变形，其矢高大于$h/150$，或柱顶劈裂，柱身断裂。柱脚腐朽，其腐朽面积大于原截面1/5以上；

7　对受拉、受弯、偏心受压和轴心受压构件，其倾斜纹理和斜裂缝的斜率ρ分别大于7%、10%、15%和20%；

8　存在任何心腐缺陷的木质构件。

4.5　混凝土结构构件

4.5.1　混凝土结构构件的危险性鉴定应包括承载能力、构造与连接、裂缝和变形等内容。

4.5.2　需对混凝土结构构件进行承载力验算时，应对构件的混凝上强度、碳化和钢筋的力学性能、化学成分、锈蚀情况进行检测；实测混凝土构件截面有效值，应扣除因各种因素造成的截面损失。

4.5.3　混凝土结构构件应重点检查柱、梁、板、及屋架的受力裂缝和主筋锈蚀状况，柱的根部和顶部的水平裂缝，屋架倾斜以及支撑系统稳定等。

4.5.4　混凝土构件有下列现象之一者，应评定为危险点：

1　构件承载力小于作用效应的85%（$R/\gamma_{os}<0.85$）；

2　梁、板产生超过$L_0/150$的挠度，且受拉区的裂缝宽度大于1mm；

3　简支梁、连续梁跨中部受拉区产生竖向裂缝，其一侧向上延伸达梁高的2/3以上，且缝宽大于0.5mm，或在支座附近出现剪切斜裂缝，缝宽大于0.4mm；

4　梁、板受力主筋处产生横向水平裂缝和斜裂缝，缝宽大于1mm，板产生宽度大于0.4mm的受压裂缝；

5　梁、板因主筋锈蚀，产生沿主筋方向的裂缝，缝宽大于1mm，或构件混凝土严重缺损，或混凝土保护层严重脱落、露筋；

6 现浇板面周边产生裂缝，或板底产生交叉裂缝；

7 预应力梁、板产生竖向通长裂缝；或端部混凝土松散露筋，其长度达主筋直径的100倍以上；

8 受压柱产生竖向裂缝，保护层剥落，主筋外露锈蚀；或一侧产生水平裂缝，缝宽大于1mm，另一侧混凝土被压碎，主筋外露锈蚀；

9 墙中间部位产生交叉裂缝，缝宽大于0.4mm；

10 柱、墙产生倾斜、位移，其倾斜率超过高度的1%，其侧向位移量大于$h/500$；

11 柱、墙混凝土酥裂、碳化、起鼓，其破坏面大于全截面的1/3，且主筋外露，锈蚀严重，截面减小；

12 柱、墙侧向变形，其极限值大于$h/1250$，或大于30mm；

13 屋架产生大于$L_0/200$的挠度，且下弦产生横断裂缝，缝宽大于1mm；

14 屋架支撑系统失效导致倾斜，其倾斜率大于屋架高度的2%；

15 压弯构件保护层剥落，主筋多处外露锈蚀；端节点连接松动，且伴有明显的变形裂缝；

16 梁、板有效搁置长度小于规定值的70%。

4.6 钢结构构件

4.6.1 钢结构构件的危险性鉴定应包括承载能力、构造和连接、变形等内容。

4.6.2 当需进行钢结构构件承载力验算时，应对材料的力学性能、化学成分、锈蚀情况进行检测。实测钢构件截面有效值，应扣除因各种因素造成的截面损失。

4.6.3 钢结构构件应重点检查各连接节点的焊缝、螺栓、铆钉等情况、应注意钢柱与梁的连接形式、支撑杆件、柱脚与基础连接损坏情况，钢屋架杆件弯曲、截面扭曲、节点板弯折状况和钢屋架挠度、侧向倾斜等偏差状况。

4.6.4 钢结构构件有下列现象之一者，应评定为危险点：

1 构件承载力小于其作用效应的90%（$R/\gamma_{os}<0.9$）；

2 构件或连接件有裂缝或锐角切口；焊缝、螺栓或铆接有拉开、变形、滑移、松动、剪坏等严重损坏；

3 连接方式不当，构造有严重缺陷；

4 受拉构件因锈蚀，截面减少大于原截面的10%；

5 梁、板等构件挠度大于$L_0/250$，或大于450mm；

6 实腹梁侧弯矢高大于$L_0/600$，且有发展迹象；

7 受压构件的长细比大于现行国家标准《钢结构设计规范》中规定值的1.2倍；

8 钢柱顶位移，平面内大于$h/150$，平面外大于$h/500$，或大于40mm；

9 屋架产生大于$L_0/250$或大于40mm的挠度；屋架支撑系统松动失稳，导致屋架倾斜，倾斜量超过$h/150$。

5 房屋危险性鉴定

5.1 一般规定

5.1.1 危险房屋（简称危房）为结构已严重损坏，或承重构件已属危险构件，随时可能丧失稳定和承载能力，不能保证居住和使用安全的房屋。

5.1.2 房屋危险性鉴定应根据被鉴定房屋的构造特点和承重体系的种类，按其危险程度和影响范围，按照本标准鉴定。

5.1.3 危房以幢为鉴定单位，按建筑面积进行计算。

5.2 等级划分

5.2.1 房屋划分成地基基础、上部承重机构和护围结构三个组成部分。

5.2.2 房屋各组成部分危险性鉴定,应按下列等级划分:

1 a 级:无危险点;

2 b 级:有危险点;

3 c 级:局部危险;

4 d 级:整体危险。

5.2.3 房屋危险性鉴定,应按下列等级划分:

1 A 级:结构承载力能满足正常使用要求,未腐朽危险点,房屋结构安全。

2 B 级:结构承载力基本满足正常使用要求,个别结构构件处于危险状态,但不影响主体结构,基本满足正常使用要求。

3 C 级:部分承重结构承载力不能满足正常使用要求,局部出现险情,构成局部危房。

4 D 级:承重结构承载力已不能满足正常使用要求,房屋整体出现险情,构成整幢危房。

5.3 综合评定原则

5.3.1 房屋危险性鉴定应以整幢房屋的地基基础、结构构件危险程度的严重性鉴定为基础,结合历史状态、环境影响以及发展趋势,全面分析,综合判断。

5.3.2 在地基基础或结构构件发生危险的判断上,应考虑它们的危险是孤立的还是相关的。当构件的危险是孤立的时,则不构成结构系统的危险;当构件是相关的时,则应联系结构危险性判定其范围。

5.3.3 全面分析、综合判断时,应考虑下列因素:

1 各构件的破损程度;

2 破损构件在整幢房屋中的单位;

3 破损构件在整幢房屋所占数量和比例;

4 结构整体周围环境的影响;

5 有损结构的人为因素和危险状况;

6 结构破损厚的可修复性;

7 破损构件带来的经济损失。

5.4 综合评定方法

5.4.1 根据本标准划分的房屋组成部分,确定构件的总量,并分别确定其危险构件的数量。

5.4.2 地基基础中危险构件百分数应按下式计算:

$$P_{fdm} = n_d / n \times 100\% \tag{5.4.2}$$

式中:P_{fdm}——地基基础中危险构件(危险点)百分数;

n_d——危险构件数;

n——构件数。

5.4.3 承重结构中危险构件百分数应按下列计算:

$$P_{sdm} = [2.4n_{dc} + 2.4n_{dw} + 1.9(n_{dmb} + n_{drt}) + 1.4n_{dsb} + n_{ds}] / [2.4n_c + 2.4n_w + 1.9(n_{mb} + n_{rt}) + 1.4n_{sb} + n_s] \times 100\%$$

式中:P_{sdm}——承重结构中危险构件(危险点)百分数;

n_{dc}——危险柱数;

n_{dw}——危险墙段数;

n_{dmb}——危险主梁数;

n_{drt}——危险屋架榀数;

n_{dsb}——危险次梁数;

n_{ds}——危险板数;

n_c——柱数；

n_w——墙段数；

n_{mb}——主梁数；

n_{rt}——屋架榀数；

n_{sb}——次梁数；

n_s——板数。

5.4.4 围护结构中危险构件百分数应按下式计算：

$$P_{esdm} = n_d/n \times 100\% \tag{5.4.4}$$

式中：P_{esdm}——围护结构中危险构件（危险点）百分数；

n_d——危险构件数；

n——构件数。

5.4.5 房屋组成部分 a 级的隶属函数应按下式计算：

$$\mu_a = \begin{cases} 1 & (P = 0\%) \\ 1 & (P \neq 0\%) \end{cases} \tag{5.4.5}$$

式中：μ_a——房屋组成部分 a 级的隶属度；

P——危险构件（危险点）百分数。

5.4.6 房屋组成部分 b 级的隶属度函数应按下式计算：

$$\mu_b = \begin{cases} 1 & (P \leqslant 5\%) \\ (30\% - P)/25\% & (5\% < P < 30\%) \\ 0 & (P \geqslant 30\%) \end{cases} \tag{5.4.6}$$

式中：μ_b——房屋组成部分 b 级的隶属度；

P——危险构件（危险点）百分数。

5.4.7 房屋组成部分 c 级的隶属函数应按下式计算：

$$\mu_c = \begin{cases} 0 & (P \leqslant 5\%) \\ (P - 5\%)/25\% & (5\% < P < 30\%) \\ (100\% - P)/70\% & (30\% \leqslant P \leqslant 100\%) \end{cases} \tag{5.4.7}$$

式中：μ_c——房屋组成部分 c 级隶属度；

P——危险构件（危险点）百分数。

5.4.8 房屋组成部分 d 级的隶属函数应按下式计算：

$$\mu_d = \begin{cases} 0 & (P \leqslant 30\%) \\ (P - 30\%)/70\% & (30\% < P < 100\%) \\ 1 & (P = 100\%) \end{cases} \tag{5.4.8}$$

式中：μ_d——房屋组成部分 d 级的隶属度；

P——危险构件（危险点）百分数。

5.4.9 房屋 A 级的隶属函数应按下式计算：

$$\mu_A = \max[\min(0.3, \mu_{af}), \min(0.6, \mu_{as}), \min(0.1, \mu_{aes})] \tag{5.4.9}$$

式中：μ_A——房屋 A 级的隶属度；

μ_{af}——地基基础 a 级的隶属度；

μ_{as}——上部承重结构 a 级隶属度；

μ_{aes}——围护结构 a 级的隶属度。

5.4.10 房屋 B 级的隶属函数应按下式计算：

$$\mu_B = \max[\min(0.3, \mu_{bf}), \min(0.1, \mu_{bes})] \tag{5.4.10}$$

式中：μ_B——房屋 B 级的隶属度；

μ_{bf}——地基基础 b 级的隶属度；

μ_{bes}——围护结构 b 级的隶属度。

5.4.11 房屋 C 级的隶属度函数应按下式计算：

$$M_c = \max[\min(0.3, \mu_{cf})] \quad (5.4.11)$$

式中：μ_c——房屋 C 级的隶属度；

μ_{cf}——地基基础 C 级的隶属度。

5.4.12 房屋 D 级的隶属函数应按下式计算：

$$\mu_D = \max[\min(0.3, \mu_{df}), \min(0.6, \mu_{ds}), \min(0.1, \mu_{des})] \quad (5.4.12)$$

式中：μ_D——房屋 D 级的隶属度；

μ_{df}——地基基础 d 级的隶属度；

μ_{ds}——上部承重结构 d 级隶属度；

μ_{des}——围护结构 d 级隶属度。

5.4.13 当隶属度为下列值时：

1 $\mu_{df} \geqslant 0.75$ 则为 D 级（整幢危房）。

2 $\mu_{ds} \geqslant 0.75$ 则为 D 级（整幢危房）。

3 $\max(\mu_A, \mu_B, \mu_C, \mu_D) = \mu_A$，则综合判断结果为 A 级（非危房）。

4 $\max(\mu_A, \mu_B, \mu_C, \mu_D) = \mu_B$，则综合判断结果为 B 级（非危房）。

5 $\max(\mu_A, \mu_B, \mu_C, \mu_D) = \mu_C$，则综合判断结果为 C 级（非危房）。

6 $\max(\mu_A, \mu_B, \mu_C, \mu_D) = \mu_D$，则综合判断结果为 D 级（非危房）。

5.4.14 其他简易结构房屋可按本章第 5.3 节原则直接评定。

附录 A

房屋安全鉴定报告 报告编号（ ）

一、委托单位/个人概况			
单位名称		电话	
房屋地址		委托日期	
二、房屋概况			
房屋用途		建造年份	
结构类别		建筑面积	
平面形式		层数	
产权性质		产权证编号	
备注			
三、房屋安全鉴定目的			
四、鉴定情况			
五、损坏原因分析			

续上表

<table>
<tr><td>六、鉴定结论</td></tr>
<tr><td>七、处理建议</td></tr>
<tr><td>八、检测鉴定人员</td></tr>
<tr><td>九、鉴定单位技术负责人签章　　　　　鉴定单位（公章）

鉴定人：
审核人：
审定人：
　　　　　　　　　　鉴定日期　　年　　月　　日</td></tr>
</table>

本标准用词说明

1.0.1 为便于在执行本标准条文时区别对待，对于要求严格程度不同的用词说明如下：

1 表示很严格，非这样做不可的：正面词采用“必须”；反面词采用“严禁”。

2 表示严格，在正常情况下均应这样做的：正面词采用“应”；反面词采用“不应”或“不得”。

3 表示允许稍有选择，在条件许可时首先这样做的：正面词采用“宜”；反面词采用“不宜”。

4 表示有选择，在一定条件下可以这样做的，采用“可”。

1.0.2 条文中指明应按其他有关标准执行的写法为：“应按……执行”或“应符合……的规定”。

参考文献

[1] 汪绯.建筑工程质量事故的分析与处理[M].北京:化学工业出版社,2006.

[2] 卓尚木,季直仓,卓昌志.钢筋混凝土结构事故分析与加固[M].北京:中国建筑工业出版社,1997.

[3] 吴松勤.建筑工程施工质量总论问答[M].北京:中国建筑工业出版社,2004.

[4] 王宗昌.建筑工程质量百问[M].北京:中国建筑工业出版社,2004.

[5] 王赫.建筑工程质量事故百问[M].北京:中国建筑工业出版社,2000.

[6] 王赫.建筑工程事故处理手册[M].北京:中国建筑工业出版社,1998.

[7] 李继业、刘福臣.建筑质量问题防治措施[M].北京:中国建材工业出版社,2003.

[8] 江见鲸,王元清,龚晓南,崔京浩.建筑工程质量事故分析与处理[M].北京:中国建筑工业出版社,2003.

[9] 雷宏刚.钢结构事故分析与处理[M].北京:中国建筑工业出版社,2003.

[10] 张述勇.建筑工程事故分析与处理[M].北京:中国建筑工业出版社,1997.

[11] 彭圣浩.建筑工程质量通病防治手册[M].北京:中国建筑工业出版社,1986.

[12] 陈希哲.地基事故与预防[M].北京:清华大学出版社,1996.

[13] 王赫.建筑工程质量事故分析[M].北京:中国建筑工业出版社,2000.

[14] 江见鲸.建筑工程事故分析与处理[M].北京:中国建筑工业出版社,2005.

[15] 乔双旺,王爱兰.建筑工程事故140例[M].山西:山西教育科学出版社,1988.

[16] 唐长馥.工程事故与危险建筑[M].上海:同济大学出版社,1994.

[17] 闫培文.试析建筑工程质量问题成因及其防控措施[J].内蒙古石油化工,2010,(02).

[18] 李相然,郭金桥.当前我国建筑业的工程质量问题与对策[J].城市问题,1997,(06).